植物学

第2版 | 修订版 上册

陆时万 徐祥生 沈敏健 编著

高等教育出版社·北京

内容提要

本书修订时主要根据"打好基础、精选内容、逐步更新、利于教学"的精神,在原教材的基础上进行了全面的修改和补充。各章内容都有所增删,同时,在保证专业基础知识的前提下,加强了联系生产实际的部分。为了便于教学,在某些节的编排顺序上有所更动,并对插图进行了精选和补充。各章末增加了复习思考题,书后附主要参考书,便于教师和学生参考。

本书可供全国高等师范院校、综合性大学、高等农林院校生物科学、生物技术等相关专业用作教材,亦可供植物学相关科研人员参考使用。

图书在版编目(CIP)数据

植物学.上册/陆时万,徐祥生,沈敏健编著.--2版(修订本).--北京:高等教育出版社,2020.7(2023.12重印)

ISBN 978-7-04-054314-8

Ⅰ.①植… Ⅱ.①陆… ②徐… ③沈… Ⅲ.①植物学-师范大学-教材 Ⅳ.①Q94

中国版本图书馆CIP数据核字(2020)第102551号

Zhiwuxue

策划编辑 李光跃　　责任编辑 孟 丽　　封面设计 张申申　　责任印制 刁 毅

出版发行	高等教育出版社	网　址	http://www.hep.edu.cn
社　址	北京市西城区德外大街4号		http://www.hep.com.cn
邮政编码	100120	网上订购	http://www.hepmall.com.cn
印　刷	中农印务有限公司		http://www.hepmall.com
开　本	787mm×1092mm 1/16		http://www.hepmall.cn
印　张	16.5	版　次	1982年9月第1版
字　数	390千字		2020年7月第2版
购书热线	010-58581118	印　次	2023年12月第6次印刷
咨询电话	400-810-0598	定　价	36.00元

本书如有缺页、倒页、脱页等质量问题,请到所购图书销售部门联系调换

物 料 号 54314-00

第2版前言

高等师范院校试用教材《植物学》上、下册自1982年出版以来，被不少高等师范院校、综合性大学及农林院校广泛采用，作为基础课教材，是国内同类教材中发行较广的一种。鉴于该书已出版多年，随着科学技术的发展和教学实践经验的积累，有必要进行一次全面的修订。

第2版主要根据“打好基础、精选内容、逐步更新、利于教学”的精神，在原教材的基础上进行了全面的修改和补充。

上册各章内容都有所增删，同时，在保证专业基础知识的前提下加强了联系生产实际的部分；为了便于教学，在某些节的编排顺序上有所更动；并对插图进行了精选和补充。

下册孢子植物部分，藻类、菌类、地衣、苔藓、蕨类各章均作了补充和修改。蕨类部分由于原作者裘佩熹逝世，由胡人亮修订，增加了维管植物分类一节。种子植物分类部分，裸子植物一章作了较大的修改。被子植物一章在修订原稿的基础上增加了植物命名法、国际植物命名法规、各亚纲的特征等内容，并增添了几个科、属。最后一章也进行了较大的修改和补充，并增加了超微结构和微形态学特征在被子植物分类中的应用一节。

此外，书中各章末增加了复习思考题，书后附主要参考书，便于教师和学生参考。

参加修订者基本上仍为第1版的编写人员。上册由沈敏健、陆时万负责统稿，下册孢子植物和种子植物分类部分分别由胡人亮、吴国芳负责统稿。书中插图仍由汪成琬、李贵春和于振洲绘制。

本书修订过程中得到有关兄弟院校的帮助，不少同行提出了宝贵意见和建议，在此谨表谢忱。

全书虽经修订再版，但由于时间和水平所限，仍不免有缺点和错误，敬请读者批评指正。

编　者

1988年10月

第1版前言

本书根据1980年6月高等学校生物学教材编审委员会审订的高等师范院校《植物学教学大纲》，在华东师范大学主持下，由上海师范学院、东北师范大学、南京师范学院等四校合编。由中山大学张宏达教授主审，并经兰州大学、华中师范学院、哈尔滨师范大学、华南师范学院、云南大学、内蒙古师范大学、徽州师范专科学校、黄冈师范专科学校等生物系(科)的有关同志参加审稿，提出了很多宝贵意见，并已作了修改，同意作为高等师范院校试用教材出版。本书可供全国高等师范院校和师范专科学校生物系(科)使用，亦可供综合性大学、高等农林院校等有关专业师生参考。

全书分上、下两册，上册为种子植物形态解剖部分，下册为孢子植物及种子植物分类部分。全书密切结合高等师范的培养目标及中学生物学中有关植物学的教学内容，对基本知识、基础理论叙述较详，插图较多，利于学习。由于各地具体情况不同，各校对教材内容可作适当取舍和补充。种子植物分类部分，对被子植物的分类，采用克朗奎斯特（A. Cronquist）1981年的修订系统，但对某些目、科作了适当的调整。本书收录的科、属较多，分为重点科(目录上有星号者)和非重点科。非重点科，可根据各校具体情况，简单讲述或少讲和不讲。

参加本书编写的人员分工如下：上册，绪论及第三章种子植物的营养器官，由陆时万编写，第一章植物细胞和组织，由沈敏健编写，第二章种子和幼苗及第四章种子植物的繁殖器官，由徐祥生编写。形态解剖部分由陆时万负责统稿。下册，引言由胡人亮编写，第一章藻类植物由王策箴编写，第二章菌类植物和第三章地衣植物由李茹光编写，第四章苔藓植物由郎奎昌编写，第五章蕨类植物和第六章孢子植物小结，由裘佩熹编写，第七章裸子植物由周秀佳编写，第八章被子植物和第九章植物分类学的发展动态，由吴国芳、马炜梁、冯志坚编写。孢子植物和种子植物分类部分分别由郎奎昌、吴国芳负责统稿。

本书插图，形态解剖部分、蕨类及种子植物分类部分，由汪成琬绘制；藻类、菌类、地衣和苔藓植物，由李贵春、于振洲绘制。

本书在编写和审稿过程中，得到有关兄弟院校的帮助和指导，特别是南京师范学院和上海师范学院的大力支持，在此一并致谢。

由于时间仓促和我们水平所限，错误和不妥之处一定不少，希望各校在使用过程中提出宝贵意见和建议，以便修订。

编　者

1982年6月

上 册 目 录

绪　论

一、植　物　界

（一）生物界的划分

在自然界中，生物是多种多样的，植物只是自然界多种多样生物中的一员。整个生物界的划分，关系到植物界的范围、细致的分类和进行的研究。生物界究竟应该分成几个界，长期以来，随着科学的发展，学者们有着不同的看法。瑞典博物学家林奈（C. Linnaeus，1707—1778）在18世纪就将生物界分成植物和动物两界，这种两界系统，建立得最早，也沿用得最广和最久。以后出现了三界系统，即在动、植物界外，又另立原生生物界。后来又有了四界系统，即植物界、动物界、原生生物界（或真菌界）和原核生物界。所谓五界系统，即植物界、动物界、真菌界、原生生物界和原核生物界。在20世纪70年代，我国学者又把类病毒（viroids）和病毒（virus）另立非细胞生物界，和植物界、动物界、真菌界、原生生物界、原核生物界，共同组成了六界系统。

在不同生物界的分界系统中，植物界的范围大小不一。在同一分界系统中，由于各学者的看法不同，植物界所包括的具体植物种类也不完全一样，例如在五界系统中，魏泰克（R. H. Whittaker，1969）提出植物界包括维管植物、苔藓植物、红藻、轮藻、褐藻和绿藻；动物界包括多细胞动物；真菌界包括真菌和黏菌；原生生物界包括原生动物和金藻、甲藻、裸藻；原核生物包括蓝藻（又称蓝细菌）和细菌。而马古利斯（L. Margulis，1974）提出的五界系统除动物界和原核生物界包括的内容与魏泰克的相同外，植物界包括维管植物和苔藓植物，真菌界包括无鞭毛真菌，原生生物界包括鞭毛真菌、黏菌、红藻、褐藻、金藻、甲藻、裸藻、绿藻和原生动物。但是从进化关系上看，生物界的划分，却把许多通常认为的植物划入了其他界，而不少分界系统中所谓植物界，又只包括维管植物和苔藓植物，因此，对广泛地了解植物界是有一定的局限性。本书作为植物学基础课的教材，仍采用两界系统，以便范围较广，易于理解，有利于初学者。

（二）植物的类型和分布

生物界按上述两界系统分类，现在已经知道的植物种类多至50余万种，包括藻类、菌类、地衣、苔藓、蕨类和种子植物等。它们的大小、形态结构和生活方式各不相同，共同组成了复杂的植物界。

在地球表面上，总的来讲，植物的分布极为广泛。无论在广大的平原、冰雪常年封闭的高山、严寒的两极地带、炎热的赤道区域、江河湖海的水面和深处、干旱的沙漠和荒原，都有植物在生活着。即使一滴水珠、一撮尘埃、岩石的裂缝、树叶的表层、悬崖峭壁的裸露石面、生物体甚至人体的内外，都可成为某些植物的生活场所。同样，在冷达冰点的积雪下面和水温极高的温泉中间，也常有特殊的植物种类在生存着。某些地衣甚至在冰点以下的温度中仍能生存，某些蓝藻在水温达40～85℃的温泉中仍能旺盛生长。在高空的大气中，常有飘浮着的细菌和孢子，土壤的表层和深层，也多生活着藻类和菌类。所以，几乎可以说自然界处处都有植物。

植物界中，尽管种类繁多，形态结构变化万端，但除极少数外，它们都是由细胞构成的，并具有细胞壁。其中种子植物是今天地球上种类最多，分布最广，形态结构最为复杂，也是和人类生活最为密切的一类植物。由于农、林、园艺植物和绝大多数的经济植物，都是种子植物。因此，本书内的形态、解剖部分，将着重讨论种子植物的形态和结构。

种子植物可根据它茎干的质地，分为木本植物和草本植物两大类型。

1. 木本植物　茎内木质部发达、木质化组织较多、质地坚硬，系多年生的植物。因茎干的形态，又可分为乔木、灌木和半灌木三类。

（1）乔木　植株一般高大，主干显著而直立，在距地面较高处的主干顶端，由繁盛分枝形成广阔树冠的木本植物，如玉兰、泡桐、杨、榆、松、柏、水杉、桉等。

（2）灌木　植株较矮小，无显著主干，近地面处枝干丛生的木本植物，如大叶黄杨、迎春、紫荆、木槿、南天竺、茶等。灌木和乔木的区别，不是内部结构的不同，而是生长型的不同。

（3）半灌木　外形类似灌木，但茎上半部分为一年生，越冬时枯萎死亡，茎下半部分木质的木本植物，如金丝桃、黄芪和某些蒿属植物。

2. 草本植物　茎内木质部不发达，木质化组织较少，茎干柔软，植株矮小的植物。因植株生存年限的长短，又可分为一年生、二年生和多年生三类。

（1）一年生植物　在一个生长季完成全部生活史的植物。它们从种子萌发到开花结实，直至枯萎死亡，在一个生长季内完成，如水稻、玉米、高粱、大豆、黄瓜、烟草、向日葵等。

（2）二年生植物　在两个生长季内完成全部生活史的植物。第一年种子播种后当年萌发仅长出根、茎、叶等营养器官，越冬后第二年才开花结实直至枯萎死亡，如白菜、胡萝卜、菠菜、冬小麦、洋葱、甜菜等。

（3）多年生植物　生存期超过两年以上的草本植物。地上部分每年生长季节末死亡，地下部分（根或地下茎）为多年生，如薄荷、菊、鸢尾、百合等。

不论木本植物或草本植物，凡茎干细长不能直立，匍匐地面或攀附他物而生长的，统称藤本植物。草质藤本如牵牛、茑萝松等；木质藤本如葡萄、紫藤等。

（三）植物在自然界中的作用

1. 植物的光合作用和矿化作用　绿色植物细胞内的叶绿体，能够利用光能，将简单的无机物（即二氧化碳和水）合成为糖类的过程，称为光合作用（photosynthesis）。因此，光合作用就是把无机物合成为有机物的过程。光合作用的产物不仅解决绿色植物自身的营养，同时，也维持了非绿色植物、动物和人类的生命。所以，绿色植物对维持整个生物界的生命起着重要作用。

因而，在自然界的生态平衡（ecological equilibrium）中也就占着主要的地位。此外，人类的衣、食、住、行、药物和工业原料，绝大部分也是来源于植物光合作用的产物。科学的发展，大大促进了人们对光合作用的研究，而揭开光合作用的奥秘，将会更有效地提高农、林、园艺植物和其他经济植物的产量，为人类利用、控制和改造自然，创造出更广阔美好的前景。

光合作用也是光能转变为化学能，而储积在有机化合物内的过程。这种积蓄的能量，除去作为自然界有机食物的源泉外，也常为人类多方面所利用。甚至古代植物所储积的能量，到今天还被人类利用着，如工业上主要动力来源之一的煤，就是古代植物储积的能量。而石油、天然气的形成，绿色植物也起了很重要的作用。

光合作用进行过程中放出氧气，不断地补充大气中的氧，对改善生物生活环境有极大的影响。因为氧是植物、动物和人类呼吸，以及物质燃烧所必需的气体。大气中的氧约占20%，它能够稳定地保持平衡，源源不断地供应，这就不能不归功于绿色植物的光合作用。

绿色植物以外的绝大多数非绿色植物和动物，都不能进行光合作用。少数的非绿色植物，如某些细菌，能进行细菌光合作用和化能合成作用，但具有这种能力的细菌，种类既少，而又常受所需条件的限制，不能进行较大规模的光合作用。而绿色植物的光合作用所需条件（即二氧化碳、水和光）最为普遍，所以光合作用的规模最大。

由此可见，绿色植物的光合作用是地球上唯一的最大规模地把无机物转化为有机物，将光能转化为可储积的化学能，以及把氧释放出来补充大气中的氧，这是地球上生物界生命活动所需能量和其他必需条件的基本源泉，也正是绿色植物的三项伟大的宇宙作用。

绿色植物进行光合作用，合成有机物质，这在自然界中是极为重要的。但是，只有有机物的合成和储积，还是不成的。这样，无机物都将被冻结在生物体内，自然界最终也将会由于原料的缺乏而成为死的世界。自然界的物质，总是处在不断的运动中，一方面，是从无机物合成为有机物的过程，而另一方面，也是从有机物分解为无机物的过程。有机物的分解，主要有两个途径：一是通过动、植物的呼吸作用来进行；二是通过非绿色植物的参加，如细菌、真菌等对死的有机物质的分解，也就是所谓矿化作用来进行。矿化作用的结果，使复杂的有机物分解成简单的无机物，可以再为绿色植物所利用。这样，光合作用和矿化作用，也就是合成和分解，使自然界的物质循环往复，永无止境。

2. 植物在自然界物质循环中的作用　上面已经提到绿色植物和非绿色植物的相互作用，以及有机物的分解在物质循环中的作用。现就植物在碳和氮循环中的作用，再作进一步的说明。

碳循环（carbon cycle）　绿色植物进行有机物的合成，即光合作用过程中，需要空气中的二氧化碳作为原料，以合成有机物。空气中的二氧化碳以容量计，仅为0.03%。据估计，碳按质量计，大气中的总含量约600亿吨，绿色植物在进行光合作用的过程中，要吸收大量的碳，如果大气中的二氧化碳不加补充，按地球上每年绿色植物要用19亿吨碳酸态的碳计算，只要30余年，大气中的二氧化碳就将被消耗殆尽。可是，事实上却不然，自有绿色植物以来，在漫长的岁月中，二氧化碳始终维持着相对的平衡，这就说明自然界中的二氧化碳一直在不断地得到补充，这些补充，除去地球上物质的燃烧、火山的爆发、动、植物的呼吸外，主要是依靠非绿色植物，如真菌、细菌等对动、植物尸体的分解所释放出的二氧化碳来补充（图绪－1）。

氮循环（nitrogen cycle） 氮是植物生命活动中不可缺少的重要元素之一。大气中的氮含量为79%，尽管含量高，但是这种游离氮，只有少数的固氮细菌和蓝藻，才能吸收利用，而绿色植物却不能直接利用。这些细菌、蓝藻等把大气中的游离氮固定转化为含氮化合物，成为植物所能吸收利用的氮，这个过程称为生物固氮作用（biological nitrogen fixation）。绿色植物把由光合作用所合成的糖类与所吸收的铵盐合成蛋白质，用以建造自己的身体，或作为备用的养料，储积在体内。动物摄取植物的蛋白质，加工成为动物本身的蛋白质。蛋白质通过呼吸，或者通过动、植物尸体的分解，进行氨化作用（ammonification），又释放出铵离子。部分的铵成为铵盐，供植物吸收；另一部分铵，经过硝化细菌一系列的硝化作用（nitrification）成为硝酸盐。硝酸盐是植物能够吸收和利用的氮的主要来源。但硝酸盐也可以由反硝化细菌的反硝化作用（denitrification）回复成游离氮（N_2）或氧化亚氮（N_2O），重返大气中。氮就是这样通过植物的复杂作用而循环着（图绪－2）。

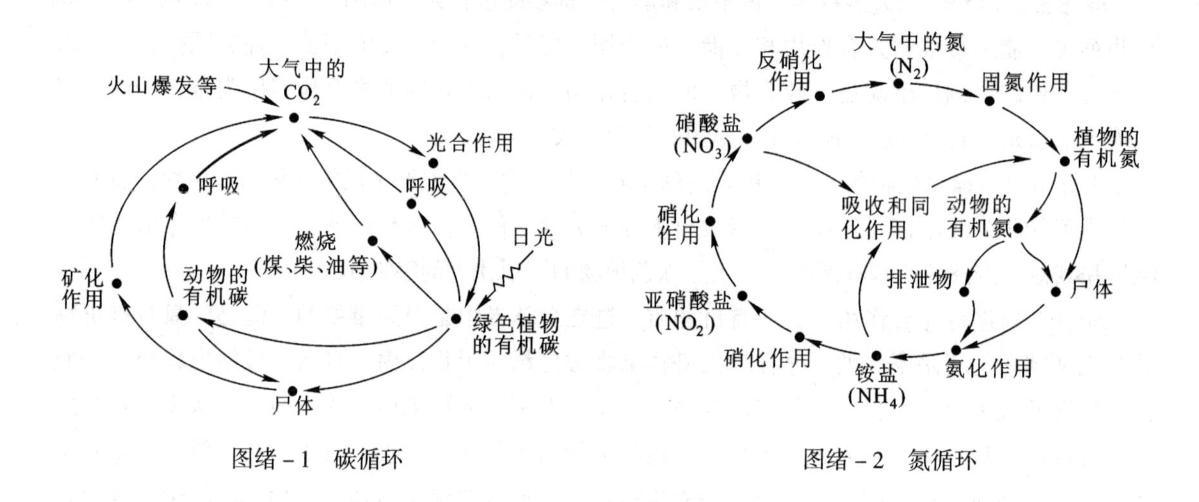

图绪－1　碳循环　　　　图绪－2　氮循环

植物体内除碳和氮外，还有氢、氧、磷、硫、钾、镁、钙，以及各种微量元素如铁、锰、锌、铜、硼、氯、钼等。这些元素被植物吸收后，又通过植物，以各种途径返还自然界，进行着永无休止的物质循环。由此可见，植物界是按照一定的规律来完成它的作用，合成与分解是辩证地统一，是有规律地变化着，循环反复，使自然界成为取之不尽、用之不竭的宝库，维持着整个生物界的生存；同时，也使整个自然界，包括生物和非生物之间成为不可分割的统一体。

3. 植物对环境保护的作用　植物对环境保护的作用，主要反映在它的净化作用上。农业生产上大量应用有毒农药，特别是工业生产规模日益扩大，排放含有各种有害物质的废气、废水、废渣，所谓“三废”，大量进入大气、水体和土壤，造成环境污染，影响生物的生存，更严重的是危害人类的生活和生产。

植物对大气的净化，一般是通过以下的途径：首先是通过叶片吸收大气中的毒物，减少大气中的毒物含量；其次，是植物能降低和吸附粉尘，净化大气，例如茂密的树林能降低风速，使空气中的大粒尘埃降落，特别是某些植物的叶面粗糙多毛，有的分泌黏液和油脂，更能吸附大量飘尘。蒙尘的植物，一经雨水冲洗，又能迅速恢复吸附的能力；此外，草坪也有显著的减尘作用。草坪由于枝叶繁茂，根茎与土表紧密结合，在草坪上沉积的各种尘埃，在大风天气不易出现扬尘和污染。因此，在城市、工厂区和隙地，多种草坪，尽量避免土壤裸露，也是保护环境、减少污染的一种有效措施。

植物对水域的净化，主要有以下途径：首先是植物能分解和转化某些有毒物质。在低浓度的情况下，植物能吸收某些有毒物质，并在体内将有毒物质分解和转化为无毒成分。例如，植物从水中吸收丁酚，丁酚进入植物体后，就能与其他物质形成复杂的化合物，而失去毒性。其中最常见的为酚糖苷，它可以贮藏在液泡内变成对植物无毒的结合态物质，在以后的生长发育过程中，可以被分解和利用，参加细胞正常的代谢过程。其他苯、氰等也都有相似的情况。其次是植物的富集作用。水生植物能吸收和富集水中的有毒物质，其富集能力依植物种类不同而异，但一般可高于水中有毒物质浓度的几十倍、几百倍甚至几千倍以上。不同植物吸收和富集不同的有毒物质的能力是不同的，利用植物富集能力来净化环境时，必须注意食物链的延伸对人类的影响。

土壤污染可以由大气污染和水质污染而引起。工厂排出的含有重金属的废气、烟尘和其他有害气体、工业废水、废渣，以及农业上施用化学农药、某些毒性除莠剂及污水灌溉等都会污染土壤。其他放射性物质也会对土壤污染。土壤污染后，能引起土壤酸化或碱化，以及影响有些作物的正常生长发育，因此，利用某些植物对土壤中污染物质的吸收，就能达到消除和净化的目的，但也必须注意某些农林产品，通过粮食、蔬菜、果品、牧草等，严重危害人畜。

在环境保护中，植物除了净化作用，还有监测作用。所谓监测作用，就是利用某些植物对有毒气体的敏感性，当某些有毒气体在低浓度时，它就能出现受害症状，反映出有毒气体的大概浓度，作为环境污染程度的指示，这就是监测作用，而对有毒气体特别敏感的植物，利用它们来监测有毒气体的浓度，指示环境污染程度，这种植物就称为监测植物。例如利用唐菖蒲和葡萄监测氟化氢，利用菠菜和胡萝卜监测二氧化硫（SO_2），这些植物的叶片部分反应最为敏感。叶片上都会因距离污染源的远近而出现伤斑的长短、大小、深浅和受害叶面积的百分率大小等差异，指示出大气中有毒物质的浓度。不论植物的净化作用或监测作用，都必须在工业、农业和城市的环保工作等的统筹计划和综合治理的基础上，使有毒物质的含量，在植物可以忍受的程度下，才能起净化和监测的作用。因此，不同植物对有毒物质含量的忍受程度、敏感性和净化情况，也是植物学上一个重要的课题。此外，在环境保护方面，植物有散放杀菌素的作用，还有减低噪声的作用，这对人类的健康和工作，是极为有利的。

4. 植物对水土保持的作用　植物的生长发育，都要受到周围环境的影响，而植物在逐步成长的过程中，又会影响着周围的环境。成年植物在地面上的枝叶和地面下的根系，都会改变局部环境的情况，特别是单位面积上丛聚的树木，也就是森林，对环境的影响更大，它可以维持生态平衡，调节气候，防止水、旱、风、沙的灾害，有利于人类的生活和农业生产。

森林对地面的覆盖，特别是在山区和丘陵地带，非常重要。森林的存在，使雨水可以通过树冠，缓缓下流，经地面的枯枝落叶或腐殖层，渗入土中，减少雨水在地表的流失和对表土的冲刷。因此，河川上游有茂密的森林，就能涵蓄水源、使清水长流、削减洪峰流量、保护坡地、防止水土流失，这样，也就减免下游河床或水库的淤垫。此外，森林枝叶的蒸腾作用，使水汽在大气中散发，水汽凝结成雨，减免地区干旱。

据估计，黄河流水挟带的泥沙每年有16亿吨，而长江的泥沙含量，也日趋上升，据近年有关资料的估计，长江流域的年均土壤总侵蚀量已达22亿吨，相当于每年毁坏土地720万亩，这些都反映我国不少地方存在着破坏植被所引起的严重后果。当前，我国正在进行社会主义生态文明建设，营造良好的生态环境，是可持续发展的重要保障。因此，加强水土保持、植树造林、绿化祖国，是建设美丽中国的重要组成部分，是造福子孙后代的一件大事。

（四）植物界的发生和发展

植物界的发生和发展是一个漫长的历史过程，它是随着地球历史的发展，由原始的生物不断地演化，其间经历了30多亿年的漫长历程，形成现在已知的50余万种植物。植物界漫长的演化历史，可用地球历史上划分的代、纪来研究，从不同代、纪地层中存在的植物化石来获得植物界演化的可靠资料。由于化石、资料的不足和技术问题，目前，许多有关演化的问题，还远远没有解决，认识也没有统一，是可以理解的。可以相信，随着科学技术和古植物学研究的进展，更多的化石会被发现，会被更好地鉴别，在辩证唯物主义的指导下，继续研究，不少问题必将会逐步地获得澄清和解决。

植物也和其他生物一样，最先是由非生物进化而来，经历了由无机物到有机物，逐渐形成较为复杂的类似蛋白质的有机物质，再转变为最原始的生命体，由非细胞结构的活质，再逐渐成为具有细胞结构的形式。

植物也是由简单向复杂发展的。最初出现的单细胞植物是由一个细胞执行着全部生活功能。由于外界环境条件的变化，引起单细胞植物自身的变化，有的仍旧保留原来单细胞的形式，而有的在外界环境影响下，通过自身进一步变化，演化成多细胞植物，因此，细胞结构的分工现象，也就出现了。物质的吸收、同化、异化和个体的繁殖，也逐渐由不同的细胞或不同的组织、器官来进行。分工愈细，结构也就愈复杂，这些，在植物的进化上是一个重要的阶段。

植物也是由水生向陆生发展的。低等的绿色植物是水生的，苔藓植物是由水生转向陆生的过渡类型，直到蕨类植物才成为陆生植物。从水生到陆生是植物进化的又一个重要阶段。从水到陆，环境发生了剧烈的变化，这也就加强了植物内部的矛盾，这种矛盾性也就引起了植物的发展。适应陆生的环境，植物也就逐步地产生根、茎、叶和维管组织。直到种子植物，由于花粉管的产生，在受精作用这个十分重要的环节上，才不再受外界水分的限制，而成为现时陆上最占优势的植物。

植物也是由低级向高级发展的。植物在漫长的历史过程中，不断地受到不同环境条件的影响，从而引起植物内在的变化。不能适应的，趋于衰退或灭亡；能适应的，就必然地改变了自己原有的遗传性，从生理功能到形态结构上都发生了变异。由于环境条件继续不断地改变所形成的影响，以及植物自身不断地变异，这样，就创造了愈来愈多的新植物类型。在不同的时间和空间上，环境条件都是不同的，这也就是为什么从古至今，以及现时地球上的各个部分，或者同一部分不同的地形或方位上，有着全然不同的植物。100万年前，人类的出现，对植物界更产生了巨大的影响，人类通过生产劳动的实践，逐渐成了控制植物界最强有力的因素，创造了栽培植物，更丰富了植物的类型。总之，植物界的历史是一部不断发展的历史，这将在下册作较详细地叙述。

二、植物学的内容和学习方法

（一）植物学研究的对象

植物学是一门内容十分广博的学科，研究对象是植物各类群的形态结构、分类和有关的生命活动、发育规律，以及植物和外界环境间多种多样关系的科学。人们掌握了这些规律，就可能更好地识别、控制、改造和利用植物，使它能更好地为人类服务，为生产建设服务。同其他学科一样，植物学也是在人们长期的生产斗争和科学实验过程中，产生和发展起来的。它的早期，主要是一门描述性的科学，20 世纪以来，随着自然科学、其他工程技术的更新与发展，新的理论、新的技术和新的设备的产生，植物学才逐渐地由观察描述的阶段进入实验的阶段，着重对植物界的生命活动规律，从不同的角度以新的技术和理论进行微观的和宏观的、理论的和应用的研究。我国社会主义建设事业正在大踏步前进，植物学也必然相应地发展；特别是在生态文明建设中，植物学工作者在向科学技术现代化的进军中，也是一支重要的方面军。许多教学、科研、生产、工程技术等部门也将会越来越迫切地需要植物学方面的协助，并且提出了更多更高的要求。植物学的教学和研究能不能走在经济建设的前头，同其他许多学科一样，是一个关系全局的重大问题。

（二）植物学的分支学科

随着科学的发展，生产实践和其他工作的需要，植物学的研究也愈来愈广泛，而每一局部的研究却愈来愈细致和深入，于是植物学就依据研究内容侧重的不同，分化为许多不同的分支学科，其中主要的有以下几类：

植物形态学（plant morphology） 植物形态学是研究植物体内外形状和结构，器官的形成和发育，细胞、组织、器官在不同环境中以及个体发育和系统发育过程中的变化规律的科学，它是植物学的基础学科之一。其中研究植物细胞结构的科学，称为植物细胞学（plant cytology）；研究植物组织和器官的显微结构和亚显微结构的科学，称为植物解剖学（plant anatomy）；研究植物胚胎的结构、发生和分化的科学，称为植物胚胎学（plant embryology）。

植物分类学（plant taxonomy） 植物分类学是研究植物类群的分类、鉴定和亲缘关系，从而建立植物进化系统和鉴别植物的科学，是整个植物学中最基本的一门学科，也是进行植物资源调查等工作的必需基础，有时称为植物系统学（plant systematics）。其中由于研究和应用上的便利，以某一类植物为对象，又可分为若干专门学科，如种子植物分类学、苔藓学、藻类学，等等。

植物生理学（plant physiology） 植物生理学是研究植物体的生理功能（如光合、呼吸、蒸腾、营养、生殖等）、各种功能的变化、生长发育的情况，以及在环境条件影响下所起的反应等的学科，其中专门研究植物细胞的活动和细胞组成方面的科学，称为植物细胞生理学（plant cell physiology)。

植物生态学(plant ecology)和地植物学(geobotany) 植物生态学和地植物学是研究植物与环境条件间相互关系的学科。其中研究植物个体与环境条件间相互关系的科学,称为植物生态学;研究植物群体和环境条件之间以及植物群体中植物相互关系的科学,称为地植物学。

以上所说的学科,其中许多是彼此有重叠的,也有不少是可以再加细分的。

除了上述按照研究内容而建立的分支学科外,植物学也可按照研究的具体植物而分为藻类学、真菌学、地衣学、苔藓学、蕨类学、种子植物学(或裸子植物学和被子植物学)等。也可因研究的不同对象和方法,分为经济植物学、药用植物学、古植物学、植物病理学、植物地理学、放射植物学等。

第 14 届国际植物学大会于 1987 年 7 月在联邦德国西柏林召开。[①] 大会以世界森林、生物技术、应用植物学、植物学中电子计算机的数据处理以及新方法等 5 方面为中心议题,对植物学中的教学和研究、植物学的历史、植物生理学中新的生物物理方法等内容也展开了讨论。大会将植物学分为代谢植物学(metabolism botany)、发育植物学(developmental botany)、遗传学和植物育种(genetics and plant breeding)、结构植物学(structural botany)、系统及演化植物学(systematic and evolutionary botany)、环境植物学(environmental botany)等 6 大组,与 1981 年 8 月在澳大利亚悉尼召开的第 13 届国际植物学大会分为 12 大组不同,数目削减了一半,许多学科被合并。从大体上讲,更趋于综合,理论与应用并重。两届大会的植物学分组,同样地不依过去习惯按形态、分类、生理等划分。从本届大会看,植物学总的有三点发展趋势:首先是生物技术正在向植物学各领域渗透。生物技术方面的一些手段和成果已被植物学各分支学科所接受;其次是应用基础方面的研究,在理论性较强的学科中也在发展;其三是以电子计算机为手段的数学模拟方面的研究和系统分析方面的研究也在不断地增多。就植物形态学、解剖学而言,除在电子显微镜分辨率提高的基础上做了更深入细致的工作外,还利用显微录像这一新技术,此点很值得仿效。就植物分类学、植物区系和演化而言,仍是这届大会的一个最大组,这些年来的工作是大量的,新的发展可能是在分子生物学和超微结构方面的研究,使它从表征研究深入到分子水平。关于中国区系,这次大会上设一小的专题组,可见我国学者在这方面所取得的出色成绩。

在我国,植物学必须为经济建设服务和为今后植物学的发展服务,二者相辅相成,缺一不可。为了同时在这两条战线作战,就需要有一支庞大的高级植物学工作者的队伍,因此,也就需要相应的师资队伍,培养师资正是高等师范院校责无旁贷的任务。要培养好人才,要做好教学和科研工作,就得一方面加强国内、外信息的交流,全面细致地了解国际植物学各分支学科的发展情况和认真学习国外的先进经验;另一方面也要从我国的实际出发,调动更多的力量,在为经济建设服务的同时,重视植物学自身的飞速发展,赶超世界先进水平。

(三)植物学的发展简史

植物学也像其他任何一门科学一样,有它自己的发生和发展的历史。植物学的历史,也反映

① 可参考胡昌序同志所写有关介绍第 14 届国际植物学大会的文章,《植物杂志》1987.6 及 1988.4 两期。

了人们同自然作斗争的历史。

植物学的发展，是和生产实践分不开的。早期的人类，在接触和采收野生植物的过程中，逐步积累了有关植物的知识。随着生产的发展，特别是人类从事农牧业生活后，对野生植物和栽培植物的生活习性、形态结构以及它们和外界环境间的相互关系，又有了更进一步的认识。社会的发展和劳动生产不断地提高，植物学就在生产活动中，逐步地成长和建立。

我国是一个文明古国，地大物博，植物资源非常丰富，是研究植物的最早国家之一。约在两千年前，《诗经》就已经提到了 200 多种植物。在农、林、园艺方面，公元 6 世纪，北魏贾思勰的《齐民要术》，概括了当时农、林、果树和野生植物的利用，提出豆科植物可以肥田，豆谷轮作可以增产，并叙述了接枝技术。其他如郭橐驼的《种树法》、王桢的《农书》等，都是很好的农业植物学。明代徐光启（1562—1633）的《农政全书》（1639），共 60 卷，总结过去经验，并提到救荒植物，是这方面集大成的著作。其他有关果蔬、花卉等的著作，为数更多，如晋代戴凯之的《竹谱》、唐代陆羽的《茶经》、宋代刘蒙的《菊谱》、蔡襄的《荔枝谱》、陈景沂的《全芳备祖》、明代王象晋的《群芳谱》、清康熙时的《广群芳谱》、陈淏子的《花镜》等，都是有名的专著。在药用植物方面，汉代的《神农本草经》积累了古代相传的药用植物的知识。以后历代都有专论药用植物的“本草”问世，其中以明代李时珍（1518—1593）的《本草纲目》（1578）为最著名，他深入民间，以 30 年的艰苦努力，总结了我国 16 世纪以前的本草著作，全书 152 卷，自第十二卷至三十五卷全属植物，包括藻、菌、地衣、苔藓、蕨类和种子植物，共 1 173 种，描述较详，内容极为丰富，为世界的学者所推崇，至今仍有重要参考价值。清代吴其濬（1789—1847）的《植物名实图考》和《植物名实图考长编》（1848），为我国植物学又一巨著，记载野生植物和栽培植物共 1 714 种，图文并茂，为研究我国植物的重要文献。

国外学者对植物学的发展，也从不同角度作出了重大贡献。16 世纪末，意大利西沙尔比诺（A. Cesalpino，1519—1603）的《植物》（*De Plants*），以植物的生殖器官作为分类基础，他的见解使植物学和实用的本草区别开来，对以后植物学的发展有很大影响。17 世纪，英国虎克（R. Hooke，1635—1703）1665 年利用显微镜观察植物材料，推动了以后对植物显微结构的研究。植物细胞学、植物组织学、植物胚胎学和藻类学、细菌学、真菌学、苔藓学等都相继得到发展。18 世纪，林奈创立了植物分类系统和双名法，为现代植物分类学奠定了基础。19 世纪，德国施莱登（M. Schleiden，1804—1881）和施旺（T. Schwann，1810—1882）首次提出了“细胞学说”，认为动、植物的基本结构单位是细胞。达尔文（C. Darwin，1809—1882）的《物种起源》（*Origin of Species*）出版，他的进化论观点，大大地推动了植物学的研究。以后不少学者都从各自的领域相继作出了贡献。

19 世纪中叶，李善兰（1811—1882）与外人合作编译《植物学》一书，该书是根据英国林德勒（J. Lindley，1799—1865）的《植物学纲要》（*Elements of Botany*）中的重要篇章编译而成，共八卷，为我国第一部植物学的译本。该书的出版，传播了近代植物学在实验观察基础上所建立的基本理论，对发展我国近代植物科学起了积极作用。该书所译细胞、心皮、子房、胎座、胚、胚乳等名词，至今沿用。“植物学”这一名词，以后也为日本科学界所采用。在植物学上，我国古代学者的辉煌成就，值得我们自豪。宋代刘蒙在《菊谱》（1104 年）中已经指出：“花之形色易变”“岁取其变以为新”。这种以变异为材料，通过人工选择，可以形成新的生物类型的思想，和达尔文的理论十分一致。

五四运动（1919）以后，我国开始有了植物学的专门研究机构，大学也开设了植物学方面的课程，我国学者才开始在自己的国土上进行近代植物学的教学和研究，在艰苦的条件下，兢兢业业，以毕生的精力，为我国植物学的研究和人才的培养，作出了卓越的贡献。

新中国成立以后，在党的领导和关怀下，制定了我国科学技术发展规划，其中也包括了植物学。从此，植物学的发展进入了一个崭新的阶段。在环境保护、农林生产、病害防治、引种驯化、野生植物资源调查，以及发展藻类养殖、增加工业原料和副食品生产等方面，植物科学都发挥了巨大的作用。此外，还大力开展了许多基本理论问题的研究。例如，对植物区系作了系统的调查，对辽阔的祖国进行了综合性的资源调查，包括青藏高原植物的考察，《中国植物志》《中国植被》《新生代植物化石》等专著，以及各地地方植物志和药用植物志等的编写和出版，植物学各学科的学报和科普性期刊的发行，都为我国植物学的进一步发展和我国植物资源的进一步利用，准备了条件。此外，植物细胞学、胚胎学、解剖学、生理学、生态学、遗传学等的研究工作也都取得了一定成绩。新中国成立以来，植物学的教学和科普工作，也受到了一定的重视。高等院校和中等学校的植物学教师以及植物学工作者，经过长期的辛勤劳动，为传播植物学知识和培养植物学人才，作出了显著的贡献。所有这些，都为我国植物学的进一步发展，赶超世界先进水平，创造了必要的基础和条件。

近年来，由于数学、物理学、化学等自然科学，以及工程技术的渗透，促使植物学各分科的不断发展和更新，并形成了不少的边缘科学，尤其是生物化学方面的迅速发展，对包括植物学各分科在内的生物科学，影响特别显著。

目前植物学及其分科还在不断地向前发展，由于许多新技术如电子显微镜、X 射线衍射技术、激光技术、遥感技术和电子计算机等在植物学上的应用，使许多老的学科，如植物形态学、植物分类学等，有了新的面貌，并从定性的范畴逐渐进入定量的范畴。一些新的植物学的研究不断地在发展前进。植物学在我国，随着社会主义建设事业的蓬勃发展，前途是无限光明的。

（四）植物学与国民经济的关系

植物在国民经济上的重要性是尽人皆知的。人类的衣、食、住、行、药物及工业原料，很大部分来源于植物。棉、亚麻、苎麻等都是衣着主要的原料；粮、菜、果、油、糖、茶、咖啡等食品和饮料，都是由植物提供的；肉食、毛皮、羊毛、蚕丝等看来是由动物提供的，但是动物依赖植物生活，所以也是间接来自植物；住和行方面，木材和竹材对房屋、家具、桥梁、枕木等提供了大量材料；在药物和工业原料方面，也都离不开植物，例如薄荷、奎宁、人参、当归、甘草、天麻等都是著名的药材；其他如造纸、纺织、橡胶、涂料、油脂、淀粉、染料、制糖、烟草、酿造等工业，也都要以植物为原料。

植物是生物，它的生命活动都有一定的规律，不按照规律栽培、管理，就不能获得作物的优质高产。要了解这些规律，就必须进行植物的形态结构、类群归属、生理特性、化学特征、遗传变异、生态分布等一系列的研究工作，而这些工作就都属于植物学的范畴。植物学正是一门不断地系统总结过去植物生产、利用的经验和长期观察实验的研究结果，最后才概括成为理论的科学。人类只有以植物学为武器，才能更好地利用、控制和改造植物，使它能为人类的生活和建设服务。进入21世纪以来，粮食、资源、能源、环保、生态平衡和人口等全球性的社会问题日益突出，无一不和植物学有关。在我国的生态文明建设中，自然环境的保护、抗污植物和监测植物的选择、植物资源的调查和利用、野生植物种质的保存、珍稀植物和濒危植物的保护、农业区划的制定、合理耕作栽培制度的建立、作物品种的改良和新品种的培育、外来和野生植物的引种驯化、农业上生物防治和抗菌素应用的研究、杂草的防治、有毒植物的识别及旅游事业的发展、都市绿化面积的扩充等，都需要借助植物学的理论和技术来解决。至于调整作物结构、培育高蛋白质含量的谷类作物、开发新的粮食作物和食物资源、利用植物生长激素提高作物产量，应用遗传工程培育作物新品种等，因涉及面广，更需要一支强大的植物学工作者的队伍来进行各项工作。如何使我国的大好河山，出现万里山峦青翠、江河碧水长流、花果满山、田园芬芳、鸟鸣兽驰、人寿年丰，在繁荣经济、建设社会主义现代化强国的前进道路上，植物学是大有可为的。

（五）植物学的学习方法

植物界的形形色色、纷纭杂陈的现象，有着它的发生、发展和消亡，这些现象是物质运动的形式。各种现象的出现绝不是孤立的、静止的。只有掌握全面，抓住本质，才能对植物的生命活动有较正确的认识。因此，学习植物学必须以辩证唯物主义的观点为指导。

自然界是一个相互依存，相互制约，错综复杂的整体。学习自然界中的植物时，只有从整体的观点出发，在空间上，以对立统一的规律来看待植物与周围环境间的关系；在时间上，以发展的眼光看待植物的过去与现在。恩格斯曾经指出："因为在自然界中没有孤立发生的东西。事物是互相作用着的，并且在大多数情形下，正是忘记了这种多方面的运动和相互作用，阻碍我们的自然科学家去看清最简单的事物"（《自然辩证法》157页，人民出版社，1971）。认识过程有感性和理性两个阶段，感性是理性的源泉，感性认识只能解决现象问题，要认识事物的本质，就非要通过抽象的概括，方能真正地理解。所以，学习植物学，必须联系实际，即多方面接触自然实际和生产实践，丰富感性认识，然后通过整理和概括，提高到理性阶段，才能提高对植物有关的本质问题的认识。

除了上述的指导性学习方法外，植物学也和其他生物学的学科一样，还有一些具体的学习方法，即观察、比较和实验，通过这些方法，就能更好地理解植物界，揭露许多现象的本质和规律。

观察是学习植物学的一种基本方法。通过认真细致地观察，了解植物的形态结构和生活习性，系统地加以描述和记录下来。观察需熟练地应用一些设备和技术，描述需正确地运用植物学术语，并重视定量的记载，这些就为今后的深入学习积累有用的第一手资料。

比较也是学习植物学的重要方法。通过对不同植物的整体或部分作系统地比较，才能鉴别它们的异同，从而能更深入地分析和识别，并得出一般的规律。植物学中各类植物的形态特征以及各分类单位的概括，就是由比较而获得的。

实验是在一定条件下，对植物的生活现象、生长发育、形态结构的观测，由于实验条件可随不同的要求而变更，因此，它比一般的观测更能揭示植物生活、生长发育以及形态结构等的变化和形式的本质。

观察、比较和实验等方法，既可单独应用，也可彼此结合。

学习原是一个艰苦的劳动，学习植物学也不例外。初学植物学的大学生一定要在认真听课、钻研教材和阅读有关参考资料（包括有关植物学的期刊）的同时，实事求是地、细致地进行实验工作，有效地进行自学，才能为提高分析问题、解决问题的能力打下较好的基础。

三、学习植物学的目的与要求

植物学在高等院校生物学相关专业、植物生产类专业中是一门基础课程，它包括种子植物形态解剖、孢子植物和种子植物分类三个部分。

（一）学习植物学的目的

学习植物学的目的是：一方面，使学生在大学学习期间，掌握植物学的基本知识、技能和技巧，为学好后续课程，如植物生理学、植物生态学、植物解剖学、遗传学、进化论、发育生物学以及其他选修课程等打下基础；另一方面，高等师范院校生物科学专业的培养目标，主要是培养中学生物学教师。中学现时开设的生物学课程有：植物学、动物学、生理卫生和高中生物学等几门课程，不少内容涉及植物学。因此，高等师范院校生物科学专业的学生学习植物学，就能为今后胜任中学生物学的教学工作，特别是有关植物学内容的教学工作，包括课堂讲授、实验和课外科技活动等，作好准备。

（二）学习植物学的要求

根据以上学习植物学的目的，可见学习植物学的要求是：

1. 在种子植物形态解剖部分　通过学习，要求掌握植物细胞的基本结构，包括显微结构和亚显微结构；细胞分裂的类型和过程；组织的起源和类型；营养器官和繁殖器官的发育和结构。并通过实验，能掌握显微镜的使用，识别细胞、组织的特征和结构，器官的主要外部形态和内部结构，徒手切片以及染色、装片等方法和技术。在有条件的高等院校中，对透射和扫描电子显微镜的应用和相应的制片技术，可以提出合理的要求。

2. 在孢子植物部分　通过学习，要求对孢子植物中各大类群和门的特征，以及代表植物的结构、生活史、亲缘关系等有一基本认识，从而建立起植物界发展演化的概念。通过实验和野外实习，识别和记录常见的和中学课本所涉及的孢子植物，以及它们的生态和分布，并学会标本的采集、野外的观察和记录以及各类孢子植物标本的制作方法。

3. 在种子植物分类部分　通过学习，要求掌握一部分重要科、属、种的特征、亲缘关系、分布和经济价值等知识；掌握识别种子植物的方法，包括熟悉检索表和重要工具书的使用。并通过实验，掌握繁殖器官和营养器官的形态特点，较熟练地应用检索表，能鉴别出常见种子植物的科、属；通过野外实习，接触自然，扩大眼界，识别和记录常见的种子植物，以及它们的生态和分布，并学会采集和制作蜡叶标本的方法。

植物学作为一门自然科学的课程，在学习中，除培养能阅读教材和有关参考资料外，还必须加强培养和锻炼亲自动手的能力，使能认真细致地进行实验和实习，养成理论联系实际的良好学风和实事求是的科学态度。

第一章　植物细胞和组织

第一节　植物细胞的形态结构

一、细胞是构成植物体的基本单位

有机体除了最低等的类型（病毒）以外，都是由细胞构成的。单细胞有机体的个体就是一个细胞，一切生命活动都由这一个细胞来承担；多细胞有机体是由许多形态和功能不同的细胞组成，在整体中，各个细胞有着分工、各自行使特定的功能，同时，细胞间又存在着结构上和功能上的密切联系，它们相互依存，彼此协作，共同保证着整个有机体正常生活的进行。

人们对细胞的认识要追溯到 17 世纪，当时，显微镜发明不久。1665 年英国人虎克用显微镜观察薄木软片，看到软木是由一个个被分隔的小室集合而成，形似蜂窝，他称这些小室为“cell”，中文译为“细胞”。实际上，当时虎克并未看到完整的生活细胞，他所看到的是失去了生活内容物，仅留下细胞壁的木栓细胞。以后，荷兰的列文虎克（A. van Leeuwenhoek，1632—1723）、意大利的马尔比基（M. Malpighi，1628—1694）等人先后用显微镜观察和研究了其他多种动、植物材料，更丰富了人们对动、植物的显微结构和细胞的认识，逐渐了解到细胞内有比细胞壁更重要的生活内容物，这就是细胞核和细胞质，在细胞核内还具有核仁，在植物的细胞质内还有叶绿体等。

1838 年，德国植物学家施莱登第一个指出：“一切植物，如果它们不是单细胞的话，都完全是由细胞集合而成的。细胞是植物结构的基本单位”。几乎同时，德国动物学家施旺在研究动物材料中也证实了施莱登的结论，并于 1839 年首次提出了“细胞学说”（cell theory），他指出细胞是有机体，动、植物都是这些有机体的集合物，它们按照一定的规则排列在动、植物体内。细胞学说第一次明确地指出了细胞是一切动、植物体结构基本单位的思想，从理论上确立了细胞在整个生物界的地位，把自然界中形形色色的有机体统一了起来。

20 世纪初，细胞的主要结构在光学显微镜下均已被发现，但对各部分的功能和它们彼此如何联系还知道得很少，直到 20 世纪 40 年代，电子显微镜发明后，用电子束代替了光束，大大提高了显微镜的分辨率[①]，从而使人们看到了光学显微镜下所看不到的更为精细的结构。同时，

① 分辨率即是能区别的两点间的最小距离。肉眼的分辨率为 0.1 mm；光学显微镜的分辨率为 0.2 ~ 0.3 μm；电子显微镜的分辨率为 0.25 nm。

细胞匀浆、超速离心、同位素示踪等生化技术在细胞学研究上的运用，使人们对细胞的结构及其与功能间的关系，以及细胞的发育有了更深入的理解。

20世纪60年代，利用组织培养技术，把植物离体细胞培养成完整的植株，这一事实表明了从复杂的有机体中分离出来的单个生活细胞，是一个独立的个体，具有遗传上的全能性，在一定的条件下它能够分裂、生长和分化，并能产生亲本有机体的“复制品”，这就更进一步证明了细胞是有机体的结构和功能的基本单位。

自然界中也存在非细胞形态的生物——病毒，但是病毒单独存在时，只是一类蛋白质和核酸组成的大分子，不能进行任何形式的代谢，只有寄生于宿主的细胞内后，才具有生命特征，能进行代谢和繁殖。

对“细胞”这一生命单位的了解，是我们认识生物体结构、代谢和生长发育规律的基础，因此，要了解植物的结构及其形态建成的规律，有必要从认识植物细胞着手。

二、植物细胞的形状和大小

（一）植物细胞的形状

植物细胞的形状是多样的，有球状体、多面体、纺锤形和柱状体等（图1–1）。

单细胞植物体或分离的单个细胞，因细胞处于游离状态，常常近似球形。

在多细胞植物体内，细胞是紧密排列在一起的，由于相互挤压，使大部分的细胞成多面体。

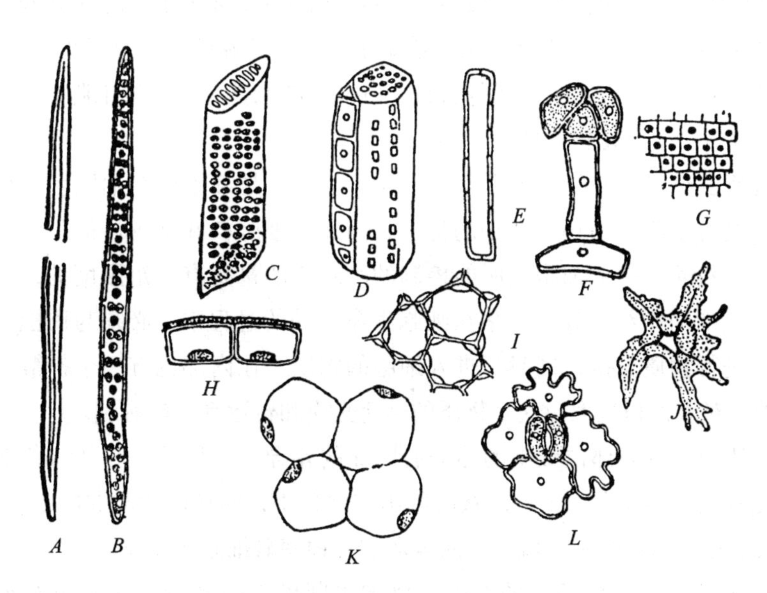

图1–1　种子植物各种形状的体细胞

A. 纤维；*B*. 管胞；*C*. 导管分子；*D*. 筛管分子和伴胞；

E. 木薄壁组织细胞；*F*. 分泌毛；*G*. 分生组织细胞；*H*. 表皮细胞；

I. 厚角组织细胞；*J*. 分枝状石细胞；*K*. 薄壁组织细胞；*L*. 表皮和保卫细胞

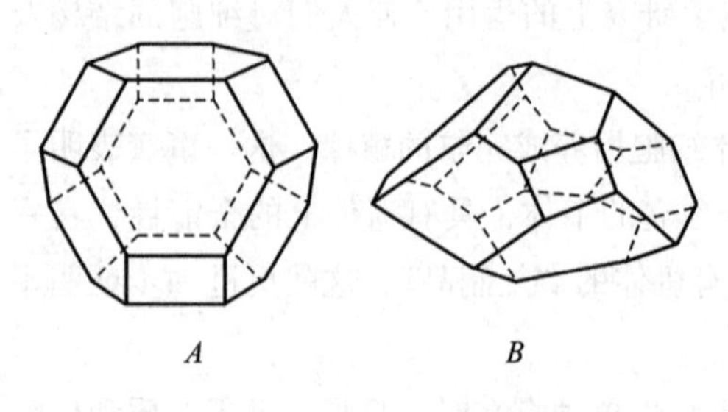

图 1–2　十四面体薄壁细胞的形状
A. 正十四面体图解，具有 8 个六边形的面和 6 个四边形的面；B. 臭椿髓的细胞图解

根据力学计算和实验观察指出，在均匀的组织中，一个典型的、未经特殊分化的薄壁细胞是十四面体（图 1–2）。然而这种典型的十四面体细胞，在植物体中是不易找到的，只有在根和茎的顶端分生组织中和某些植物茎的髓部薄壁细胞中，才能看到类似的细胞形状，这是因为细胞在系统演化中适应功能的变化而分化成不同的形状。种子植物的细胞，具有精细的分工，因此，它们的形状变化多端，例如输送水分和养料的细胞（导管分子和筛管分子），呈长柱形，并连接成相通的“管道”，以利于物质的运输；起支持作用的细胞（纤维），一般呈长梭形，并聚集成束，加强支持的功能；幼根表面吸收水分的细胞，常常向着土壤延伸出细管状突起（根毛），以扩大吸收表面。这些细胞形状的多样性，都反映了细胞形态与其功能相适应的规律。

（二）植物细胞的大小

一般讲来，植物细胞的体积是很小的。最小的球菌细胞直径只有 0.5 μm，在种子植物中，一般的细胞直径为 10 ~ 100 μm。有人估计一张叶片可含 4 000 万个以上的细胞，那么，可以想象，一棵大树上全部叶片的细胞总数，可以达到惊人的数字，还不包括根、茎等部分，这样，就可对细胞的大小，有一个粗略的印象。

由于细胞如此之小，因此，肉眼一般不能直接分辨出来，必须借助于显微镜。少数植物的细胞较大，如番茄果肉、西瓜瓤的细胞，由于储藏了大量水分和营养，直径可达 1 mm，肉眼可以分辨出来；棉种子上的表皮毛，可以延伸长达 75 mm；苎麻茎中的纤维细胞，最长可达 550 mm，但这些细胞在横向直径上仍是很小的。

细胞体积之所以小，主要受两个因素的影响。其一，是细胞核在细胞生命活动中起重要作用，它指挥和控制着细胞质中很多活动的进行，因此，细胞核和细胞质体积之间的关系，对细胞显得非常重要。然而，一个细胞核所能控制的细胞质的量是有一定限度的，细胞的大小受细胞核所能控制的范围的制约；其二，是在细胞生命活动的过程中，必须与周围环境（包括相邻的细胞）不断地进行物质交换，同时，进入细胞的物质，在内部也有一个扩散传递的问题，细胞体积小，它的相对表面积就大，这对物质的迅速交换和转运都比较有利。

在同一植物体内，不同部位细胞的体积有明显的差异，这种差异往往与各部分细胞的代谢活动及细胞功能有关。一般讲，生理活跃的细胞常常较小，而代谢活动弱的细胞，则往往较大，例如根、茎顶端的分生组织细胞，就比代谢较弱的各种储藏细胞明显要小。

细胞的大小也受许多外界条件的影响，例如水肥供应的多少、光照的强弱、温度的高低或化学药剂的使用等，都可以使植物细胞大小发生变化。例如，植物种植过密时，植株往往长得细而高，这主要是因为它们的叶相互遮光，导致体内生长素积累，引起茎秆细胞特别伸长的缘故。

三、植物细胞的结构

植物细胞由原生质体（protoplast）和细胞壁（cell wall）两部分组成。原生质体是由生命物质——原生质（protoplasm）所构成，它是细胞各类代谢活动进行的主要场所，是细胞最重要的部分，许多植物的原生质体可分离培养成再生植株。细胞壁是包围在原生质体外面的坚韧外壳，虽然它是植物细胞的非生命部分，但细胞壁和原生质体之间有着结构和机能上的密切联系，尤其是在幼年的细胞中，二者是一个有机的整体。

在光学显微镜下，原生质体可以明显地区分为细胞核（nucleus）和细胞质（cytoplasm）。细胞核呈一个折光较强、黏滞性较大的球状体，与细胞质有明显的分界。细胞质是原生质体除了细胞核以外的其余部分。它们二者都不是匀质的，在内部还分化出一定的结构，其中有的用光学显微镜可以看到，而有的必须借助于电子显微镜才能显得出来。人们把在光学显微镜下呈现的细胞结构称为显微结构（microscopic structure），而将在电子显微镜下看到的更为精细的结构称为亚显微结构（submicroscopic structure）或超微结构（ultramicroscopic structure）（图 1–3）。同样，细胞壁也有精细的构造。下面我们将具体地分别加以介绍。

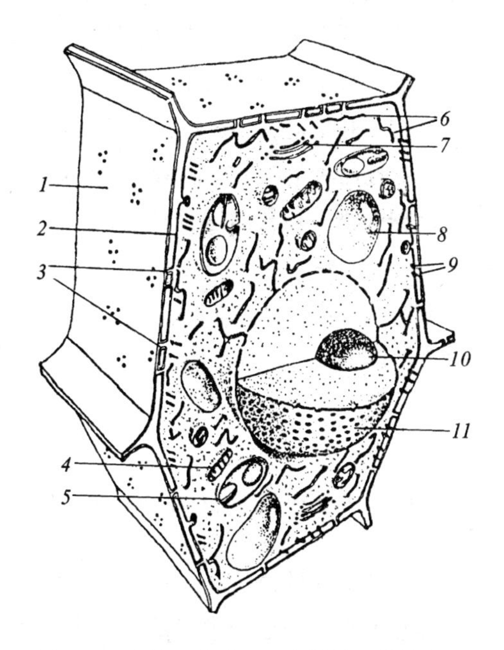

图 1–3　植物细胞的亚显微结构立体模式图

1. 细胞壁，上面具有胞间连丝通过的孔；2. 质膜；3. 胞间连丝；4. 线粒体；5. 前质体；6. 内质网；7. 高尔基体；8. 液泡；9. 微管；10. 核仁；11. 核膜

（一）原生质体

1. 细胞核　植物中除最低等的类群——细菌和蓝藻外，所有的生活细胞都具有细胞核。通常一个细胞只有一个核，但有些细胞也可以是双核或多核的，多见于菌藻植物，维管植物中少数细胞也可有二个以上的核，例如乳汁管具多核，绒毡层细胞常具二核。

细胞核的位置和形状随着细胞的生长而变化，在幼期细胞中，核位于细胞中央，近球形，并占有较大的体积。随着细胞的生长和中央液泡的形成，细胞核同细胞质一起被液泡挤向靠近壁的部位，变成半球形或圆饼状，并只占细胞总体积的一小部分。也有的细胞到成熟时，核被许多线状的细胞质索悬吊在细胞中央。然而不管是哪种情况，细胞核总是存在于细胞质中，反映出二者具有生理上的密切关系。

细胞核具有一定的结构　当观察生活细胞时，可以看到细胞核外有一层薄膜，与细胞质分界，称为核膜（nuclear membrane）。膜内充满均匀透明的胶状物质，称为核质（nucleoplasm），其中有一到几个折光强的球状小体，称为核仁（nucleolus）。当细胞固定染色后，核质中被染成深色的部分，称染色质（chromatin），其余染色浅的部分称核基质（nuclear matrix）。

核膜是物质进出细胞核的门户，起着控制核与细胞质之间物质交流的作用。电子显微镜观察到核膜具有双层，由外膜和内膜组成。膜上还具有许多小孔，称为核孔（nuclear pore）。这些孔能随着细胞代谢状态的不同进行启闭，所以，不仅小分子的物质能有选择地透过核膜，而且，某些大分子物质，如 RNA 或核糖核蛋白体颗粒等，也能通过核孔而出入，由此反映出细胞核与细胞质之间具有密切而能控制的物质交换。这种交换对调节细胞的代谢具有十分重要的作用。例如，有实验证明，小麦在活跃生长的分蘖时期，核膜上呈现相当大的孔，当进入寒冬季节时，抗寒的冬性品种的核孔，随着气温的降低逐渐关闭，而不抗寒的春性品种的核孔，却依然张开，因此，据推测，核孔的这种动态，对于小麦在低温下停止细胞分裂和生长，增进抗寒能力上起着一定的控制作用。

核仁是核内合成和贮藏 RNA 的场所，它的大小随细胞生理状态而变化，代谢旺盛的细胞，如分生区的细胞，往往有较大的核仁，而代谢较慢的细胞，核仁较小。

染色质是细胞中遗传物质存在的主要形式，在电子显微镜下显出一些交织成网状的细丝，主要成分是 DNA 和蛋白质。当细胞进行有丝分裂时，这些染色质丝便转化成粗短的染色体。

核基质主要是由非组蛋白构成的精密的三维网架结构，与 DNA 的复制、转录和 RNA 加工有关。

由于细胞内的遗传物质（DNA）主要集中在核内，因此，细胞核的主要功能是储存和传递遗传信息，在细胞遗传中起重要作用。此外，细胞核还通过控制蛋白质的合成对细胞的生理活动起着重要的调节作用，如果将核从细胞中除去，就会引起细胞代谢的不正常，并且很快导致细胞死亡。当然，细胞核生理功能的实现，也脱离不了细胞质对它的影响，细胞质中合成的物质以及来自外界的信号，也不断进入核内，使细胞核的活动作出相应的改变，因此，在细胞中，细胞核总是包埋在细胞质中的。

2. 细胞质　细胞质充满在细胞核和细胞壁之间，它的外面包被着质膜（plasmalemma 或 plasma membrane），质膜内是透明的无结构的基质包埋着一些称为细胞器（organelle）的微小结构。细胞器是细胞质中具有一定的形态结构和具有特定功能的小“器官”，包括质体（plastid）、线粒体（mitochondrion）、内质网（endoplasmic reticulum）、高尔基体（Golgi body）、液泡（vacuole）、微管（microtubule）等。

（1）质膜　质膜是包围在细胞质表面的一层薄膜，在动物细胞中通常称为细胞膜（cell membrane）。由于它很薄，通常又紧贴细胞壁，因此，在光学显微镜下较难识别。如果采用高渗溶液处理，使原生质体失水而收缩，与细胞壁发生分离（即质壁分离），就可看到质膜是一层光滑的薄膜。

在电子显微镜下，经适合的固定，质膜显出具有明显的三层结构：两侧呈两个暗带，中间夹有一个明带。三层的总厚度约 7.5 nm，其中两侧暗带各为 2 nm，中间明带约 3.5 nm。明带的主要成分是类脂，而暗带的主要成分为蛋白质。这种在电子显微镜下显示出由三层结构组成为一个单位的膜，称为单位膜（unit membrane），所以，质膜是一层单位膜。细胞中除质膜外，细胞核的内膜和外膜，以及其他细胞器表面的包被膜一般也都是单位膜，但各自的厚度、结构和性质都有差异。

质膜的主要功能是控制细胞与外界环境的物质交换。这是因为质膜具有“选择透性”，此种特性表现为不同的物质透过能力不同。当膜生活时，某些物质能很快透过，某些物质透过较慢，而另一些物质则不能透过。而且，随着细胞生理状态的不同，物质的这种透过能力可以发生相应的变化，在某些情况下，它们比另一些情况更能透过，这种特性是生活的生物膜所特有的。一旦细胞死亡，膜的选择透性也就随着消失，物质便能自由地透过了。质膜的选择透性使细胞能从周围环境不断地取得所需要的水分、盐类和其他必需的物质，而又阻止有害物质的进入；同时，细胞也能将代谢的废物排除出去，而又不使内部有用的成分任意流失，从而保证了细胞具有一个合适而相对稳定的内环境，这是进行正常生命活动所必需的前提。此外，质膜还有许多其他重要的生理功能，例如主动运输、接受和传递外界的信号，抵御病菌的感染，参与细胞间的相互识别等。

生物膜的选择透性是与它的分子结构密切相关的，但是，关于膜的分子结构，到目前为止，还没有完全被人们所了解。一般认为，磷脂是组成生物膜整体结构的主要成分，二排磷脂分子在细胞质（或细胞器）表面形成一个双分子层。在每一排中，磷脂分子与膜垂直，相互平行排列，二排分子含磷酸的亲水“头部”，分别朝向膜的内、外二侧，而疏水的脂肪酸的烃链“尾部”都朝向膜的中间，二排分子尾尾相接，这样形成了一个包围细胞质的连续脂质双分子层。生物膜就是这种脂质层与蛋白质相结合的产物。蛋白质在膜上的分布，科学家提出许多假设的模型，目前较普遍接受的一种是“膜的流动镶嵌模型”。这一学说认为，在膜上有许多球状蛋白，以各种方式镶嵌在磷脂双分子层中，有的分别结合在膜的内外表面，有的较深地嵌入磷脂质层中，再有的横向贯穿于整个双分子层（图 1-4）。而且，这样的结构不是一成不变的，构成膜的磷脂和蛋白质都具有一定的流动性，可以在同一平面上自由移动，使膜的结构处于不断变动的状态。膜的选择透性主要与膜上蛋白质有关，膜蛋白大多是特异的酶类，在一定的条件下，它们具有“识别”“捕捉”和“释放”某些物质的能力，从而对物质的透过起主要的控制作用。

（2）细胞器　细胞器一般认为是散布在细胞质内具有一定结构和功能的微结构或微器官。但对于“细胞器”这一名词的范围，还存在着某些不同意见。

① 质体　质体是一类与糖类的合成与贮藏密切相关的双层膜结构细胞器，它是植物细胞特有的结构，含有环状 DNA，可自我复制和分裂，具有半自主性。根据色素的不同，可将质体分成三种类型：叶绿体（chloroplast）、有

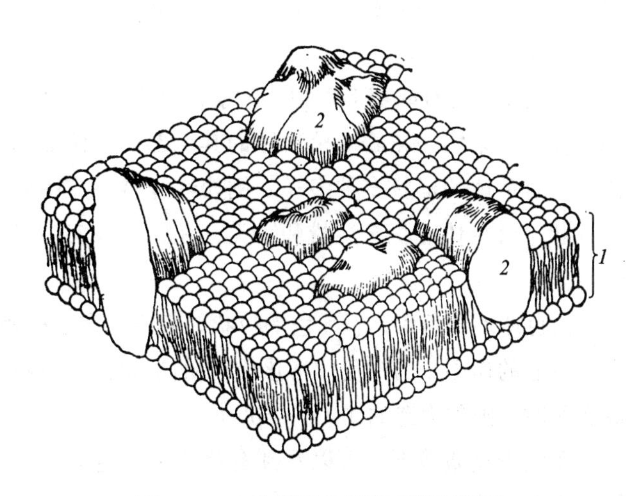

图 1-4　生物膜结构的流动镶嵌模型

1. 脂质双分子层；2. 膜上的蛋白质

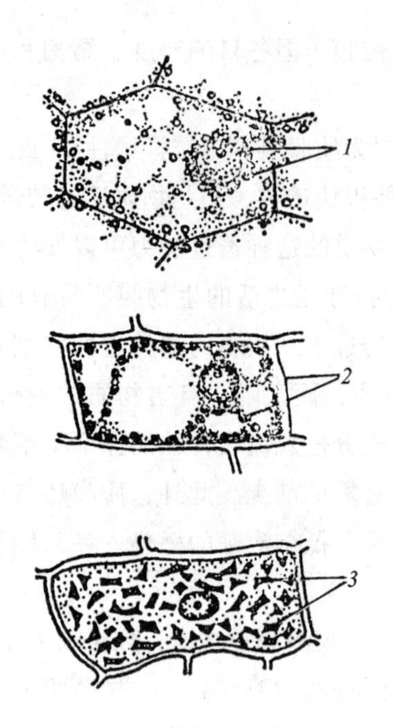

图 1–5　含有不同类型质体的细胞
1. 白色体；2. 叶绿体；3. 有色体

色体（或称杂色体，chromoplast）和白色体（leucoplast）（图 1–5）。

叶绿体是进行光合作用的质体，只存在于植物的绿色细胞中，每个细胞可以有几颗到几十颗。有人计算蓖麻的叶片每平方毫米中可有 403 000 颗叶绿体。叶绿体含有叶绿素（chlorophyll）、叶黄素（xanthophyll）和胡萝卜素（carotene），其中叶绿素是主要的光合色素，它能吸收和利用光能，直接参与光合作用。其他二类色素不能直接参与光合作用，只能将吸收的光能传递给叶绿素，起辅助光合作用的功能。植物叶片的颜色，与细胞叶绿体中这三种色素的比例有关。一般情况，叶绿素占绝对优势，叶片呈绿色，但当营养条件不良、气温降低或叶片衰老时，叶绿素含量降低，叶片便出现黄色或橙黄色。某些植物秋天叶变红色，就是因叶片细胞中的花青素和类胡萝卜素（包括叶黄素和胡萝卜素）占了优势的缘故。在农业上，常可根据叶色的变化，判断农作物的生长状况，及时采取相应的施肥、灌水等栽培措施。

高等植物的叶绿体形状相似，呈球形、卵形或凸透镜形。直径 4 ~ 10 μm，厚度 1 ~ 2 μm。在低等植物（藻类）中，叶绿体有各种形状，如杯状、带状和各种不规则形状。电子显微镜下显示出叶绿体具有精致的结构，表面有双层膜包被，内部有膜形成的许多圆盘状的类囊体（thylakoid）相互重叠，形成一个个柱状体单位，称为基粒（granum），在基粒之间，有基粒间膜（基质片层，granum lamella）相联系。除了这些以外的其余部分是没有一定结构的基质（matrix）（图 1–6*A*，*B*）。叶绿体色素位于基粒的膜上，光合作用所需的各种酶类分别定位于基粒的膜上或者在基质中，在基粒和基质中分别完成光合作用中不同的化学反应，光反应在基粒上进行，暗反应在基质中进行。

有色体只含有胡萝卜素和叶黄素，由于二者比例不同，可分别呈黄色、橙色或橙红色。它们经常存在于果实、花瓣或植物体的其他部分，例如胡萝卜的根，由于具有许多有色体而成为金黄色。有色体的形状多种多样，例如红辣椒果皮中的有色体呈颗粒状，旱金莲花瓣中的有色体呈针状。有色体能积聚淀粉和脂类，在花和果实中具有吸引昆虫和其他动物传粉及传播种子的作用。

白色体不含色素，呈无色颗粒状。普遍存在于植物体各部分的储藏细胞中，起着淀粉和脂肪合成中心的作用。当白色体特化成淀粉储藏体时，便称为淀粉体（造粉体，amyloplast），当它形成脂肪时，则称为造油体（elaioplast）。

在电子显微镜下，可以看到有色体和白色体表面也有双层膜包被，但内部没有发达的膜结构，不形成基粒。

关于质体的发育，一般认为是由幼小细胞中的前质体（proplastid）发育而来的。前质体是

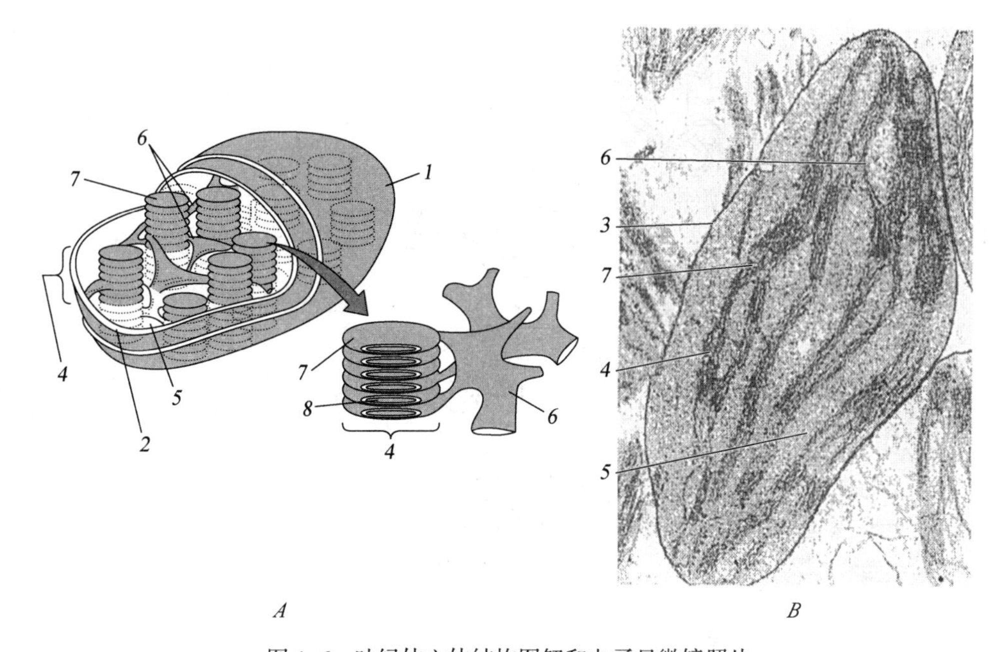

图 1-6　叶绿体立体结构图解和电子显微镜照片

A. 叶绿体立体结构图解；*B*. 叶绿体的电子显微镜照片

1. 外膜；2. 内膜；3. 叶绿体被膜；4. 基粒；5. 基质；6. 基粒间膜；7. 类囊体；8. 类囊体腔

（潘瑞炽，2012）

一种较小的无色体，能分裂。直径 1 ~ 3 μm。最初，在幼小细胞内有一些为双层膜所包被的小泡，其中没有片层结构，以后，小泡内膜向内折叠，内折的膜层与小泡表面平行，这时称为前质体。前质体进一步的发育，因外界条件而异，在光照条件下，内膜逐渐发育成正常的叶绿体基粒，同时形成叶绿素，发育为叶绿体；而在黑暗的条件下，内膜形成分离的管子，相互连接成立体的网格，同时也不形成色素，发育成白色体。这是黑暗中生长的植物会出现黄化的原因。如果黄化的植物再转入光下，白色体又可以发育成正常的叶绿体（图 1-7）。有色体一般认为不是由前质体直接发育而来的，它是由白色体或叶绿体转化而成的。例如发育中的番茄，最初含有白色体，以后转化成叶绿体，最后，叶绿体失去叶绿素而转化成有色体，果实的颜色也随着变化，从白色变成绿色，最后成为红色。相反，有色体也能转化成其他质体，例如，胡萝卜根的有色体暴露于光下，就可发育为叶绿体。

② 线粒体　线粒体是一些大小不一的球状、棒状或细丝状颗粒，一般直径为 0.5 ~ 1 μm，长度是 1 ~ 2 μm，在光学显微镜下，需用特殊的染色，才能加以辨别。在电子显微镜下可看出，线粒体由双层膜包裹着，其内膜向中心腔内折叠，形成许多隔板状或管状突起，称为嵴（cristae）。在二层被膜之间及中心腔内，是以可溶性蛋白为主的基质（图 1-8）。线粒体也含有环状 DNA，可自我复制和分裂，具有半自主性。

线粒体是细胞进行呼吸作用的场所，它具有 100 多种酶，分别存在于膜上和基质中，其中绝大部分参与呼吸作用。线粒体呼吸释放的能量，能透过膜转运到细胞的其他部分，提供各种代谢活动的需要，因此，线粒体被比喻为细胞中的“动力工厂”。

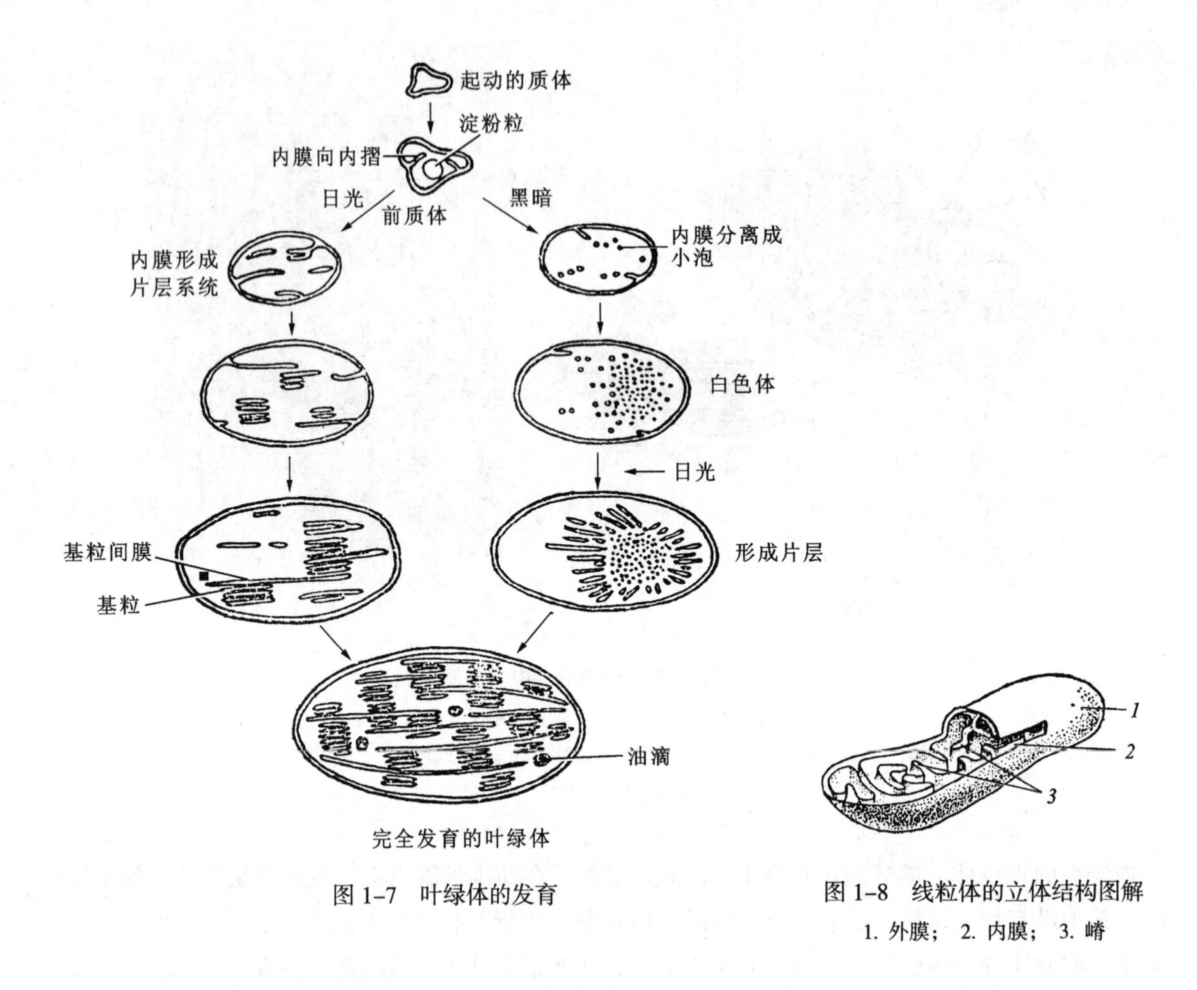

图 1–7　叶绿体的发育

图 1–8　线粒体的立体结构图解

1. 外膜；2. 内膜；3. 嵴

细胞中线粒体的数目，以及线粒体中嵴的多少，与细胞的生理状态有关。当代谢旺盛，能量消耗多时，细胞就具有较多的线粒体，其内有较密的嵴；反之，代谢较弱的细胞，线粒体较少，内部嵴也较疏。

③ 内质网　内质网是分布于细胞质中由一层膜构成的网状管道系统，管道以各种形状延伸和扩展，成为各类管、泡、腔交织的状态。在超薄切片中，内质网看起来是二层平行的膜，中间夹有一个窄的空间。每层膜的厚度约为 5 nm，二层膜之间的距离只有 40 ~ 70 nm，必须借助电子显微镜才能辨别（图 1–9，*A*；图 1–10）。

内质网有两种类型，一类在膜的外侧附有许多小颗粒，这种附有颗粒的内质网称为糙面内质网（图 1–9，*A*），这些颗粒是核糖核蛋白体（核糖体，ribosome）；另一类在膜的外侧不附有颗粒，表面光滑，称光面内质网。细胞中，二类内质网的比例及它们的总量，随着细胞的发育时期、细胞的功能和外部条件而变化。核糖核蛋白体也称核蛋白体或核糖体。

在细胞中，内质网可以与细胞核的外膜相连，同时，也可与原生质体表面的质膜相连，有的还随同胞间连丝穿过细胞壁，与相邻细胞的内质网发生联系。从而构成了一个从细胞核到质膜，以及与相邻细胞直接相通的管道系统，与细胞内和细胞间的物质运输有关。糙面内质网与核糖核蛋白体紧密结合，而核糖核蛋白体是合成蛋白质的细胞器，因此，糙面内质网与蛋白质（主

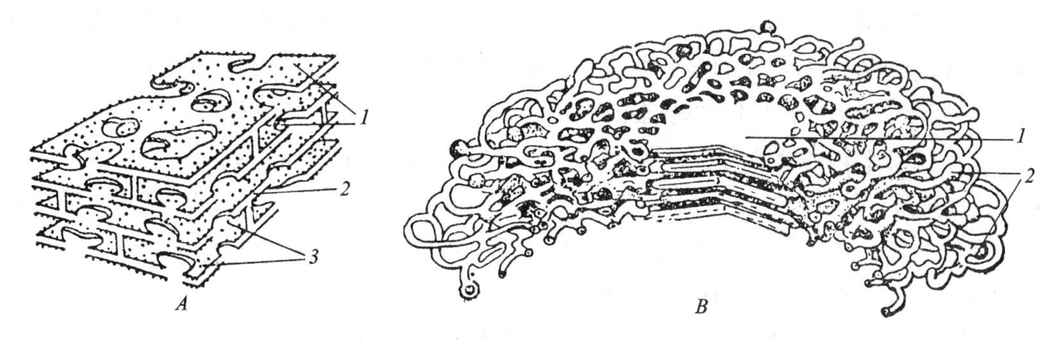

图 1–9　内质网和高尔基体的立体结构图解

A. 内质网立体结构图解：　1. 膜；　2. 腔；　3. 核糖核蛋白体；

B. 高尔基体的立体结构图解：　1. 由膜围成的囊；　2. 小泡

要是酶）合成有关，膜上核糖核蛋白体合成的蛋白质进入内质网腔内，并进一步将它转运到细胞其他部位去。光面内质网主要合成和运输类脂和多糖，例如，在分泌脂质的细胞中，常常有广泛的光面内质网。在细胞壁进行次生增厚的部位内侧，也可以见到内质网紧靠质膜，反映了内质网可能与加到壁上去的多糖类的合成有关。

④ 高尔基体　高尔基体是由一叠扁平的囊（cisterna，也称为泡囊或槽库）所组成的结构，每个囊由单层膜包围而成，直径 0.5 ~ 1 μm，中央似盘底，边缘或多或少出现穿孔。当穿孔扩大时，囊的边缘便显得像网状的结构。在网状部分的外侧，局部区域膨大，形成小泡（vesicle），通过缢缩断裂，小泡从高尔基体囊上可分离出去（图 1–9，*B*；图 1–10）。

高尔基体与细胞的分泌功能相联系。分泌物可以在高尔基体中合成，或来源于其他部分（如内质网），经高尔基体进一步加工后，再由高尔基小泡将它们携带转运到目的地。分泌物主要是多糖和多糖 - 蛋白质复合体。这些物质主要用来提供细胞壁的生长，或分泌到细胞外面去。当小泡输送物质参与壁的生长时，小泡向质膜移动，先与质膜接触，二者的膜发生融合，然后小

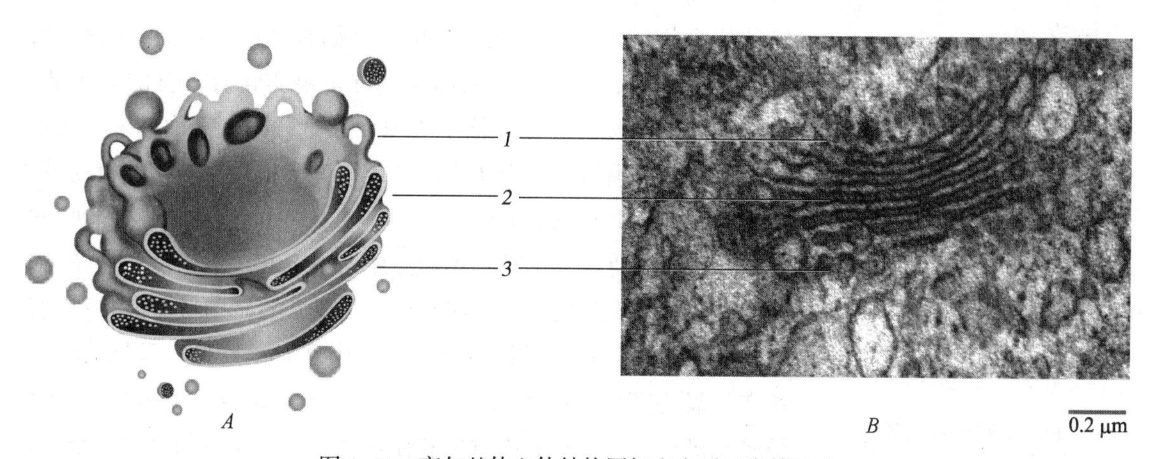

图 1–10　高尔基体立体结构图解和电子显微镜照片

A. 高尔基体的立体构造图解；　*B*. 高尔基体电子显微镜照片

1. 反面网状结构；　2. 中间膜囊；　3. 顺面网状结构

泡内容物向壁释放出去，添加到壁上。在有丝分裂形成新细胞壁的过程中，可以看到大量高尔基小泡，运送形成新壁所需要的多糖类物质，参与新细胞壁的形成。也有实验证明，根的根冠（root cap）细胞分泌黏液，松树的树脂道（resin canal）上皮细胞分泌树脂等，也都与高尔基体活动有关。一个细胞内的全部高尔基体，总称为高尔基器（Golgi apparatus）。

⑤ 核糖核蛋白体　核糖核蛋白体简称为核糖体，是直径为 17～23 nm 的小椭圆形颗粒（图 1–10）。它的主要成分是 RNA 和蛋白质。在细胞质中，它们可以游离状态存在，也可以附着于糙面内质网的膜上。此外，在细胞核、线粒体和叶绿体中也存在。

核糖核蛋白体是细胞中蛋白质合成的中心，氨基酸在它上面有规则地组装成蛋白质。所以，蛋白质合成旺盛的细胞，尤其在快速增殖的细胞中，往往含有更多的核糖核蛋白体颗粒。

在执行蛋白质合成功能时，单个核糖核蛋白体经常 5～6 个或更多个串联在一起，形成一个聚合体，称为多核蛋白体或多核糖体（polyribosome 或 polysome），它的合成效率比单个的更高。

⑥ 液泡　具有一个大的中央液泡是成熟的植物生活细胞的显著特征，也是植物细胞与动物细胞在结构上的明显区别之一。

幼小的植物细胞（分生组织细胞），具有许多小而分散的液泡，它们在电子显微镜下才能看到。以后，随着细胞的生长，液泡也长大，相互并合，最后在细胞中央形成一个大的中央液泡，它可占据细胞体积的 90% 以上。这时，细胞质的其余部分，连同细胞核一起，被挤成为紧贴细胞壁的一个薄层（图 1–11）。有些细胞成熟时，也可以同时保留几个较大的液泡，这样，细胞核就被液泡所分割成的细胞质索悬挂于细胞的中央。

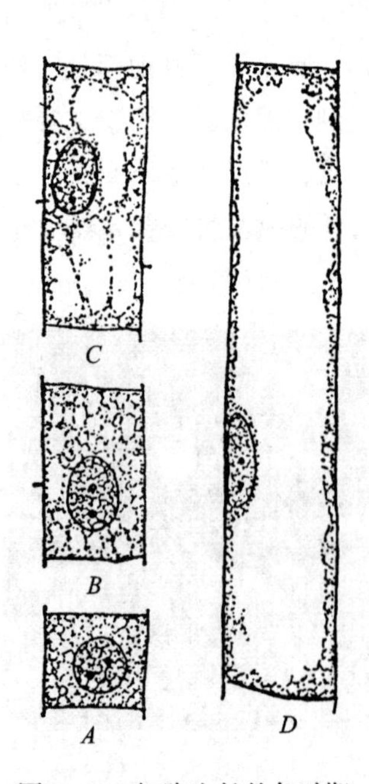

图 1–11　细胞生长的各时期，示液泡的变化

A—D 为从分生细胞开始，细胞依次生长的 4 个不同时期

液泡是被一层液泡膜（vacuole membrane）包被，膜内充满着细胞液，它是含有多种有机物和无机物的复杂的水溶液。这些物质中有的是细胞代谢产生的储藏物，例如糖、有机酸、蛋白质、磷脂等；有的是排泄物，例如草酸钙、花色素（anthocyanidin）等，但是，在植物中储藏物和排泄物没有严格的界线，因为植物具有对物质再度转化利用的能力。液泡膜具有特殊的选择透性，能使许多物质大量积聚在液泡中。例如甘蔗的茎和甜菜的根中，含有大量蔗糖，具有浓厚的甜味。许多果实含有丰富的有机酸，造成强烈的酸味。茶叶和柿子等因含大量鞣酸（又称单宁）而具涩味，并使破损后伤口很快变成黑色。许多植物含丰富的植物碱，如罂粟（*Papaver somniferum*）含吗啡，烟草含尼古丁，茶叶和咖啡含咖啡碱等。许多植物细胞液中溶解有花色素，从而使花瓣、果实或叶片显出红色、紫色或蓝色。花色素的显色与细胞液 pH 有关，酸性时呈红色，碱性时呈蓝色，中性时呈紫色，常见的牵牛花在早晨为蓝色，以后渐转红色，就是这个缘故。细胞液还含有很多无机盐，有些盐类因过饱和而成结晶，常见的如草酸钙结晶。细胞液中各类物质的富集，使细胞液保持相当的浓度，这对于细胞渗透压和膨压的维持，以及水分的吸收有着很大的关系，使细

胞能保持一定的形状和进行正常的活动。同时，高浓度的细胞液，使细胞在低温时不易冻结，在干旱时不易丧失水分，提高了抗寒和抗旱的能力。

电子显微镜的观察和酶的定位研究，进一步证明液泡不仅能单纯地储藏代谢产物，而且也积极地参与细胞中物质的生化循环，参与细胞分化和细胞衰老等重要的生命过程。液泡中具有不少酶类。其中包括多种水解酶，它们在一定条件下，能分解液泡中的储藏物质，重新动用来参加各种代谢活动。在电子显微镜下，经常还可以看到薄壁细胞的正常液泡中，悬浮有不完整的线粒体、质体或内质网片段等，它们是被液泡膜“吞噬”进去的细胞衰老的组成部分，以后在液泡中被分解而消失，这是细胞结构新陈代谢的一种方式，是细胞分化及衰老、死亡过程中必需的过程。因此，液泡被越来越多的人认为也是一种具有重要生理功能的细胞器，是细胞质的一部分。

植物细胞具有大的中央液泡，可能有着一种特殊的生理意义。细胞代谢所需要的物质，必须通过细胞表面进入细胞，但植物细胞具有坚固的细胞壁，它不能像动物细胞那样，通过改变细胞的形状来扩大吸收表面，因此，它通过另外的方式来达到相似的目的，即借助于大的中央液泡，把细胞质挤压成贴壁的薄层，这样，便有利于原生质体与外界发生气体和养料的交换。

液泡中的代谢产物不仅对植物细胞本身具有重要的生理意义，而且，植物液泡中丰富而多样的代谢产物是人们开发利用植物资源的重要来源之一，例如，从甘蔗的茎、甜菜的根中提取蔗糖，从罂粟果实中提取鸦片，从盐肤木、化香树中提取单宁作为烤胶的原料等。保护和合理开发利用野生植物资源已成为重要的植物资源应用方向，如利用蓝莓、沙棘、刺梨、酸枣等果实制取新型饮料；从叶、花、果实中提取天然色素，用于轻工、化工，尤其是食品工业的着色。天然色素的开发利用与人工合成已成为当前国内外十分重视的一个研究领域。

⑦ 溶酶体（lysosome） 溶酶体是由单层膜包围的多形小泡，一般直径为 0.25 ~ 0.3 μm。内部主要含有各种不同的水解酶类，如酸性磷酸酶、核糖核酸酶、组织蛋白酶、酯酶等，它们能分解所有的生物大分子，“溶酶体”因此而得名，溶酶体可以通过膜的内陷，把细胞质的其他组分吞噬进去，在溶酶体内进行消化；也可通过本身膜的解体，把酶释放到细胞质中而起作用。溶酶体在细胞内对贮藏物质的利用起重要作用，同时，在细胞分化过程中对消除不必要的结构组成，以及在细胞衰老过程中破坏原生质体结构也都起特定的作用。例如，在导管和纤维成熟时，原生质体最后完全破坏消失，这一过程就与溶酶体的作用密切有关。

“溶酶体”最早的概念来自动物细胞，指含有水解酶类的细胞器。现在了解，在植物细胞中，许多结构组分都含有酸性水解酶类，都具有分解代谢物及细胞组分的本领，其中如液泡就占据重要的地位。另外，糊粉粒、圆球体等也都含水解酶，具有溶酶体的作用。因此，一些人认为，在植物细胞中溶酶体不是一个特殊的形态学实体，而应指能发生水解作用的所有结构。

⑧ 圆球体（spherosome） 圆球体是膜包裹着的圆球状小体，直径为 0.1 ~ 1 μm，染色反应似脂肪，用锇酸固定后成为或多或少深色的球体。电子显微镜观察指出，它的膜只具有一层电子不透明层（暗带），而不像正常的单位膜具二个暗带，因此，可能只是单位膜的一半。膜内部有一些细微的颗粒结构。

圆球体是一种储藏细胞器，是脂肪积累的场所，当大量脂肪积累后，圆球体便变成透明的油滴，内部颗粒消失。在圆球体中也鉴定出含有脂肪酶，在一定条件下，酶也能将脂肪水解成甘油和脂肪酸。因此，圆球体具有溶酶体的性质。

⑨ 微体（microbody） 微体是一些由单层膜包围的小体，直径约 0.5 μm。它的大小、形状与溶酶体相似，二者的区别在于含有不同的酶。微体含有氧化酶和过氧化氢酶类。另外，有些微体中含有小的颗粒、纤丝或晶体等（图 1–12）。

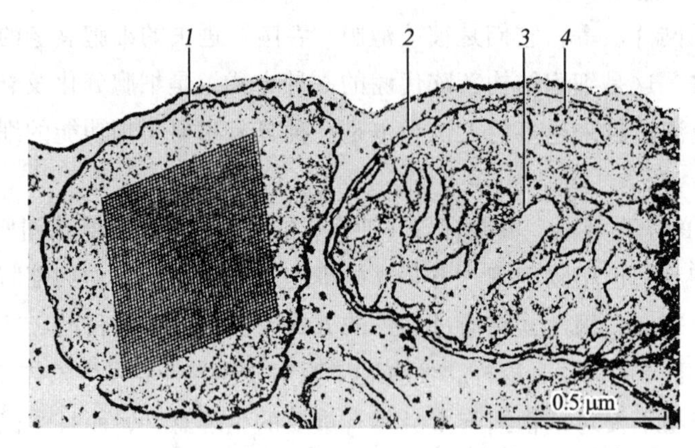

图 1–12 烟草叶维管薄壁组织细胞中的线粒体与微体的电子显微镜照片
1. 微体（含有晶体）； 2. 线粒体； 3. 线粒体嵴； 4. 核糖体
（强胜，2017）

现在了解到微体有二种：过氧化物酶体（peroxisome）和乙醛酸循环体（glyoxysome）。过氧化物酶体存在于高等植物叶肉细胞内，它与叶绿体、线粒体相配合，参与乙醇酸循环，将光合作用过程中产生的乙醇酸转化成己糖。乙醛酸循环体主要出现在油料种子萌发时，它与圆球体和线粒体相配合，把储藏的脂肪转化成糖类。

⑩ 微管和微丝 微管和微丝是细胞内呈管状或纤丝状的三类细胞器，它们在细胞中相互交织，形成一个网状的结构，成为细胞内的骨骼状的支架，使细胞具有一定的形状，在细胞学上称它们为细胞骨架（cytoskeleton）。

微管在电子显微镜下是中空而直的细管，长约数微米，直径约 25 nm，其中管壁厚 4 ~ 5 nm，中心是电子透明的空腔（图 1–13）。微管的化学组成是微管蛋白，它是一种球蛋白，在细胞中能随着不同的条件迅速地装配成微管，或又很快地解聚，因而，微管成为一种不稳定的细胞器。在低温、压力、秋水仙碱（colchicine）、酶等外

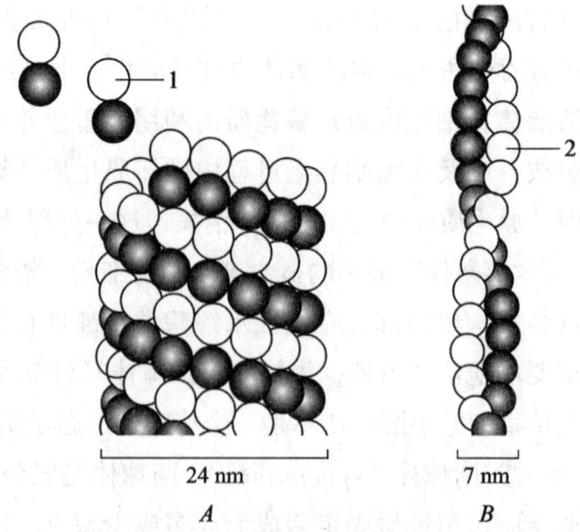

图 1–13 微管和微丝结构模式图
A. 微管； *B*. 微丝
1. 微管蛋白亚基； 2. 肌动蛋白亚基
（翟中和等，2011）

界条件的作用下，微管也很容易被破坏。

微管的生理功能主要有几个方面：第一，微管与细胞形状的维持有一定的关系。有人研究植物呈纺锤状的精子，发现它具有与细胞长轴相平行的微管，当用秋水仙碱处理后，微管被破坏，精子便变成球形。因此，说明微管可能在细胞中起支架作用，保持细胞一定的形状；第二，微管参与细胞壁的形成和生长。在细胞分裂时，由微管组成的成膜体，指导着含有多糖类物质的高尔基体小泡，向新细胞壁方向运动，在赤道面集中，融合形成细胞板。其后，微管在质膜下的排列方向，又决定着细胞壁上纤维素微纤丝的沉积方向。并且，在细胞壁进一步增厚时，微管集中的部位与细胞壁增厚的部位是相应的，反映了壁的增厚方式可能也受微管的控制；第三，微管与细胞的运动及细胞内细胞器的运动有密切关系。植物游动细胞的纤毛和鞭毛，是由微管构成的。在细胞分裂时，染色体的运动受微管构成的纺锤丝的控制。也有实验指出，细胞内细胞器的运动方向，也受微管的控制。

微丝是比微管更细的纤丝，直径只有 5 ~ 8 nm。在细胞中呈纵横交织的网状，与微管共同构成细胞内的支架，维持细胞的形状，并支持和网络各类细胞器。例如“游离”的核糖核蛋白体颗粒，很可能是连接在此网络的交叉点上。

微丝的主要成分是类似于肌动蛋白和肌球蛋白的蛋白质，因此，它具有像肌肉一样的收缩功能，除了起支架作用外，它的主要功能是与微管配合，控制细胞器的运动，微管的排列为细胞器提供了运动的方向，而微丝的收缩功能，直接导致了运动的实现。另外，微丝与胞质流动（cytoplasmic streaming）有密切的关系。在具有明显的胞质流动的细胞中，可以看到成束的微丝排列在流动带中，并与流动方向相平行，当用专门破坏微丝的药品——细胞松弛素处理后，胞质流动便停止。如果把药物去掉，微丝可重新聚合，胞质流动又可恢复。

（3）细胞质基质（cytoplasmic matrix） 在电子显微镜下，看不出特殊结构的细胞质部分，称为细胞质基质。细胞器及细胞核都包埋于其中。它的化学成分很复杂，包含水、无机盐、溶解的气体、糖类、氨基酸、核苷酸等小分子物质，也含有一些生物大分子，如蛋白质、RNA 等，其中包括许多酶类。它们使胞基质表现为具有一定弹性和黏滞性的胶体溶液，而且它的黏滞性可随着细胞生理状态的不同而发生改变。

在生活的细胞中，细胞质基质处于不断的运动状态，它能带动其中的细胞器，在细胞内作有规则的持续的流动，这种运动称胞质运动（cytoplasmic movement）。在具有单个大液泡的细胞中，细胞质基质常常围绕着液泡朝一个方向作循环流动。而在具有多个液泡的细胞中，不同的细胞质索可以有不同的流动方向。胞质运动是一种消耗能量的生命现象，它的速度与细胞生理状态有密切的关系，一旦细胞死亡，流动也随之停止。胞质运动对于细胞内物质的转运具有重要的作用，促进了细胞器之间生理上的相互联系。

细胞质基质不仅是细胞器之间物质运输和信息传递的介质，而且也是细胞代谢的一个重要场所，许多生化反应，如厌氧呼吸及某些蛋白质的合成等就是在细胞质基质中进行的。同时，细胞质基质也不断为各类细胞器行使功能提供必需的原料。

综上所述，我们可以看到植物细胞的原生质体，是细胞内一团结构上具有复杂分化的原生质单位。在细胞质膜内，具有特定形态和功能的细胞器，悬浮于以蛋白质为主的胶状基质中。从

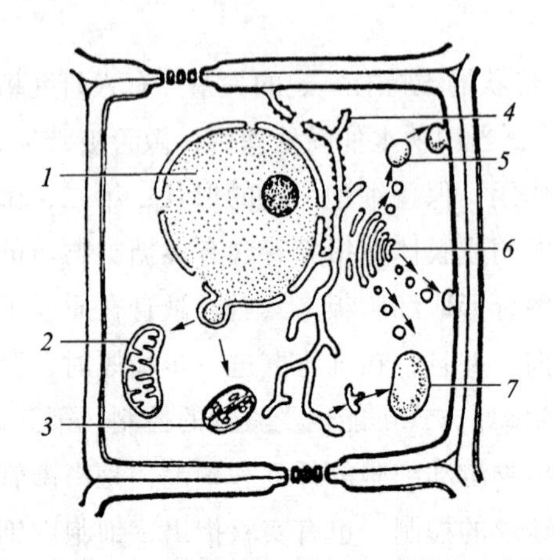

图 1–14　各类细胞器发育上相互联系示意图
1. 细胞核；2. 线粒体；3. 质体；4. 内质网；
5. 溶酶体；6. 高尔基体；7. 液泡

细胞器的定义出发，细胞核也可作为一个控制细胞遗传和发育的特殊的细胞器。这些结构，在功能上具有分工，但又是相互联系，相互依赖的，例如植物细胞最基本的生命活动——呼吸作用是在线粒体中进行的，然而呼吸所需的物质基础必须依赖叶绿体的光合作用提供；参与呼吸作用的各种酶类必须由核糖体合成；呼吸产生的能量必须通过细胞质基质转运到其他细胞器中，供各类代谢活动的需要，而水和二氧化碳又必须借助于质膜排出体外，或重新用作光合作用的原料。同时，参与以上种种代谢活动的酶的合成，又必然要受到细胞核的控制。由此可见，原生质体总是作为一个整体单位而进行生命活动的。

各类细胞器不仅功能上密切联系，而且在结构上和起源上也是相联系的。绝大部分的细胞器都是由膜所围成，各类细胞器的膜在成分上和功能上虽具有各自的特异性，但它们的基本结构是相似的，都是单位膜。它们在细胞内发育上的联系，可以用图 1–14 来作个示意：核膜的外膜与糙面内质网相联系，光面内质网产生的囊泡可以转化为高尔基体的泡囊，内质网和高尔基体又可以发育出液泡和各类小泡，小泡又可进一步发育为溶酶体、圆球体和微体等。因此，许多生物学家认为，细胞内这些细胞器是一个统一的、相互联系的膜系统在局部区域特化的结果，这个膜系统称为细胞的内膜系统。“内膜”是相对于包围在外面的质膜而言的。

在生物进化过程中，内膜系统在原生质体中起分隔化、区域化的作用。被膜分隔的不同小区，特化为不同的细胞器，从而实现细胞内的区域分工，使得在“细胞”——这样一个极小的空间中能同时进行多种不同的生化反应。内膜系统巨大的表面，又使各种酶能定位于不同的部位，保证了一系列复杂的生化反应能有顺序地、高效地进行。同时，内膜系统还与质膜相连，相邻细胞的内膜系统通过胞间连丝也互相沟通，这就提供了一个细胞内及细胞间的物质和信息的运输系统，从而使多细胞有机体能成为协调的统一整体。

因此，具有内膜系统是生物进化的表现，只有真核细胞（即具有真正细胞核的细胞）才有内膜系统，处于较低级状态的原核细胞（即没有真正细胞核的细胞）不分化成内膜系统。

（二）细胞壁

细胞壁是包围在植物细胞原生质体外面的一个坚韧的外壳。它是植物细胞特有的结构，与液泡、质体一起构成了植物细胞与动物细胞相区别的三大结构特征。

细胞壁的功能是对原生质体起保护作用。此外，在多细胞植物体中，各类不同的细胞的壁，具有不同的厚度和成分，从而影响着植物的吸收、保护、支持、蒸腾和物质运输等重要的生理活动。有人将细胞壁比喻成植物的皮肤、骨骼和循环系统。

一般认为，细胞壁在本质上不是一种生活系统，它是由原生质体分泌的非生活物质所构成的，但是细胞壁与原生质体又保持有密切的联系。在年幼的细胞中，细胞壁与原生质体紧密结合，即使用较高浓度的糖溶液，也不能引起质壁分离。现在已经证明，在细胞壁（主要是初生壁）中亦含有多种具有生理活性的蛋白质，它们可能参与细胞壁的生长、物质的吸收、细胞间的相互识别以及细胞分化时壁的分解等过程，有的还对抵御病原菌的入侵起重要作用。

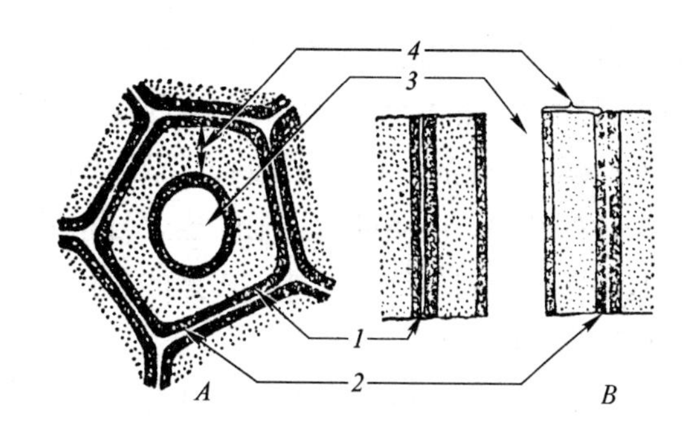

图 1–15　具次生壁细胞的细胞壁结构

A. 横切面； *B*. 纵切面

1. 胞间层； 2. 初生壁； 3. 细胞腔； 4. 三层的次生壁

1. 细胞壁的层次　细胞壁根据形成的时间和化学成分的不同分成三层：胞间层（intercellular layer）、初生壁（primary wall）和次生壁（secondary wall）（图 1–15）。

（1）胞间层　又称中层，存在于细胞壁的最外面。它的化学成分主要是果胶（pectin），这是一种无定形胶质，有很强的亲水性和可塑性，多细胞植物依靠它使相邻细胞彼此粘连在一起。果胶很易被酸或酶等溶解，从而导致细胞的相互分离。例如某些组织成熟时，体内的酶分解部分胞间层，形成细胞间隙。许多果实，如番茄、苹果、西瓜等成熟时，果肉细胞的胞间层被溶解，致使细胞发生分离，果肉变得软而“面”。有些真菌能分泌果胶酶，溶解植物组织的胞间层而侵入植物体内。麻类植物的茎浸入水中的沤麻过程，也是利用微生物分泌酶分解纤维的胞间层使其相互分离。

（2）初生壁　初生壁是在细胞停止生长前原生质体分泌形成的细胞壁层，存在于胞间层内侧。它的主要成分是纤维素、半纤维素和果胶。现已证明，在初生壁中也含有少量结构蛋白，这些蛋白质成分与壁上的多糖紧密结合。初生壁的厚度一般较薄，1 ~ 3 μm，质地较柔软，有较大的可塑性，能随着细胞的生长而延展。许多细胞在形成初生壁后，如不再有新壁层的积累，初生壁便成为它们永久的细胞壁。

（3）次生壁　次生壁是细胞停止生长后，在初生壁内侧继续积累的细胞壁层。它的主要成分是纤维素（cellulose），含有少量的半纤维素（hemicellulose），并常常含有木质（lignin）。次生壁较厚，一般 5 ~ 10 μm，质地较坚硬，因此，有增强细胞壁机械强度的作用。在光学显微镜下，厚的次生壁层可以显出折光不同的三层：外层、中层和内层。因此，一个典型的具次生壁的厚壁细胞（如纤维或石细胞），细胞壁可看到有 5 层结构：胞间层、初生壁和三层次生壁。但是，不是所有的细胞都具有次生壁，大部分具次生壁的细胞，在成熟时原生质体死亡，残留的细胞壁起支持和保护植物体的功能。

2. 纹孔（pit）和胞间连丝（plasmodesma）　细胞壁生长时并不是均匀增厚的。在初生壁上具有一些明显的凹陷区域，称为初生纹孔场（primary pit field）。在初生纹孔场上集中分布着许多小孔，细胞的原生质细丝通过这些小孔，与相邻细胞的原生质体相连。这种穿过细胞壁，沟通相邻细胞的原生质细丝称为胞间连丝（图 1–16；图 1–17，*A*），它是细胞原生质体之间物质和信息直接联系的桥梁，是多细胞植物体成为一个结构和功能上统一的有机体的重要保证。在高倍电子显微镜下，胞间连丝显出是直径约 40 nm 的管状结构，相邻细胞的质膜在胞间连丝周围是连续的，丝的中心可观察到直径为 10 nm 的深色的结构，内质网通过胞间连丝与相邻细胞联系。除初生纹孔场外，在壁的其他部位也可分散存在少量胞间连丝。

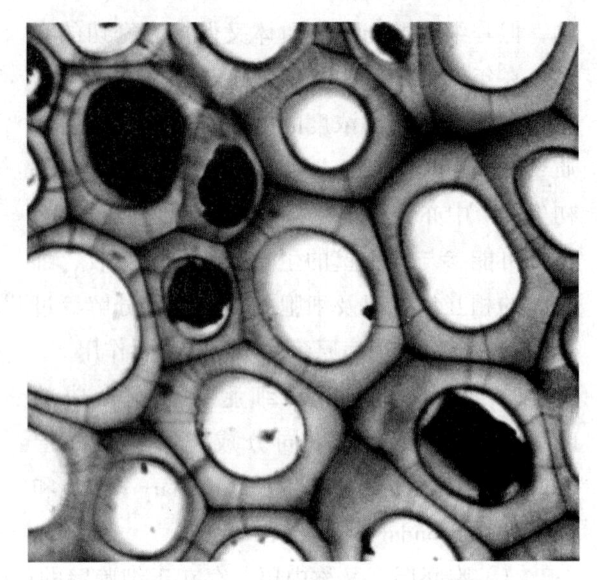

图 1–16　柿（*Diospyros kaki*）胚乳细胞，示穿过厚壁的胞间连丝

当次生壁形成时，次生壁上具有一些中断的部分，这些部分也就是初生壁完全不被次生壁覆盖的区域，称为纹孔。纹孔如在初生纹孔场上形成，一个初生纹孔场上可有几个纹孔。一个纹孔由纹孔腔（pit cavity）和纹孔膜（pit membrane）组成，纹孔腔是指次生壁围成的腔，它的开口（纹孔口）朝向细胞腔。腔底的初生壁和胞间层部分即称纹孔膜。根据次生壁增厚情况的不同，纹孔分成单纹孔（simple pit）和具缘纹孔（bordered pit）两种类型，它们的基本区别是具缘纹孔的次生壁穹出于纹孔腔上，形成一个穹形的边缘，从而使纹孔口明显变小，而单纹孔的次生壁没有这样的穹形边缘（图 1–17，*B*—*G*），在某些裸子植物管胞的壁上有一种较为特殊的具缘纹孔，它们的纹孔膜中央部位有一个圆盘状的增厚区域，称纹孔塞（pit plug）。它的直径大于纹孔口，纹孔塞的增厚是初生壁性质的，周围的纹孔膜具孔称塞缘（或塞周膜，margo）。其多孔结构，有较好的透性。当纹孔膜位于相邻细胞的中央位置时，水分主要通过塞缘透到相邻细胞，而当两侧的细胞

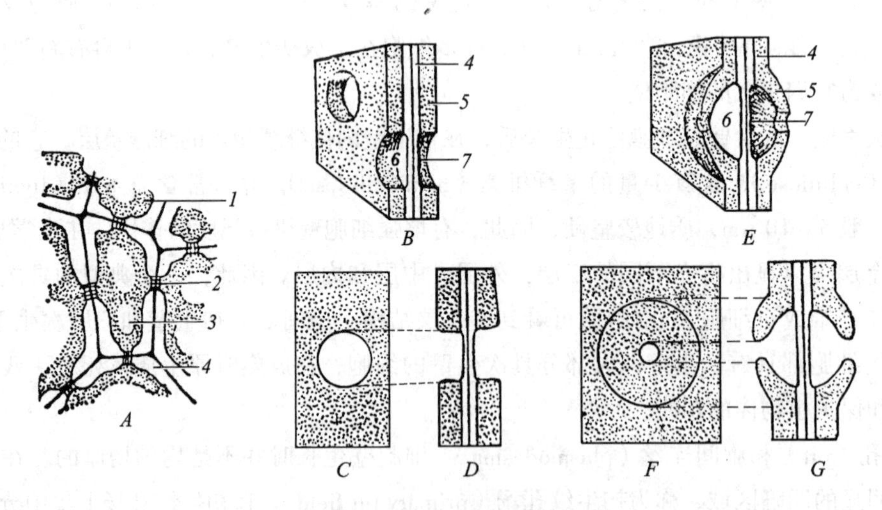

图 1–17　纹孔和胞间连丝

A. 相邻细胞间的胞间连丝通过初生纹孔场；*B*—*D*. 单纹孔；*E*—*G*. 具缘纹孔

（*B*、*E* 为立体剖面；*C*、*F* 为正面观；*D*、*G* 为侧面观）

1. 细胞质；2. 初生纹孔场和胞间连丝；3. 液泡；4. 初生壁；5. 次生壁；6. 纹孔腔；7. 纹孔膜

内压力不同时，纹孔膜偏向压力小的一侧，从而使纹孔塞关闭了该侧的纹孔口，阻止了水流向该侧的流动（图 1–18）。可见这种具缘纹孔在一定条件下有控制水流的作用。

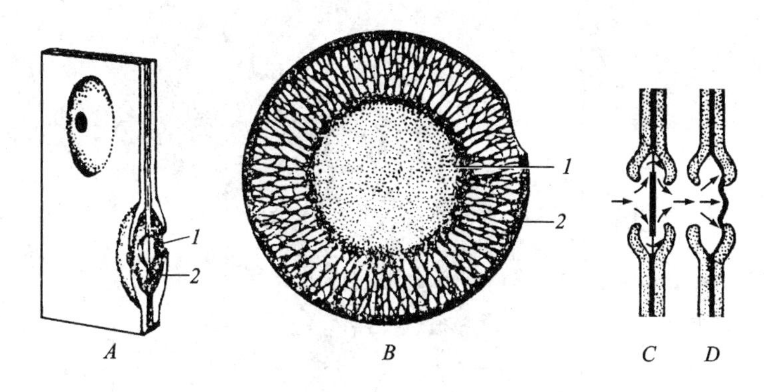

图 1–18　松属管胞壁上具缘纹孔的结构

A. 二管胞相邻壁的一部分（示纹孔的正面观和切面观）；*B*. 松属植物的纹孔塞与周围具孔的纹孔膜；*C*、*D*. 具缘纹孔对纵切面（箭头示水流的方向）；*C*. 纹孔塞位于中间位置；*D*. 纹孔塞关闭了一侧的纹孔口

1. 纹孔塞；2. 纹孔膜

（仿 A. Fahn）

细胞壁上的纹孔通常与相邻细胞壁上的一个纹孔相对，二个相对的纹孔合称纹孔对（pit pair），纹孔对中的纹孔膜是由二层初生壁和一层胞间层组成（图 1–19）。

细胞壁上初生纹孔场、纹孔和胞间连丝的存在，都有利于细胞与环境以及细胞之间的物质交流，尤其是胞间连丝，它把所有生活细胞的原生质体连接成一个整体，从而使多细胞植物在结构和生理活动上成为一个统一的有机体。

3. 细胞壁的化学组成　细胞壁最主要的化学成分为纤维素，它是一种亲水的具有某些晶体性质的化合物，由 100 个或更多个葡萄糖基连接而成，分子成长短不等的链状。与纤维素相结合普遍存在于壁中的其他化合物是果胶质、半纤维素和非纤维素多糖。由于这些物质都是亲水性的，因此，细胞壁中一般含有较多的水分，溶于水中的任何物质都能随水透过细胞壁。

但是，在植物体中，不同细胞的细胞壁组分变化很大，这是由于细胞壁中还渗入了其他各种物质的结果。常见的物质有角质、栓质、木质、矿质等，它们渗入细胞壁的过程分别称为角质化、栓质化、木质化和矿质化。由于这些物质的性质不同，从而使各种细胞壁具有不同的性质，例如，角质和栓质是脂肪性物质，因此，角质化或栓质化的壁就不易透水，具有减少蒸腾和免于雨水浸渍的作用；木质是亲水性的，它有很大的硬度，因此，木质化的壁既加强了机械强度，又能透水；矿质主要是碳酸钙和硅化物，矿质化的壁也具有大的硬度，增加了支持力。细胞壁成分和性质上的这些差异，对于不同细胞更好地适应它所执行的功能，具有重要意义。例如茎、叶表面的细胞，细胞壁常角质化或栓质化，使植物在烈日下减少体内水分的丧失，加强了保护作用；树木木质部的细胞强烈木质化，使茎干能承受大的压力，加强了支持功能；等等。

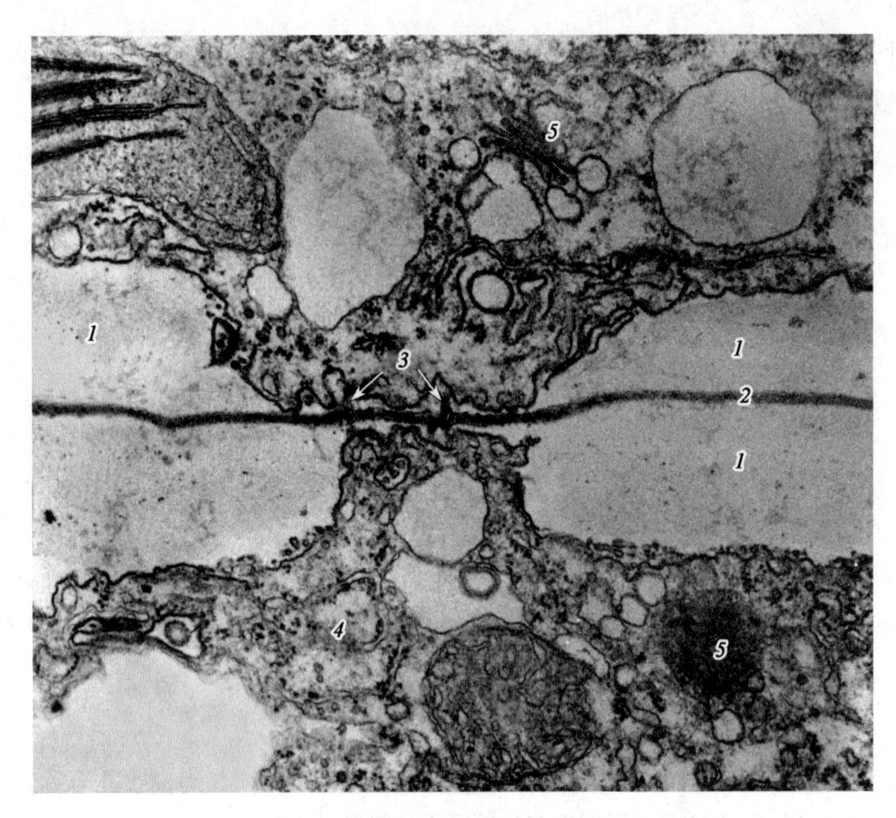

图 1-19 单纹孔对

1. 次生壁； 2. 胞间层； 3. 胞间连丝； 4. 内质网； 5. 高尔基体

4. 细胞壁的亚显微结构 电子显微镜下对细胞壁结构的研究指出，构成细胞壁的结构单位是微纤丝（microfibril）。微纤丝是由纤维素分子束（微团，micelle）聚合成的纤丝，在电子显微镜下可以辨别。把细胞壁中的非纤维素成分去掉后，可以看到微纤丝相互交织成网状，构成了细胞壁的基本构架（图 1-20）。在完整的壁中，其他的壁物质（果胶、半纤维素、木质、栓质等）填充于微纤丝“网”的空隙中。微纤丝再聚集成较粗的纤丝而称为大纤丝（macrofibril），这种大纤丝可以在光学显微镜下看到（图 1-21）。

在细胞壁生长时，微纤丝是成层连续地敷设到壁上去的，微纤丝的沉积方向很可能受到质膜下微管排列方向的控制，因为它们二者常常具有一致性。而微纤丝的合成，则可能与质膜有关。

成熟细胞中，不同细胞壁层的微纤丝，排列成不同的方向，在初生壁中，微纤丝呈网状排列，但多数纤丝与细胞的长轴相平行；在次生壁中，微纤丝多数与长轴成一定角度斜向排列，而且，在次生壁的外、中、内三层中，微纤丝的走向也不一致，这样的排列方式大大增强了细胞壁的坚固性（图 1-22）。在显微镜下，我们看到厚壁细胞和管胞的次生壁显出三层也就是这个原因。

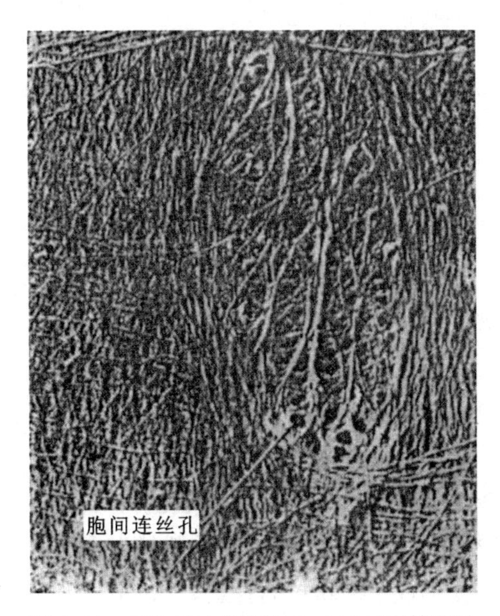

图 1-20　初生壁上微纤丝的电子显微镜照片
可看到一个初生纹孔场上聚有许多胞间连丝孔，照片顶端显示微纤丝成平行状排列，其余部分的微纤丝无一定方向

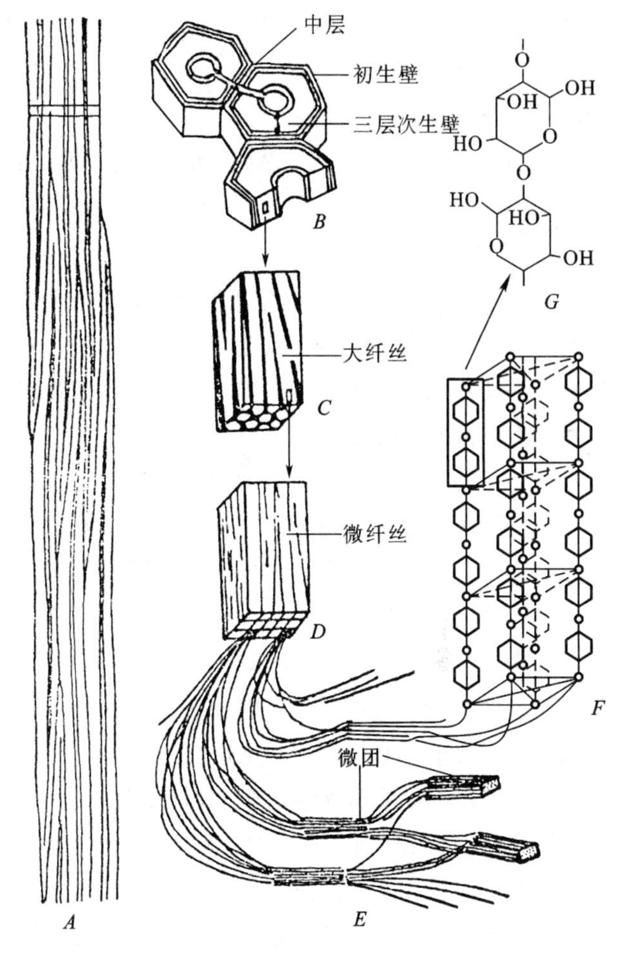

图 1-21　细胞壁的详细结构图解
A. 纤维细胞束；*B*. 纤维细胞的横切面，表示中层、初生壁和三层次生壁；*C*. 次生壁中间层的一小部分，表示大纤丝（白色）和纤丝间空间（黑色），这些空隙充满了非纤维素的物质；*D*. 大纤丝的一小部分，表示微纤丝（白色），它们可以在电子显微镜照片上看到（见图 1-20），微纤丝之间的空间（黑色）也充满了非纤维素的物质；*E*. 微纤丝的结构，纤维素的链状分子的某些部分有规则地排列，这些部分就称微团；*F*. 微团的一小部分，表示纤维素分子部分排列成立体格子；*G*. 由一个氧原子连接起来的二个葡萄糖基（即纤维素分子的一小部分）

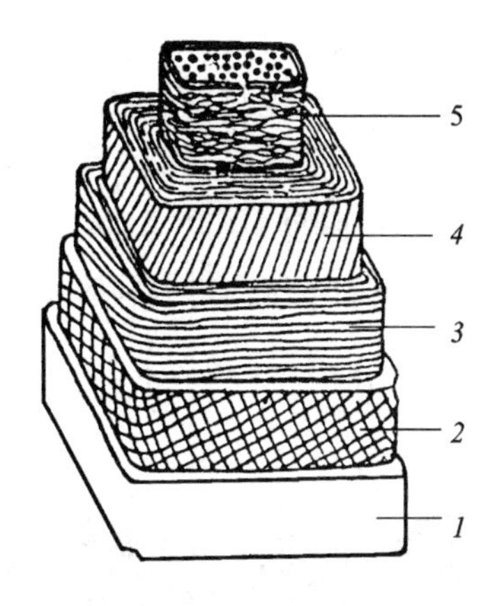

图 1-22　细胞壁不同层次中微纤丝的排列方向
1. 胞间层；2. 初生壁；3. 次生壁外层；4. 次生壁中层；5. 次生壁内层

四、植物细胞的后含物

后含物（ergastic substance）是细胞原生质体代谢作用的产物，它们可以在细胞生活的不同时期产生和消失，其中有的是贮藏物，有的是废物。

后含物一般有糖类（旧称碳水化合物，carbohydrate）、蛋白质（protein）、脂肪（fat）及其有关的物质（角质、栓质、蜡质、磷脂等），还有成结晶的无机盐和其他有机物，如单宁、树脂、树胶、橡胶和植物碱等。这些物质有的存在于原生质体中，有的存在于细胞壁上。许多后含物对人类具有重要的经济价值。

下面介绍几类重要的贮藏物质和常见的盐类结晶。

（一）淀粉

淀粉（starch）是葡萄糖分子聚合而成的长链化合物，它是细胞中糖类最普遍的贮藏形式，在细胞中以颗粒状态存在，称为淀粉粒（starch grain）。所有的薄壁细胞中都有淀粉粒的存在，尤其在各类贮藏器官中更为集中，如种子的胚乳和子叶中，植物的块根、块茎、球茎和根状茎中都含有丰富的淀粉粒。

淀粉是由质体合成的，光合作用过程中产生的葡萄糖，可以在叶绿体中聚合成淀粉，暂时贮藏，以后又可分解成葡萄糖，转运到贮藏细胞中，由淀粉体重新合成淀粉粒。淀粉体在形成淀粉粒时，由一个中心开始，从内向外层层沉积。这一中心便形成了淀粉粒的脐点（hilum）。一个淀粉体可含一个或多个淀粉粒。

许多植物的淀粉粒，在显微镜下可以看到围绕脐点有许多亮暗相间的轮纹，这是由于淀粉沉积时，直链淀粉（葡萄糖分子成直线排列）和支链淀粉（葡萄糖分子成分支排列）相互交替地分层沉积的缘故，直链淀粉较支链淀粉对水有更强的亲和性，二者遇水膨胀不一，从而显出了折光上的差异。如果用酒精处理，使淀粉脱水，这种轮纹也就随之消失。

淀粉粒在形态上有三种类型：单粒淀粉粒，只有一个脐点，无数轮纹围绕这个脐点；复粒淀粉粒，具有二个以上的脐点，各脐点分别有各自的轮纹环绕；半复粒淀粉粒，具有二个以上的脐点，各脐点除有本身的轮纹环绕外，外面还包围着共同的轮纹（图 1–23）。

不同的植物淀粉粒的大小和形态不同（图 1–24），因此，在有限的范围内可以利用这些性状来鉴定种子和其他植物含淀粉的部位。

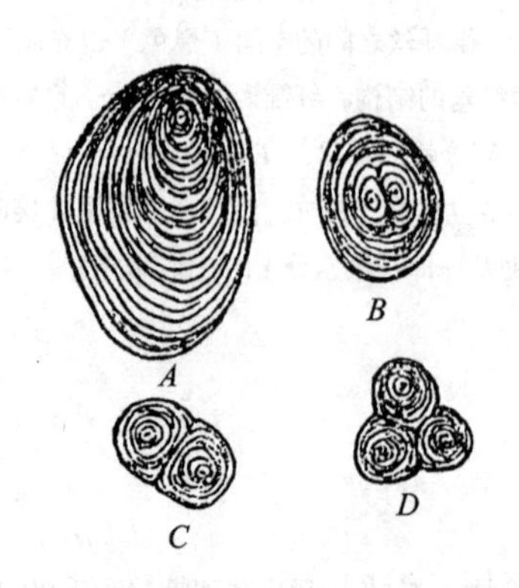

图 1–23　马铃薯淀粉粒的类型

A. 单粒淀粉粒；*B.* 半复粒淀粉粒；*C*、*D.* 复粒淀粉粒

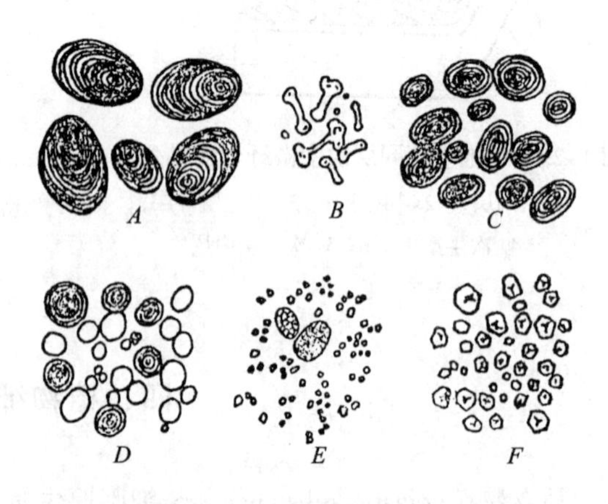

图 1–24　几种植物的淀粉粒

A. 马铃薯；*B.* 大戟；*C.* 菜豆；*D.* 小麦；*E.* 水稻；*F.* 玉米

（二）蛋白质

细胞中的贮藏蛋白质呈固体状态，生理活性稳定，与原生质体中呈胶体状态的有生命的蛋白质在性质上不同。

贮藏蛋白质可以是结晶的或是无定形的。结晶的蛋白质因具有晶体和胶体的二重性，因此称拟晶体（crystalloid），以与真正的晶体相区别。蛋白质拟晶体有不同的形状，但常呈方形，例如，在马铃薯块茎上近外围的薄壁细胞中，就有这种方形结晶的存在，因此，马铃薯削皮后会损失蛋白质的营养。无定形的蛋白质常被一层膜包裹成圆球状的颗粒，称为糊粉粒（aleurone grain）。有些糊粉粒既包含有无定形蛋白质，又包含有拟晶体，成为复杂的形式。

糊粉粒较多地分布于植物种子的胚乳或子叶中，有时它们集中分布在某些特殊的细胞层。例如谷类种子胚乳最外面的一层或几层细胞，含有大量糊粉粒，特称为糊粉层（aleurone layer）（图 1–25）。在许多豆类种子（如大豆、落花生等）子叶的薄壁细胞中，普遍具有糊粉粒，这种糊粉粒以无定形蛋白质为基础，另外包含一个或几个拟晶体。蓖麻胚乳细胞中的糊粉粒，除拟晶体外还含有磷酸盐球形体（图 1–26）。

贮藏蛋白质能累积在液泡内。例如豆类子叶细胞形成糊粉粒时，先从一个大液泡分散成几个小液泡，以后随着种子的成熟，每个小液泡内的蛋白质，就逐渐变为糊粉粒，这时液泡膜成为包裹在糊粉粒外面的膜。当种子萌发时，糊粉粒内蛋白质被消化利用，许多小液泡重新转变成一个大液泡。

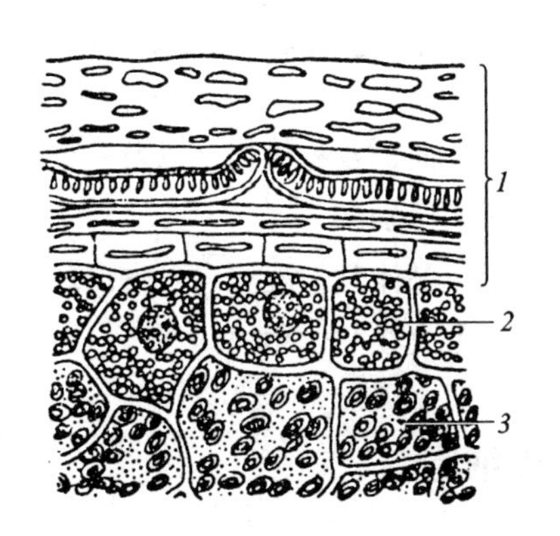

图 1–25　小麦颖果横切面，示糊粉层

1. 果皮和种皮；　2. 糊粉层；　3. 贮藏淀粉的薄壁组织

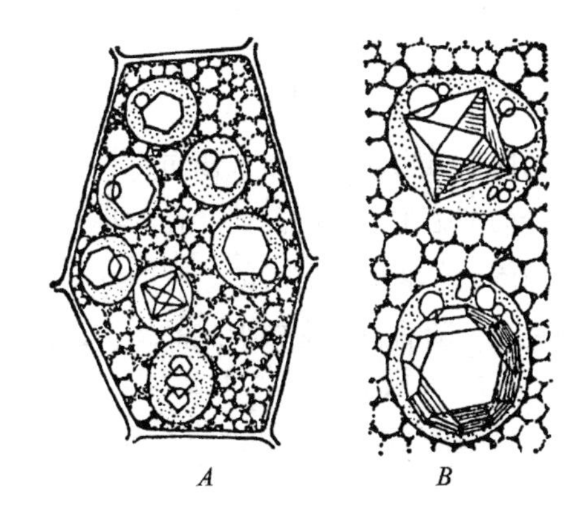

图 1–26　蓖麻种子的糊粉粒

A. 一个胚乳细胞；　*B*. *A* 图中一部分的放大，示二个含有拟晶体和磷酸盐球形体的糊粉粒

（三）脂肪和油类

脂肪和油类（oil）是含能量最高而体积最小的贮藏物质。在常温下为固体的称为脂肪，液体的则称为油类。脂肪和油类的区别主要是物理性质的，而不是化学性质的，它们常成为种子、胚和分生组织细胞中的贮藏物质（图 1–27），以固体或油滴的形式存在于细胞质中，有时在叶绿

体内也可看到。

脂肪和油类在细胞中的形成可以有多种途径，例如质体和圆球体都能积聚脂质，发育成油滴。

（四）晶体

在植物细胞中，无机盐常形成各种晶体（crystal）。最常见的是草酸钙晶体，少数植物中也有碳酸钙晶体。它们一般被认为是新陈代谢的废物，形成晶体后便避免了对细胞的毒害。

根据晶体的形状可以分为单晶、针晶和簇晶三种。单晶呈棱柱状或角锥状。针晶是两端尖锐的针状，并常集聚成束。簇晶是由许多单晶联合成的复式结构，呈球状，每个单晶的尖端都突出于球的表面（图 1–28）。

图 1–27　含有油滴的椰子胚乳细胞

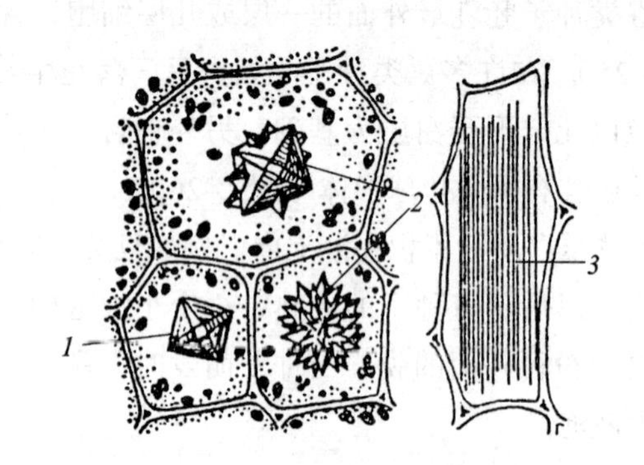

图 1–28　晶体的类型

1. 单晶；2. 簇晶；3. 针晶

晶体在植物体内分布很普遍，在各类器官中都能看到。然而，各种植物，以及一个植物体不同部分的细胞中含有的晶体，在大小和形状上，有时有很大的区别。

晶体是在液泡中形成的。有的细胞（如针晶细胞）在形成晶体时，液泡内可先出现一种有腔室的包被，随后在腔室中形成晶体。因此，每个晶体形成后是裹在一个鞘内。

五、原核细胞和真核细胞

前面介绍的细胞结构为大多数植物细胞所共有的，这些细胞的原生质体都具有由核膜包被的细胞核，细胞内有各类被膜包被的细胞器，这样的细胞称为真核细胞（eukaryotic cell）。在自然界中，还存在着一类结构上缺少分化的简单细胞，它们没有以上所说的那样的细胞核，细胞的遗传物质脱氧核糖核酸（DNA）分散于细胞中央一个较大的区域，没有膜包被，这一区域称为核区或拟核。这种细胞称为原核细胞（prokaryotic cell）。

原核细胞一般比真核细胞小，细胞直径在 0.5 ~ 1 μm 之间。它们除没有细胞核外，原生质体也不分化为质体、线粒体、高尔基体、内质网等各类细胞器，细胞内只有少量的膜片层（图 1–29），细胞进行光合作用的色素，直接分布于这些膜片层上。因此，原核细胞从结构上和细胞内功能的分工上，都反映出处于较为原始的状态。目前已知的生物中，只有支原体、衣原体、立克次氏体、细菌、放线菌和蓝藻的细胞是原核细胞，因此，它们被称为原核生物（prokaryote）。

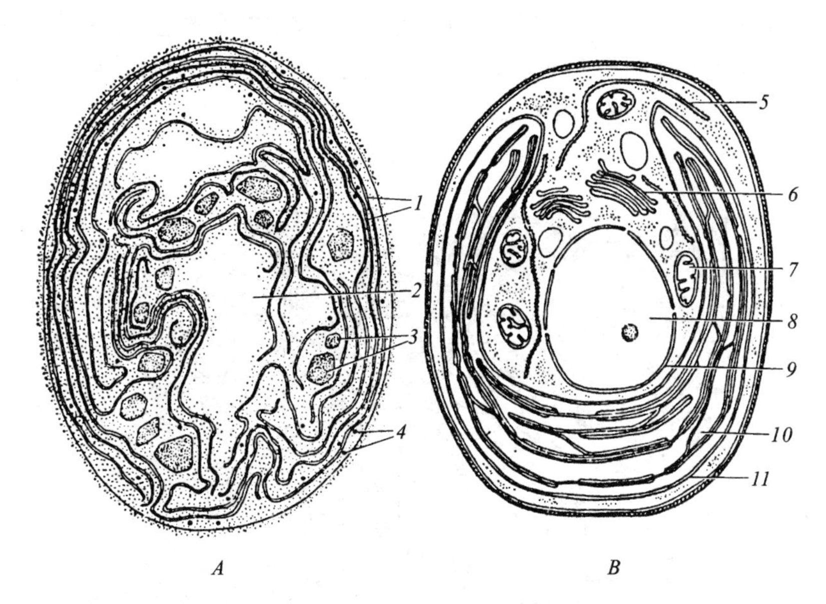

图 1-29　原核细胞与真核细胞亚显微结构的比较

A. 原核细胞（蓝藻）；*B.* 真核细胞（小球藻）

1. 内膜片层； 2. 核区（拟核）； 3. 多角体； 4. 脂类球； 5. 内质网； 6. 高尔基体； 7. 线粒体； 8. 细胞核； 9. 核膜； 10. 叶绿体； 11. 叶绿体被膜

第二节　植物细胞的繁殖

植物要生长和繁衍后代，组成植物体的细胞就必须能进行繁殖。种子植物从受精卵发育成胚，再由胚形成幼苗，进而根、茎、叶不断生长，最后开花，结果，都必须以细胞繁殖为前提。细胞繁殖也就是细胞数目的增加，这种增加是通过细胞分裂来实现的。细胞分裂有三种方式：有丝分裂（mitosis）、无丝分裂（amitosis）和减数分裂（meiosis）。

一、有 丝 分 裂

有丝分裂又称为间接分裂，它是真核细胞分裂最普遍的形式。在有丝分裂过程中，细胞的形态，尤其是细胞核的形态发生明显的变化，出现了染色体（chromosome）和纺锤丝（spindle fiber），有丝分裂由此得名。

有丝分裂的过程较复杂，包括核分裂（karyokinesis）和胞质分裂（cytokinesis）两个步骤。

（一）核分裂

核分裂是一个连续的过程，从细胞核内出现染色体开始，经一系列的变化，最后分裂成二个子核（daughter nucleus）为止。为了解说上的便利，一般将这整个的连续过程人为地划分成几个时期，这就不可避免地在谈到一方时，要牵涉另一方，而不能截然划分。根据细胞核形态的变化，一般把它分成以下几个时期（图 1–30，图 1–31）：

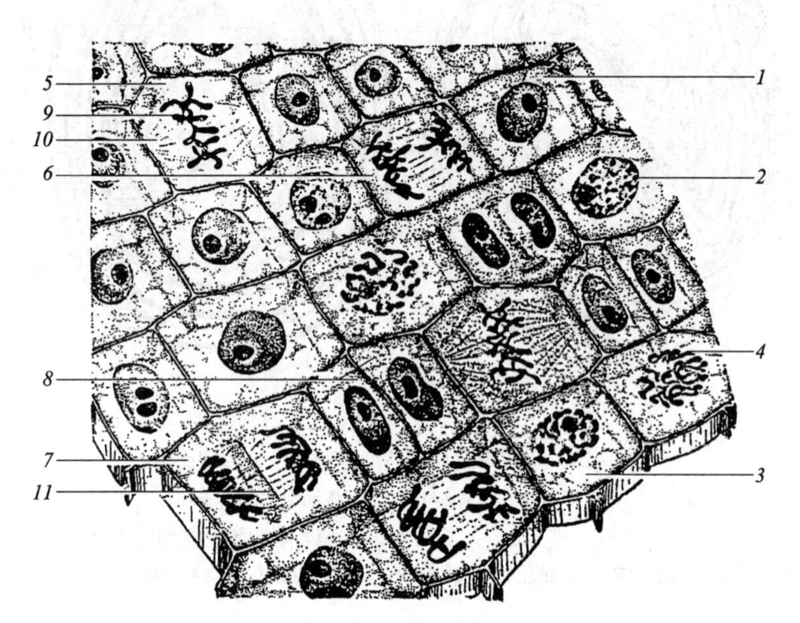

图 1–30　洋葱根尖细胞示有丝分裂

1. 间期；2～4. 前期；5. 中期；6. 后期；7. 末期；8. 两个子细胞；9. 染色体；10. 纺锤丝；11. 成膜体

（李扬汉，1984）

1. 间期（interphase）　间期是从前一次分裂结束，到下一次分裂开始的一段时间，它是分裂前的准备时期。处于间期的细胞，在形态上一般没有十分明显的特征，细胞核的结构像前面描述的那样，呈球形，具有核膜、核仁，染色质不规则地分散于核基质中。然而，间期细胞的细胞质很浓、细胞核位于中央并占很大比例、核仁明显，反映出这时的细胞具有旺盛的代谢活动。经细胞化学测定，间期细胞进行着大量的生物合成，如 RNA 的合成、蛋白质的合成、DNA 的复制等，为细胞分裂进行物质上的准备。同时，细胞内也积累足够的能量，提供分裂活动的需要。

作为遗传的主要物质——染色体的复制，是进行有丝分裂准备的一个最重要的部分。从许多动、植物细胞核内 DNA 的含量测定结果，了解到细胞在间期时，DNA 含量开始上升，并且在分裂前达到高峰，含量比原有的增加一倍，这一含量在细胞内延续到分裂后期。当形成两个子核时，每个核的 DNA 含量又恢复到原有的水平（图 1–32）。这就证明 DNA 的复制是在间期实

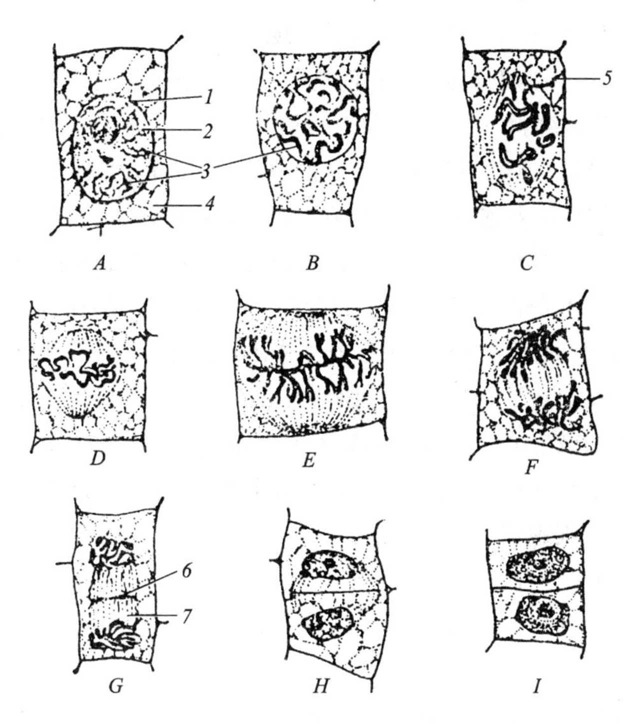

图 1-31　有丝分裂全过程的图解

A. 早前期；*B.* 中前期；*C.* 晚前期；*D.* 早中期；*E.* 晚中期；

F. 后期；*G.* 末期；*H.* 后末期；*I.* 二个新的子细胞

1. 核膜；2. 核仁；3. 染色体；4. 细胞质；5. 纺锤丝；6. 细胞板；7. 成膜体

现的，而 DNA 是构成染色体的主要化学成分。另外，也测得构成染色体的另一个主要成分——组蛋白的合成，也是在间期发生的。由此证明，与有丝分裂密切相关的染色体的复制，并不是在分裂开始以后才进行的，而是在分裂前就完成了，以后的分裂过程，只是把已复制了的染色体分开，并平均地分配到两个子核中去。

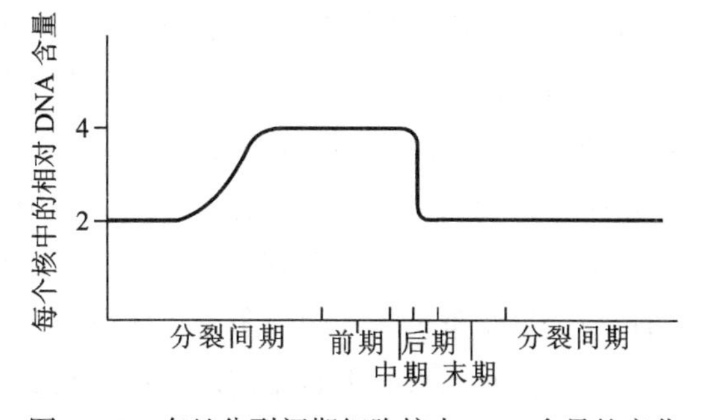

图 1-32　有丝分裂间期细胞核内 DNA 含量的变化

根据在不同的时期合成的物质不同，一般把整个间期分为三个阶段（图 1-33）：复制前期（G_1 期）、复制期（S 期）和复制后期（G_2 期）。G_1 期从细胞前一次分裂结束到 DNA 合成开始，在此时期，主要进行 RNA 和各类蛋白质的合成，其中包括多种酶的合成。当细胞开始进行 DNA 的复制，就意味着进入 S 期，在此期中，DNA 的复制和组蛋白的合成基本完成。接着进入 G_2 期，在此期中，某些合成作用仍在继续进行，但合成速度明显下降。G_2 期结束后，细胞便进入分裂期（M 期），分裂期又包括前期、中期、后期和末期四个时期。

2. 前期（prophase）　从前期开始，细胞真正进入了分裂时期。前期的特征是细胞核内出现染色体，随后核膜和核仁消失，同时纺锤丝开始出现。

核内出现染色体是进入前期的标志。在间期的核中，染色体是成为光学显微镜下观察不到的极细的丝，分散于细胞核内，这种存在状态也就是染色质。当分裂开始，染色质通过螺旋化作用，逐渐缩短变粗，成为一个个形态上可辨认的单位，这就称为染色体。最初，染色体呈细丝状，以后越缩越短，个体性越来越明显，逐渐成为粗线状或棒状体。不同的植物，细胞内出现的染色体数目不同，但对每一种植物来讲，数目是相对稳定的，例如水稻是24个、小麦是48个、棉花是52个。但有些同种植物的染色体，也可因品种或变种的不同而有差异，例如苹果的不同品种中，染色体有34、51或68等的变化。由于染色体在分裂前已完成了复制，因此，前期出现的每一个染色体都是双股的，由二条链各自旋绕相互靠在一起，其中每一条链称为一个染色单体（chromatid）。二条靠拢的染色单体，除了在着丝点（kinetochore）区域外，它们之间在结构上不相联系。着丝点是染色体上一个染色较浅的缢痕，在显微镜下可以明显地看到。

在前期的稍后阶段，细胞核的核仁逐渐消失，最后核膜瓦解，核内的物质和细胞质彼此混合。同时，细胞中出现了许多细丝状的纺锤丝。

3. 中期（metaphase） 中期的细胞特征是染色体排列到细胞中央的赤道面（equatorial plane）上，纺锤体非常明显。

当核膜瓦解后，由纺锤丝构成的纺锤体（spindle）变得很清晰，显微镜中可以看到。构成纺锤体的纺锤丝有二种类型：有一类的丝一端与染色体着丝点相连，另一端向极的方向延伸，称为染色体牵丝；另一类丝并不与染色体相连，而是从一极直接延伸到另一极，称为连续丝。现了解这二类丝都是由75~150根微管聚成的束。染色体在染色体牵丝的牵引下，向着细胞中央移动，最后都排列到处于两极当中的垂直于纺锤体轴的平面即赤道面上。严格地讲，是各染色体的着丝点排列在赤道面上，而染色体的其余部分在二侧任意浮动。

4. 后期（anaphase） 后期的细胞特征是染色体分裂成二组子染色体（daughter chromosome），二组子染色体分别朝相反的两极运动。

当所有的染色体排列到赤道面上以后，构成每一条染色体的二条染色单体便在着丝点处裂开，分成二条独立的单位，称子染色体。同一条染色体分裂成的二条子染色体，在大小和形态上是相同的。接着它们就开始分成二组，向细胞相反的两极移动。这时可看到染色体牵丝牵引着子染色体，并逐渐缩短，而连续丝逐渐延长，细胞两极之间的距离也随之增大。

5. 末期（telophase） 末期是染色体到达两极，直至核膜、核仁重新出现，形成新的子核。

当染色体到达两极以后，它们便成为密集的一团，外面重新出现核膜，进而染色体通过解螺旋作用，又逐渐变得细长，最后分散在核内，成为染色质。同时，核仁也重新出现，新的子核回复到间期细胞核的状态。

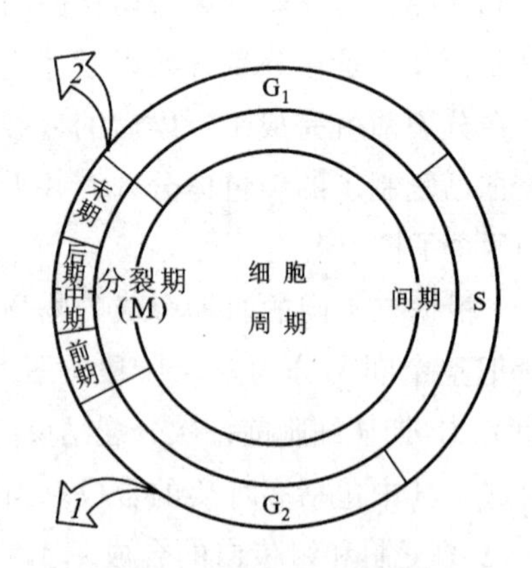

图1-33 细胞周期图解

1. 一些细胞在 G_2 期脱离细胞周期；
2. 一些衍生细胞离开细胞周期，另一些继续再循环

子核的出现标志着核分裂的结束，同时也是新的间期的开始，人们把这样一个细胞分裂的全过程称为细胞周期（cell cycle）。因此，一个细胞周期包括 G_1 期、S 期、G_2 期和 M 期（图 1–33）。在一个细胞周期中，各时期所需的时间长短不一，一般 G_1 期较长而 M 期最短，例如有人测得蚕豆根尖细胞的分裂周期共 30 h，其中 G_1 期 12 h、S 期 6 h、G_2 期 8 h、M 期是 4 h。各种植物细胞分裂周期时间长短不同，同时，也随着植物的发育时期及外界条件而变化。

（二）胞质分裂

胞质分裂是在二个新的子核之间形成新细胞壁，把一个母细胞（mother cell）分隔成二个子细胞（daughter cell）的过程。在一般情况下，核分裂和胞质分裂在时间上是紧接着的，但是在有些情况下，核分裂后不一定立即进行胞质分裂，而是延迟到核经过多次重复分裂后再形成细胞壁，例如经常在种子的胚乳发育过程中所看到的那样。甚至，有时只有核的分裂而不形成新的细胞壁，从而形成一个多核的细胞，如某些低等植物和被子植物的无节乳汁管。

胞质分裂通常在核分裂后期，染色体接近两极时开始，这时纺锤体出现了形态上的变化，在二个子核之间连续丝中增加了许多短的纺锤丝，形成了一个密集着纺锤丝的桶状区域，称为成膜体（phragmoplast）。在电子显微镜下显示出，成膜体中有许多含有多糖类物质的小泡，由细胞内向赤道面运动，并在那里聚集，接着相互融合，释放出多糖类物质，构成细胞板（cell plate），将细胞质从中间开始隔开。同时，小泡的被膜相互融合，在细胞板两侧，形成新的质膜。在形成细胞板时，成膜体由中央位置逐渐向四周扩展，细胞板也就随着向四周延伸，直至与原来母细胞的侧壁相连接，完全把母细胞分隔成二个子细胞。这时，细胞板就成为新细胞壁的胞间层的最初部分。

电子显微镜的观察表明，形成细胞板的小泡主要来自高尔基体，也可能部分来自内质网。小泡向着赤道面的运动与成膜体中的微管有关，这些微管垂直于赤道面排列，小泡沿着微管运动，微管起着引导方向的作用。另外，小泡运动的直接动力也可能是微丝的收缩。在形成细胞板的过程中，有些原生质细丝连同内质网一起，保留在细胞板中，形成贯穿二个子细胞的胞间连丝。

20 世纪 80 年代初，科学家用免疫荧光定位技术观察到整个有丝分裂过程中微管的动态变化，发现与染色体相似，微管的形成和分布也有一个周期性的变化规律：在间期细胞中，微管在质膜下环绕细胞的长轴成环状排列，并较均匀分散，称为周质微管。到早前期，微管集中到细胞中部赤道面的位置，在原生质体的外周，环绕细胞核紧密平行地排列成一个环，称早前期带，同时，其他部位的微管基本消失（图 1–34）。以后，随细胞分裂的进行，早前期带逐渐松解、消失，继而出现

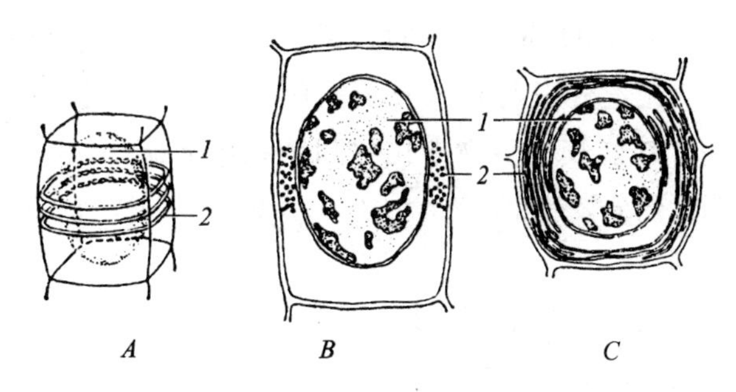

图 1–34　微管周期中早前期带图解

A. 处于早前期的一个细胞，示微管集中在赤道面位置形成早前期带；*B. A* 图中细胞纵切面；*C. A* 图中细胞横切面（通过赤道面）

1. 细胞核；2. 微管

纺锤体微管和后期的成膜体微管。微管在细胞周期中的这种变化规律称微管周期（microtubule cycle）。在微管周期中早前期带的位置精确地标出了以后细胞板出现的位置，也就是说，早前期带在较早的时期就决定了细胞的分裂方向。而在植物的发育过程中，细胞的分裂方向与以后组织的分化和器官的形成有密切的相关性。因此，对植物发育中微管的作用、影响微管的合成和分布的因素、微管控制研究，已成为植物细胞学上重要的研究领域之一。

（三）有丝分裂的特点和意义

有丝分裂是一种普遍的细胞分裂方式，细胞分裂导致植物的生长。有丝分裂的整个过程包括核分裂和胞质分裂两个显著的步骤，因此，整个过程较为复杂，特别是细胞核的变化最大。

在有丝分裂过程中，每次核分裂前必须进行一次染色体的复制，在分裂时，每条染色体裂为二条子染色体，平均地分配给二个子细胞，这样就保证了每个子细胞具有与母细胞相同数量和类型的染色体。决定遗传特性的基因既然存在于染色体上，因此，每一子细胞就有着和母细胞同样的遗传性。在子细胞成熟时，它又能进行分裂。在多细胞的植物生长发育时期，出现无数的细胞分裂，而每一个细胞以后的分裂，基本上又按上述的方法进行。因此，有丝分裂保证了子细胞具有与母细胞相同的遗传潜能，保持了细胞遗传的稳定性。

二、无 丝 分 裂

无丝分裂又称为直接分裂或非有丝分裂。它的分裂过程较简单，分裂时，核内不出现染色体，不发生像有丝分裂过程中出现的一系列复杂的变化。

无丝分裂有多种形式，最常见的是横缢式分裂，细胞核先延长，然后在中间缢缩、变细，最后断裂成二个子核（图1–35）。另外，还有碎裂、芽生分裂、变形虫式分裂等多种形式，而且，在同一组织中可以出现不同形式的分裂。

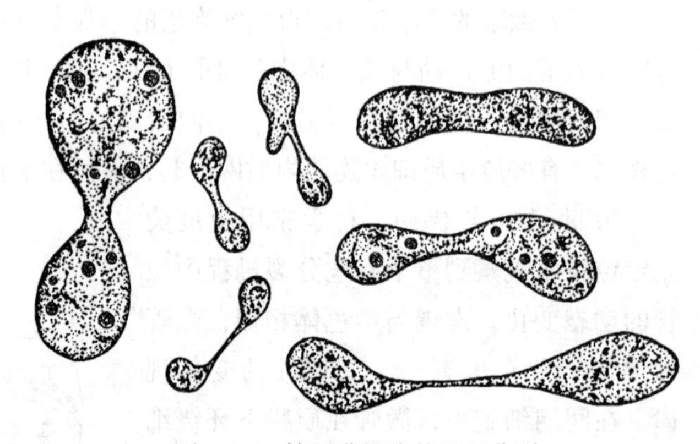

图 1–35　棉胚乳细胞的无丝分裂

（强胜，2017）

无丝分裂与有丝分裂相比，速度较快，耗能较少。物理化学和细胞化学证明无丝分裂产生的二个子核，具有质上的区别。

无丝分裂曾一度被认为是植物体在不正常状态下的一种分裂方式，但现在发现，无丝分裂还是较普遍地存在。如在胚乳发育过程中，以及植物形成愈伤组织时，常频繁出现；即使在一些正常组织中，如薄壁组织、表皮、顶端分生组织、花药的绒毡层细胞等，也都有报道。因此，对无丝分裂的生物学意义，还有待进一步深入的研究。

三、减 数 分 裂

植物在有性生殖的过程中，都要进行一次特殊的细胞分裂，这就是减数分裂（图 1–36）。在减数分裂过程中，细胞连续分裂二次，但染色体只复制一次，因此，使同一母细胞分裂成的 4 个子细胞的染色体数只有母细胞的一半，减数分裂由此而得名。减数分裂时，细胞核也要经历染色体的复制、运动和分裂等复杂的变化，细胞质中也出现纺锤丝，因此，它仍属有丝分裂的范畴。

减数分裂的全过程包括二次紧相连接的分裂过程，每次分裂都与有丝分裂相似，根据细胞中染色体形态和位置的变化，各自划分成前期、中期、后期和末期，但减数分裂整个过程，尤其是第一次分裂比有丝分裂复杂得多（图 1–36）。下面将分别作简要叙述。

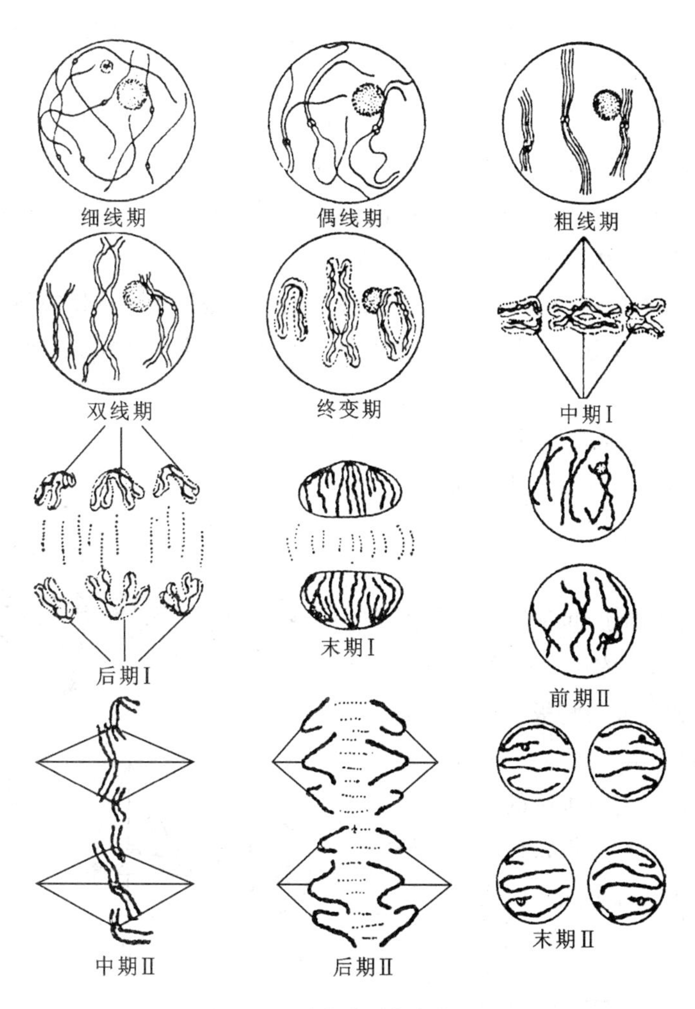

图 1–36　减数分裂各期模式图

（一）第一次分裂（简称分裂Ⅰ）

1. 前期Ⅰ　这一时期发生在核内染色体复制已完成的基础上，整个时期比有丝分裂的前期所需时间要长，变化更为复杂。根据染色体形态，又被分为5个阶段：

（1）细线期（leptotene）　细胞核内出现细长、线状的染色体，细胞核和核仁继续增大。在一些植物中，细长的染色体还经过一度缠绕、缩短变粗，使轮廓清晰可见。这时，每条染色体含有二条染色单体，它们仅在着丝点处相连接。

（2）偶线期（zygotene）　也称合线期。细胞内的同源染色体（即来自父本和母本的二条相似形态的染色体）两两成对平列靠拢，这一现象也称联会（synapsis）。如果原来细胞中有20条染色体，这时候便配成10对。每一对含4条染色单体，构成一个单位，称四联体（tetrad）。

（3）粗线期（pachytene）　染色体继续缩短变粗，同时，在四联体内，同源染色体上的一条染色单体与另一条同源染色体的染色单体彼此交叉扭合，并在相同部位发生横断和片段的互换，使该二条染色单体都有了对方染色体的片段，从而导致了父母本基因的互换，但每个染色单体仍都具有完全的基因组。

（4）双线期（diplotene）　发生交叉的染色单体开始分开，由于交叉常常不止发生在一个位点，因此，使染色体呈现出X、V、8、0等各种形状。

（5）终变期（diakinesis）　染色体更为缩短，达到最小长度，并移向核的周围靠近核膜的位置。以后，核膜、核仁消失，最后并出现纺锤丝。

2. 中期Ⅰ　各成对的同源染色体双双移向赤道面。细胞质中形成纺锤体。这时与一般有丝分裂中期的区别在于有丝分裂前期因无联会现象，所以中期染色体在赤道面上排列不成对而是单独的（图1–37）。

3. 后期Ⅰ　由于纺锤丝的牵引，使成对的同源染色体各自发生分离，并分别向两极移动。这时，每一边的染色体数目只有原来的一半。

4. 末期Ⅰ　到达两极的染色体又聚集起来，重新出现核膜、核仁，形成二个子核；同时，在赤道面形成细胞板，将母细胞分隔为二个子细胞。由上可知，这两个子细胞的染色体数目，只有母细胞的一半。然后，新生成的子细胞紧接着发生第二次分裂。也有新细胞板不立即形成，而连续进行第二次分裂的。

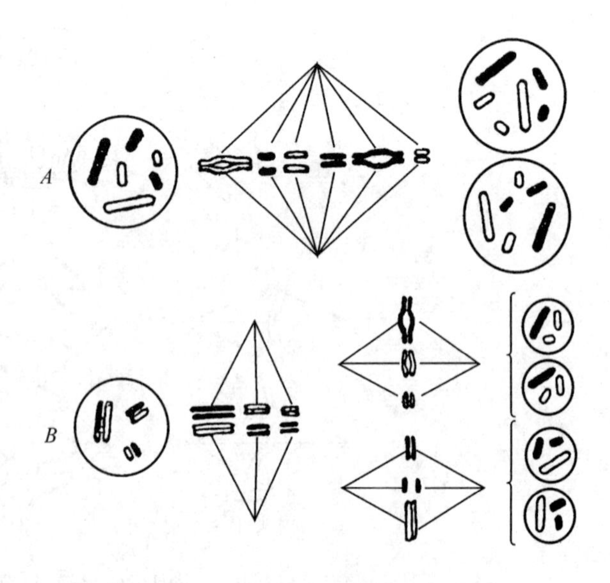

图1–37　有丝分裂和减数分裂比较

A. 有丝分裂；*B.* 减数分裂

（二）第二次分裂（简称分裂Ⅱ）

分裂Ⅱ一般与分裂Ⅰ末期紧接，或出现

短暂的间歇。这次分裂与前一次不同，在分裂前，核不再进行 DNA 的复制和染色体的加倍，而整个分裂过程与一般有丝分裂相同，分成前、中、后、末 4 个时期，前期较短，而不像分裂Ⅰ那样复杂。

1. 前期Ⅱ　核内染色体呈细丝状，逐渐变粗短，至核膜、核仁消失。

2. 中期Ⅱ　每个细胞染色体排列在赤道面上，纺锤体明显。

3. 后期Ⅱ　每条染色体的二条染色单体随着着丝点的分裂而彼此分开，由纺锤丝牵向两极。

4. 末期Ⅱ　移向两极的染色单体各组成一个子核，并各自形成一个子细胞。至此，整个减数分裂过程正式完成。

由上可见，减数分裂中一个母细胞要经历两次连续的分裂，形成 4 个子细胞，每个子细胞的染色体数只有母细胞的一半。染色体的减半实际上是发生在第一次分裂过程中。

减数分裂具有重要的生物学意义。减数分裂是与生物的有性生殖相联系的，它发生在特殊的细胞中，通过减数分裂导致了有性生殖细胞（配子）的染色体数目减半，而在以后发生有性生殖时，二个配子相结合，形成合子，合子的染色体重新恢复到亲本的数目。这样周而复始，使有性生殖的后代始终保持亲本固有的染色体数目和类型。因此，减数分裂是有性生殖的前提，是保持物种稳定性的基础。同时，在减数分裂过程中，由于同源染色体发生联会、交叉和片段互换，从而使同源染色体上父母本的基因发生重组，从而产生了新类型的单倍体细胞，这就是有性生殖能使子代产生变异的原因。

第三节　植物细胞的生长和分化

一、植物细胞的生长

多细胞生物的生长，不仅是由于细胞数量的增加，而且也与细胞的生长有密切的关系。

细胞分裂形成的新细胞，最初体积较小，只有原来细胞（母细胞）的一半，但它们能迅速地合成新的原生质（包括核物质和细胞质），细胞随着增大，其中某些细胞当恢复到母细胞一般大小时，便又继续分裂，但大部分细胞不再分裂，而进入生长时期。细胞生长就是指细胞体积的增长，包括细胞纵向的延长和横向的扩展。一个细胞经生长以后，体积可以增加到原来大小（分生状态的细胞大小）的几倍、几十倍，某些细胞如纤维，在纵向上可能增加几百倍、几千倍。由于细胞的这种生长，就使植物体表现出明显的伸长或扩大，例如根和茎的伸长、幼小叶子的扩展、果实的长大都是细胞数目增加和细胞生长的共同结果，但是，细胞生长常常在其中起主要的作用。

植物细胞在生长过程中，除了细胞体积明显扩大，在内部结构上也发生相应的变化，其中最突出的是液泡化程度明显增加，即细胞内原来小而分散的液泡逐渐长大和合并，最后成为中央液泡，细胞质的其余部分成为紧贴细胞壁的一薄层，细胞核随细胞质由中央移向侧面。在植物细胞生长过程中，液泡增大这一特征，一方面是由于细胞从周围吸收了大量的水分进入液泡，另一方面，也由于生长着的细胞具有旺盛的代谢能力，使它们的许多代谢产物积累于液泡中的缘故。因此，在细胞生长时，细胞的鲜重和干重都随着体积的增加而增加。在液泡变化的同时，细胞内的其他细胞器，在数量和分布上也发生着各种变化，例如内质网增加，由稀网状变成密网状；质体逐渐发育，由幼小的前质体发育成各类质体等。原生质体在细胞生长过程中还不断地分泌壁物质，使细胞壁随原生质体长大而延展，同时壁的厚度和化学组成也发生变化，细胞壁（初生壁）厚度增加，并且由原来含有大量的果胶和半纤维素转变成有较多的纤维素和非纤维素多糖。

植物细胞的生长是有一定限度的，当体积达到一定大小后，便会停止生长。细胞最后的大小，随植物的种类和细胞的类型而异，这说明生长受遗传因子的控制。但是，细胞生长的速度和细胞的大小，也会受环境条件的影响，例如在水分充足、营养条件良好、温度适宜时，细胞生长迅速，体积亦较大，在植物体上反映出根、茎生长迅速，植株高大，叶宽而肥嫩。反之，水分缺乏、营养不良、温度偏低时，细胞生长缓慢，而且体积较小，在植物体上反映出生长缓慢、植株矮小、叶小而薄。

二、植物细胞的分化

多细胞生物中，细胞的功能具有分工，与之相适应的，在细胞形态上就出现各种变化，例如绿色细胞专营光合作用，适应这一功能，细胞中特有地发育出大量叶绿体。表皮细胞行使保护功能，细胞内不发育出叶绿体，而在细胞壁的结构上有所特化，发育出明显的角质层。贮藏功能的细胞，通常既没有叶绿体，也没有特化的壁，但往往具有大的液泡和大量的白色体等。细胞这种结构和功能上的特化，称为细胞分化（cell differentiation）。细胞分化表现在内部生理变化和形态外貌变化两个方面，生理变化是形态变化的基础，但是形态变化较生理变化容易察觉。细胞分化使多细胞植物中细胞功能趋向专门化，这样有利于提高各种生理功能的效率，因此，分化是进化的表现。

植物体的个体发育，是植物细胞不断分裂、生长和分化的结果。植物在受精卵发育成成年植株的过程中，最初，受精卵重复分裂，产生一团比较一致的分生细胞，以后，细胞分裂逐渐局限于植物体的某些特定部位，而大部分的细胞停止分裂，进行生长和分化。在种子植物的胚胎中，细胞在形态上已显出了初步的分化，在光学显微镜中可看到细胞的大小、形状、原生质的稀稠及细胞的排列方式等随细胞所处部位而不同。进而，在胚胎发育成幼苗的过程中，细胞分化更为明显，行使不同功能的细胞逐渐形成与之相适应的特有的形态，即在植物体中分化出了各种不同类型的细胞群，从而使植物体的成熟部分具有了复杂的内部结构。

在系统发育上，植物越进化，细胞分工越细致，细胞的分化就越剧烈，植物体的内部结构也就越复杂。单细胞和群体类型的植物，细胞不分化，植物体只由一种类型的细胞组成。多细胞植物，细胞或多或少分化，细胞类型增加，植物体的结构趋向复杂化。被子植物是最高等的植物，细胞分工最精细，物质的吸收、运输，养分的制造、贮藏，植物体的保护、支持等各种功能，几乎都由专一的细胞类型分别承担，因此，细胞的形态特化非常明显，细胞类型繁多，使被子植物成为结构最复杂、功能最完善的植物类型。

细胞分化是一个复杂的问题，同一植物的所有细胞均来自于受精卵，它们具有相同的遗传物质，但它们却可以分化成不同的形态；即使同一个细胞，在不同的内外条件下也可能分化成不同的类型。那么，细胞为什么会分化成不同的形态？如何去控制细胞的分化使其更好地为人类所利用？这些问题已成为当今植物学领域的热点问题之一。从20世纪初开始，在这一领域开展了广泛的探索，逐渐了解分化受多种内外因素的影响，例如，细胞的极性、细胞在植物体中的位置、细胞的发育时期、各种激素和某些化学物质，以及光照、温度、湿度等物理因素都能影响分化，其更深层的机制则是基因在多个层面控制着细胞分化。

实验形态学就是用各种实验手段，在整体或离体的情况下研究细胞分化和植物形态建成的一门植物学分支学科，细胞和组织培养是实验形态学的重要研究手段之一，它的方法是把植物体的一个器官、一种组织或单个细胞从植物体取出后放在玻璃容器里，并在供给适当营养物质的条件下，使它们得以继续生存或进一步有序地分化成组织和器官。由于这一研究方法减少了植物体其他部分的干扰，并可在预知的条件下控制和调节细胞的活动，而且易于观察，因此，对研究分化机理具有重要意义，可以成为利用整体植物进行研究时的一种理想补充。

利用组织培养的方法，不但在探索植物学的基本理论问题上已成为一个重要的手段，而且在应用上也逐渐表现出它的巨大潜力，如在基因转导、遗传育种、保持优良种质、加速经济植物的无性繁殖、保持无病毒品系、植物次生代谢产物的工厂化生产等的应用中，取得了越来越多的成功。可以预料，随着农业、林业、园艺等学科发展的需要，应用组织培养技术于理论研究和实际应用方面都将有更广泛而深入的发展。

第四节　植物的组织和组织系统

细胞分化导致植物体中形成多种类型的细胞，这也就是细胞分化导致了组织的形成。人们一般把在个体发育中，具有相同来源的（即由同一个或同一群分生细胞生长、分化而来的）同一类型，或不同类型的细胞群组成的结构和功能单位，称为组织（tissue）。由一种类型细胞构成的组织，称简单组织（simple tissue）。由多种类型细胞构成的组织，称复合组织（complex tissue）。

植物每一类器官都包含有一定种类的组织，其中每一种组织具有一定的分布规律和行使一种主要的生理功能，但是这些组织的功能又是必须相互依赖和相互配合的，例如叶是植物进行光合作用的器官，其中主要分化为大量的同化组织进行光合作用，但在它的周围覆盖着保护组织，以防止同化组织丢失水分和机械损伤，此外，输导组织贯穿于同化组织中，保证水分的供应和把同化产物运输出去，这样，三种组织相互配合，保证了叶的光合作用正常进行。由此可见，组成器官的不同组织，表现为整体条件下的分工协作，共同保证器官功能的完成。

一、植物组织的类型

植物组织分成分生组织（meristematic tissue 或 meristem）和成熟组织（mature tissue）两大类。

（一）分生组织

1. 分生组织的概念　种子植物中具分裂能力的细胞限制在植物体的某些部位，这些部位的细胞在植物体的一生中持续地保持强烈的分裂能力，一方面不断增加新细胞到植物体中，另一方面自己继续“永存”下去，这种具持续分裂能力的细胞群称为分生组织。

2. 分生组织的类型

（1）按在植物体上的位置分　根据在植物体上的位置，可以把分生组织区分为顶端分生组织（apical meristem）、侧生分生组织（lateral meristem）和居间分生组织（intercalary meristem）。

① 顶端分生组织　顶端分生组织位于茎与根主轴的和侧枝的顶端（图 1–38）。它们的分裂活动可以使根和茎不断伸长，并在茎上形成侧枝和叶，使植物体扩大营养面积。茎的顶端分生组织最后还将产生生殖器官。

顶端分生组织细胞的特征是：细胞小而等径，具有薄壁，细胞核位于中央并占有较大的体积，液泡小而分散，原生质浓厚，细胞内通常缺少后含物。

② 侧生分生组织　侧生分生组织位于根和茎的侧方的周围部分，靠近器官的边缘（图 1–38）。它包括形成层（cambium）和木栓形成层（cork cambium 或 phellogen）。形成层的活动能使根和茎不断增粗，以适应植物营养面积的扩大。木栓形成层的活动是使长粗的根、茎表面或受伤的器官表面形成新的保护组织。

侧生分生组织并不普遍存在于所有种子植物中，它们主要存在于裸子植物和木本双子叶植物中。草本双子叶植物中的侧生分生组织只有微弱的活动或根本不存在，在单子叶植物中侧生分生组织一般不存在，因此，草本双子叶植物和单子叶植物的根和茎没有明显的增粗生长。

侧生分生组织的细胞与顶端分生组织的细胞有明显的区别，例如形成层细胞大部分呈长梭形，原生质体高度液泡化，细胞质不浓厚。而且它们的分裂活动往往随季节的变化具有明显的周期性。

③ 居间分生组织　居间分生组织是夹在多少已经分化了的组织区域之间的分生组织，它是顶端分生组织在某些器官中局部区域的保留。

典型的居间分生组织存在于许多单子叶植物的茎和叶中，例如水稻、小麦等禾谷类作物，在茎的节间基部保留居间分生组织，所以当顶端分化成幼穗后，仍能借助于居间分生组织的活动，进行拔节和抽穗，使茎急剧长高（图 1–39）。葱、蒜、韭菜的叶子剪去上部还能继续伸长，这也是因为叶基部的居间分生组织活动的结果。落花生由于雌蕊柄基部居间分生组织的活动，而能把开花后的子房推入土中。

居间分生组织与顶端分生组织和侧生分生组织相比，细胞持续活动的时间较短，分裂一段时间后，所有的细胞都完全转变成成熟组织。

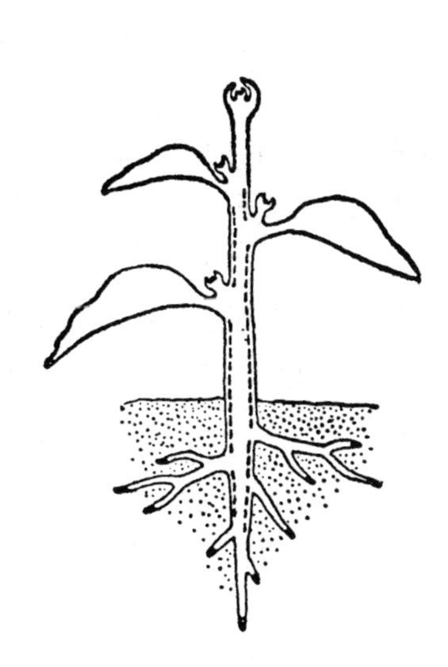

图 1-38　顶端分生组织与侧生分生组织的分布

黑色部分为顶端分生组织，虚线部分为侧生分生组织

图 1-39　裸麦居间分生组织的分布图解

茎秆黑色部分为居间分生组织

（2）按来源的性质分　分生组织也可根据组织来源的性质划分为原分生组织（promeristem）、初生分生组织（primary meristem）和次生分生组织（secondary meristem）。

① 原分生组织　原分生组织是直接由胚细胞保留下来的，一般具有持久而强烈的分裂能力，位于根端和茎端较前的部分。

② 初生分生组织　初生分生组织是由原分生组织刚衍生的细胞组成，这些细胞在形态上已出现了最初的分化，但细胞仍具有很强的分裂能力，因此，它是一种边分裂、边分化的组织，也可看作是由分生组织向成熟组织过渡的组织。

③ 次生分生组织　次生分生组织是由成熟组织的细胞，经历生理和形态上的变化，脱离原来的成熟状态（即反分化），重新转变而成的分生组织。

如果把二种分类方法对应起来看，则广义的顶端分生组织包括原分生组织和初生分生组织，而侧生分生组织一般讲是属于次生分生组织类型，其中木栓形成层是典型的次生分生组织。

（二）成熟组织

1. 成熟组织的概念　分生组织衍生的大部分细胞，逐渐丧失分裂的能力，进一步生长和分化，形成的其他各种组织，称为成熟组织，有时也称为永久组织（permanent tissue）。

各种成熟组织可以具有不同的分化程度，有些组织的细胞与分生组织的差异极小，具有一般的代谢活动，并且也能进行分裂。而另一些组织的细胞则有很大的形态改变，功能专一，并且完全丧失分裂能力。因此，组织的“成熟”或“永久”程度是相对的。而且成熟组织也不是一成不变的，尤其是分化程度较浅的组织，有时能随着植物的发育，进一步特化为另一类组织；

相反，有时在一定的条件下，又可以反分化（或脱分化 dedifferentiation）成分生组织。

2. 成熟组织的类型　成熟组织可以按照功能分为保护组织（protective tissue）、薄壁组织（parenchyma）、机械组织（mechanical tissue）、输导组织（conducting tissue）和分泌结构（secretory structure）。

（1）保护组织　保护组织是覆盖于植物体表起保护作用的组织，它的作用是减少体内水分的蒸腾，控制植物与环境的气体交换，防止病虫害侵袭和机械损伤等。保护组织包括表皮（epidermis）和周皮（periderm）。

① 表皮　表皮又称表皮层，是幼嫩的根和茎、叶、花、果实等的表面层细胞。它是植物体与外界环境的直接接触层，因此，它的特点与这一特殊位置和生理功能密切有关。

表皮一般只有一层细胞，但它不只是由一类细胞组成，通常含有多种不同特征和功能的细胞，其中表皮细胞是最基本的成分，其他细胞分散于表皮细胞之间。

表皮细胞呈各种形状的板块状，排列十分紧密，除气孔外，不存在另外的细胞间隙。表皮细胞是生活细胞，细胞一般不具叶绿体，但常有白色体和有色体，细胞内储藏有淀粉粒和其他代谢产物如色素、单宁、晶体等。茎和叶等植物体气生部分的表皮细胞，外弦向壁往往较厚，并角质化，此外，在壁的表面还沉积一层明显的角质层，使表皮具有高度的不透水性，有效地减少了体内的水分蒸腾，坚硬的角质层对防止病菌的侵入和增加机械支持，也有一定的作用。有些植物（如甘蔗的茎，葡萄、苹果的果实）在角质层外还具有一层蜡质的“霜”，它的作用是使表面不易浸湿，具有防止病菌孢子在体表萌发的作用。在生产实践中，植物体表面层的结构情况，是选育抗病品种，使用农药或除草剂时必须考虑的因素。表皮的结构和角质层纹型，也是植物分类上的一个依据（图 1–40，*A*、*B*；图 1–41）。

通过电子显微镜的观察研究，对角质层的结构有了进一步的了解，它包括二层，位于外面的一层由角质和蜡质组成，位于里面的一层由角质和纤维素组成。有人提出将这二层合称为角质

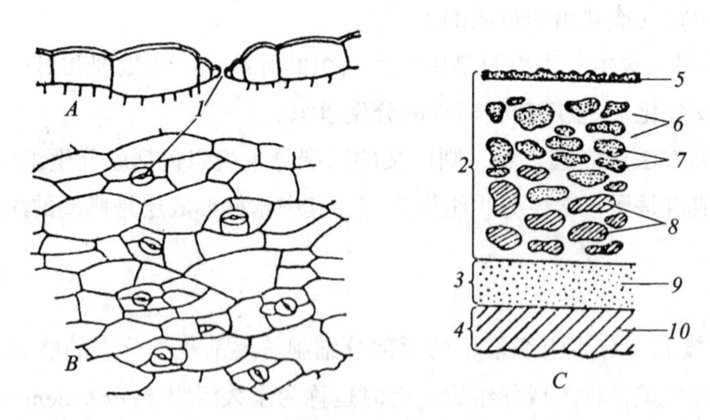

图 1–40　表皮和角质层

A，*B*. 荠属果皮的外表皮，切面观（*A*）和正面观（*B*）；*C*. 具角质层的细胞壁横切面，示角质层结构

1. 气孔；2. 角质层；3. 胞间层；4. 初生壁；5. 表面蜡质；6. 角质；7. 角质内蜡质；8. 纤维素；9. 果胶质；10. 纤维素加果胶质

（*C* 仿李正理，1980）

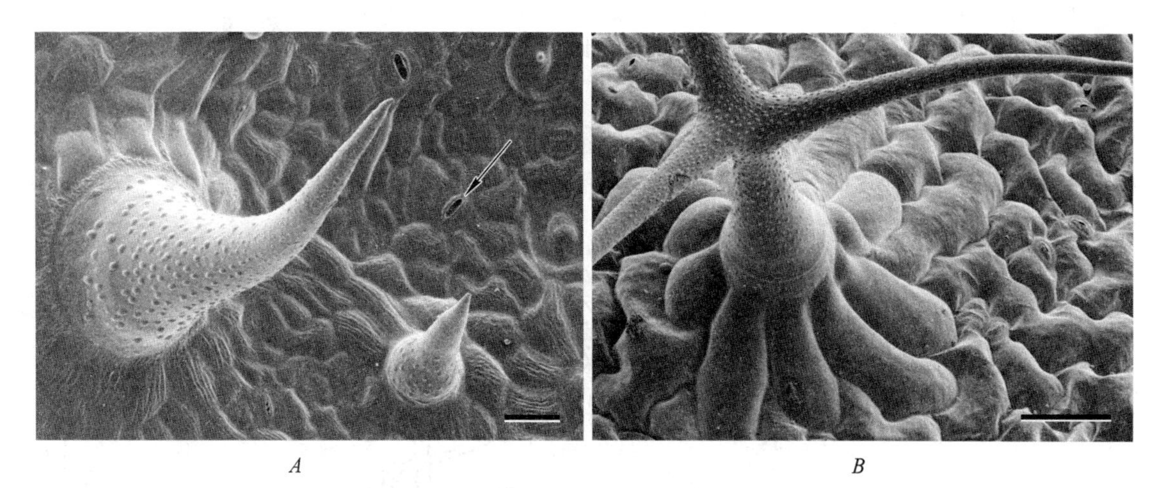

图 1-41　植物叶表面的扫描电子显微镜照片

A. 无花果（*Ficus carica*）叶背面的表皮细胞、表皮毛和气孔（箭头），Bar=20 μm；*B*. 拟南芥（*Arabidopsis thaliana*）叶表面具光滑角质层的表皮细胞和分叉的表皮毛；Bar=50 μm

（照片由浙江大学戎念杭提供）

膜（相当于原来的角质层），而将外层称为角质层，将内层称为角化层。角化层和初生壁之间明显有果胶层分界（图 1-40，*C*）。

在气生表皮上具有许多气孔（stoma），它们是气体出入植物体的门户。气孔是由二个特殊的细胞即保卫细胞（guard cell）和它们间的开口共同组成的。在有些场合，也有单把开口称气孔的。保卫细胞成肾形或哑铃形，细胞内含有叶绿体，特殊的不均匀增厚的细胞壁，使保卫细胞形状改变时，能导致孔口的开放或关闭，从而调节气体的出入和水分的蒸腾（图 1-41，*A*）。

表皮还可以具有各种单细胞或多细胞的毛状附属物（图 1-41，图 1-42）。一般认为表皮毛具有保护和防止下面水分丧失的作用。我们用的棉和木棉纤维，都是它们种皮上的表皮毛。有些植物具有分泌功能的表皮毛，可以分泌出芳香油、黏液、树脂、樟脑等物质。

根的表皮主要与吸收水分和无机盐有关，因此，它是一种吸收组织（absorptive tissue）。根的表皮细胞具有薄的壁和薄的角质层，许多细胞的外壁向外延伸，形成细长的管状突起——根毛（root hair），从而大大地有利于根的吸收。

表皮在植物体上存在的时间，依所在器官是否具有加粗生长而异，具有明显加粗生长的器官，如裸子植物和大部分双子叶植物的根和茎，表皮会因器官的增粗而破坏、脱落，由内侧产生的次生保护组织——周皮所取代。在较少或没有次生生长的器官上，例如叶、果实、大部分单子叶植物的根和茎上，表皮可长期存在。

② 周皮　周皮是取代表皮的次生保护组织，存在于有加粗生长的根和茎的表面。它由侧生分生组织——木栓形成层形成。木栓形成层平周地分裂，形成径向成行的细胞行列，这些细胞向外分化成木栓（phellem 或 cork），向内分化成栓内层（phelloderm）。木栓、木栓形成层和栓内层合称周皮（图 1-43）。

木栓具多层细胞，在横切面中细胞呈长方形，紧密排列成整齐的径向行列，细胞壁较厚，并且强烈栓化，细胞成熟时原生质体死亡解体，细胞腔内通常充满空气。这些特征使木栓具有高度不透水性，并有抗压、隔热、绝缘、质地轻、具弹性、抗有机溶剂和多种化学药品的特性，对植物体起了有效的保护作用。同时也使它在商业上有相当的重要性，可供日用或作轻质绝缘材料和救生设备等。栓皮槠、栓皮栎和黄檗是商用木栓的主要来源。

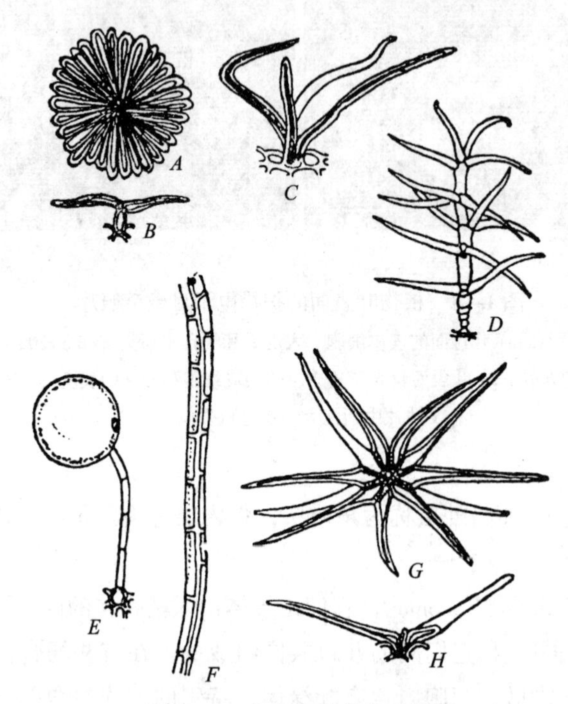

图 1–42　表皮上的各种毛状物

A、*B*. 齐墩果属叶上的盾状鳞片正面观（*A*）和切面观（*B*）；*C*. 栎属的簇生毛；*D*. 悬铃木属的分枝星状毛；*E*. 藜属的泡状毛；*F*. 马齿苋属多细胞的粗毛一部分；*G*、*H*. 黄花稔属的星状毛的表面观（*G*）和侧面观（*H*）

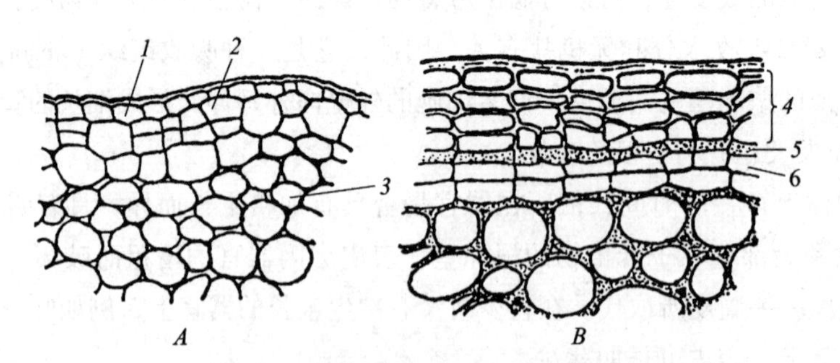

图 1–43　天竺葵属茎横切面，示周皮的起源

A. 表皮下细胞开始平周分裂；*B*. 周皮已形成

1. 表皮；2. 平周分裂的细胞；3. 皮层；4. 木栓；5. 木栓形成层；6. 栓内层

栓内层是薄壁的生活细胞，常常只有一层细胞厚，一般只能从它们与外面的木栓细胞排成同一整齐的径向行列，而与皮层薄壁细胞区别开来。

在周皮的某些限定部位，其木栓形成层细胞比其他部分更为活跃，向外衍生出一种与木栓细胞不同，并具有发达细胞间隙的组织（补充组织）。它们突破周皮，在树皮表面形成各种形状的小突起，称为皮孔（lenticelle）。皮孔是周皮上的通气结构，位于周皮内的生活细胞，能通过它们与外界进行气体交换。

（2）薄壁组织　薄壁组织是进行各种代谢活动的主要组织，光合作用、呼吸作用、贮藏作用及各类代谢物的合成和转化都主要由它进行。薄壁组织占植物体体积的大部分，如茎和根的皮层及髓部、叶肉细胞、花的各部，许多果实和种子中，全部或主要是薄壁组织，其他多种组织，如机械组织和输导组织等，常包埋于其中。因此，从某种意义上讲，薄壁组织是植物体组成的基础，也就是基本组织的主要组成部分，此外，基本组织通常还包括厚角组织和厚壁组织。

薄壁组织以细胞具有薄的初生壁而得名，它是一类较不分化的成熟组织。从结构上看，薄壁组织较少特化而较多地接近分生组织，除了细胞壁二者都是薄的初生壁外，细胞的形状亦常呈等径的多面体，细胞具有生活的原生质体。从分生能力上看，薄壁组织亦能进行有限的分裂。在创伤愈合、再生作用形成不定根和不定芽，以及嫁接愈合等时期薄壁组织细胞能发生反分化，转变为分生组织。在正常状态下，它们也参与侧生分生组织的发生。由此可见，薄壁组织有着很强的分生潜能，在一定条件下，很容易转化为分生组织。此外，薄壁组织有较大的可塑性，在植物体发育的过程中，常能进一步发育为特化程度更高的组织，如发育为厚壁组织。薄壁组织的另一特点，是一般都具有较发达的细胞间隙，这对于细胞的旺盛代谢是必需的。

薄壁组织因功能不同可分成不同的类型，它们在形态上有各自的特点（图 1–44）。

营光合作用的薄壁组织称为同化组织（assimilating tissue），主要特点是原生质体中发育出大

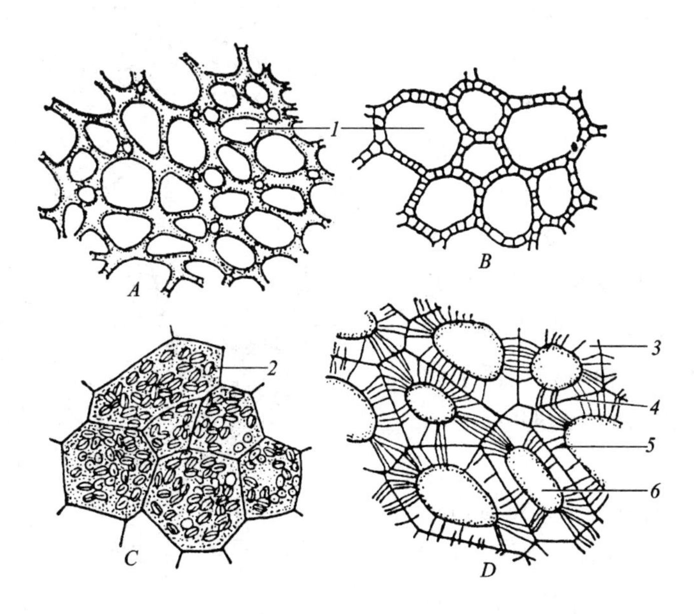

图 1–44　薄壁组织

A. 美人蕉属叶中的臂状通气薄壁组织；*B.* 马蹄莲属叶柄中的通气薄壁组织；

C. 裸麦属胚乳的贮藏薄壁组织；*D.* 柿胚乳的薄壁组织

1. 细胞间隙；2. 淀粉粒；3. 初生壁；4. 胞间层；5. 胞间连丝；6. 细胞腔

量的叶绿体。同化组织分布于植物体的一切绿色部分，如幼茎的皮层，发育中的果实和种子中，尤其是叶的叶肉，是典型的同化组织。

贮藏大量营养物质的薄壁组织，称为贮藏组织（storage tissue）。主要存在于各类贮藏器官，如块根、块茎、球茎、鳞茎、果实和种子中，根、茎的皮层和髓，以及其他薄壁组织也都具有贮藏的功能。

贮藏有丰富水分的细胞，称为储水组织（aqueous tissue）。它的细胞较大，液泡中含有大量的黏性汁液。一般存在于旱生的肉质植物中，如仙人掌、龙舌兰、景天、芦荟等的光合器官中都能看到。

具有大量细胞间隙的薄壁组织，称为通气组织（ventilating tissue）。在水生和湿生植物中，此类组织特别发达，如水稻、莲、睡莲等的根、茎、叶中薄壁组织有大的间隙，在体内形成一个相互贯通的通气系统，使叶营光合作用而产生的氧气能通过它进入根中。通气组织还与在水中的浮力和支持作用有关。

20世纪60年代，运用电子显微镜新发现一类特化的薄壁细胞。这种细胞最显著的特征是细胞壁具内突生长，即向内突入细胞腔内，形成许多指状或鹿角状的不规则突起。这样使得紧贴在壁内侧的质膜面积大大增加，扩大了原生质体的表面积与体积之比，从而有利于细胞从周围迅速地吸收物质，也有利于物质迅速地从原生质体中释放出去。所以，这些细胞是一类与物质迅速地传递密切相关的薄壁细胞，特称为传递细胞（transfer cell），也称转输细胞或转移细胞（图1–45）。它们在植物体内，都是出现在溶质短途密集运输的部位，例如普遍存在于叶的小叶脉中，在输导分子周围，成为叶肉和输导分子之间物质运输的桥梁。在许多植物茎或花序轴节部的维管组织中，在分泌结构中，在种子的子叶、胚乳或胚柄等部位也有分布。传递细胞是活细胞，细胞壁一般为初生壁，胞间连丝发达，细胞核形状多样，其他如线粒体、高尔基体、核糖体、微体等也都比较丰富。传递细胞的发现使人们对物质在生活细胞间的高效率的运输和传递有了更进一步的认识。

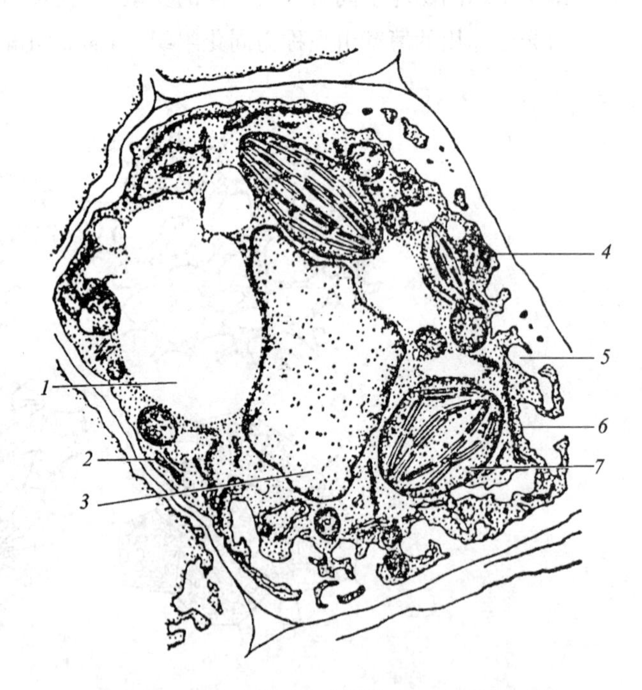

图1–45　菜豆茎初生木质部中一个传递细胞

1. 液泡；2. 高尔基体；3. 细胞核；4. 线粒体；5. 向细胞腔内凸出的壁；6. 内质网；7. 叶绿体

（仿尹稍，1977）

（3）机械组织　机械组织是对植物起主要支持作用的组织。它有很强的抗压、抗张和抗曲挠的能力，植物能有一定的硬度，枝干能挺立，树叶能平展，能经受狂风暴雨及其他外力的侵袭，都与这种组织的存在有关。

根据细胞结构的不同，机械组织可分为厚角组织（collenchyma）和厚壁组织（sclerenchyma）二类。

① 厚角组织　厚角组织细胞最明显的特征是细胞壁具有不均匀的增厚，而且这种增厚是初生壁性质的。壁的增厚通常在几个细胞邻接处的角隅上特别明显，故称厚角组织（图 1–46）。但也有些植物的厚角组织是细胞的弦向壁特别厚。

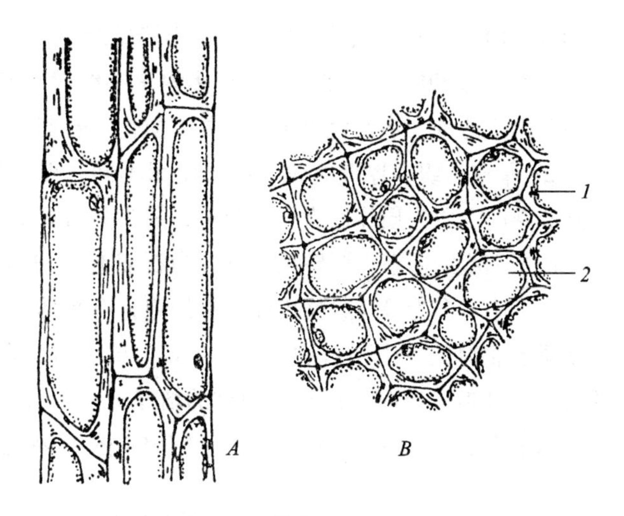

图 1–46　薄荷茎的厚角组织

A. 纵切面；*B.* 横切面

1. 不均匀增厚的初生壁；2. 原生质体

厚角细胞壁的化学成分，除纤维素外，还含有大量的果胶和半纤维素，不含木质。由于果胶有强烈的亲水性，因此，壁中含有大量的水分，在光学显微镜下，增厚的壁显出特殊的珠光，很容易与其他组织相区别。但当制成永久切片时，材料一经脱水，增厚的壁会变薄，同时珠光也会消失。

厚角组织与薄壁组织具有许多相似性，除细胞壁的初生性质外，厚角组织也是生活细胞，也经常发育出叶绿体，细胞亦具有分裂的潜能，在许多植物中，它们能参与木栓形成层的形成。因此，也有人将它归类于特殊的薄壁组织。

厚角组织分布于茎、叶柄、叶片、花柄等部分，根中一般不存在。厚角组织的分布具有一个明显的特征，即一般总是分布于器官的外围，或直接在表皮下，或与表皮只隔开几层薄壁细胞。在茎和叶柄中厚角组织往往成连续的圆筒或分离成束，常在具脊状突起的茎和叶柄中棱的部分特别发达，例如在薄荷的方茎中，南瓜、芹菜具棱的茎和叶柄中。在叶片中，厚角组织成束地位于较大叶脉的一侧或两侧（图 1–47）。

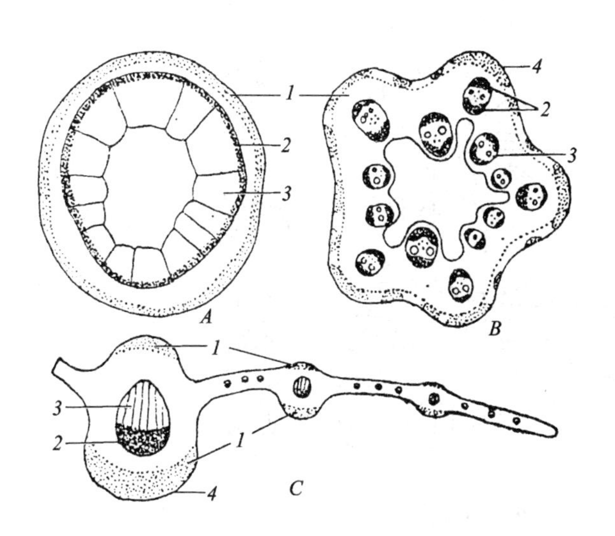

图 1–47　厚角组织分布的图解

A. 在椴属木本茎中的分布；*B.* 在南瓜属草本藤中的分布；*C.* 在叶中的分布

1. 厚角组织；2. 韧皮部；3. 木质部；4. 脊

厚角组织主要是正在生长的茎和叶的支持组织，一方面由于厚角细胞为长柱形，相互重叠排列，初生壁虽然比较软，但许多细胞壁的增厚部分集中在一起形成柱状或板状，因而使它有较强的机械强度；另一方面厚角组织分化较早，但壁的初生性质使它能随着周围细胞的延伸而扩展。因此，它既有支持作用，又不妨碍幼嫩器官的生长。大部分植物的茎和叶柄在继续发育时，在较深入的部位又发育出厚壁组织，这时，厚角组织的支持作用便成为次要的了。在许多草质茎和叶中，如不产生很多厚壁组织时，厚角组织就能继续成为主要的支持组织。有时厚角组织能进一步发育出次生壁并木质化，转变成厚壁组织。

② 厚壁组织　厚壁组织与厚角组织不同，细胞具有均匀增厚的次生壁，并且常常木质化。细胞成熟时，原生质体通常死亡分解，成为只留有细胞壁的死细胞。

根据细胞的形态，厚壁组织可分为石细胞（sclereid）和纤维（fiber）二类。

石细胞　多为等径或略为伸长的细胞，有些具不规则的分支成星芒状，也有的较细长。它们通常具有很厚的、强烈木质化的次生壁，壁上有很多圆形的单纹孔，由于壁特别厚而形成明显的管状纹孔道，有时，纹孔道随壁的增厚彼此汇合，会形成特殊的分支纹孔道。细胞成熟时原生质体通常消失，只留下空而小的细胞腔（图 1–48）。

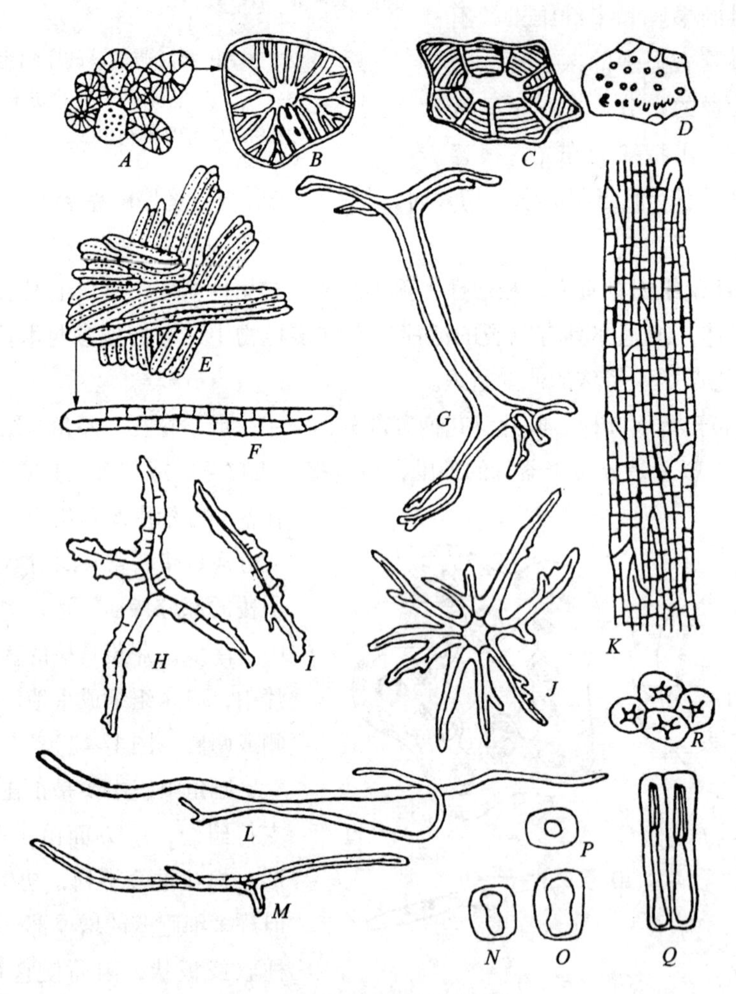

图 1–48　各种形状的石细胞

A、*B*. 梨果肉中的石细胞；*C*、*D*. 球兰属植物茎的皮层中的石细胞（*D* 为表面观）；*E*、*F*. 苹果内果皮中的石细胞；*G*. 哈克木属植物叶肉中的石细胞；*H*、*I*. 山茶叶柄中的石细胞；*J*. 昆栏树属植物茎中的石细胞；*K*. 蒜瓣外鳞片表皮的石细胞；*L*、*M*. 齐墩果属植物叶肉中的石细胞；*N*—*P*. 菜豆种皮的下表皮层中的石细胞的侧面观（*N*、*O*）和顶面观（*P*）；*Q*、*R*. 菜豆种皮的表皮层石细胞的侧面观（*Q*）和顶面观（*R*）

石细胞广泛分布于植物的茎、叶、果实和种子中，有增加器官的硬度和支持的作用。它们常常单个散生或数个集合成簇包埋于薄壁组织中，有时也可连续成片地分布。例如梨果肉中坚硬的颗粒，便是成簇的石细胞，它们数量的多少是梨品质优劣的一个重要指标。茶、桂花的叶片中，具有单个的分支状石细胞，散布于叶肉细胞间，增加了叶的硬度，与茶叶的品质也有关系。核桃、桃、椰子果实中坚硬的核，便是多层连续的石细胞组成的果皮。许多豆类的种皮也因具多层石细胞而变得很硬。在某些植物的茎中也有成堆或成片的石细胞分布于皮层、髓或维管束中。

纤维　是二端尖细成梭状的细长细胞，长度一般比宽度大许多倍。细胞壁明显地次生增厚，但木质化程度很不一致，从不木质化到强烈木质化的都有。壁上纹孔较石细胞的稀少，并常呈缝隙状。成熟时原生质体一般都消失，细胞腔成为中空，少数纤维可保留原生质体，生活较长的一段时间（图 1-49）。

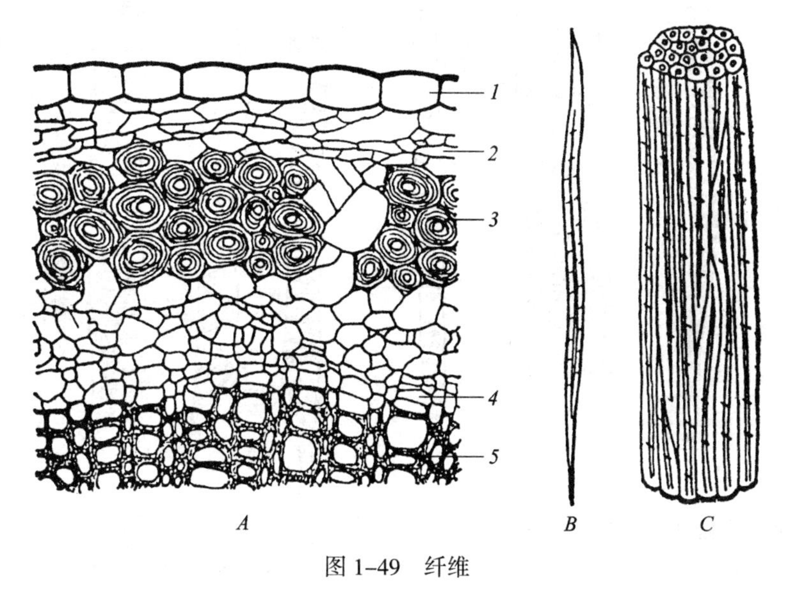

图 1-49　纤维

A. 亚麻茎横切面，示韧皮部纤维；*B.* 一个纤维细胞；*C.* 纤维束

1. 表皮；2. 皮层；3. 韧皮纤维；4. 形成层；5. 木质部

纤维广泛分布于成熟植物体的各部分。尖而细长的纤维通常在体内相互重叠排列，紧密地结合成束，因此，更增加组织的强度，使它具有大的抗压能力和弹性，成为成熟植物体中主要的支持组织。

（4）输导组织　输导组织是植物体中担负物质长途运输的主要组织。根从土壤中吸收的水分和无机盐，由它们运送到地上部分。叶的光合作用的产物，由它们运送到根、茎、花、果实中去。植物体各部分之间经常进行的物质的重新分配和转移，也要通过输导组织来进行。

在植物中，水分的运输和有机物的运输，分别由二类输导组织来承担，一类为木质部（xylem），主要运输水分和溶解于其中的无机盐；另一类为韧皮部（phloem），主要运输有机营养物质。

① 木质部　木质部是由几种不同类型的细胞构成的一种复合组织，它的组成包含管胞（tracheid）和导管分子（vessel element 或 vessel member）、纤维、薄壁细胞等。其中管胞和导管

分子是最重要的成员，水的运输是通过它们来实现的。

管胞和导管分子都是厚壁的伸长细胞，成熟时都没有生活的原生质体，次生壁具有各种式样的木质化增厚，在壁上呈现出环纹、螺纹、梯纹、网纹和孔纹的各种式样（图 1-50，*A*—*D*，图 1-51）。然而，管胞和导管分子在结构上和功能上是不完全相同的。

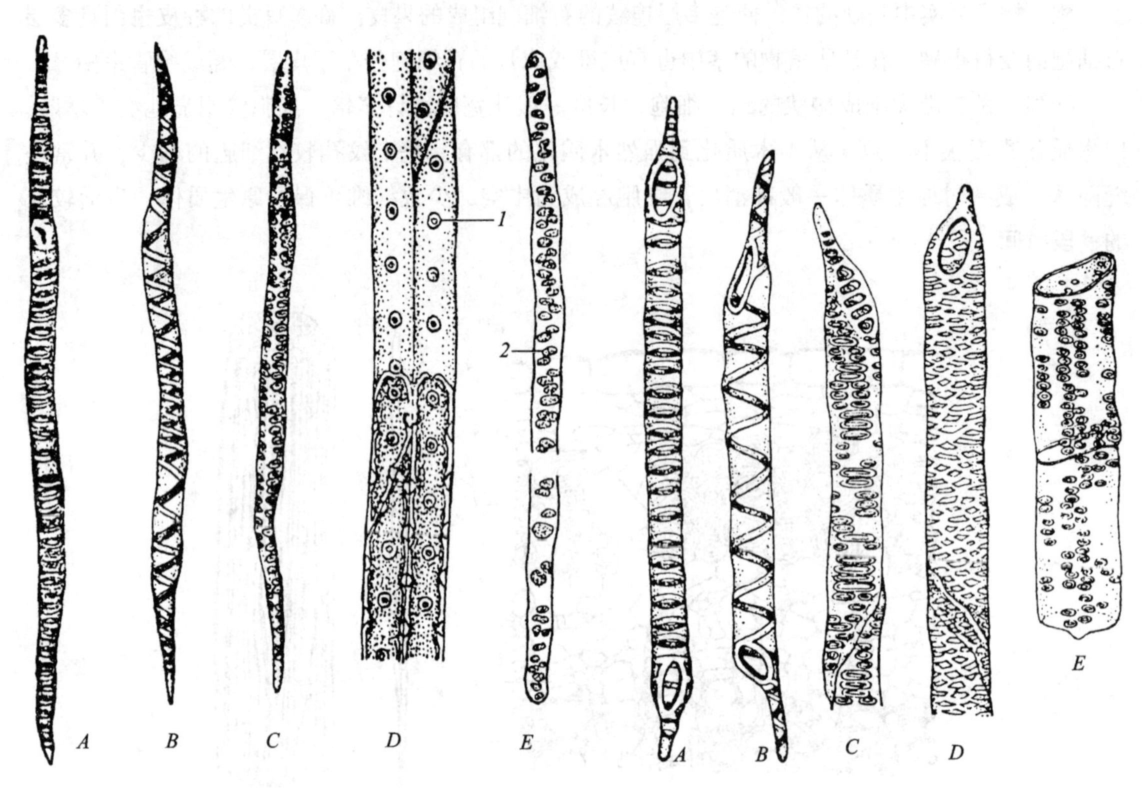

图 1-50　管胞的主要类型和筛胞

A. 环纹管胞；*B.* 螺纹管胞；*C.* 梯纹管胞；*D.* 孔纹管胞；*E.* 筛胞

1. 纹孔；2. 筛域

图 1-51　导管分子的类型

A. 环纹；*B.* 螺纹；*C.* 梯纹；*D.* 网纹；*E.* 孔纹

管胞是单个细胞，末端楔形，在器官中纵向连接时，上、下二细胞的端部紧密地重叠，水分通过管胞壁上的纹孔，从一个细胞流向另一个细胞。管胞大多具较厚的壁，且有重叠的排列方式，使它在植物体中还兼有支持的功能。所有维管植物都具有管胞，而且大多数蕨类植物和裸子植物的输水分子，只由管胞组成。在系统发育中，管胞向二个方向演化，一个方向是细胞壁更加增厚，壁上纹孔变窄，特化为专营支持功能的木纤维；另一个方向是细胞端壁溶解，特化为专营输导功能的导管分子。

导管分子与管胞的区别，主要在于细胞的端壁在发育过程中溶解，形成一个或数个大的孔，称为穿孔（perforation），具穿孔的端壁特称穿孔板。在木质部中，许多导管分子纵向地连接成细胞行列，通过穿孔直接沟通，这样的导管分子链就称导管（vessel）（图 1-51，*C*—*E*；图 1-52）。导管长短不一，由几厘米到一米左右，有些藤本植物可长达数米。导管分子的管径一般也比管胞粗大，因此，导管比管胞具有较高的输水效率。被子植物中除了最原始的类型外，木质部中主要含有导管，而大多数裸子植物和蕨类植物则缺乏导管，这就是被子植物更能适应陆生环境的重要原因之一。

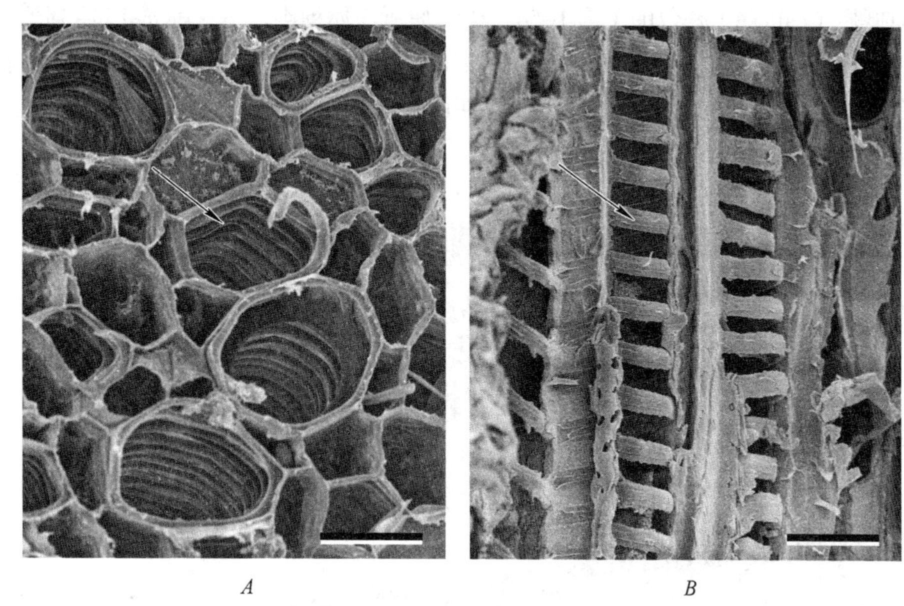

图 1-52　茎的初生木质部，示扫描电子显微镜下的导管结构

A. 木质部横切面，示导管（箭头）；*B.* 木质部纵切面，示螺纹状加厚的导管壁（箭头）；Bar=20 μm

（照片由浙江大学洪健提供）

木质部中的纤维称为木纤维，是末端尖锐的伸长细胞，在同一植物中，一般比管胞有较厚的壁，而且强烈木质化，成熟时原生质体通常死亡，但也有些植物的木纤维能生活较长的时间。木纤维的存在使木质部兼有支持的功能。

木质部中生活的薄壁细胞，称木薄壁细胞，它们在发育后期，细胞壁通常也木质化，这些细胞常含有淀粉和结晶，具有储藏的功能。

② 韧皮部　韧皮部也是一种复合组织，包含筛管分子或筛胞、伴胞、薄壁细胞、纤维等不同类型的细胞，其中与有机物的运输直接有关的是筛管分子或筛胞。

筛管分子（sieve–tube element 或 sieve–tube member）与导管分子相似，是管状细胞（图 1–53），在植物体中纵向连接，形成长的细胞行列，称为筛管（sieve tube），它是被子植物中长距离运输光合产物的结构。

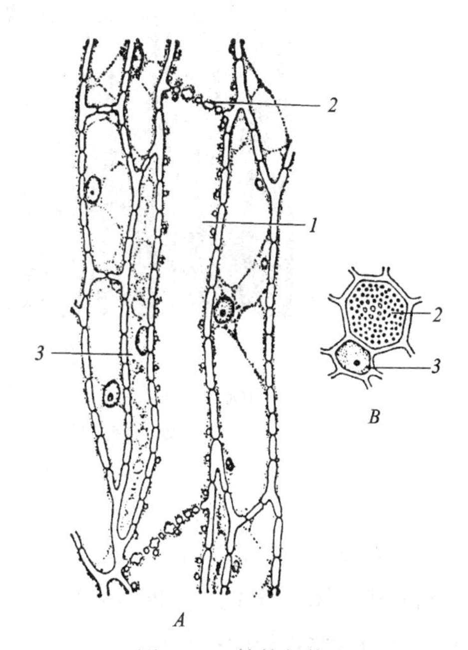

图 1-53　筛管与伴胞

A. 筛管伴胞纵切面；*B.* 筛管伴胞横切面

1. 筛管；2. 筛板；3. 伴胞

筛管分子只具初生壁。壁的主要成分是果胶和纤维素。在它的上下端壁上分化出许多较大的孔，称筛孔（sieve pore），具筛孔的端壁特称筛板（sieve plate）。粗的原生质联络索（connecting strand）穿过筛孔使上下邻接的筛管分子的原生质体密切相连（图 1–53；图 1–54），在各联络索的周围有胼胝质（callose）鞘包围（图 1–54，*B*）。胼胝质属糖类，是一种 β-1,3- 葡聚糖。筛管分子的侧壁具许多特化的初生纹孔场，称为筛域（sieve area），其上的孔较一般薄壁细胞壁上初生纹孔场的孔大，比胞间连丝更粗的原生质丝在此通过，这使筛管分子与侧邻的细胞有更密切的物质交流。

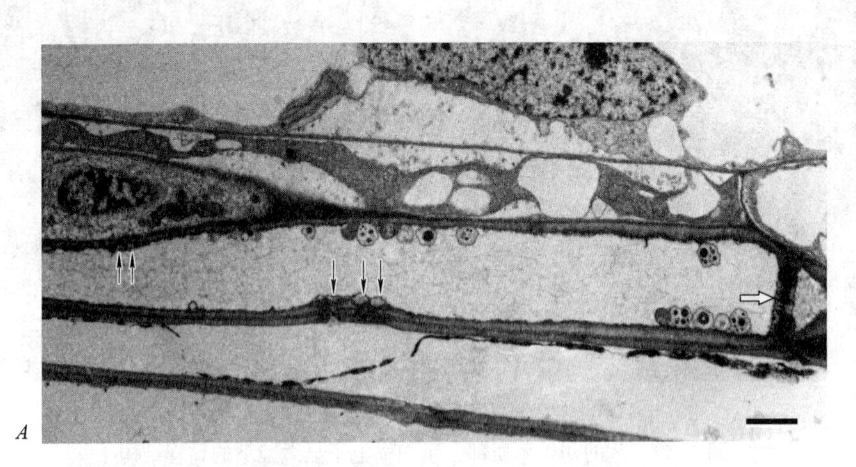

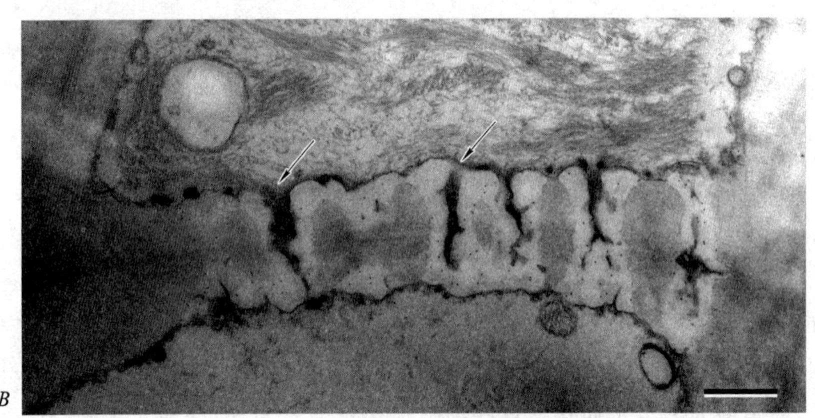

图 1–54　烟草叶脉韧皮部纵切面

A. 示筛管和伴胞（空心箭头示筛板，实心箭头示筛域），Bar=2 μm；*B*. 筛板放大，胶体金标记显示筛孔（箭头）被胼胝质鞘包围，Bar=500 nm

（照片由浙江大学谢礼博士提供）

筛管分子具有生活的原生质体，但细胞核在发育过程中最后解体，液泡膜也解体，细胞质中保留有线粒体、质体、P- 蛋白体和一部分内质网。P- 蛋白体是大部分被子植物的筛管分子中特有的结构。在不同的植物种类中形状不同，有管状、纤丝状、颗粒状和结晶形等。在通常情况下，它们分散在细胞质中，但当韧皮部受干扰时，它们会聚集在筛孔处形成黏液塞。对 P- 蛋白体的功能目前还不清楚，有人认为它是一种收缩蛋白，可能在筛管运输有机物中起作用。筛管质体在成分和形状上与其他细胞中的不同，它们有的含淀粉，有的含蛋白质，在电子显微镜中可识别出多种形态，有人已把这种形态上的区别作为植物分类中划分较大分类群的特征。

筛管分子的侧面通常与一个或一列伴胞（companion cell）相毗邻，伴胞是与筛管分子起源于同一个原始细胞的薄壁细胞，具有细胞核及各类细胞器，与筛管分子相邻的壁上有稠密的筛域，反映出二者关系密切（图 1-54，*A*）。现了解，筛管的运输功能与伴胞的代谢紧密相关。有的植物伴胞发育为传递细胞。

筛管运送养分的速度每小时可达 10 ~ 100 cm。通常，筛管功能只有一个生长季，少数植物可更长，如葡萄、椴、碱蓬的筛管可保持二至多年。在衰老或休眠的筛管中，在筛板上会大量积累胼胝质，形成垫状的胼胝体（callus）封闭筛孔，当次年春季筛管重新活动时，胼胝体能消失，联络索又能重新沟通。此外，当植物受到损伤等外界刺激时，筛管分子也能迅速形成胼胝质，封闭筛孔，阻止营养物的流失。

裸子植物和蕨类植物中，一般没有筛管，运输有机物的分子是筛胞（sieve cell）。它与筛管分子的主要区别，在于筛胞的细胞壁上只有筛域（见图 1-50，*E*），原生质体中也没有 P- 蛋白体。

韧皮部的纤维起支持作用，韧皮纤维的细胞壁木质化程度较弱，或不木质化，因而质地较坚韧，有较强的抗曲挠的能力。许多植物的韧皮纤维发达，细胞长、纤维素含量高、质地柔软，成为商用纤维的重要来源。例如苎麻、亚麻、罗布麻等的韧皮纤维长而不木质化，可作衣着和帐篷的原料；黄麻、洋麻、苘麻等的韧皮纤维较短，有一定程度的木质化，可用于制麻袋和绳索等。

韧皮部的薄壁细胞，主要起储藏和横向运输的作用，常含有结晶和各类储藏物。

综上所述，可以了解木质部和韧皮部是植物体中起输导作用的二类复合组织，它们的组成中分别以具有输导功能的管状分子——导管分子、管胞和筛管分子或筛胞为主，所以，在形态学上，又将二者分别或合称为维管组织。

（5）分泌结构　某些植物细胞能合成一些特殊的有机物或无机物，并把它们排出体外、细胞外或积累于细胞内，这种现象称为分泌现象，植物分泌物的种类繁多，有糖类、挥发油、有机酸、生物碱、单宁、树脂、油类、蛋白质、酶、杀菌素、生长素、维生素及多种无机盐等，这些分泌物在植物的生活中起着多种作用。例如，根的细胞分泌有机酸、生长素、酶等到土壤中，使难溶性的盐类转化成可溶性的物质，能被植物吸收利用，同时，又能吸引一定的微生物，构成特殊的根际微生物群，为植物健壮生长创造更好的条件；植物分泌蜜汁和芳香油，能引诱昆虫前来采蜜，帮助传粉。某些植物分泌物能抑制或杀死病菌及其他植物，或能对动物和人形成毒害，有利于保护自身。另一些分泌物能促进其他植物的生长，形成有益的相互依存关系等。也有些分泌物是植物的排泄物或储藏物。许多植物的分泌物具有重要的经济价值，例如橡胶、生漆、芳香油、蜜汁等。

植物产生分泌物的细胞来源各异，形态多样，分布方式也不尽相同，有的单个分散于其他组织中，也有的集中分布，或特化成一定结构，统称为分泌结构。根据分泌物是否排出体外，分泌结构可分成外部的分泌结构和内部的分泌结构两大类。

① 外部的分泌结构　外部的分泌结构普遍的特征，是它们的细胞能分泌物质到植物体的表

面。常见的类型有腺表皮（glandular epidermis）、腺毛（glandular hair）、蜜腺（nectary）和排水器（hydathode）等。

腺表皮　即植物体某些部位的表皮细胞为腺性，具有分泌的功能。例如碧冬茄（矮牵牛，*Petunia* × *hybrida*）、漆树（*Toxicodendron vernicifluum*）等许多植物花的柱头表皮即是腺表皮，细胞成乳头状突起、具有浓厚的细胞质，被有薄的角质层，能分泌出含有糖、氨基酸、酚类化合物等组成的柱头液，利于黏着花粉和控制花粉萌发。

腺毛　腺毛是各种复杂程度不同的、具有分泌功能的表皮毛状附属物（图 1-55）。腺毛一般具有头部和柄部二部分，头部由单个或多个产生分泌物的细胞组成。柄部是由不具分泌功能的薄壁细胞组成，着生于表皮上。薰衣草（*Lavandula angustifolia*）、棉、烟草、天竺葵、薄荷等植物的茎和叶上的腺毛均是如此。荨麻属（*Urtica*）的螫毛具有特殊的结构，它是单个的分泌细胞，似一个基部膨大的毛细管，顶部封闭为小圆球状。当毛与皮肤接触时，圆球顶部原有的缝线破裂，露出锋利的边缘，刺进皮肤，再由泡状基部将含有的蚁酸和组织胺等的液体挤进伤口。许多木本植物如梨属（*Pyrus*）、山核桃属（*Carya*）、桦木属（*Betula*）等，在幼小的叶片上具有黏液毛，分泌树胶类物质覆盖整个叶芽，仿佛给芽提供了一个保护性外套。食虫植物的变态叶上，可以有多种腺毛分别分泌蜜露、黏液和消化酶等，有引诱、粘着和消化昆虫的作用。

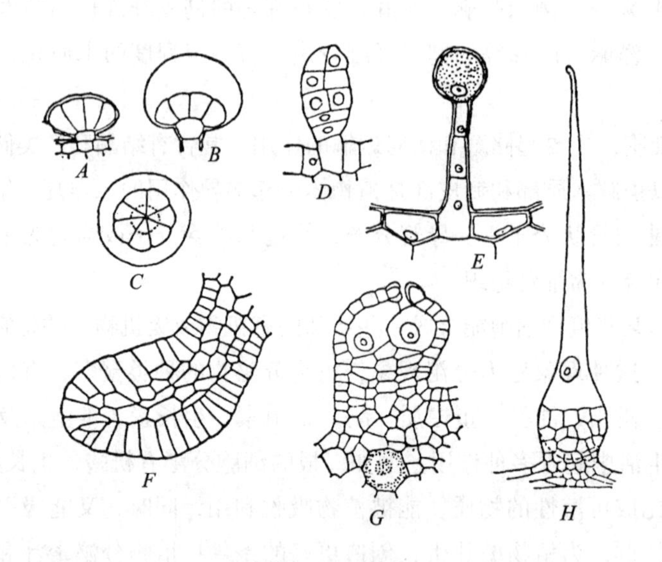

图 1-55　腺毛

A—C. 薰衣草属叶上的腺毛，角质层未膨胀的（*A*）和分泌物积累后角质层膨胀的（*B*、*C*）；*D.* 棉属叶上的腺毛；*E.* 天竺葵茎上具单细胞头的腺毛；*F.* 梨属幼叶上的黏液毛；*G.* 葡萄叶上的珍珠腺；*H.* 荨麻的螫毛

排水器　排水器是植物将体内过剩的水分排出到体表的结构。它的排水过程称为吐水（guttation）。排水器由水孔、通水组织和维管束组成（图 1-56），水孔（water pore）大多存在于叶尖或叶缘，它们是一些变态的气孔，保卫细胞已失去了关闭孔的能力。通水组织（epithem）是水孔下的一团变态叶肉组织，细胞排列疏松，无叶绿体。当植物体内水分多余时，水通过小

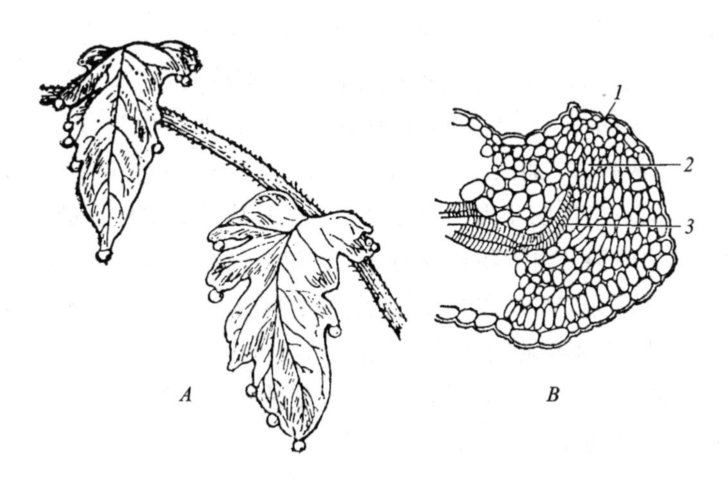

图 1–56　番茄叶上的排水器

A. 番茄叶缘的吐水现象；*B*. 叶缘排水器切面观

1. 水孔；2. 通水组织；3. 导管的末端

叶脉末端的管胞，流经通水组织的细胞间隙，最终从水孔排出体外，形成吐水。许多植物，如旱金莲、卷心菜、番茄、草莓、地榆等都有明显的吐水现象，浮叶水生植物、如菱、睡莲等吐水更为普遍。

蜜腺　蜜腺是一种分泌糖液的外部分泌结构，存在于许多虫媒花植物的花部。分泌花蜜，提供传粉昆虫所需的食物，与花的色彩和香味相配合，适应虫媒传粉的特征，这类蜜腺称花蜜腺。在一些植物营养体的地上部分，如茎、叶、叶柄和苞片等部位也存在蜜腺，这些蜜腺称花外蜜腺，它们被认为是在植物进化过程中与招引蚂蚁以避免其他食草害虫的危害有关。花外蜜腺不仅存在于被子植物，在某些蕨类植物的叶上也有存在。蜜腺的形态多样，有的无特殊外形，只是腺表皮类型，如紫云英的花蜜腺是在雄蕊和雌蕊之间的花托表皮具腺性，能分泌花蜜；旱金莲是花距的内表皮能分泌花蜜。有的植物蜜腺分化成具一定外形的特殊结构，如油菜花蜜腺在花托上成 4 个绿色的小颗粒；三色堇的花蜜腺在二个雄蕊上，是药隔延伸成的二个棒状物伸入花距内；乌桕和一品红的花外蜜腺分别成盘状和杯状存在于叶柄和花序总苞片上。蜜腺的内部结构比较一致，分泌组织大多包括表皮及表皮下几层薄壁细胞。这些细胞体积较小，细胞质浓、核较大，常具有发达的内质网和高尔基体，有时发育成传递细胞。靠近分泌组织常具有维管束。由于蜜的原料来自韧皮部的汁液，因此，这些维管束中含有的韧皮部和木质部的比例与蜜汁的成分有关，当韧皮部发达时，蜜中糖分含量较高，反之，木质部发达时，糖分含量降低，水分含量增高。

② 内部的分泌结构　分泌物不排到体外的分泌结构，称为内部的分泌结构，包括分泌细胞（secretory cell）、分泌腔（secretory cavity）或分泌道（secretory canal）以及乳汁管（laticiferous tube）。

分泌细胞　分泌细胞可以是生活细胞或非生活细胞，但在细胞腔内都积聚有特殊的分泌物。它们一般为薄壁细胞，单个地分散于其他细胞之中，细胞体积通常明显地较周围细胞为大，尤其在长度上更为显著，因此容易识别。根据分泌物质的类型，可分为油细胞（樟科、木兰科、腊梅科等）、黏液细胞（仙人掌科、锦葵科、椴科等）、含晶细胞（桑科、石蒜科、鸭跖草科等）、鞣质细胞（葡萄科、景天科、豆科、蔷薇科等）以及芥子酶细胞（白花菜科、十字花科）等。

分泌腔和分泌道　它们是植物体内贮藏分泌物的腔或管道。它们或是因部分细胞解体后形成的（溶生的，lysigenous），或是因细胞中层溶解，细胞相互分开而形成的（裂生的，schizogenous），或是这两种方式相结合而形成的（裂溶生的，schizo-lysigenous）。例如柑橘叶子及果皮中通常看到的黄色透明小点，便是溶生方式形成的分泌腔，最初是部分细胞中形成芳香油，后来这些细胞破裂，内含物释放到溶生的腔内。在这种溶生腔的周围可以看到有部分损坏的细胞位于腔的周围（图 1-57）。松柏类木质部中的树脂道和漆树韧皮部中的漆汁道是裂生型的分泌道，它们是分泌细胞之间的中层溶解形成的纵向或横向的长形细胞间隙，完整的分泌细胞衬在分泌道的周围，树脂或漆液由这些细胞排出，积累在管道中（图 1-58）。杧果属（*Mangifera*）的叶和茎中的分泌道是裂溶生起源的。

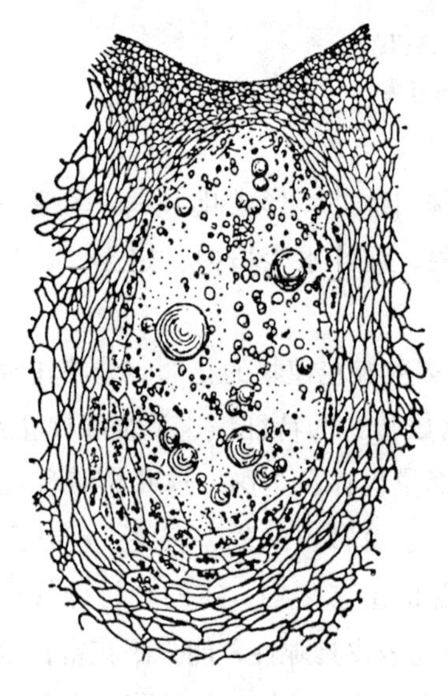

图 1-57　橘果皮内的溶生型分泌腔

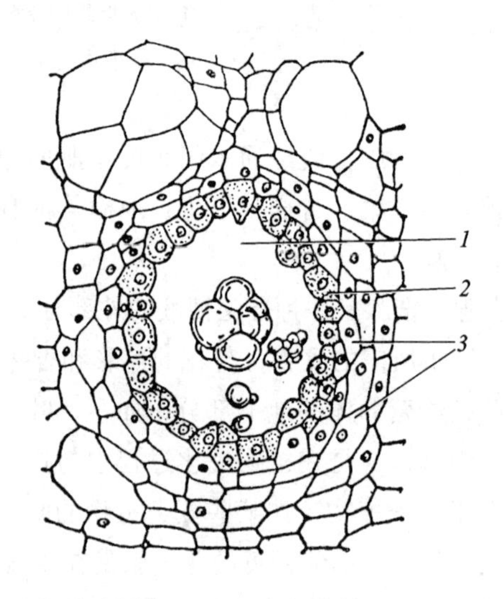

图 1-58　漆树次生韧皮部中的裂生型分泌道

1. 分泌道；2. 分泌细胞；3. 鞘细胞

（根据张志良、沈敏健、陆时万等，1978）

乳汁管　乳汁管是分泌乳汁的管状细胞。一般有两种类型，一种称为无节乳汁管（nonarticulate laticifer），它是一个细胞随着植物体的生长不断伸长和分支而形成的，长度可达几米以上。如夹竹桃科、桑科和大戟属植物的乳汁管，便是这种类型；另一种称为有节乳汁管（articulate laticifer），是由许多管状细胞在发育过程中彼此相连，以后连接壁融化消失而形成的。如菊科、罂粟科、番木瓜科、芭蕉科、旋花科等植物的乳汁管就是这种类型。有的在同一植物体上有节乳汁管和无节乳汁管同时存在，如橡胶树（*Hevea brasiliensis*）初生韧皮部中为无节乳汁管，在次生韧皮部中却是有节乳汁管（图 1-59）。无节乳汁管随着茎的发育很早被破坏，而有节乳汁管则能保留很长的时间，生产上采割的橡胶就是由它们分泌的。

乳汁管的壁是初生壁，不木质化，乳汁管成熟时是多核的，液泡与细胞质之间没有明确的界

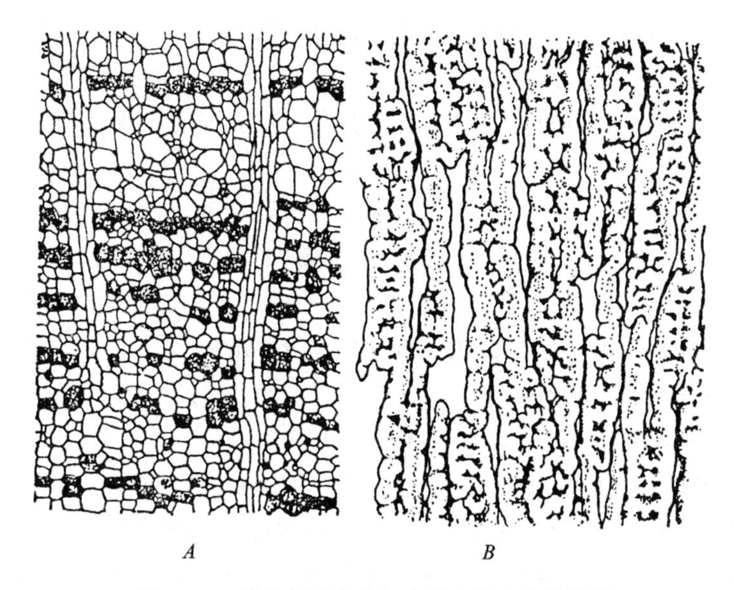

图 1–59　橡胶树茎次生韧皮部中的有节乳汁管

A. 次生韧皮部横切面（黑色部分为乳汁管）； *B.* 离析的次生乳汁管，可见有节乳汁管连成网状结构

（根据赵修谦的显微摄影照片绘制）

线，原生质体包围着乳汁。乳汁的成分极端复杂，往往含有糖类、蛋白质、脂肪、单宁、植物碱、盐类、树脂及橡胶等。各种植物乳汁的成分和颜色也不相同，如罂粟的乳汁含有大量的植物碱、菊科的乳汁常含有糖类、番木瓜的乳汁可含木瓜蛋白酶。许多科、属的乳汁中含有橡胶，它是萜烯类物质，成小的颗粒悬浮于乳汁中。含胶多的植物种类成为天然橡胶的来源，其中最著名的有橡胶树、印度榕（印度橡胶树，*Ficus elastica*）、橡胶草（*Taraxacum koksaghyz*）、银胶菊（*Parthenium hysterophorus*）和杜仲（*Eucommia ulmoides*）等。

二、组 织 系 统

植物的每一器官都由一定种类的组织构成。具有不同功能的器官中，组织的类型不同，排列方式不同。然而，植物体是一个有机的整体，各个器官除了具有功能上的相互联系外，同时在它们的内部结构上也必然具有连续性和统一性，在植物学上为了强调这一观点，采用了组织系统（tissue system）这一概念。一个植物整体上，或一个器官上的一种组织，或几种组织在结构和功能上组成一个单位，称为组织系统。

维管植物的主要组织可归并成三种组织系统，即皮组织系统（dermal tissue system）、维管组织系统（vascular tissue system）和基本组织系统（fundamental tissue system 或 ground tissue system），分别简称为皮系统（dermal system）、维管系统（vascular system）和基本系统（fundamental system 或 ground system）。皮系统包括表皮和周皮，它们覆盖于植物各器官的表面，形成一个包裹整个植物体的连续的保护层。维管系统包括输导有机养料的韧皮部和输导水分的木质部，它们连续地贯穿于整个植物体内，把生长区、发育区与有机养料制造区和储藏区连接起来。基本系统主要包括各类薄壁组织、厚角组织和厚壁组织，它们是植物体各部分的基本组成。植物整体的结构表现为维管系统包埋于基本系统之中，而外面又覆盖着皮系统。各个器官结构上的变化，除表皮或周皮是始终包被在最外层外，主要表现在维管组织和基本组织的相对分布上的差异。

复习思考题

1. 植物细胞由哪两部分组成？它们在细胞生活中各有什么作用？
2. 细胞核的形态构造及其机能如何？
3. 细胞质中各类细胞器的形态构造如何？各有什么功能？
4. 植物体中每个细胞所含有的细胞器类型是否相同？为什么？试举例说明。
5. 植物细胞的初生壁和次生壁有什么区别？在各种细胞中它们是否都存在？
6. 植物细胞有哪些结构保证了多细胞植物体中细胞之间进行有效的物质和信息传递？
7. 植物细胞在结构上与动物细胞的主要区别是什么？
8. 植物细胞的分裂方式有几种类型？最普遍的是哪一类？
9. 有丝分裂和减数分裂的主要区别是什么？它们各有什么重要意义？
10. 细胞生长和细胞分化的含义是什么？
11. 细胞分化在个体发育和系统发育上有什么意义？
12. 什么叫组织？植物有哪些主要的组织类型？
13. 植物分生组织有几种类型？它们在植物体上分布位置如何？
14. 表皮和周皮有什么区别？从外观上如何区别具表皮的枝条和具周皮的枝条？
15. 薄壁组织有什么特点？它对植物生活有什么意义？
16. 厚角组织与厚壁组织的区别是什么？
17. 被子植物木质部和韧皮部的主要功能是什么？它们的基本组成有什么异同点？
18. 从输导组织的结构和组成来分析，为什么说被子植物比裸子植物更高级？
19. 植物的分泌含义是什么？分泌结构有哪些类型？试举例说明。
20. 植物有哪几类组织系统？它们在植物体中各起什么作用？有何分布规律？

第二章　种子和幼苗

种子（seed）在植物学上属于繁殖器官，它和植物繁衍后代有着密切联系。植物界的所有种类并不都是以种子进行繁殖的，只有在植物界系统发育地位最高、形态结构最为复杂的一个类群——种子植物才能产生种子。种子植物名称的由来，也正反映了这一特点。种子又是种子植物的花在完成开花、传粉和受精等一系列有性生殖过程后产生的，是有性生殖的产物，所以和花的结构密切相关。

种子植物的生活是依赖于根、茎、叶三种营养器官的生理作用来维持的，从植物的个体发育而言，早在种子离开母体植株的时候，新生一代一般就已孕育在种子里面，新一代的植物体已经完成了形态上的初步分化，成为植物的雏体。以后，随着种子在适宜条件下的萌发，种子里的雏体——胚，经过一系列的生长、发育过程，成长为新的植株。新一代植物体的根、茎、叶就是从种子的胚长大后成长起来的。所以，种子是孕育植物雏体的场所。在不良的环境条件下，种子停留在休眠阶段，由外面的种皮或包围种子的果实所保护。

为了进一步了解种子植物的个体发生和形态结构的形成过程，应当先从种子谈起。以下各节将对种子的结构和类型、种子萌发的必要条件和种子萌发的全过程，以及幼苗的形态等内容进行较详细的叙述。

第一节　种子的结构和类型

不同植物所产生的种子在大小、形状、颜色彩纹和内部结构等方面有着较大的差别。大者如椰子的球形种子，其直径几乎可达 15 ~ 20 cm；小的如一般习见的油菜、芝麻种子；烟草的种子比油菜、芝麻的更小，其大小犹如微细的沙粒。种子的形状，差异也较显著，有肾形的如大豆、菜豆种子；圆球形的如油菜、豌豆种子；扁形的如蚕豆种子（图 2-1，*A*）；椭圆形的如落花生种子；以及其他形状的，还可举很多的例子。种子的颜色也各有不同，有纯为一色的，如黄色、青色、褐色、白色或黑色等；也有具彩纹的，如蓖麻的种子（图 2-2，*A*、*B*）。正因为种子的外部形态如此多样化，所以利用种子外形的特点以鉴别植物种类，已受到植物分类和商品检验、检疫等方面的重视。

一、种子的结构

虽然种子的形态存有差异，但是种子的基本结构却是一致的。一般种子都由胚（embryo）、胚乳（endosperm）和种皮（seed coat，testa）三部分组成，少数种类的种子还具有外胚乳

（perisperm）结构。

（一）胚

胚是构成种子的最主要部分，是新生植物的雏体，胚由胚根（radicle）、胚芽（plumule）、胚轴（embryonal axis）和子叶（cotyledon）四部分组成（图 2-1，*B*；图 2-2，*C*、*D*）。胚根、胚芽和胚轴形成胚的中轴。

胚根和胚芽的体积很小，胚根一般作圆锥形，胚芽常呈现雏叶的形态、胚轴介于胚根和胚芽之间，同时又与子叶相连，一般极短，不甚明显。胚根和胚芽的顶端都有生长点，由胚性细胞组成，这些细胞体积小、细胞壁薄、细胞质浓厚、核相对地比较大、没有或仅有小型液泡。当种子萌发时，这些细胞能很快分裂、长大，使胚根和胚芽分别伸长，突破种皮，长成新植物的主根和茎、叶。同时，胚轴也随着一起生长，根据不同情况成为幼根或幼茎的一部分。一般由子叶着生点到第一片真叶的一段称为上胚轴，子叶着生点到胚根的一段称为下胚轴，通常也简称为胚轴。

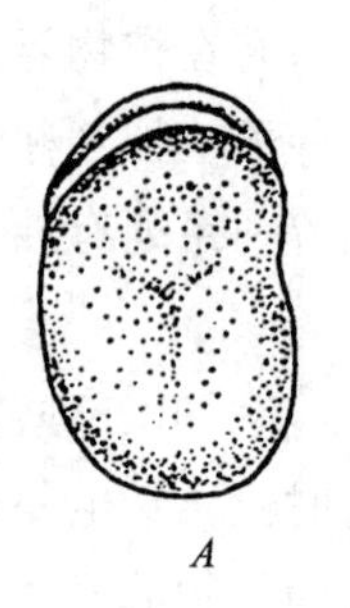

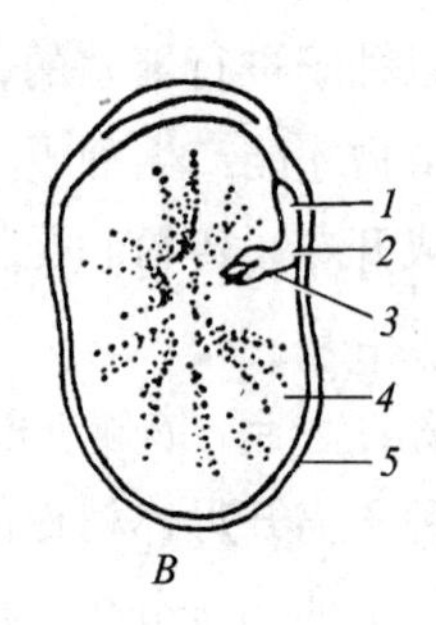

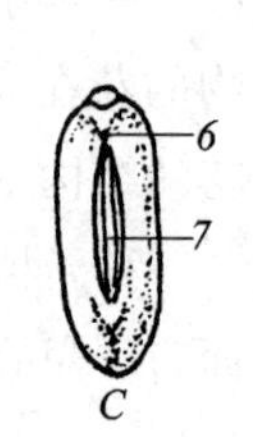

图 2-1　蚕豆的种子

A. 种子外形的侧面观；
B. 切去一半子叶显示内部结构；
C. 种子外形的顶面观
1. 胚根；2. 胚轴；3. 胚芽；4. 子叶；
5. 种皮；6. 种孔；7. 种脐

子叶是植物体最早的叶，在不同植物的种子里变化较大，不同植物种子的子叶在数目上、生理功能上不全相同。种子内的子叶数有二片的，也有一片的。有二片子叶的植物，称为双子叶植物，如豆类、瓜类、棉、油菜等。只有一片子叶的，称为单子叶植物，如水稻、小麦、玉米、洋葱等（图 2-3）。双子叶植物和单子叶植物是被子植物中的两个大类，它们不但在种子的子叶

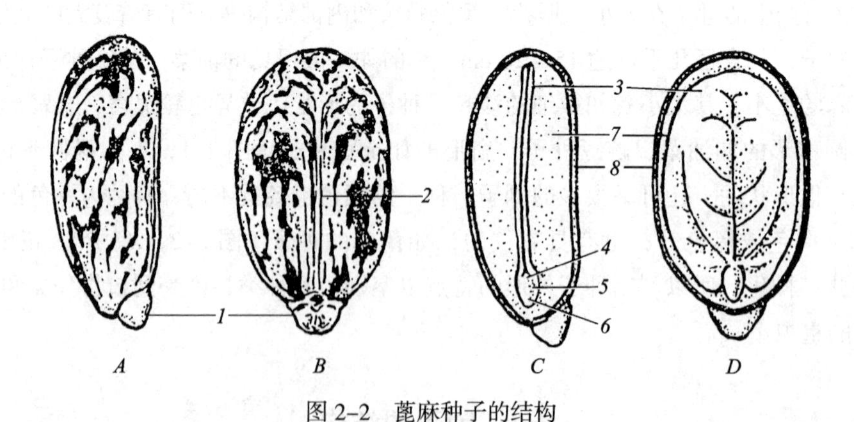

图 2-2　蓖麻种子的结构

A. 种子外形的侧面观；*B*. 种子外形的腹面观；
C. 与子叶面垂直的正中纵切；*D*. 与子叶面平行的正中纵切
1. 种阜；2. 种脊；3. 子叶；4. 胚芽；
5. 胚轴；6. 胚根；7. 胚乳；8. 种皮

数量上有差别，而且在其他器官的形态结构上也不完全相同，这些将在以后的章节中谈到。

种子植物中的另一类植物——裸子植物，种子的子叶数并不一定，有二片的，如桧柏、银杏，也有数片的，如松、云杉、冷杉等。子叶的生理作用也是多样化的，有些植物种子的子叶里贮有大量养料，供种子萌发和幼苗成长时利用，如大豆、落花生的种子。有些种子的子叶在种子萌发后露出土面，进行短期的光合作用，如陆地棉、油菜等的种子。另有一些种子的子叶成薄片状，它的作用是在种子萌发时分泌酶物质，以消化和吸收胚乳的养料，再转运到胚里供胚利用，如小麦、水稻、蓖麻等种子。

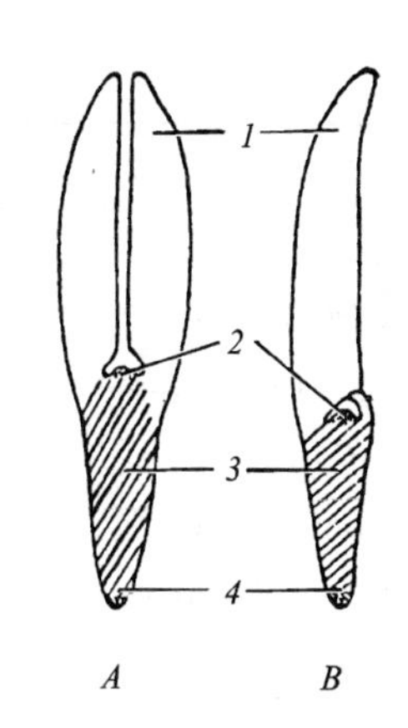

图 2–3　双子叶和单子叶植物胚纵切面结构示意图

A. 双子叶植物胚；*B*. 单子叶植物胚
1. 子叶；2. 胚芽生长点；
3. 胚轴；4. 胚根生长点

（二）胚乳

胚乳是种子集中贮藏养料的地方，一般为肉质，占有种子的一定体积。也有成熟种子不具胚乳的，这类种子在生长发育时，胚乳的养料被胚吸收，转入子叶中贮存，所以成熟的种子里胚乳不再存在，或仅残存一干燥的薄层，不起营养贮藏的作用。有胚乳种子的胚乳含量，不同植物种类并不相同，例如蓖麻、水稻等种子的胚乳肥厚，占有种子的大部分体积。豆科植物如田菁种子，胚乳成为一薄层，包围在胚的外面。种子植物中的兰科、川苔草科、菱科等植物，种子在形成时不产生胚乳。

种子中所含养分随植物种类而异，主要是糖类、油脂和蛋白质，以及少量无机盐和维生素。糖类包括淀粉、可溶性糖和半纤维素等几种，其中淀粉最为常见。不同种子淀粉的含量不同，有的较多，成为主要的贮藏物质，如小麦、水稻，含量往往可达 70% 左右；也有的含量较少，如豆类种子。种子中贮藏的可溶性糖大多是蔗糖，这类种子成熟时含有甜味，如玉米、栗等。以半纤维素为贮藏养料的植物种类并不很多，这类植物的种子中胚乳细胞壁特别厚，是由半纤维素组成的，种子在萌发时，半纤维素经过水解成为简单的营养物质，为幼胚吸收利用，如海枣、葱属、咖啡、天门冬、柿等。种子中以油脂为贮藏物质的植物种类很多，有的贮藏在胚乳部分，如蓖麻；也有的贮藏在子叶部分，如落花生、油菜等。蛋白质也是种子内贮藏养料的一种，大豆子叶内含蛋白质较多。小麦种子胚乳的最外层组织，称为糊粉层（aleurone layer），含有较多蛋白质颗粒和结晶。不同植物的种子所含养料的种类不同，即使一种种子所含营养成分，往往也不是单纯的一种。

表 2–1 表示几种常见植物种子内含有的主要养分的量（以种子干重的质量分数表示）。

少数植物种类的种子在形成和发育过程中，胚珠的珠心组织并不被完全吸收消失，而有一部分残留，构成种子的外胚乳。外胚乳在种子中作为养分贮藏的主要场所的，如甜菜种子；也有胚乳和外胚乳并存的，如睡莲科植物中的芡和这一科的其他属种。另外，也有少数植物种类以下胚轴为养料贮存处的，如水生植物中的眼子菜、慈姑等。

表 2-1　几种常见植物种子中主要养分的含量（%）

植物种类	淀粉	蛋白质	脂质
玉米（*Zea mays*）	75	12	9
小麦（*Triticum aestivum*）	75	12	2
大麦（*Hordeum vulgare*）	76	12	3
豌豆（*Pisum sativum*）	56	24	6
大豆（*Glycine max*）	26	37	17
落花生（*Arachis hypogaea*）	12	31	48
油菜（*Brassica napus*）	19	21	48

（三）种皮

种皮是种子外面的覆被部分，具有保护种子不受外力机械损伤和防止病虫害入侵的作用，常由好几层细胞组成，但其性质和厚度随植物种类而异。有些植物的种子成熟后一直包在果实内，由坚韧的果皮起着保护种子的作用，这类种子的种皮比较薄弱，成薄膜状或纸状，如桃、落花生等的种子。有些植物的果实成熟后即行开裂，种子散出，裸露于外，这类种子一般具坚厚的种皮，有发达的机械组织，有的为革质，如蚕豆、大豆；也有成硬壳的，如茶的种子。小麦、水稻等植物的种子，种皮与外围的果皮紧密结合，成为共同的保护层，因此种皮很难分辨出来，组成种皮的细胞，常在种子成熟时死去。坚厚种皮的表皮层细胞，壁部常有木质化或角质化等变化。种皮的表皮层也有形成长毛的，如棉的种子。

成熟种子的种皮上，常可看到一些由胚珠发育成种子时残留下来的痕迹，如蚕豆种子较宽一端的种皮上，可以看到一条黑色的眉状条纹，称为种脐（hilum），是种子脱离果实时留下的痕迹，也就是和珠柄相脱离的地方；在种脐的一端有一个不易察见的小孔，称种孔，是原来胚珠的珠孔留下的痕迹，种子吸水后如在种脐处稍加挤压，即可发现有水滴从这一小孔溢出（图 2-1，*C*）。蓖麻种子一端有一块由外种皮延伸而成的海绵状隆起物，称为种阜（caruncle）。种脐、种孔为种阜所覆盖，只有剥去种阜才能见到；在沿种子腹面的中央部位，有一条稍为隆起的纵向痕迹，几与种子等长，称为种脊（raphe），是维管束集中分布的地方（图 2-2，*B*）。不是所有的种子都有种脊的，只有在由倒生胚珠所形成的种子上才能见到，因为倒生胚珠的珠柄和胚珠的一部分外珠被是紧紧贴合在一起的，维管束是通过珠柄进入胚珠，所以当珠被发育成种子的种皮时，珠被与珠柄愈合的部分就在种皮上留下种脊这一痕迹，残存的维管束也就分布在种脊内（有关胚珠的发生、发育、类型等内容，将在第四章内详述）。

种子表皮细胞内，一般含有有色物质，使种皮具有各种不同的颜色。

二、种子的类型

根据以上所述，在成熟种子中，有的具胚乳结构，有的胚乳却不存在，因此，就种子在成熟时是否具有胚乳，将种子分为两种类型：一种是有胚乳的，称为有胚乳种子（albuminous seed），另一种是没有胚乳的，称为无胚乳种子（exalbuminous seed）。

（一）有胚乳种子

这类种子由种皮、胚和胚乳三部分组成，双子叶植物中的蓖麻、烟草、桑、茄、田菁等植物的种子，以及单子叶植物中的水稻、小麦、玉米、洋葱、高粱等植物的种子，都属于这一类型。下面以蓖麻、小麦种子为例，说明双子叶植物和单子叶植物有胚乳种子的结构。

1. 蓖麻种子的结构　蓖麻的种子椭圆形，稍侧扁，种皮坚硬光滑，具斑纹。种子一端有隆起的种阜，是由外种皮延伸形成的突起；腹面中央有一长形隆起的种脊（图 2-2，*A*、*B*），是倒生胚珠的珠柄和一部分外珠被愈合，在成熟种子的种皮上留下的痕迹。剥去坚硬的种皮就是白色胚乳，里面含有大量油脂。种子的胚呈薄片状被包在胚乳的中央，胚由胚芽、胚根、胚轴和子叶组成。子叶二片，大而薄，有明显脉纹。二片子叶的基部与短短的胚轴相连，胚轴的下方是胚根，上方是胚芽，胚芽夹在二片子叶的中间，从胚的正中纵切面上可以清楚见到（图 2-2，*C*、*D*）。

2. 小麦种子的结构　小麦籽粒的外围保护层，并不单纯是种皮，而是果实部分的果皮和种子本身的种皮共同组成的复合层，二者互相愈合，不易分离，因此小麦的籽粒是果实，在果实的分类上，称为颖果。从籽粒的纵切面上可以看到胚和胚乳的相对位置，胚乳占有籽粒的大部分体积，而胚处于籽粒基部的一侧，仅占小部分位置。胚乳由两部分细胞组成，一部分细胞组成糊粉层，只是一层细胞，包围在胚乳外周，与种皮紧贴，其余是含淀粉的胚乳细胞。糊粉层细胞含蛋白质、脂肪等有机养料，所以营养价值较高。胚的结构比蓖麻的复杂。胚芽和胚根由极短的胚轴上下连接，胚芽位于胚轴的上方，由顶端的生长点和周围数片幼叶组成，幼叶外被胚芽鞘（coleoptile）包围。胚根在胚轴下方，由顶端的生长点、根冠和包在外面的胚根鞘（coleorhiza）所组成。胚轴的一侧与一片盾状的子叶相连，所以子叶也称为盾片（scutellum），盾片的另一侧紧靠胚乳，所以盾片夹在胚乳和胚轴之间。在盾片中可以看到以后发展为维管束的原始细胞。盾片在与胚乳相接近的一面，有一层排列整齐的细胞，称为上皮细胞或柱形细胞。当种子萌发时，上皮细胞分泌酶到胚乳中去，把胚乳内贮藏的物质加以分解，然后由上皮细胞吸收，并转运到胚的生长部位。在胚轴的另一侧与盾片相对处，还有一片薄膜状突起，称为外胚叶，过去曾被看作是未得到充分发育的另一片子叶，也有学者认为是胚器官一部分的裂片（图 2-4），是胚根鞘的延伸部分。

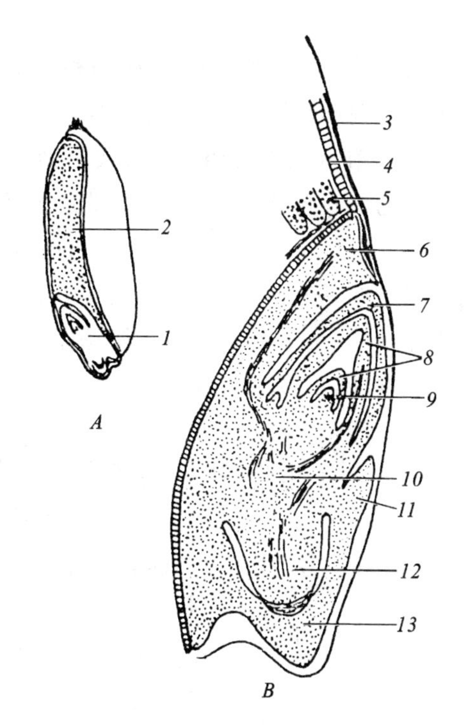

图 2-4　小麦籽粒纵切面图，示胚的结构

A. 籽粒纵切面；*B*. 胚的纵切面

1. 胚；2. 胚乳；3. 果皮和种皮的愈合层；4. 糊粉层；5. 淀粉贮藏细胞；6. 盾片；7. 胚芽鞘；8. 幼叶；9. 胚芽生长点；10. 胚轴；11. 外胚叶；12. 胚根；13. 胚根鞘

其他禾本科植物的种子，如水稻、大麦等，也有类似结构。

（二）无胚乳种子

这类种子由种皮和胚二部分组成，缺乏胚乳。双子叶植物如大豆、落花生、蚕豆、棉、油菜、瓜类的种子和单子叶植物的慈姑、泽泻等的种子，都属于这一类型。下面以蚕豆和慈姑的种子为例，说明双子叶植物和单子叶植物无胚乳种子的结构。

1. 蚕豆种子的结构　蚕豆的种皮绿色，干燥时坚硬，浸水后转为柔软革质。种脐黑色，眉条状，位于种子宽阔的一端，种脊短，不甚明显。剥去种皮，可以见到二片肥厚、扁平、相对叠合的白色肉质子叶，占有种子的全部体积。在宽阔一端的子叶叠合处一侧，有一个锥形的小结构，与二片子叶相连，这是胚根。分开叠合的子叶，可以见到与胚根相连的另一个小结构夹在二片子叶之间，状如几片幼叶，这是胚芽。胚根与胚芽之间同样有粗短的胚轴连接，二片子叶也就直接连在胚轴上（图 2–1，*B*）。

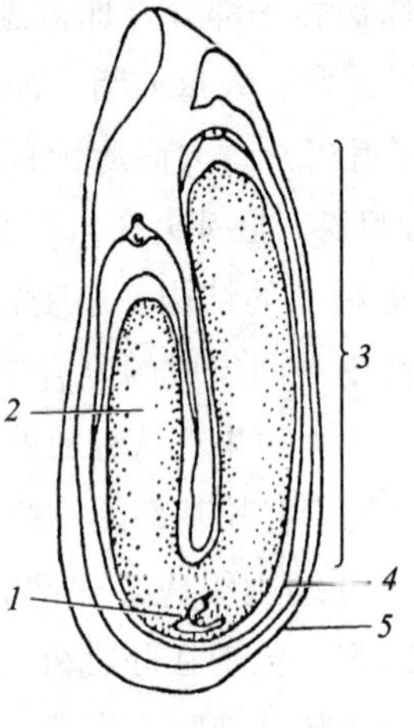

2. 慈姑种子的结构　慈姑的种子很小，包在侧扁的三角形瘦果内，每一果实仅含一粒种子。种子由种皮和胚二部分组成。种皮极薄，仅一层细胞。胚弯曲，胚根的顶端与子叶端紧相靠拢，子叶长柱形，一片，着生在胚轴上，它的基部包被着胚芽。胚芽有一个生长点和已形成的初生叶。胚根和下胚轴连成一起，组成胚的一段短轴（图 2–5）。

图 2–5　慈姑属的冠果草（*Sagittaria guayanensis*）胚的结构

1. 生长点和初生叶；2. 子叶；3. 由胚根和下胚轴合成的短轴；4. 种皮；5. 果实部分

根据以上四例，可以把种子的基本结构概括如下表：

种子的基本结构
- 种皮——包被在种子外围，是种子的保护层。禾本科植物籽粒的种皮和果实的果皮紧密愈合不能分开。
- 胚
  - 胚芽——由生长点和幼叶（也有幼叶缺少的）组成。禾本科植物种子的胚芽被胚芽鞘包围。
  - 胚轴——连接胚芽和胚根的短轴，也和子叶相连。
  - 胚根——由生长点、根冠组成，禾本科种子的胚根外有胚根鞘包围。
  - 子叶——一片、二片或多片，禾本科植物种子的子叶称盾片。
- 胚乳——种子贮藏营养物质的组织。有胚乳种子的胚乳发达；无胚乳种子的胚乳养料早期为胚吸收，养料转入子叶中贮藏。有些植物种子还具有外胚乳结构。

第二节　种子的萌发和幼苗的形成

种子是有生命的，胚体充分成熟的种子，在合适的条件下，通过一系列同化和异化作用，就开始萌发，长成幼苗。种子的生命也是有一定期限的，每种植物种子生命的长短决定于该种植物本身的遗传特性，也与休眠阶段种子的贮藏条件有关。在生产实践中，为了提高产量，必须了解种子的休眠和寿命、种子萌发的条件和过程，以及幼苗的形态特征。下面分别就这几方面的内容加以叙述。

一、种子的休眠和种子的寿命

（一）种子的休眠

种子形成后虽已成熟，即使在适宜的环境条件下，也往往不能立即萌发，必须经过一段相对静止的阶段后才能萌发，种子的这一性质称为休眠（dormancy）。休眠的种子是处在新陈代谢十分缓慢而近于不活动的状态。种子休眠期的长短是不一样的，有的植物种子休眠期很长，需要数周乃至数月或数年，如银杏、毛茛、四叶重楼、松等；也有一些植物种子成熟后在适宜的环境条件下能很快萌发，不需经过一个休眠时期，只有在环境条件不利的情况下才处于休眠的状态，如水稻、小麦、豌豆、芝麻以及多种高原植物的种子。没有休眠期的种子，在成熟期间常发生在植株上萌发的现象，造成很大的损失，对这类作物必须及时收割才能免遭损失。种子的休眠在生物学上是个有利的特性，因为休眠可以避免种子在不适宜的季节或环境里萌发，免于幼苗受伤害和死亡。

种子休眠的原因是多方面的，只有根据不同的休眠原因，采取适当措施，才能打破或缩短休眠期限，促使种子萌发。种子休眠的主要原因是：

1. 由于种皮阻碍了种子对水分和空气的吸收，或是种皮过于坚硬，使胚不能突破种皮向外伸展。这类种子的种皮极其坚厚，含有角质、角质层或酚类化合物，不易使水分透过。对氧的渗透作用也极微弱，如豆科、锦葵科植物中的某些属种，以及苍耳等种子具有这样的性质。苋属（*Amaranthus*）成熟种子的种皮虽然并不阻碍水分的吸收，但因种皮十分坚硬，生活的胚还是无法突破种皮而出。对这类种子可以用机械方法擦破种皮，或是用浓硫酸作短时间处理，再用清水洗净，使种皮软化，水分便可顺利地渗入种子内部。此外，将种子先在冷水内浸泡 12 h，然后再在沸水中放 30 ~ 60 s，也可以打破休眠，促使萌发。对苋属等种皮特别坚硬的种子可采用冻结、或利用土壤中微生物的作用，使种皮渐次软化，达到萌芽的目的。

2. 由于种子内的胚尚未成熟，或种子的后熟作用。有些植物的种子在脱离母体时，胚体并未发育完全，或胚在生理上尚未全部成熟，这类种子即使环境条件适宜，也不能萌发成长。银杏、毛茛、紫堇等植物的种子或果实脱离母株时，里面的胚还没有充分发育成熟，需要经过一段休眠时期，等胚充分成熟后才能萌发。有的种子的胚虽已成熟，但在适宜条件下仍不萌发，如一些原在温带地区生长的植物，它们的种子需要在湿度大、温度低（一般0～6 ℃）的条件下，经过数周以至数月以后才能萌发，这一现象称为种子的后熟作用（after-ripening）。研究发现，种子休眠和种子萌发这一对对立的矛盾主要是由脱落酸（ABA）和赤霉素（GA）两种植物激素的消长来调节的，前者导致休眠，后者导致萌发；休眠种子中常含有高浓度的脱落酸，抑制了催化种子内贮藏物质水解的酶，因而阻碍萌发；而赤霉素则促进水解酶的形成，导致贮藏物质转化为可溶状态，从而解除了休眠。所以，处理这类种子的有效办法，是将种子、土壤和泥炭分层铺设（一层种子，一层土壤，一层泥炭），放在室外暴露过冬，种子在低温的长期作用下，脱落酸的含量会逐渐减少，或者与之相拮抗的赤霉素含量相对增多，经过一定时期，两者间的矛盾便发生转化，有利于萌发的开始。低温处理的时间，视植物种类、种皮情况和种子内水分的含量，以及外界氧气和二氧化碳的浓度等因素而定。一般在0～6 ℃的低温下，经过2～3个月即可。在生产实践上有时为了赶季节，必须采用各种方法来人为地打破休眠，促进萌发，如人工施用赤霉素处理等。对胚体未曾全部成熟，或胚体根本没有发育的种子，也可采取合适的高温处理，或供给种子以有机营养的办法，促使早日成熟。

3. 由于某些抑制性物质的存在，阻碍了种子的萌发。抑制种子萌发的物质有有机酸、植物碱和某些植物激素，以及某些经分解后能释放氨或氰类的有机物。这类物质有的产生在种子内部——胚；有的产生在种皮；有的存在于果实的果肉或果汁里，只有消除了这些抑制性物质，才能使种子得到正常的萌发。番茄、柑橘或瓜类种子多不能在果实内发芽生长，只有在脱离果实后才能萌发，就有这个原因。也有一些抑制萌发的物质存在于土壤里，在多数情况下，这类物质是由落叶腐败后带入土中，如某些在沙漠生长的植物就是这样。经过几场春雨，或几次阵雨以后，冲走了土壤里的这类物质，才能为种子萌发提供适宜的条件。

（二）种子的寿命

种子的寿命是指种子在一定条件下保持生活力的最长期限，超过这个期限，种子的生活力就丧失，也就失去萌发的能力。不同植物种子寿命的长短是不一样的，长的可达百年以上，短的仅能存活几周。一方面，寿命的长短决定于植物本身的遗传性，同时，也和种子贮藏期的条件有关。多数栽培植物的种子只能保持一二年的生活力，有的可保持5～10年，其中如洋葱、莴苣、胡萝卜等作物的种子，在贮藏二三年后，就失去萌发的能力，特别是在潮湿的地区；一般谷类作物的种子生活力能保持5～10年，甚至更久；只有少数植物种子的寿命能超过50年。有些植物种子的寿命特别长，有人把深埋在地层达千年之久的莲子加以细心培育，仍能引起萌发，长成幼苗。与此相反，也有些种子的生活力极为短暂，如橡胶树、柳的种子，仅能活几个星期。

种子的贮藏条件，对种子寿命的长短起着十分明显的影响。贮藏种子的最适条件是干燥和低温，只有在这样的条件下，种子的呼吸作用最微弱，种子内营养的消耗最少，有可能度过最长时间的休眠期。如果湿度大，温度高，种子内贮存的有机养料将会通过种子的呼吸作用而大量消耗，种子的贮藏期限也就必然会缩短。完全干燥的种子是不利于贮藏的，因为这样会使种子的生命活动完全停止，所以，一般种子在贮藏时，对含水量有一个安全系数，例如油菜为10%，高于或低于安全系数都不适宜于贮藏。贮存种子的仓库必须保持干燥通风，使种子呼吸时产生的热量及时散失。近年来，有把贮藏的种子用塑料薄膜密封，然后充以氮气，以防止种子在贮藏期间因呼吸作用的加剧而变质。水生植物的种子在干燥的条件下，反会失去生活力，如果将它们浸在水中，特别是在低温的情况下，就能很好地过冬，保持较长的生活力。

种子寿命的长短也和母体植株的健康状况、种子本身的成熟度和种皮的保护状况，以及病虫害对于种子所产生的影响等因素有关，所以种子生活力的强度、寿命的长短，实际上是多种因素综合反应的结果。

种子贮存年限的长短能影响种子的生活力，一般种子贮存愈久，生活力也愈衰退，以至完全失去生活力。种子失去生活力的主要原因，一般是因为种子内酶物质的破坏、贮存养料的消失和胚细胞的衰退死亡。

二、种子萌发的外界条件

成熟、干燥的种子，在没有取得一定外界条件时，是处在休眠状态下的，这时，种子里的胚几乎完全停止生长，一旦休眠的种子解除了休眠，并获得合适的环境条件时，处在休眠状态下的胚就转入活动状态，开始生长，这一过程称为种子萌发（seed germination）。萌发所不可缺少的外界条件是：充足的水分、适宜的温度和足够的氧气；有些种子萌发时，光也是一个必要的因素。

（一）种子萌发必须有充足的水分

干燥的种子含水量少，一般仅占种子总质量的5%～10%，在这样的条件下，很多重要的生命活动是无法进行的，所以种子萌发的首要条件是吸收充分的水分，只有种子吸收了足够的水分以后，才能使生命活跃起来。

水在种子萌发过程中所起的作用是多方面的，首先，种子浸水后，坚硬的种皮吸水软化，可以使更多的氧透过种皮，进入种子内部，加强细胞呼吸和新陈代谢作用的进行，同时使二氧化碳透过种皮排出种子之外。其次，种子内贮藏的有机养料，在干燥的状态下是无法被细胞利用的，细胞里的酶物质不能在干燥的条件下行使作用，只有在细胞吸水后，各种酶才能开始活动，把贮藏的养料进行分解，成为溶解状态向胚运送，供胚利用。此外，胚和胚乳吸水后，增大体积，柔软的种皮在胚和胚乳的压迫下，易于破裂，为胚根、胚芽突破种皮，向外生长创造条件。

不同种子，萌发时的吸水量是不一致的，这决定于种子内贮藏养料的性质。一般种子需要的吸水量超过种子干重的30%左右，有的甚至更多，例如水稻的籽粒吸水量为40%，小麦为56%，棉为52%，油菜为48%，落花生为40%～60%，大豆为120%，豌豆为186%，蚕豆为150%等，以上数字反映了含蛋白质多的种子，萌发时吸水量较大，这与蛋白质强烈的亲水性质有关，蛋白质需要吸附较多的水分子，才能被水饱和。含脂肪多的种子吸水量较少，因为脂肪是疏水性的。含淀粉的吸水量一般不大。另外，种子也能吸收大气中的水分。如果大气中的湿度相当高，或达饱和点时，成熟的种子也能在植株上或空气中萌发，这种现象，在谷类、豆类作物中有时可以见到。

（二）种子萌发要有适宜的温度

种子萌发时，种子内的一系列物质变化，包括胚乳或子叶内有机养料的分解，以及由有机和无机物质同化为生命的原生质，都是在各种酶的催化作用下进行的。而酶的作用需要有一定的温度才能进行，所以温度也就成了种子萌发的必要条件之一。

一般说来，一定范围内温度的提高，可以加速酶的活动，如果温度降低，酶的作用也就减弱，低于最低限度时，酶的活动几乎完全停止。酶本身又是蛋白质类物质，过高的温度会破坏酶的作用，失去催化能力。所以，种子萌发对温度的要求，表现出三个基点，就是最低温度、最高温度和最适温度。最低和最高温度是二个极限，低于最低温度或高于最高温度，都能使种子失去萌发力，只有最适温度才是种子萌发的最理想的温度条件。几种常见作物种子萌发的温度范围。见表 2–2。

表 2–2　几种常见作物种子萌发的温度范围

植　物　种　类	最低温度 /℃	最适温度 /℃	最高温度 /℃
小麦、大麦	0 ~ 4	25	32
玉米	5 ~ 10	35	44
水稻	10	30	43
棉	12	27 ~ 36	42 ~ 43
黄瓜	15 ~ 18	31 ~ 37	44 ~ 50
大豆	8 ~ 10	24 ~ 29	35 ~ 40
甘蓝	0 ~ 3	15 ~ 20	40 ~ 44

不同植物种子萌发时，对温度条件的不同要求，是这类植物生长在某一地区（南方或北方）长期适应的结果，是由这一植物的遗传性所决定的。了解种子萌发的最适温度以后，可以结合植物体的生长和发育特性，选择适当的季节播种，过早或过迟都会对种子的萌发发生影响，使植株不能正常生长。

（三）种子萌发要有足够的氧气

种子萌发时，除水分、温度外，还要有足够的氧气，这是因为种子在萌发时，种子各部分细胞的代谢作用加快进行，一方面，贮存在胚乳或子叶内的有机养料，在酶的催化作用下就很快地分解，运送到胚，而胚细胞利用这部分养料加以氧化分解，以取得能量，维持生命活动的进行，还把一部分养料经过同化作用，组成新细胞的原生质，所有这些活动是需要能量的，能量的来源只能通过呼吸作用产生。所以种子的萌发，氧气就成为必要的条件之一，特别是在萌发初期，种子的呼吸作用十分旺盛，需氧量更大。作物播种前的松土，就是为种子的萌发提供呼吸所需要的氧气，所以十分重要。旱地作物如高粱、落花生、棉等种子，如果完全浸于水中或埋在坚实的土中，以致正常的呼吸不能进行，胚就不能生长。水稻籽粒长期浸泡于水中，同样不能萌发，或不能正常生长。所以播种前的浸种、催芽，需要加强人工管理，以控制和调节氧的供应，使萌发能正常进行。

以上三者缺乏任何一条，都不能使种子萌发。一般种子萌发和光线关系不大，无论在黑暗或光照条件下都能正常进行，但有少数植物的种子，需要在有光的条件下，才能萌发良好，对这些种子，光就成为萌发的必要条件之一，如烟草、杜鹃等植物。相反，也有少数植物的种子，如苋菜、菟丝子等，只有在黑暗条件下才能萌发。光照之所以能促进某些植物种子萌发，或抑制另一些种子萌发是通过植物内一种称为光敏素（phytochrome）的特殊物质的作用来产生影响的。再如土壤的酸碱性，对种子萌发也有一定关系。一般种子在中性、微酸性或微碱性的情况下，萌发良好。酸碱度过高对一般种子萌发不利。

三、种子萌发成幼苗的过程

种子的萌发过程，在上节叙述萌发条件时已略加提及，现在再把整个的过程，扼要归纳如下：

1. 种子从外界吸收足够的水分后，原来干燥、坚硬的种皮逐渐变软。水分继续源源不断地向胚乳和胚细胞渗入，整个种子因吸水而呈现膨胀，终于将种皮撑破。吸水后的种皮加强了对氧和二氧化碳的渗透性，有利于呼吸作用的进行。不同植物种子吸水量的大小是不一样的。

2. 种子萌发时的养料，是在种子形成时就已贮藏在胚乳或子叶内。原来在胚细胞里存在的各种酶物质，吸水后，在一定的温度条件下，加强活动，将贮存在胚乳或子叶里的不溶性大分子化合物，分解成简单的可溶性物质（图 2-6），运往胚根、胚芽、胚轴等部分，供细胞吸收利用。不溶性的有机养料经分解作用成为可溶性物质的过程称为消化作用；可溶性物质的吸收和运输主要是通过细胞之间的共质体运输来实现的。

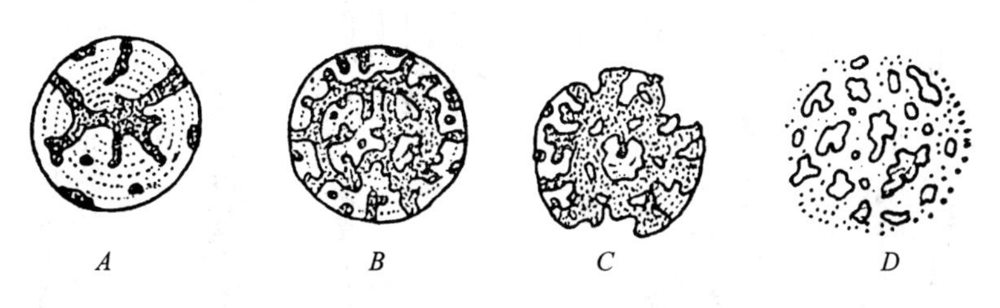

图 2-6　小麦淀粉粒经淀粉酶的作用后逐步分解

A—*D* 为分解过程

3. 种子的胚细胞同化了这部分养料，使之成为有生命的原生质，增加到细胞里去，细胞的体积有了增大。经过细胞分裂，也增多了细胞的数量，这就使胚根、胚芽、胚轴很快地生长起来。这些生长活动所需要的能量，是通过一部分有机物质的氧化而产生的，所以种子在萌发时，呼吸特别旺盛，这一现象可以从图 2-7 的实验装置得到证明。

4. 经过这一系列生长过程，种子里的胚根和胚芽迅速成长起来，在一般情况下，胚根首先突破柔软的种皮，露出种子，然后向下生长，形成主根。在直根系的植物种类中，这一主根也就成为成长植株根系的主轴，并由此生出各级侧根。但在须根系的植物种类里，如小麦、水稻、

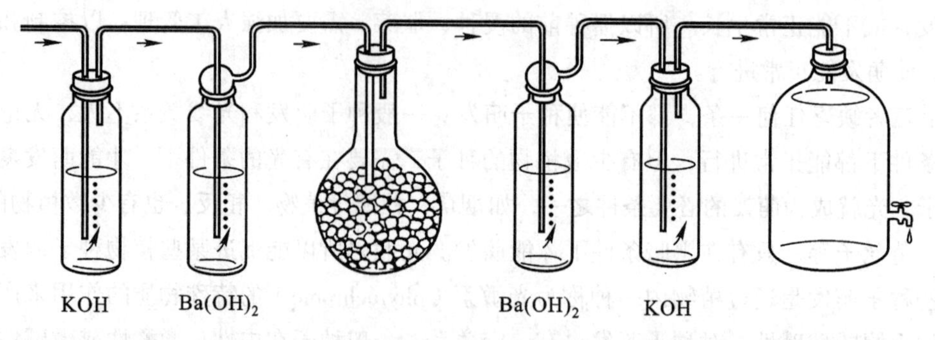

图 2–7　种子萌发时，二氧化碳随着种子呼吸的加强而释放的实验装置

空气自左方管口进入，经第一瓶时，二氧化碳为瓶内氢氧化钾溶液吸收，进入第二瓶时，空气中未被吸收尽的二氧化碳又为氢氧化钡吸收（成白色碳酸钡沉淀），所以进入种子瓶的空气是完全没有二氧化碳的。萌发的种子呼吸作用加强，大量二氧化碳由种子内放出，经过右侧瓶内的氢氧化钡溶液时，即被吸收，成为白色碳酸钡沉淀。未被吸收尽的二氧化碳，在空气经过右侧氢氧化钾溶液时，可以重被吸收。右侧第一瓶内盛满清水，实验进行时将水慢慢放出，可以调节空气顺序流动，也可防止二氧化碳自反方向进入

玉米等禾本科植物，在胚根伸出不久，又有数条与主根粗细相仿的不定根，由胚轴基部伸出，组成植株的须根系（图 2–8，图 2–9）。种子萌发时先形成根，可使早期幼苗固定在土壤中，及

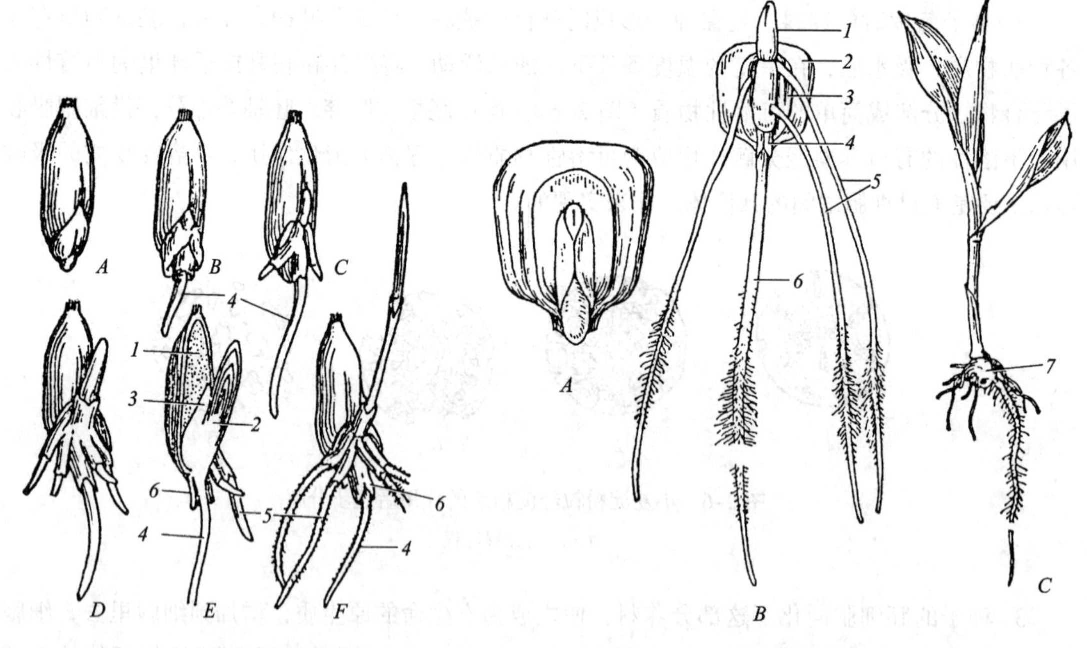

图 2–8　小麦种子萌发过程

A. 种子萌发前；*B.* 初期萌动的种子，胚根穿出种皮；*C.* 胚根向下伸长，并在两侧出现不定根，胚芽鞘开始露出；*D.* 胚芽鞘继续长大，不定根的数目也有增加；*E.* 幼苗纵切面，示结构；*F.* 须根系形成，第一片真叶穿出胚芽鞘

1. 胚乳；2. 胚芽；3. 子叶（盾片）；4. 由胚根长成的主根；5. 不定根；6. 胚根鞘

图 2–9　玉米的种子萌发和幼苗形态

A. 剥去外皮的玉米种子，示胚根鞘、胚芽鞘和贴附胚乳的盾片；*B.* 萌发早期，示伸长的主根，二侧的不定根和鞘状的胚芽鞘；*C.* 幼苗形态

1. 胚芽鞘；2. 胚乳；3. 盾片；4. 胚根鞘；5. 不定根；6. 主根；7. 残存的籽粒

时吸取水分和养料。

5. 胚根伸出不久，胚轴的细胞也相应生长和伸长，把胚芽或胚芽连同子叶一起推出土面，如大豆、棉、油菜等（图 2-10）。胚轴将胚芽推出土面后，胚芽发展为新植株的茎叶系统。有些植物的种子，子叶随胚芽一起伸出土面，展开后转为绿色，进行光合作用，如棉、油菜等的种子。待胚芽的幼叶张开行使光合作用后，子叶不久也就枯萎脱落。

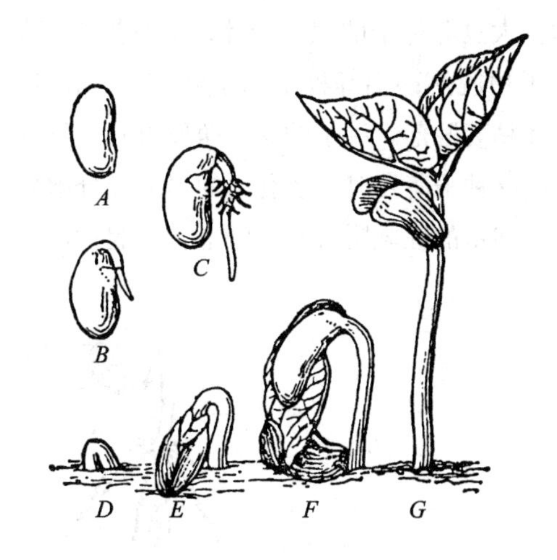

图 2-10　大豆种子的萌发

A. 大豆种子；*B.* 种皮破裂，胚根伸出；*C.* 胚根向下生长，并长出根毛；*D.* 种子在土中萌发，胚轴突出土面；*E.* 胚轴伸直延长，牵引子叶脱开种皮而出；*F.* 子叶出土，胚芽长大；*G.* 胚轴继续伸长，二片真叶张开，幼苗长成

6. 至此，一株能独立生活的幼植物体全部长成，这就是幼苗。可见，由种子开始萌发到幼苗形成这一阶段的生长过程，主要是有赖于种子内的现成有机养料为营养使胚长成为独立生活的幼小植株。所以说，种子内已孕育着新一代植物的雏体，这个雏体就是胚。

上述各点是种子萌发成长为幼苗的一般过程，不同植物种类，种子的萌发形式也不是完全一致的。例如，兰科植物的种子小如尘埃，几乎无贮藏的养分，胚的发育也不完全，它的萌发不能靠自已独立进行，而必须有菌类与之共生才能发育成活；又如，椰子的种子体积很大，胚乳贮有大量养分，而胚却十分微小，没有长足，种子萌发后养分可继续供应胚和幼苗一个很长的时期。

四、幼苗的类型

不同种类植物的种子在萌发时，由于胚体各部分，特别是胚轴部分的生长速度不同，成长的幼苗，在形态上也不一样，常见的植物幼苗可分为二种类型，一种是子叶出土的幼苗（epigaeous seedling），另一种是子叶留土的幼苗（hypogaeous seedling）。

前面谈胚的结构时，已经指出：胚轴是胚芽和胚根之间的连接部分，同时也与子叶相连。由子叶着生点到第一片真叶之间的一段胚轴，称为上胚轴；由子叶着生点到胚根的一段称为下胚轴。子叶出土幼苗和子叶留土幼苗的最大区别，在于这二类的胚轴在种子萌发时的生长速度不相一致。

（一）子叶出土的幼苗

双子叶植物无胚乳种子中如大豆、棉、油菜和各种瓜类的幼苗，以及双子叶植物有胚乳种子中如蓖麻的幼苗，都属于这一类型。这类植物的种子在萌发时，胚根先突出种皮，伸入土中，形成主根。然后下胚轴加速伸长，将子叶和胚芽一起推出土面（图 2-10），所以幼苗的子叶是出土的。大豆等种子的肥厚子叶，继续把贮存的养料运往根、茎、叶等部分，直到营养消耗完毕，子叶干瘪脱落；棉等种子的子叶较薄，出土后立即展开并变绿，进行光合作用，待真叶伸出，子叶才枯萎脱落。种子的这一萌发方式，称为出土萌发。

蓖麻种子萌发时，胚乳内的养料经分解后供胚发育用，随着胚轴伸长，将子叶和胚芽推出土面时，残留的胚乳附着在子叶上，一起伸出土面，不久就脱落消失（图 2–11）。

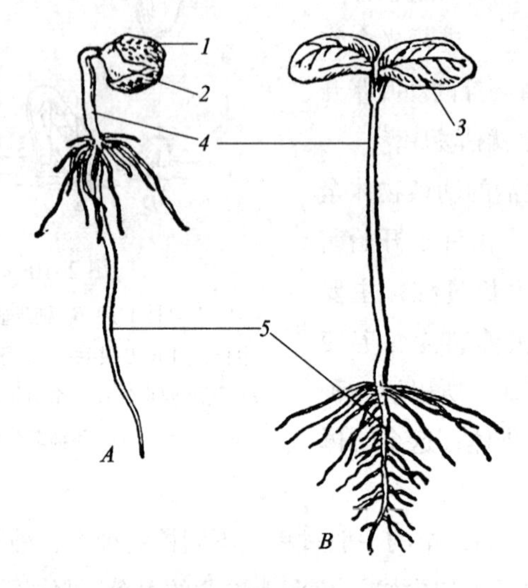

图 2–11　蓖麻种子的出土萌发

A. 萌发早期，开始形成根系。由于下胚轴的伸长，把胚乳、子叶和破裂的种皮顶出土外，子叶包在胚乳中，未露出；*B.* 萌发后期的形态，根系已经形成，下胚轴继续伸长，胚乳和种皮已脱落，子叶展开，露出子叶间的胚芽

1. 种皮；2. 胚乳；3. 子叶；4. 下胚轴；5. 主根

单子叶植物洋葱种子的萌发和幼苗形态与大豆、蓖麻等不同。当种子开始萌发时，子叶下部和中部伸长，使根尖和胚轴推出种皮之外。以后子叶很快伸长，露出在种皮之外，呈弯曲的弓形。这时，子叶先端仍被包在胚乳内吸收养料。以后的进一步生长，使弯曲的子叶逐渐伸直，并将子叶先端推出种皮外面，待胚乳的养料被吸收用尽，干瘪的胚乳也就从子叶先端脱落下来，同时，子叶在出土以后，逐渐转变为绿色，进行光合作用。此后，第一片真叶从子叶鞘的裂缝中伸出，并在主根周围长出不定根（图 2–12）。所以洋葱的幼苗仍属出土萌发类型。

（二）子叶留土的幼苗

双子叶植物无胚乳种子中如蚕豆、豌豆、荔枝、柑橘和有胚乳种子中如橡胶树，及单子叶植物种子中如小麦、玉米、水稻等的幼苗，都属于这一类型。这些植物种子萌发的特点是下胚轴不伸长，而是上胚轴伸长，所以子叶或胚乳并不随胚芽伸出土面，而是留在土中，直到养料耗尽。如蚕豆种子萌发时，胚根先穿出种皮，向下生长，成为根系的主轴；由于上胚轴的伸长，胚芽不久就被推出土面，而下胚轴的伸长不大，所以子叶不被顶出土面，而始终埋在土里（图 2–13）。小麦、玉米种子的萌发和幼苗形态，可参见图 2–8、图 2–9。

了解幼苗的类型，对农、林、园艺有指导意义，因为萌发类型与种子的播种深度有密切关系。一般情况下，子叶出土幼苗的种子播种宜浅，有利于胚轴将子叶和胚芽顶出土面。子叶留土幼苗的种子，播种可以稍深。虽然如此，但不同作物种子在萌发时，顶土的力量不全一样。同时，种子的大小对顶土力量的强弱也有差别，如果顶土力量强的种子，即使是出土萌发，稍为播深，也无妨碍，而顶土力量弱的，就必须考虑浅播，所以，还必须根据种子的具体情况，来决定播种的实际深度。

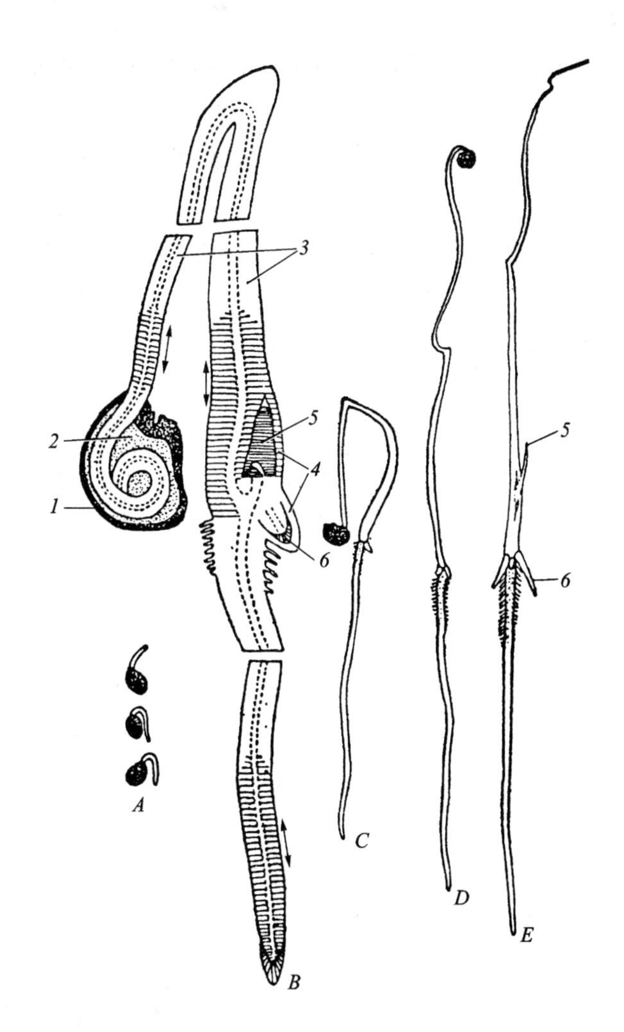

图 2–12　洋葱种子的出土萌发和幼苗的结构

A. 种子萌发开始；*B—E.* 萌发顺序和幼苗成长过程

B. 萌发种子的纵切面图，示各部分结构，以及子叶和胚根的早期伸长，把胚根和胚轴推出至种皮外（横线条处示主要伸长部位）；

C. 子叶和主根继续伸长，弯曲的子叶呈弓形，子叶先端包在种皮内；

D. 子叶伸直，种皮和胚乳仍附着在子叶先端；

E. 胚乳脱落，第一片真叶从子叶鞘伸出，主根周围生出不定根

1. 种皮；2. 胚乳；3. 子叶；4. 子叶鞘；5. 第一片真叶；6. 不定根

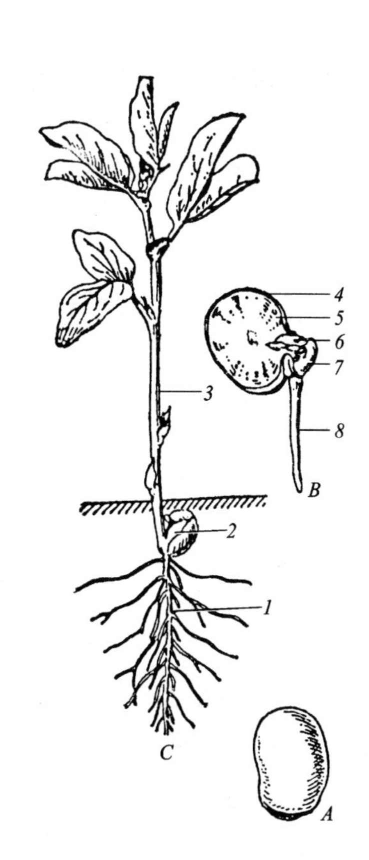

图 2–13　蚕豆种子的留土萌发

A. 种子外形；

B. 种子萌发初期，示胚根伸长，成为幼苗主根，上胚轴有所伸长，胚芽的幼叶明显可见；

C. 成长的幼苗

1. 主根；2. 残留土中的种皮和子叶；3. 幼苗的茎轴系统；4. 种皮；5. 子叶；6. 胚芽；7. 上胚轴；8. 胚根

复习思考题

1. 植物的种子在结构上包括哪几个重要的组成部分？不同植物种子在结构上又有哪些相异的地方？为什么说种子内的胚是新一代植物的雏体？

2. 什么是种子的休眠？种子休眠的原因是什么？如何打破种子的休眠？

3. 外部条件对种子的萌发起到怎样的作用？种子萌发时，内部发生什么变化？

4. 详细了解禾本科种子（小麦、水稻、玉米等）的结构以及小麦种子在萌发过程中种子内部所进行的生理活动。

5. 种子内贮存着一定量的养分，种子外面又为坚实的种皮或果实所包裹，这对植物后代的繁衍起了什么重要的作用？

6. 什么是幼苗？由种子萌发到形成幼苗的变化过程如何？留土萌发种子和出土萌发种子在萌发过程中的主要区别是什么？

7. 绿豆芽、黄豆芽和豌豆苗的主要食用部分是哪部分？分别属于哪种萌发类型？

第三章　种子植物的营养器官

一般种子植物的种子完全成熟后，经过休眠，在适合的环境下，就能萌发成幼苗，以后继续生长发育，成为具枝系和根系的成年植物。植物体上，特别是成年植物的植物体上由多种组织组成、在外形上具有显著形态特征和特定功能、易于区分的部分，称为器官（organ）。大多数成年植物在营养生长时期，整个植株可显著地分为根、茎、叶三种器官，这些担负着植物体营养生长的一类器官统称为营养器官（vegetative organ）。本章将主要就组成枝系和根系的根、茎、叶三种营养器官的形态、结构部分，分别加以叙述。

第一节　根

根，除少数气生者外，一般是植物体生长在地面下的营养器官，土壤内的水和矿质通过根进入植株的各个部分。它的顶端能无限地向下生长，并能发生侧向的支根（侧根），形成庞大的根系（root system），有利于植物体的固着、吸收等作用，这也使植物体的地上部分能完全生长，达到枝叶繁茂、花果累累。根系能控制泥沙的移动，因此，具有固定流沙、保护堤岸和防止水土流失的作用。

一、根的生理功能和经济利用

根是植物适应陆上生活在进化中逐渐形成的器官，它具有吸收、固着、输导、合成、储藏和繁殖等功能。

根的主要功能是吸收作用，它吸收土壤中的水、二氧化碳和无机盐类。植物体内所需要的物质，除一部分由叶和幼嫩的茎自空气中吸收外，大部分都是由根自土壤中取得。水为植物所必需，因为它是原生质组成的成分之一，是制造有机物的原料，是细胞膨压的维持者，是植物体内一切生理活动所必需。周围环境中水的情况，影响着植物的形态、结构和分布。二氧化碳是光合作用的原料，除去叶从空气中吸收二氧化碳外，根也从土壤中吸收溶解状态的二氧化碳或碳酸盐，以供植物光合作用的需要。无机盐类是植物生活所不可缺的，例如硫酸盐、硝酸盐、磷酸盐以及钾、钙、镁等离子，它们溶于水，随水分一起被根吸收。

根的另一功能是固着和支持作用。可以想象，庞大的地上部分，加上风、雨、冰、雪的侵袭，而高大的树木却能巍然屹立，这就是由于植物体具有反复分支，深入土壤的庞大根系，以及根内牢固的机械组织和维管组织的共同作用。

根的另一功能是输导作用。由根毛、表皮吸收的水分和无机盐，通过根的维管组织输送到枝，而叶所制造的有机养料经过茎输送到根，再经根的维管组织输送到根的各部分，以维持根的生长和生活的需要。

根还有合成的功能。据研究，在根中能合成蛋白质所必需的多种氨基酸，合成后，能很快地运至生长的部分，用来构成蛋白质，作为形成新细胞的材料。科学研究中，也证明根能形成生长激素和植物碱，这些生长激素和植物碱对植物地上部分的生长、发育有着较大的影响。

此外，根还有储藏和繁殖的功能。根内的薄壁组织一般较发达，常为物质贮藏之所。不少植物的根能产生不定芽，有些植物的根，在伤口处更易形成不定芽，这一特性在营养繁殖中的根扦插和造林中的森林更新，常被加以利用。

根作为吸收、固着、输导、储藏等器官，反映了它的结构与功能的密切联系，这将在以下的各节中加以叙述。

根有多种用途，它可以食用、药用和作工业原料。甘薯（*Ipomoea batatas*）、木薯（*Manihot esculenta*）、胡萝卜、萝卜、甜菜等皆可食用，部分也可作饲料。人参（*Panax ginseng*）、大黄、当归、甘草、乌头、龙胆、吐根（*Cephaelis ipecacuanha*）等可供药用。甜菜可作制糖原料，甘薯可制淀粉和酒精。某些乔木或藤本植物的老根，如枣、杜鹃、苹果、葡萄、青风藤等的根，可雕制成或扭曲加工成树根造型的工艺美术品。在自然界中，根有保护坡地、堤岸和防止水土流失的作用。

二、根和根系的类型

（一）主根、侧根和不定根

种子萌发时，最先是胚根突破种皮，向下生长，这个由胚根细胞的分裂和伸长所形成的向下垂直生长的根，是植物体上最早出现的根，称为主根（main root），有时也称直根（tap root）或初生根（primary root）。主根生长达到一定长度，在一定部位上侧向地从内部生出许多支根，称为侧根（lateral root）。侧根和主根往往形成一定角度，侧根达到一定长度时，又能生出新的侧根。因此，从主根上生出的侧根，可称为一级侧根（或支根），或次生根（secondary root）；一级侧根上生出的侧根，为二级侧根或三生根（tertiary root），以此类推。在主根和主根所产生的侧根以外的部分，如茎、叶、老根或胚轴上生出的根，统称不定根（adventitious root，图 3–1），它和起源于胚根，发生在一定部位的主根（定根，normal root）不同。不定根也能不断地产生分支，即侧根。禾本科植物的种子萌发时形成的主根，存活期不长，以后由胚轴上或茎的基部所产生的不定根所代替。农、林、园艺工作上，利用枝条、叶、地下茎等能产生不定根的习性，可进行大量的扦插、压条等营养繁殖。农业上常把胚根所形成的主根和胚轴上生出的不定根（如禾本科作物），统称种子根（seminal root），也称初生根，而将茎基部节上的不定根也称为次生根，与植物学上常用名词有别，应加注意。植物因功能上、适应上的变化，而形成的肥大的根或地上部分的气生根，这些类型将在本章第五节根的变态中加以叙述。

图 3-1　不定根

A. 常春藤枝上的气生根； *B.* 柳枝插条上的不定根； *C.* 玉米茎上的支柱根；
D. 老根上的不定根； *E.* 竹鞭上的不定根； *F.* 落地生根叶上小植株的不定根

（二）直根系和须根系

一株植物地下部分的根的总和，称为根系。在双子叶植物和裸子植物中，根系是由主根和它分支的各级侧根组成的，在单子叶植物中，根系主要是由不定根和它分支的各级侧根组成的。根系有两种基本类型，即直根系（tap root system）和须根系（fibrous root system）（图 3–2）。有明显的主根和侧根区别的根系，称为直根系，如松、柏、棉、油菜、蒲公英等植物的根系。无明显的主根和侧根区分的根系，或根系全部由不定根和它的分支组成，粗细相近，无主次之分，而呈须状的根系，称为须根系，如禾本科的稻、麦以及鳞茎植物葱、韭、蒜、百合等单子叶植物的根系和某些双子叶植物的根系，如车前草。

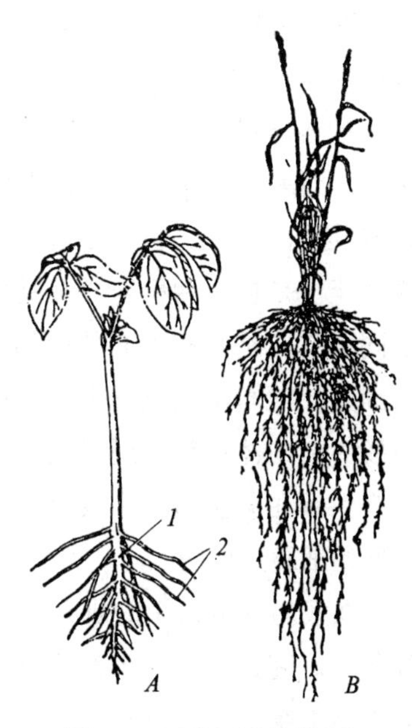

图 3–2　直根系和须根系

A. 直根系； *B.* 须根系
1. 主根； 2. 侧根

根系在土壤中分布的深度和广度，因植物的种类、生长发育的情况、土壤条件和人为的影响等因素而不同。根在土壤中分布的状况，一般可分为深根系和浅根系两类。深根系是主根发达，向下垂直生长，深入土层，可达3～5 m，甚至10 m以上，如大豆、蓖麻、马尾松等。浅根系是侧根或不定根较主根发达，并向四周扩展，因此，根系多分布在土壤表层，如车前草、悬铃木、玉米、水稻等。上面所说的直根系多为深根系，须根系多为浅根系，但不是所有的直根系都属深根系。根的深度在植物的不同生长发育期也是不同的，如马尾松的一年生苗，主根仅深约20 cm，但成长后可深达5 m以上。根系也因土层厚薄、土壤水肥的多少、土壤微生物的种类和活动情况以及土壤种类的不同而深度不同。一般讲，地下水位较低、通气良好、土壤肥沃，根系分布较深，反之较浅。干旱地区的根系较深，潮湿地区的根系较浅。此外，人为的影响，也能改变根系的深度。例如植物幼苗期的表面灌溉，苗木的移植、压条和扦插，易于形成浅根；种子繁殖、深耕多肥，易于形成深根。因此，农、林、园艺工作中，都应掌握各种植物根系的特性，并为根系的发育创造良好环境，促使根系健全发育，利于地上部分的繁茂，从而为稳产高产，打下良好基础。

三、根 的 发 育

（一）顶端分生组织

种子萌发后，胚根的顶端分生组织中的细胞经过分裂、生长、分化，形成了主根。主根生长时，顶端分生组织具有一定的组成，但这个组成，在不同类群的植物中是不同的。要了解根的一些组织系统的起源和联系演化，就得研究顶端分生组织结构在不同类群植物中的差异。侧根和不定根中顶端分生组织中细胞的排列与主根相似。

种子植物中，根的顶端分生组织，在结构上有两种主要类型：第一种类型是成熟根中的各区，如维管柱（vascular cylinder）、皮层（cortex）和根冠（root cap），都可追溯到顶端分生组织中的各自独立的三个细胞层，也就是说，维管柱、皮层和根冠都有各自的原始细胞（initial cell），而表皮（epidermis）却是从皮层的最外层分化出来的（图3-3）；或者表皮和根冠的细胞有着共同的起源，也就是起源于同一群原始细胞（图3-4，*A*、*B*）；第二种类型，是所有各区，或者至少是皮层和根冠，都是集中在一群横向排列的细胞中，和第一种类型具三个原始细胞层不同，它们是具有共同的原始细胞（图3-4，*C*），这种类型在系统发育上较为原始。什么是原始细胞？它们是组成分生组织中的某些细胞，通过分裂，不断地产生一些细胞，加入到植物体中成为新的体细胞，同时又不断地产生另一些细胞，仍保留在分生组织中。这些经过不断更新始终保留在分生组织中具分生能力的细胞，就称为原始细胞。所以组成根的其他所有细胞都是由原始细胞产生的。

在根的顶端组织的研究中，包括根的正常发育、各种手术处理，以及DNA合成的标记示踪等各项研究，发现一个普遍存在的现象，即在根本体最远端的一群原始细胞（中柱原和皮层原的原始细胞）不常分裂，大小变化很小，合成核酸和蛋白质的速率也很低，组成一个区域，称为不活动中心（quiescent center）或称静止中心。不活动中心并不包括根冠原始细胞（图3-5）。在根以后的生长中，旺盛的有丝分裂活动不是我们一般想象中在此中心进行，而是在这中心以

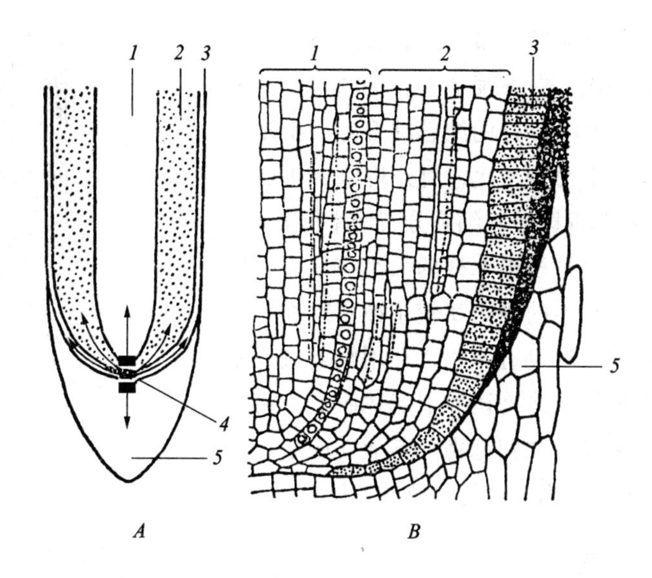

图 3-3 根的顶端分生组织和衍生区域（一）

A. 根尖纵切面图解，三层原始细胞，表皮与皮层有共同起源；

B. 玉米根尖的纵切面，示原始细胞平周分裂的结果，表皮和皮层分离

1. 维管柱； 2. 皮层； 3. 表皮； 4. 顶端分生组织； 5. 根冠

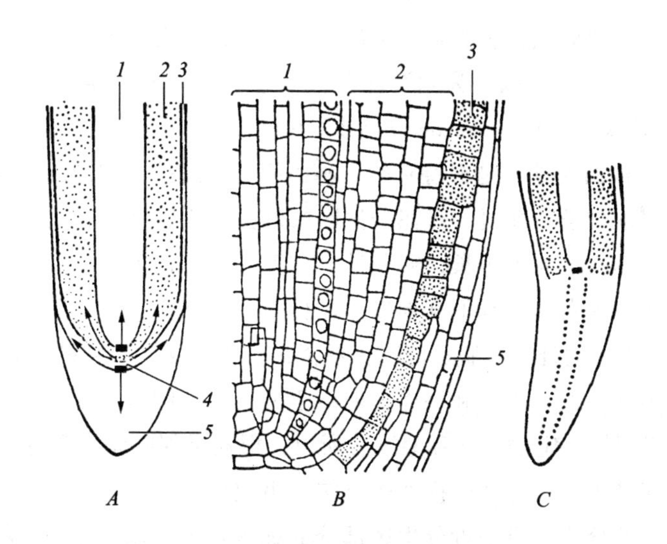

图 3-4 根的顶端分生组织和衍生区域（二）

A. 根尖纵切面图解，三层原始细胞，表皮和根冠有共同起源；

B. 烟草根尖的纵切面，示原始细胞平周分裂的结果，表皮和根冠分离；

C. 根尖纵切面图解，示根的各区都由一群原始细胞产生

1. 维管柱； 2. 皮层； 3. 表皮； 4. 顶端分生组织； 5. 根冠

外的部分进行。据观察，玉米根冠原始细胞的细胞分裂速率是每 12 h 分裂一次，而它的不活动中心是 174 h 分裂一次；蚕豆的根冠原始细胞是每 44 h 分裂一次，而它的不活动中心是 292 h 分裂一次；白芥菜根冠原始细胞是每 35 h 分裂一次，而它的不活动中心是每 520 h 分裂一次。另

外，恰在不活动中心上方的维管柱部分，玉米是 28 h 分裂一次，蚕豆是 37 h 分裂一次，白芥菜是 32 h 分裂一次；而距不活动中心上面 200 ~ 250 μm 处的维管柱部分，玉米是 29 h 分裂一次，蚕豆是 26 h 分裂一次，白芥菜是 25 h 分裂一次。可见不活动中心比其他区域的细胞分裂速率慢 6 ~ 20 倍。不活动中心体积的变化显著地和根的大小有联系，即在大的根中存在也较大，在小的根中就较小或不存在。不活动中心也并不意味着它永远没有作用，在用辐射或手术处理使根受损伤、除去根冠或冷冻诱导引起休眠后，再恢复时，都能使这部分重新进行细胞分裂。不活动中心在根中出现的原因，有多种解释，尚未取得一致的意见。

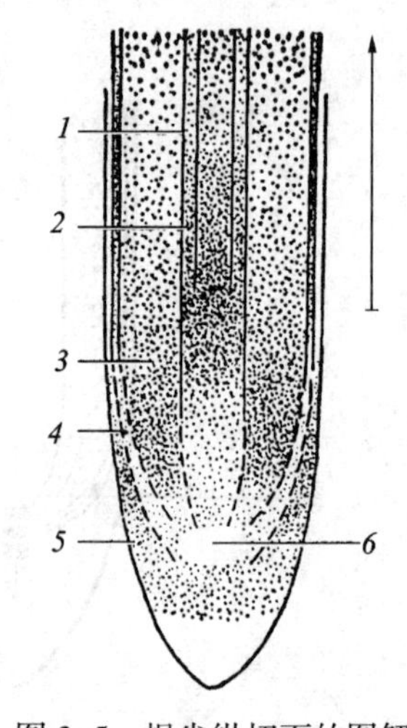

图 3-5　根尖纵切面的图解

说明分生组织活动的分布及不活动中心，点的密度显示有丝分裂的频率

1. 维管柱； 2. 最早的筛分子； 3. 皮层； 4. 表皮； 5. 根冠； 6. 不活动中心

（二）根尖的结构和发展

根尖（root tip）是指根的顶端到着生根毛部分的这一段。不论主根、侧根或不定根都具有根尖，它是根中生命活动最旺盛、最重要的部分。根的伸长，根对水分和养料的吸收，根内组织的形成，主要是根尖进行的。因此根尖的损伤会直接影响到根的继续生长和吸收作用的进行。根尖可以分为四个部分：根冠、分生区（meristematic zone）、伸长区（elongation zone）和成熟区（maturation zone）（图 3-6）。

1. 根冠　根冠位于根的先端，是根特有的一种组织，一般呈圆锥形，由许多排列不规则的薄壁细胞组成，它像一顶帽子（即冠）套在分生区的外方，所以称为根冠。多数植物的根生长在土壤中，幼嫩的根尖不断地向下生长，遇到沙砾，容易遭受伤害，特别是像分生区这样幼嫩的部分。根冠在前，和土壤中的沙砾不断地发生摩擦，遭受伤害，死亡脱落，这样，就对分生区起了保护作用。有些根冠的外层细胞还能产生黏液，使根尖穿越土粒缝隙时，得以减少摩擦。根冠的外层细胞尽管不断死亡、脱落和解体，但由于分生区的细胞不断地分裂，因此，根冠可以持续得到补充，始终保持一定的形状和厚度。所以，根冠是保护根的顶端分生组织和帮助正在生长的根较顺利地穿越土壤，并减少损伤的结构。组成根冠的细胞是活的薄壁组织细胞，常含有淀粉，一般无多大的分化，只是近分生区部分的细胞较小，近外方的细胞较大。除了一些营寄生性的种子植物和有些具菌根的以外，根冠在所有植物的根上都存在。环境条件也影响着根冠的结构，例如在土壤中正常生长的根，一旦水培后，可能不再产生根冠。一般水生的种子植物具有根冠，但发达与否和存活的长短，因植物种类而异。长期以来，根冠被认为和根对重力的反应（即向地的反应）有关。根冠前端的细胞中含有具淀粉的淀粉体，起着平衡石的作用。当根被水平放置时，能使淀粉体原有位置发生转变，结果使根向下弯曲，恢复正常的垂直生长。以后的研究认为，对重力的反应不限于淀粉体，可能与内质网、高尔基体或生长激素等有关。

2. 分生区　分生区是位于根冠内方的顶端分生组织。分生区不断地进行细胞分裂增生，除一部分向前方发展，形成根冠细胞，以补偿根冠因受损伤而脱落的细胞外，大部分向后方发展，经过细胞的生长、分化，逐渐形成根的各种结构。由于原始细胞的存在，所以分生区始终保持它原有的体积和作用。

根的顶端分生组织包括原分生组织和初生分生组织。原分生组织位于前端，由原始细胞及其最初的衍生细胞构成，细胞较少分化；初生分生组织位于原分生组织后方，由原分生组织的衍生细胞组成，这些细胞已出现了初步的分化，在细胞的形状、大小及液泡化等方面显出差异，分化为原表皮、基本分生组织和原形成层三部分。原表皮位于最外层，以后发育为表皮；原形成层位于中央，以后发育成维管柱；基本分生组织位于原形成层和原表皮之间，以后发育成皮层。

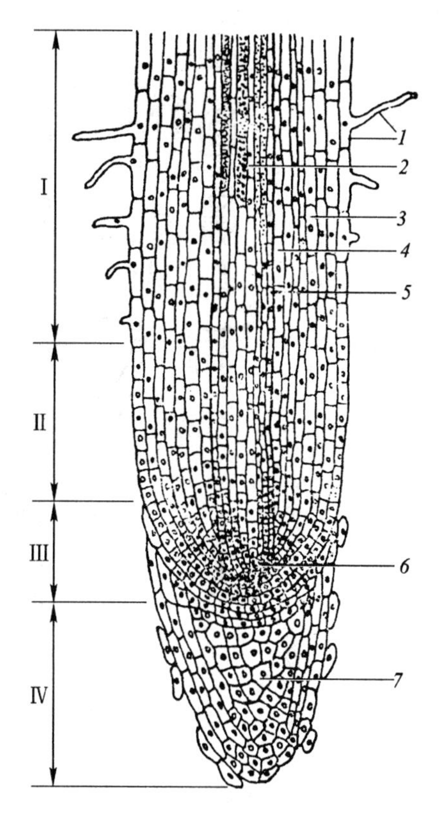

图 3-6　根尖的纵切面

Ⅰ. 成熟区；Ⅱ. 伸长区；Ⅲ. 分生区；Ⅳ. 根冠
1. 表皮及根毛；2. 导管；3. 皮层；4. 内皮层；5. 中柱鞘；6. 顶端分生组织；7. 根冠

分生组织的细胞具有各种不同方向的分裂，为了便于掌握有关组织结构中细胞的壁面、分裂和排列等的方向，现就有关名词简述如下：就细胞壁面方向而言，假定细胞是方形立体的，它的壁面方向接在器官中的位置，可分为内、外切向壁，左、右径向壁和上、下横向壁六个对称面。切向壁（弦向壁）是与该细胞所在部位最近一侧的外周切线相平行；径向壁是与该细胞所在部位的半径相平行；横向壁是与根轴的横切面相平行。其他形状细胞的壁面方向，大致可按此类推。就细胞分裂方向而言，由于根是柱状器官，因此，按细胞分裂方向与圆周、根轴的关系，可有切向分裂、径向分裂和横向分裂之分。切向分裂（弦向分裂，tangential division）是细胞分裂与根的圆周最近处切线相平行，也称平周分裂（periclinal division），分裂的结果，增加细胞的内外层次，使器官加厚，它们的子细胞的新壁是切向壁。径向分裂（radial division）是细胞分裂与根的圆周最近处切线相垂直，分裂的结果，扩展细胞组成的圆周，使器官增粗，新壁是径向壁。横向分裂（transverse division）是细胞分裂与根轴的横切面相平行，分裂的结果，加长细胞组成的纵向行列，使器官伸长，新壁是横向壁。按上述情况，细胞的分裂方向也可以按形成的新壁方向为依据。径向分裂和横向分裂也称垂周分裂（anticlinal division），但狭义的垂周分裂一般只指径向分裂。就细胞排列而言，由于细胞排列方向与新壁的壁面方向相垂直，因而有切向排列、径向排列和纵向排列之分。切向排列或左右排列，是径向分裂的结果，新壁必然是径向的；径向排列或内外排列，是切向分裂的结果，新壁是切向的；纵向排列或上下排列是横向分裂的结果，新壁是横向的（图 3-7）。

3. 伸长区　伸长区位于分生区稍后方的部分，细胞分裂已逐渐停止，体积扩大，细胞显著

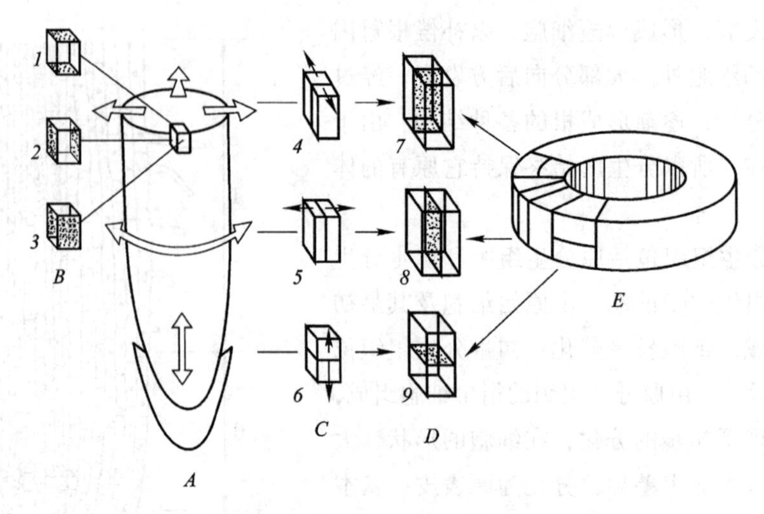

图 3-7　细胞的分裂、壁面和排列等方向图解

A. 根尖的一部分，示细胞的分裂方向，对根加厚、增粗和伸长的影响（根面空白的箭头，自上而下，示层次加厚、周围增粗和长度伸长）；*B.* 细胞的壁面方向；*C.* 细胞的分裂和排列方向；*D.* 新壁或分裂面的方向；*E.* 根结构中细胞的各种分裂方向

1. 横向面；2. 径向面；3. 切向面；4. 径向分裂；5. 切向分裂；6. 横向分裂；7. 径向壁；8. 切向壁；9. 横向壁

地沿根的长轴方向延伸，因此，称为伸长区。根的长度生长是分生区细胞的分裂、增大和伸长区细胞的延伸共同活动的结果，特别是伸长区细胞的延伸，使根显著地伸长，因而在土壤中继续向前推进，有利于根不断转移到新的环境，吸取更多的矿质营养。伸长区一般长 2 ~ 5 mm。短而粗的伸长区，在坚实的土壤层中，对于根的向前推进是比较有利的。伸长区除细胞的显著延伸外，细胞也加速了分化，最早的筛管和最早的环纹导管，往往出现在这个区域。

4. 成熟区　成熟区内根的各种细胞已停止伸长，并且多已分化成熟，因此，称为成熟区。成熟区紧接伸长区，表皮常产生根毛，因此，也称为根毛区（root-hair zone）。根毛是由表皮细胞外壁延伸而成（图 3-8），是根的特有结构，一般呈管状，角质层极薄，不分支，长 0.08 ~ 1.5 mm，数目多少不等，因植物种类而异。如玉米的根毛，每 mm^2 约 420 根，豌豆每 mm^2 约 230 根。根毛在发育中，和土壤颗粒密切结合，这是由于它的外壁上存在着黏液和果胶质，加强了这种接触，有利于根毛的吸收和固着作用，也使根毛对控制土壤侵蚀，比根的其他部分可能更为重要和有效。根毛生长速度较快，但寿命较短，一般只有几天，多的在 10 ~ 20 天，即行死亡。随着分生区衍生细胞的不断增大和分化，以及伸长区细胞不断地向前延伸，新的根毛也就连续地出现替代枯死的根毛。不断更新的结果，使新的根毛区也就随着根的生长，向前推移，进入新的土壤区域，这对于丰富根的吸收是极为有利的。伸长区和具根毛的成熟区是根的吸收力最强的部分，失去根毛的成熟区部分，主要是进行输导和支持的功能。在农、林、园艺工作中，对植物的移栽，就必然地损害多数的根尖和根毛，造成水分吸收能力的急剧下降。因此，移栽后，必须充分地灌溉和部分地修剪枝叶，以减少蒸腾，防止植物因过度失水而死亡。

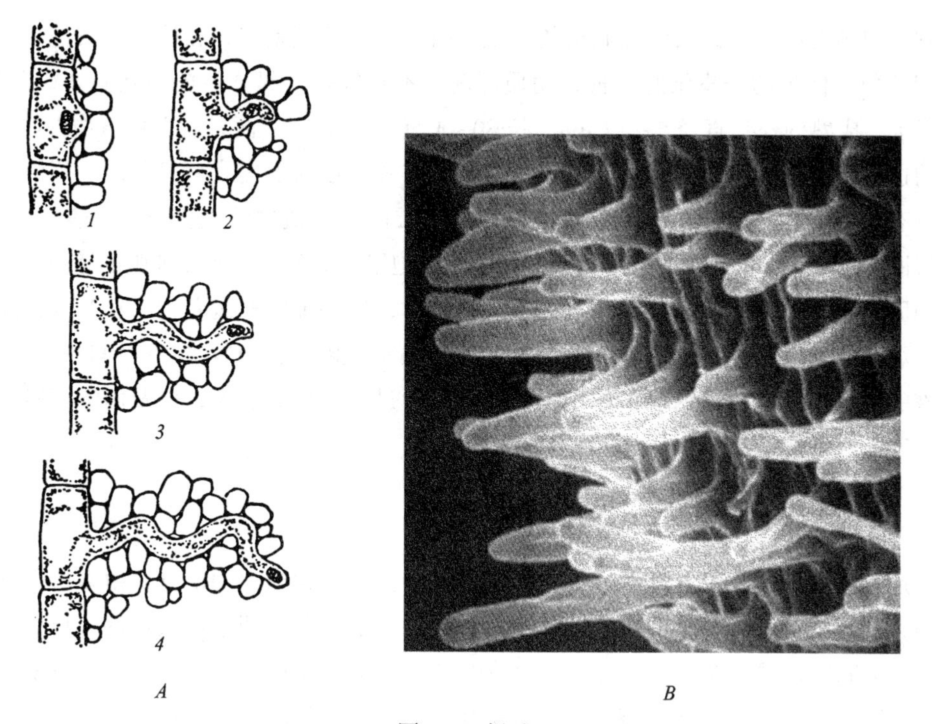

图 3-8　根毛

A. 根毛发育的过程；*B.* 根毛的扫描电子显微镜照片

1. 根表皮细胞的外壁发生突起；2，3. 突起继续伸长；4. 突起伸长的结果，形成根毛

（*B* 图引自强胜，2017）

四、根的初生结构

前面已经讨论了根尖的结构和它的发育情况，由根尖的顶端分生组织，经过分裂、生长、分化而形成成熟的根，这种植物体的生长，直接来自顶端分生组织的衍生细胞的增生和成熟，整个生长过程，称为初生生长（primary growth）。初生生长过程中产生的各种成熟组织属于初生组织（primary tissue），它们共同组成根的结构，也就是根的初生结构（primary structure）。因此，在根尖的成熟区作一横切面，就能看到根的全部初生结构，由外至内为表皮、皮层和维管柱三个部分（图 3-9）。

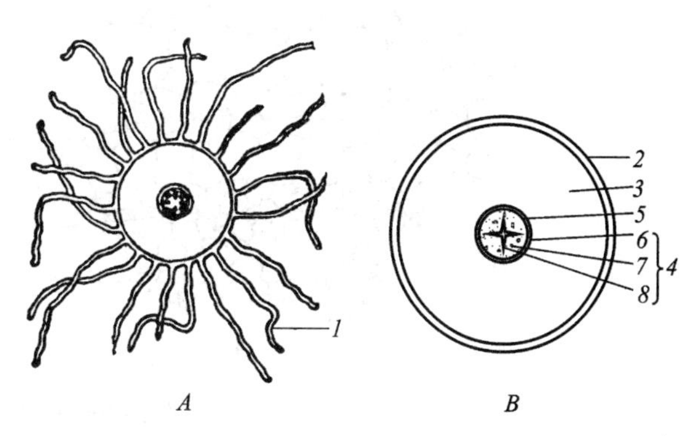

图 3-9　根的初生结构横切面图解

A. 具根毛的根尖部分；*B.* 较老而尚无次生结构的部分

1. 根毛；2. 表皮；3. 皮层；4. 维管柱；5. 内皮层；6. 中柱鞘；7. 初生韧皮部；8. 初生木质部

（一）表皮

根的成熟区的最外面具有表皮，是由原表皮发育而成，一般由一层表皮细胞组成，

表皮细胞近似长方柱形，延长的面和根的纵轴平行，排列整齐紧密，和植物体其他部分一般的表皮组织相似。但根的表皮细胞壁薄，角质层薄，不具气孔，部分表皮细胞的外壁向外突起，延伸成根毛。成熟的根毛直径 5 ~ 17 μm，长 80 ~ 1 500 μm，因种而异。少数植物，如洋葱无根毛。根的这些特征是和它的吸收、固着等作用密切有关。根的表皮，一般是由一层活细胞组成的，但也有例外，在热带的兰科植物和一些附生的天南星科植物的气生根中，表皮是多层的，形成所谓根被（velamen）。根被是由紧密排列的死细胞组成的鞘，这些死细胞的壁由带状或网状增厚来加固，壁上有许多初生纹孔场。当空气干燥时，这些细胞充满着空气；当降雨时，它们就充满了水。当根由水气饱和时，根被也有气体交换的功能。有的科学家在兰科植物的研究上，发现根被的主要作用是机械的保护作用，防止皮层中过多水分的丧失，以及雨雾天吸收蓄存水分等。

（二）皮层

皮层是由基本分生组织发育而成，它在表皮的内方占着相当大的部分，由多层薄壁细胞组成，细胞排列疏松，有着显著的胞间隙。皮层最外的一层细胞，即紧接表皮的一层细胞，往往排列紧密，无间隙，成为连续的一层，称为外皮层（exodermis）。当根毛枯死，表皮破坏后，外皮层的细胞壁增厚并栓化，能代替表皮起保护作用。有些植物的根如鸢尾，外皮层为多层细胞组成。

皮层最内的一层，常由一层细胞组成，排列整齐紧密，无胞间隙，称为内皮层（endodermis）。内皮层细胞的部分初生壁上，常有栓质化和木质化增厚成带状的壁结构，环绕在细胞的径向壁和横向壁上，成一整圈，称凯氏带（Casparian strip，图 3-10），凯氏带在根内是一个对水分和溶质有着障碍或限制作用的结构。凯氏带形成后，内皮层的质膜与凯氏带（即被木质和栓质沉积的细胞壁部分）之间有极强的联系，水分和离子必须经过这个质膜，才能进入维管柱，这里

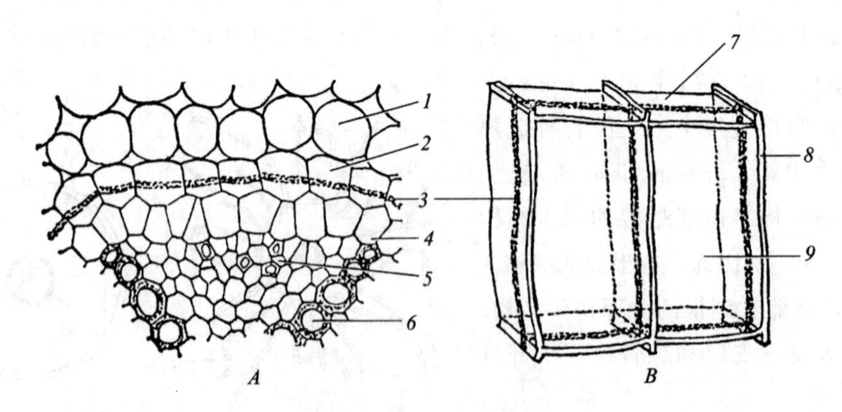

图 3-10 内皮层的结构

A. 田旋花根的部分横切面，示内皮层的位置；

B. 两个内皮层细胞的立体图解，示凯氏带的位置（细胞排列方向同 *A*）

1. 皮层； 2. 内皮层； 3. 凯氏带； 4. 中柱鞘； 5. 初生韧皮部；

6. 初生木质部； 7. 横向壁； 8. 径向壁； 9. 切向壁

也就有着选择。在电子显微镜下观察到质壁分离的细胞中，质膜紧贴着凯氏带区，只有这个区以外的质膜才分离开（图 3-11）。另外，利用放射自显影技术等的研究已证明，由于凯氏带的存在，皮层胞壁间的运输只到凯氏带处，不能超越，而根尖较幼部分的内皮层，由于尚未充分分化和凯氏带尚未形成，细胞壁间的运输仍可直接和木质部相通，都能说明内皮层是有限制作用的结构。在单子叶植物根中，内皮层的进一步发展，不仅径向壁及横向壁因沉积木质和栓质而显著增厚，而且在内切向壁（向维管柱的一面）上，也同样地因木质化和栓质化而增厚，只有外切向壁仍保持薄壁（图 3-12）。增厚的内切向壁上有孔存在，以便使通过质膜的中的细胞质某些溶质，能穿越增厚的内皮层。另外，少数位于木质部束处的内皮层细胞，仍保持初期发育阶段的结构，即细胞具凯氏带，但壁不增厚的，称为通道细胞（passage cell），起着皮层与维管柱间物质交流的作用。

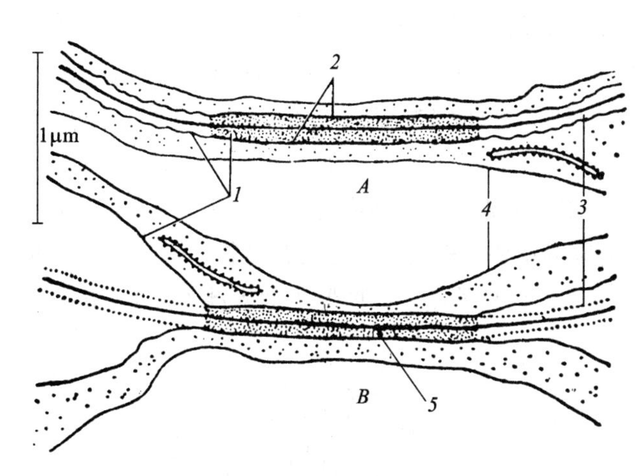

图 3-11　电子显微镜下显示的内皮层结构

A. 沿着凯氏带区的质膜是光滑的，其余部分的质膜成波状；*B.* 质壁分离的细胞中，质膜紧贴凯氏带区，但在壁的其他部分，质膜却分离开

1. 质膜：2. 凯氏带；3. 细胞壁；4. 液泡膜；5. 胞间层（仿伊稍，1977）

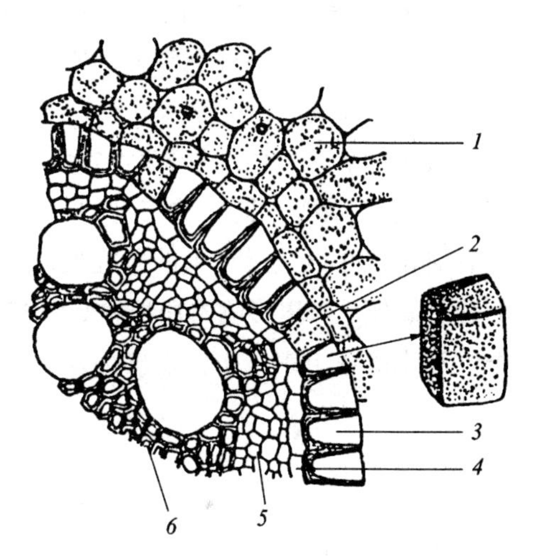

图 3-12　单子叶植物（鸢尾属）根根毛区横切面的一部分

1. 皮层薄壁组织；2. 通道细胞；3. 内皮层；4. 中柱鞘；5. 韧皮部；6. 木质部

（三）维管柱

维管柱是内皮层以内的部分，结构比较复杂，包括中柱鞘（pericycle）和初生维管组织，有些植物的根还具有髓（pith），由薄壁组织或厚壁组织组成。

中柱鞘是维管柱的外层组织，向外紧贴着内皮层。它是由原形成层的细胞发育而成，保持着潜在的分生能力，通常由一层薄壁细胞组成，也有由两层或多层细胞组成的，有时也可能含有厚壁细胞。维管形成层（部分的）、木栓形成层、不定芽、侧根和不定根，都可能由中柱鞘的细胞产生。

根的维管柱中的初生维管组织，包括初生木质部（primary xylem）和初生韧皮部（primary

phloem），不并列成束，而是相间排列，各自成束（图 3-13）。由于根的初生木质部在分化过程中，是由外方开始向内方逐渐发育成熟，这种方式称为外始式（exarch），这是根发育上的一个特点。因此，初生木质部的外方，也就是近中柱鞘的部位，是最初成熟的部分，称为原生木质部（protoxylem），它是由管腔较小的环纹导管或螺纹导管组成。渐近中部，成熟较迟的部分，称为后生木质部（metaxylem），它是由管腔较大的梯纹、网纹或孔纹等导管所组成。由于初生木质部的发育是外始式，因此，外方的导管最先形成，这就缩短了皮层和初生木质部间的距离，从而加速了由根毛所吸收的物质向地上部分运输（图 3-14）。在根的横切面上，初生木质部整个轮廓呈辐射状，而原生木质部构成辐射状的棱角，即木质部脊（xylem ridge）。不同植物的根中，木质部脊数是相对稳定的，例如，烟草、油菜、萝卜、胡萝卜、芥菜、甜菜等是 2 束；紫云英、豌豆等是 3 束；蚕豆、落花生、棉、向日葵、毛茛、蓖麻等是 4 束，有时 5 束；茶、马铃薯是 5 束；葱是 6 束；多于 6 束的，有葡萄、菖蒲、高粱、棕榈、鸢尾、玉米、水稻、小麦等。植物解剖学上，依根内木质部脊数的不同，把根分别划分成二原型（diarch）、三原型（triarch）、四原型（tetrarch）、五原型（pentarch）、六原型（hexarch）和多原型（polyarch）等。初生木质部束也常发生变化，同种植物的不同品种中，例如茶有 5 束、6 束、8 束，甚至 12 束等。同一株植物的不同根上，可能出现不同束数，如落花生主根为 4 束，而侧根有时出现 2 束。近年来的研究发现，在离体培养的根中，培养基中生长素吲哚乙酸（IAA）的含量高低，可以影响木质部脊数。初生木质部的结构比较简单，主要是导管、管胞，也有木纤维和木薄壁组织。初生韧皮部发育成熟的方式，也是外始式，即原生韧皮部（protophloem）

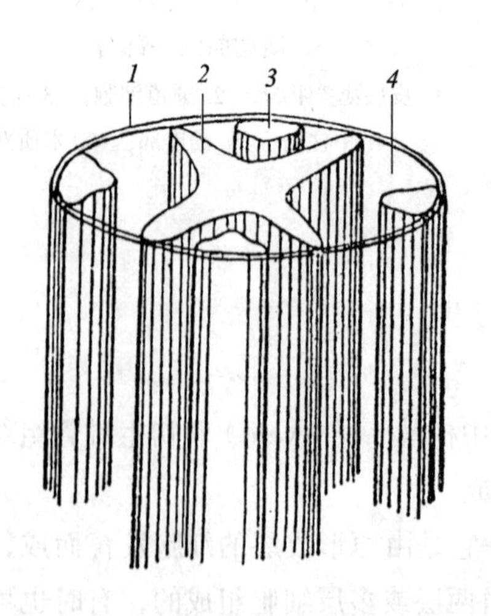

图 3-13　根的维管柱初生结构的立体图解

1. 中柱鞘；2. 初生木质部；3. 初生韧皮部；4. 薄壁组织

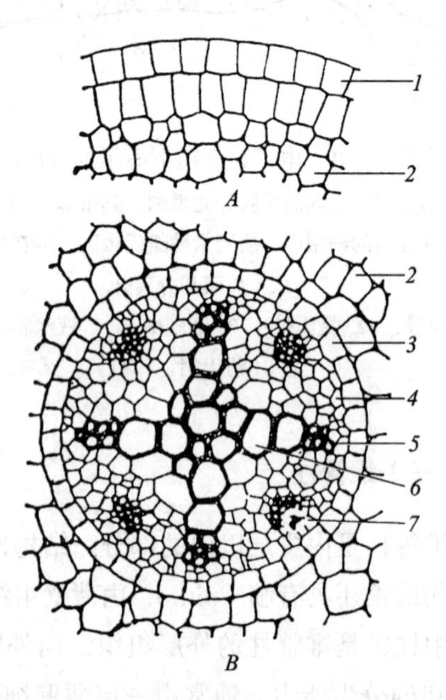

图 3-14　根横切面的一部分，示初生结构

A. 近外方的组织；*B*. 维管柱

1. 表皮；2. 皮层；3. 内皮层；4. 中柱鞘；5. 原生木质部；6. 后生木质部；7. 初生韧皮部

在外方，后生韧皮部（metaphloem）在内方。初生韧皮部束数在同一根内，与初生木质部脊数相等，它与初生木质部脊相间排列，即位于初生木质部二束之间。初生韧皮部由筛管和伴胞组成，也含有韧皮薄壁组织，有时还有韧皮纤维，如锦葵科、豆科、番荔枝科植物。初生木质部和初生韧皮部之间，也分布着薄壁组织。一般植物根的中央部分往往由初生木质部中的后生木质部占据（图 3–15），如果中央部分不分化成木质部，就由薄壁组织或厚壁组织形成髓。多数单子叶植物，以及双子叶植物中的有些草本植物和多数木本植物的根，存在着髓。蚕豆、落花生、玉米、高粱等具髓的根，它们的初生木质部和初生韧皮部，在髓的外围也作相间排列的方式（图 3–16）。

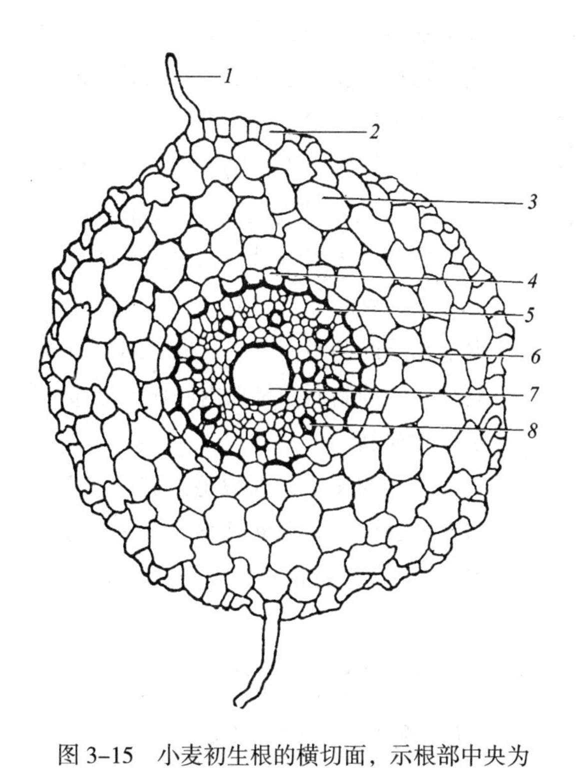

图 3–15　小麦初生根的横切面，示根部中央为后生木质部所占据

1. 根毛；2. 表皮；3. 皮层；4. 内皮层；5. 中柱鞘；6. 韧皮部；7. 后生木质部；8. 原生木质部

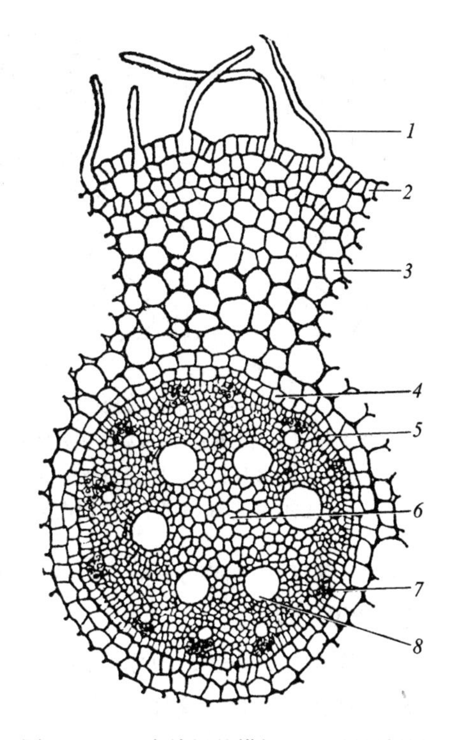

图 3–16　玉米幼根的横切面，示具髓的根

1. 根毛；2. 表皮；3. 皮层；4. 内皮层；5. 中柱鞘；6. 髓；7. 原生木质部；8. 后生木质部

五、侧根的形成

不论是主根、侧根或不定根所产生的支根统称为侧根。侧根重复的分支连同原来的母根，共同形成根系。植物根上的侧根是怎样形成的呢？种子植物的侧根，不论它们是发生在主根、侧根或不定根上，通常总是起源于中柱鞘，而内皮层可能以不同程度参加到新的根原基形成的过程中（图 3–17），当侧根开始发生时，中柱鞘的某些细胞开始分裂。最初的几次分裂是平周分

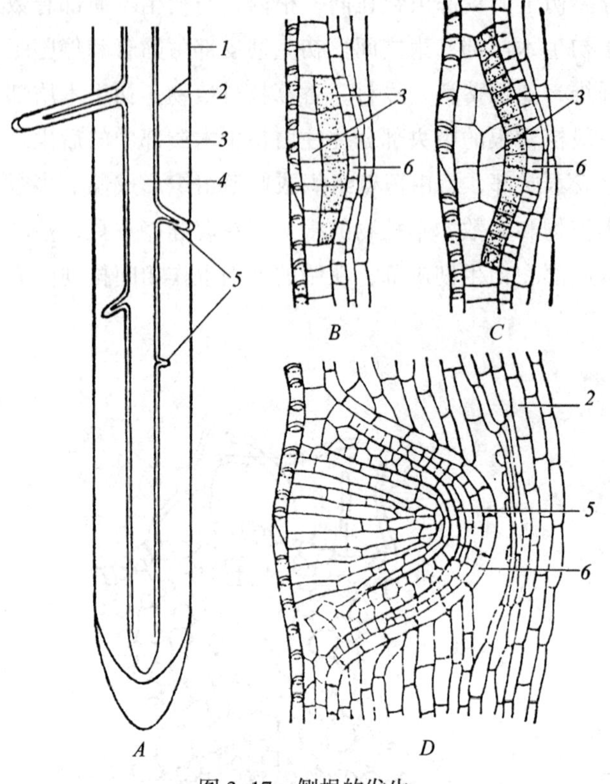

图 3-17　侧根的发生

A. 侧根发生的图解；*B—D.* 侧根发生的各期

1. 表皮；2. 皮层；3. 中柱鞘和它分裂的细胞；

4. 中柱；5. 侧根；6. 内皮层

裂，结果使细胞层数增加，因而新生的组织就产生向外的突起。以后的分裂，包括平周分裂和垂周分裂是多方向的，这就使原有的突起继续生长，形成侧根的根原基（root primordium），这是侧根最早的分化阶段，以后根原基分裂、生长，逐渐分化出生长点和根冠。生长点的细胞继续分裂、增大和分化，并以根冠为先导向前推进。由于侧根不断生长所产生的机械压力和根冠所分泌的物质能溶解皮层和表皮细胞，这样，就能使侧根较顺利无阻地依次穿越内皮层、皮层和表皮，而露出母根以外，进入土壤。由于侧根起源于母根的中柱鞘，也就是发生于根的内部组织，因此，它的起源被称为内起源（endogenous origin）。侧根可以因生长激素或其他生长调节物质的刺激而形成，也可因内源的抑制物质的抑制而使母根内侧根的分布和数量受到控制。

侧根的发生，在根毛区就已经开始，但突破表皮，露出母根外，却在根毛区以后的部分。这样，就使侧根的产生不会破坏根毛而影响吸收功能，这是长期以来自然选择和植物适应环境的结果。

侧根起源于中柱鞘，因而和母根的维管组织紧密地靠在一起，这样，侧根的维管组织以后也就会和母根的维管组织连接起来。侧根在母根上发生的位置，在同一种植物上常常是较稳定的，这是由于侧根的发生和母根的初生木质部的类型，有着一定的关系，如初生木质部为二原型的根上，侧根发生在对着初生韧皮部或初生韧皮部与初生木质部之间。在三原型、四原型等的根上，侧根是正对着初生木质部发生的。在多原型的根上，侧根是对着韧皮部的（图 3-18）。由于侧根的位置有一定规则，因而在母根的表面上，侧根常较规则地纵列成行。

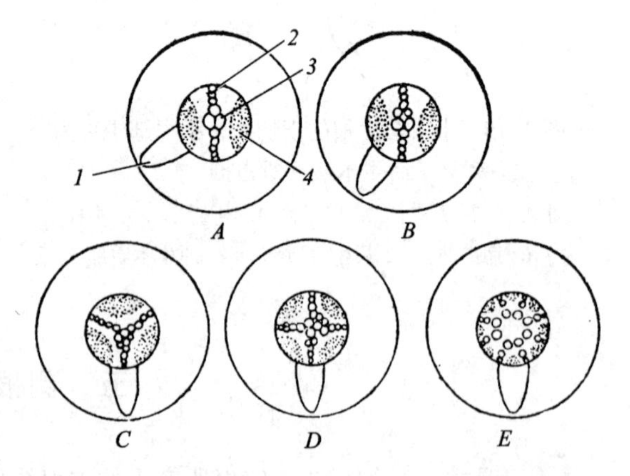

图 3-18　侧根发生的位置与不同类型根的关系

A，*B.* 二原型；*C.* 三原型；*D.* 四原型；*E.* 多原型

1. 侧根；2. 原生木质部；3. 后生木质部；

4. 初生韧皮部

主根和侧根有着密切的联系，当主根切断时，能促进侧根的产生和生长。因此，在农、林、园艺工作中，利用这个特性，在移苗时常切断主根，以引起更多侧根的发生，保证植株根系的旺盛发育，从而使整个植株能更好地繁茂生长，有时也是为了便于以后的移植。

六、根的次生生长和次生结构

我们已经知道根的初生生长和初生结构。一年生双子叶植物和大多数单子叶植物的根，都由初生生长完成了它们的一生，可是，大多数双子叶植物和裸子植物的根，却经过次生生长，形成次生结构。就根的次生生长而言，在初生生长结束后，也就是初生结构成熟后，在初生木质部和初生韧皮部之间，有一种侧生分生组织，即维管形成层（简称形成层）发生并开始切向分裂的活动，活动的过程中，经过分裂、生长、分化而使根的维管组织数量增加，这种由维管形成层的活动结果，使根加粗的生长过程，称为次生生长。由于根的加粗，使表皮撑破，因此，又有另外一种侧生分生组织，即木栓形成层发生，它形成新的保护组织——周皮，以代替表皮，这也被认为是次生生长的一部分。次生生长过程中产生的次生维管组织和周皮，共同组成根的次生结构。要了解次生生长和次生结构的情况，就必须首先了解维管形成层和木栓形成层的活动情况。

（一）维管形成层的发生和它的活动

根部形成层的产生是在初生韧皮部的内方，即两个初生木质部脊之间的薄壁组织部分开始的（图 3-19）。首先，这些部分的一些细胞开始平周分裂，成为形成层。最初的形成层是条状。以后各条逐渐向左右两侧扩展，并向外推移，直到初生木质部脊处，在该处和中柱鞘细胞相接。这时在这些部位的中柱鞘细胞恢复分生能力，产生细胞，参与形成层的形成。至此，条状的形成层彼此相衔接，成为完整连续的形成层环（cambium ring）。整个形成层环由于不同位置的部分发生的时间先后不同，存在着不等速的细胞分裂活动，以致最初呈凹凸不平的波状。在根的横切面上，它的形状因根内初生木质部的类型而有差异，即二原型根中，形成层环成梭形，三原

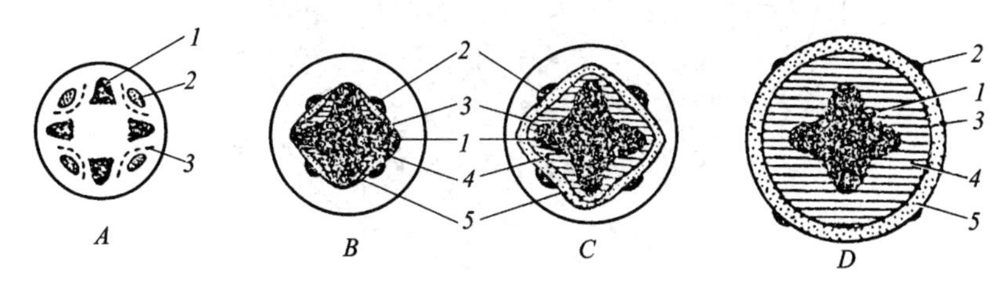

图 3-19 根的次生生长横切面图解，示形成层的产生与发展

A. 幼根的情况。初生木质部在成熟中，点线示形成层起始的地方；

B. 形成层已成连续的组织，早期的部分已产生次生结构，初生韧皮部已受挤压；

C. 形成层全部产生次生结构，但仍为凹凸不齐的形象，初生韧皮部挤压更甚；

D. 形成层已成圆环

1. 初生木质部；2. 初生韧皮部；3. 形成层；4. 次生木质部；5. 次生韧皮部

型中成三角形，四原型中成四角形（图 3–20），以此类推。以后由于原来条状的部分较早形成，因此，切向分裂的活动开始也早，所产生的组织量也较多，特别是内方新组织（即次生木质部）的增加较多，把形成层环向外较大地推移，结果整个形成层环从横切面上看，成为较整齐的圆形，此后，形成层的分裂活动也就按等速进行，有规律地形成新的次生结构，并将初生韧皮部推向外方。

形成层出现后，主要是进行切向分裂。向内分裂产生的细胞形成新的木质部，加在初生木质部的外方，称为次生木质部；向外分裂所生的细胞形成新的韧皮部，加在初生韧皮部的内方，称为次生韧皮部。次生木质部和次生韧皮部，合称次生维管组织，是次生结构的主要部分。在具有次生生长的根中，次生木质部和次生韧皮部间始终存在着形成层（图 3–21）。次生

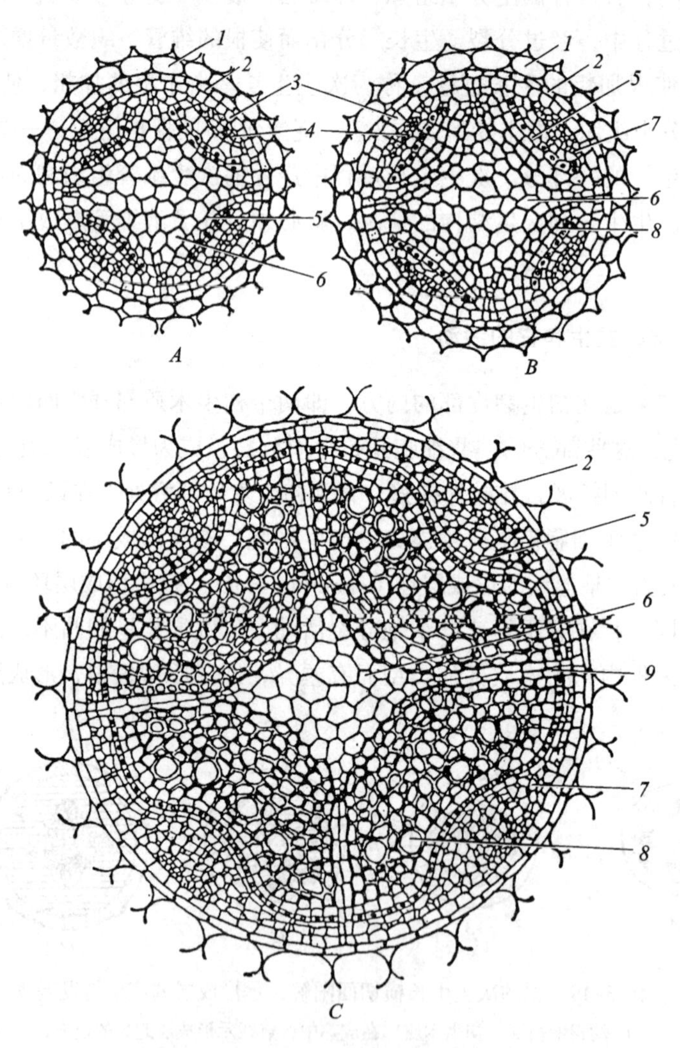

图 3–20　根的次生结构形成过程

A. 形成层开始出现；*B*，*C.* 次生结构的形成

1. 皮层；2. 内皮层；3. 中柱鞘；4. 初生韧皮部；5. 形成层；6. 初生木质部；7. 次生韧皮部；8. 次生木质部；9. 维管射线

木质部和次生韧皮部的组成，基本上和初生结构中的相似，但次生韧皮部内，韧皮薄壁组织较发达，韧皮纤维的量较少。另外，在次生木质部和次生韧皮部内，还有一些径向排列的薄壁细胞群，分别称为木射线（xylem ray）和韧皮射线（phloem ray），总称维管射线（vascular ray）。维管射线是次生结构中新产生的组织，它从形成层处向内外贯穿次生木质部和次生韧皮部，作为横向运输的结构。次生木质部导管中的水分和无机盐，可以经维管射线运至形成层和次生韧皮部。相似地，次生韧皮部中的有机养料，可以通过维管射线运至形成层和次生木质部。维管射线的形成，使根的维管组织内有轴向系统（导管、管胞、筛管、伴胞、纤维等）和径向系统（射线）之分。

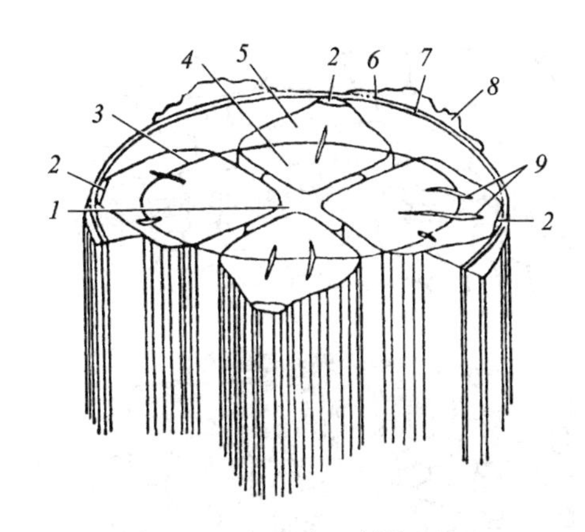

图 3-21　根的次生结构图解

1. 初生木质部；2. 初生韧皮部；3. 形成层；4. 次生木质部；5. 次生韧皮部；6. 木栓；7. 木栓形成层；8. 已遭破坏的皮层和表皮；9. 维管射线

次生生长是裸子植物和大多数双子叶植物根所特有的，因此，每年在生长季节内，形成层的活动，必然产生新的次生维管组织，这样，根也就一年一年地长粗。这些就是形成层活动的情况和结果。

根的形成层所形成的次生结构的特点，总的来说，有以下各点：

1. 次生维管组织内，次生木质部居内，次生韧皮部居外，相对排列，与初生维管组织中初生木质部与初生韧皮部二者的相间排列，完全不同。维管射线是新产生的组织，它的形成，使维管组织内有轴向和径向系统之分。

2. 形成层每年向内、外增生新的维管组织，特别是次生木质部的增生，使根的直径不断地增大。因此，形成层也就随着增大，位置不断外移，这是必然的结果。所以形成层细胞的分裂，除主要进行切向分裂外，还有径向分裂，及其他方向的分裂，使形成层周径扩大，才能适应内部的增长，这点将在第二节茎内叙述。

3. 次生结构中以次生木质部为主，而次生韧皮部所占比例较小，这是因为新的次生维管组织总是增加在老的韧皮部的内方，老的韧皮部因受内方的生长而遭受压力最大。越是在外方的韧皮部，受到的压力越大，到相当时候，老韧皮部就遭受破坏，丧失作用。尤其是初生韧皮部，很早就被破坏，以后就依次轮到外层的次生韧皮部。木质部的情况就完全不同，形成层向内产生的次生木质部数量较多，新的木质部总是加在老木质部的外方，因此老木质部受到新组织的影响小。所以，初生木质部也能在根的中央被保存下来，其他的次生木质部是有增无减。因此，在粗大的树根中，几乎大部分是次生木质部，而次生韧皮部仅占极小的比例。

（二）木栓形成层的发生和它的活动

有次生生长的根，由于每年增生新的次生维管组织，在外方的成熟组织，即表皮和皮层，因

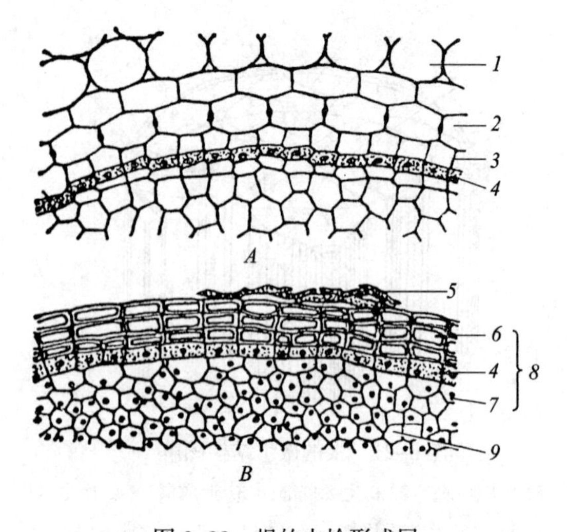

图 3–22　根的木栓形成层

A. 葡萄根中的木栓形成层由中柱鞘发生；
B. 橡胶树根中木栓形成层活动的结果，形成周皮
1. 皮层；2. 内皮层；3. 中柱鞘；4. 木栓形成层；5. 皮层残留部分；6. 木栓层；7. 栓内层；8. 周皮；9. 韧皮部

内部组织的增加而受压破坏和剥落。这时伴随发生的现象，是根的中柱鞘细胞恢复分裂能力，形成木栓形成层（phellogen 或 cork cambium，图 3–22）。木栓形成层也是侧生分生组织，它进行切向分裂，主要是向外方形成大量木栓，覆盖在根表面，起保护作用，向内形成少量薄壁组织，即栓内层（phelloderm）。木栓形成层和它所形成的木栓（phellem 或 cork）和栓内层总称周皮（periderm），是根加粗后所形成的次生保护组织。木栓的出现，使它外方的各种组织因营养断绝而死亡。死亡的组织由于土壤微生物的作用，逐渐剥落腐烂。

最早的木栓形成层产生在中柱鞘部分，但它的作用到相当时期就终止了。以后，新木栓形成层的发生就逐渐内移，可深达次生韧皮部的外方，并继续形成新的木栓，因此，根的外面始终有木栓覆盖着。

上面所说的由形成层活动而产生的次生维管组织，包含次生木质部和次生韧皮部，再加木栓形成层的活动而产生的周皮，统称次生结构。粗大的根，主要是次生结构。因此，只有具形成层的大多数双子叶植物和裸子植物的根，才有这种次生结构。

现将双子叶植物根中组织分化的过程归纳如下，作为对根内初生结构和次生结构的整个形成过程的概括，便于复习。

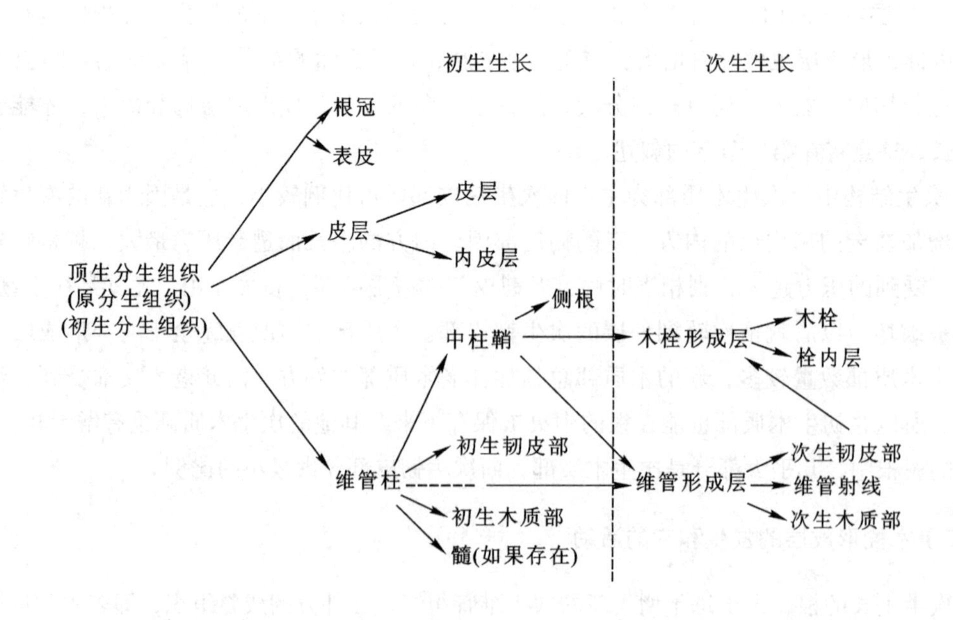

七、根瘤和菌根

种子植物的根和土壤内的微生物有着密切的关系。微生物不但存在于土壤内，影响着生存的植物，而且有些微生物甚至进入植物根内，与植物共同生活。这些微生物从根的组织内取得可供它们生活的营养物质，而植物也由于微生物的作用，而获得它所需要的物质。这种植物和微生物双方间互利的关系，称为共生（symbiosis）。共生关系是两种生物间相互有利的共居关系，彼此间有直接的营养物质交流，一种生物对另一种生物的生长有促进作用。在种子植物和微生物间的共生关系现象，一般有两种类型，即根瘤（root nodule）和菌根（mycorrhiza）。

（一）根瘤的形成及意义

豆科植物的根上，常常生有各种形状的瘤状突起，称为根瘤（图 3–23）。根瘤的产生是由于土壤内的一种细菌，即根瘤菌，由根毛侵入根的皮层内，一方面根瘤菌在皮层细胞内迅速分裂繁殖；另一方面，被根瘤菌侵入的皮层细胞，因根瘤菌分泌物的刺激也迅速分裂，产生大量新细胞，使皮层部分的体积膨大和凸出，形成根瘤。根瘤菌最大的特点，就是具有固氮作用，它能把大气中的游离氮（N_2）转变为氨（NH_3）。这些氨除满足根瘤菌本身的需要外，还可为宿主（豆科等植物）提供生长发育可以利用的含氮化合物。根瘤菌有固氮的能力，是由于它的体内存在着生物固氮所必需的基本条件，其中最主要的是固氮酶。固氮酶一般由两种蛋白质组成，一种蛋白质含铁，称为铁蛋白；另一种蛋白质除含有铁外，还含有钼，称为钼 - 铁蛋白。根瘤细胞中还有一种特征性的物质，称为豆血红蛋白（leghemoglobin），它使根瘤呈现红色。由于钼是形成固氮酶所不可缺少的元素，所以豆科植物对钼的需要量比其他植物高 100 多倍，因此，必须满足豆科植物对钼肥的需要。农业上应用 1%～2% 的钼酸铵给豆科植物喷雾拌种，可增产 10% 左右。一般植物的生活中，需要大量的氮，这是因为氮是组成蛋白质的重要元素，缺乏氮，植物就生活不好，而土壤中通常总是缺氮的。尽管大气中含氮量高达 79%，但它是游离氮，植物不能直接利用。所以根瘤菌的存在，就使植物得到充分的氮素供应。同时，根瘤菌能从植物根内摄取它生活上所需要的大量水分和养料。

根瘤菌不仅使和它共生的豆科植物得到氮素而获高产，同时由于根瘤的脱落，具有根瘤的根系或残株遗留在土壤内，也能提高土壤的肥力，所以利用豆科植物，如紫云英、田菁、苕子、苜蓿、三叶草等，作为绿肥，或将豆科植物与农作物间作轮栽，可以增加土壤肥力和提高作物产量。早在公元前 1 世纪的《氾胜之书》中就谈到瓜与豆的间作，公元 6 世纪的《齐民要术》就提出豆科作物与禾本科作物套作轮栽的优点。可见利用豆科的根瘤菌，在我国已有悠久的历史，它不论在理论上或实践上，都已证明是农业上增产的有效措施。除豆科植物外，桤木、杨梅、罗汉松和铁树（苏铁）等植物的根上，也具有根瘤。

多年来，我国科学工作者对生物固氮进行了许多研究，并在农业生产上对根瘤菌菌肥进行了研究和推广。大豆、落花生的生产上施用根瘤菌菌肥，不仅能提高蛋白质含量，而且增产效果显著。

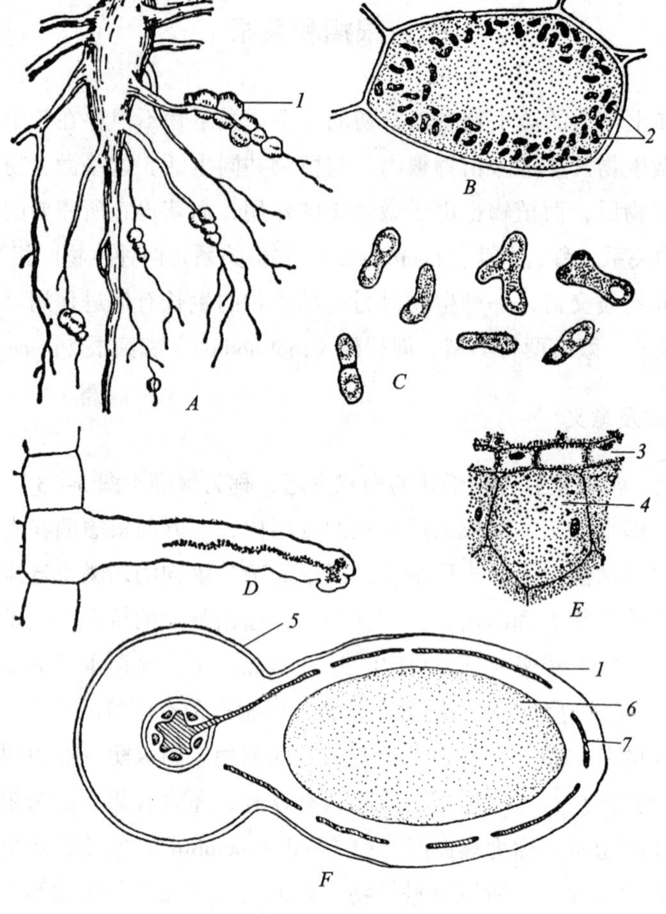

图 3-23　根瘤

A. 具根瘤的蚕豆根部；*B.* 具根瘤菌的一个细胞；*C.* 根瘤菌；*D.* 根瘤菌由根毛进入根内；*E.* 由根瘤菌引起的大型细胞；*F.* 蚕豆根和根瘤的横切面

1. 根瘤；2. 根瘤菌；3. 正常细胞；4. 大型细胞；5. 根；6. 有根瘤菌的部分；7. 维管束

（二）菌根的形成、类型及意义

除根瘤菌外，种子植物的根也和真菌有共生的关系。这些和真菌共生的根，称为菌根。菌根主要有两种类型，即外生菌根（ectotrophic mycorrhiza）和内生菌根（endotrophic mycorrhiza）（图 3-24）。外生菌根是真菌的菌丝包被在植物幼根的外面，有时也侵入根的皮层细胞间隙中，但不侵入细胞内。在这样的情况下，根的根毛不发达，甚至完全消失，菌丝就代替了根毛，增加了根系的吸收面积。松、云杉、榛、山毛榉、鹅耳枥等树的根上，都有外生菌根。内生菌根是真菌的菌丝通过细胞壁侵入到细胞内，在显微镜下，可以看到表皮细胞和皮层细胞内，散布着菌丝，例如，胡桃、桑、葡萄、李、杜鹃及兰科植物等的根内，都有内生菌根。此外，除这两种外，还有一种内外生菌根（ectendotrophic mycorrhiza），即在根表面、细胞间隙和细胞内都有菌丝，如草莓的根。

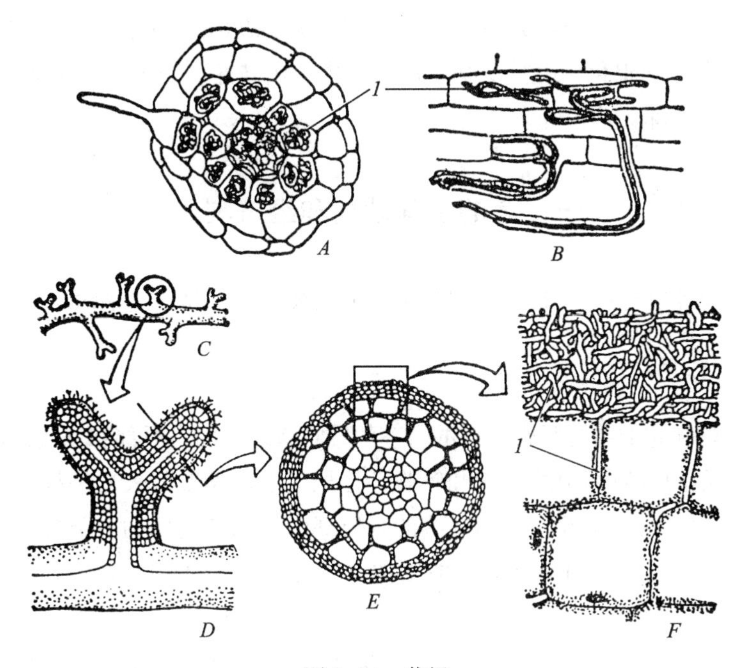

图 3-24　菌根

A. 小麦的内生菌根的横切面； *B.* 香豌豆的内生菌根的纵切面； *C.* 松的外生菌根的分枝；

D. 同 *C*，分枝纵切面的放大； *E.* 松的外生菌根的横切面； *F.* *E* 图一部分的放大

1. 菌丝（体）

菌根和种子植物的共生关系是：真菌将所吸收的水分、无机盐类和转化的有机物质，供给种子植物，而种子植物把它所制造和储藏的有机养料，包括氨基酸供给真菌。此外，菌根还可以促进根细胞内储藏物质的分解，增进植物根部的输导和吸收作用，产生植物激素，尤其是维生素 B_1，促进根系的生长。

很多具菌根的植物，在没有相应的真菌存在时，就不能正常地生长或种子不能萌发，如松树在没有与它共生的真菌的土壤里，就吸收养分很少，以致生长缓慢，甚至死亡。同样，某些真菌，如不与一定植物的根系共生，也将不能存活。在林业上，根据造林的树种，预先在土壤内接种需要的真菌，或事先让种子感染真菌，以保证树种良好的生长发育，这在荒地或草原造林上有着重要的意义。

第二节　茎

种子植物的茎是起源于种子内幼胚的胚芽，有时还加上部分下胚轴，茎的侧枝起源于叶腋的芽。茎是联系根、叶，输送水、无机盐和有机养料的轴状结构。茎，除少数生于地下者外，一般是植物体生长在地上的营养器官。多数茎的顶端能无限地向上生长，连同着生的叶形成庞大的枝系。

种子植物中无茎的植物是极罕见的。重寄生属（*Phacellaria*）植物是寄生在寄生植物桑寄生科植物的枝干上，茎完全退化，直接从宿主的组织内生出花序。蒲公英、车前的茎节非常短缩，被称为莲座状植物，并非无茎植物。

一、茎的生理功能和经济利用

茎是植物的营养器官之一,一般是组成地上部分的枝干，主要功能是输导和支持。

（一）茎的输导作用

茎的输导作用是和它的结构紧密联系的。茎的维管组织中的木质部和韧皮部就担负着这种输导作用。被子植物茎的木质部中的导管和管胞，把根尖上由幼嫩的表皮和根毛从土壤中吸收的水分和无机盐，通过根的木质部，特别是茎的木质部运送到植物体的各部分。而大多数的裸子植物中，管胞却是唯一输导水分和无机盐的结构。茎的韧皮部的筛管或筛胞（裸子植物），将叶的光合作用产物也运送到植物体的各个部分。

水分、无机盐和有机营养物质，是植物正常生活中不可缺少的条件，它们的运输是非常复杂的生理过程，和植物的光合作用、蒸腾作用、呼吸作用等，有着紧密的联系。

（二）茎的支持作用

茎的支持作用也和茎的结构有着密切关系。茎内的机械组织，特别是纤维和石细胞，分布在基本组织和维管组织中，以及木质部中的导管、管胞，它们都像建筑物中的钢筋混凝土，在构成植物体的坚固有力的结构中，起着巨大的支持作用。不难想象，庞大的枝叶和大量的花、果，加上自然界中的强风、暴雨和冰雪的侵袭，没有茎的坚强支持和抵御，是无法在空间展布的，另外，枝、叶、花的合理安排，则有利于植物的光合作用，以及开花、传粉和果实种子的发育、成熟和传播。

茎除去输导和支持作用外，还有储藏和繁殖作用。茎的基本组织中的薄壁组织细胞，往往贮存大量物质，而变态茎中，如地下茎中的根状茎（藕）、球茎（慈姑）、块茎（马铃薯）等的储藏物质尤为丰富，可作食品和工业原料。不少植物茎有形成不定根和不定芽的习性，可作营养繁殖。农、林和园艺工作中用扦插、压条来繁殖苗木，便是利用茎的这种习性。

茎在经济利用上是多方面的，包括食用、药用、工业原料、木材、竹材等，为工农业以及其他方面提供了极为丰富的原材料。甘蔗、马铃薯、芋、莴苣、茭白、藕、慈姑以及姜、桂皮等都是常用的食品。杜仲、合欢皮、桂枝、半夏、天麻、黄精等，都是著名的药材，奎宁是金鸡纳树（*Cinchona calisaya*）树皮中含的生物碱，为著名的抗疟药。利用植物秸秆的纤维素，采用微生物工程技术使之糖化发酵，产生可再生的生物质能源等。其他如纤维、橡胶、生漆、软木、木材、竹材以及木材干馏制成的化工原料等，更是用途极广的工业原料。

二、茎的形态

（一）茎的形态特征

茎的外形，多数呈圆柱形。可是，有些植物的茎却呈三角形（如莎草）、方柱形（如蚕豆、薄荷）或扁平柱形（如昙花、仙人掌）。茎的内部散布着机械组织和维管组织，从力学上看，茎的外形和结构都具有支持和抗御的能力。

茎上着生叶的部位，称为节（node）。两个节之间的部分，称为节间（internode）。茎和根在外形上的主要区别是，茎有节和节间，在节上着生叶，在叶腋和茎的顶端具有芽。着生叶和芽的茎，称为枝或枝条（shoot），因此，茎就是枝上除去叶和芽所留下的轴状部分。

在植株生长过程中，枝条延伸生长的强弱，就影响到节间的长短。不同种的植物，节间的长度是不同的。在木本植物中，节间显著伸长的枝条，称为长枝；节间短缩，各个节间紧密相接，甚至难于分辨的枝条，称为短枝（图 3-25）。短枝上的叶也就因节间短缩而呈簇生状态。例如银杏，长枝上生有许多短枝，叶簇生在短枝上。马尾松的短枝更为短小，基部着生许多鳞片，先端丛生二叶，落叶时，短枝与叶同时脱落。果树中例如梨和苹果，在长枝上生许多短枝，花多着生在短枝上，在这种情况下，短枝就是果枝，并常形成短果枝群。有些草本植物节间短缩，叶排列成基生的莲座状，如车前、蒲公英的茎。

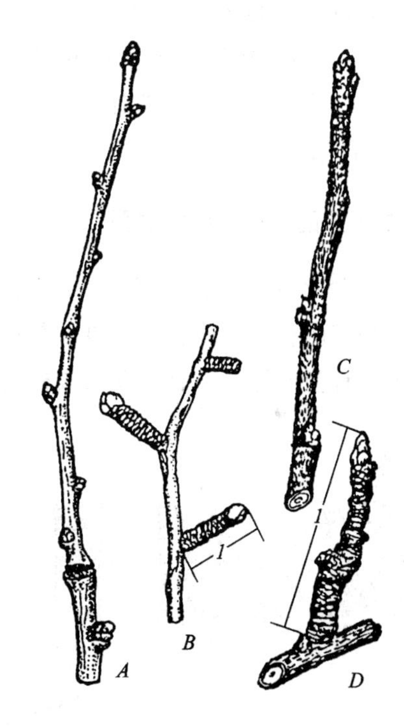

图 3-25　长枝和短枝

A. 银杏的长枝；*B.* 银杏的短枝；*C.* 苹果的长枝；*D.* 苹果的短枝

1. 短枝

禾本科植物（如甘蔗、毛竹、水稻、玉米等）和蓼科植物（如蓼蓝、水蓼等）的茎，由于节部膨大，节特别显著。少数植物（如莲），它的粗壮的根状茎（藕）上的节也很显著，但节间膨大，节部却缩小。大多数植物的节部，一般是稍显膨大，但不显著。

多年生落叶乔木和灌木的冬枝，除了节、节间和芽以外，还可以看到叶痕、维管束痕、芽鳞痕和皮孔等（图 3-26）。

落叶植物叶落后，在茎上留下的叶柄痕迹，称为叶痕（leaf scar）。叶着生在茎上的位置有一定顺序，因此，叶痕在茎上也有一定的顺序，如榆是互生的，丁香是对生的。此外，不同植物的叶痕形状和颜色等，也各不同（图 3-27）。叶痕内的点线状突起，是叶柄和茎间的维管束断离后留的痕迹，称维管束痕（vascular bundle scar，简称束痕）。不同植物束痕的排列形状及束数，也各有不同。有的茎上还可以看到芽鳞痕（bud scale scar），这是顶芽（鳞芽）开展时，外围的芽鳞片脱落后留下的痕迹，它的形状和数目，也因植物而异。顶芽每年在春季开展一次，因此，可以根据芽鳞痕来辨别茎的生长量和生长年龄。在生产上，需要采取一定生长年龄的枝或茎，作为扦插、嫁接或制作切片等的材料时，芽鳞痕就可作为一种识别的依据。有的茎上，还可以看到皮孔，这是木质茎上内外交换气体的通道。皮孔的形状、颜色和分布的疏密情况，也因植物而异。因此，落叶乔木和灌木的冬枝，可按叶痕、芽鳞痕、皮孔等的形状，作为鉴别植物种类、植物生长年龄等的依据。

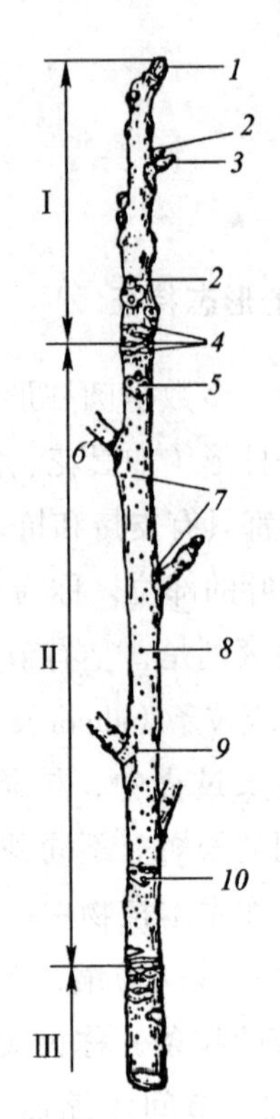

图 3-26　核桃树的三年生冬枝

Ⅰ. 一年生；Ⅱ. 二年生；Ⅲ. 三年生

1. 顶芽；2. 腋芽；3. 花芽；4. 芽鳞痕；5. 叶痕；6. 分枝；7. 节间；8. 皮孔；9. 节；10. 维管束痕

（二）芽的概念和芽的类型

1. 芽的概念　什么是芽（bud）？芽是处于幼态而未伸展的枝、花或花序，也就是枝、花或花序尚未发育前的雏体。以后发展成枝的芽称为枝芽（branch bud），通常又称它为叶芽（leaf bud）；发展成花或花序的芽称为花芽（floral bud）。为什么要研究芽的结构？这是因为一般植株上都有芽，枝芽的结构决定着主干和侧枝的关系与数量，也就是决定植株的长势和外貌。许多高大乔木上，树冠的大小和形状，正是各级分枝上的枝芽逐年不断地开展，形成长短不一、疏密不同的各种分枝所决定的。花芽决定着花或花序的结构和数量，并决定开花的迟早和结果的多少，都会直接或间接影响到农、林和园艺上的收成，所以，研究芽的结构有重大的经济意义。例如花芽的结构和分化，就影响到开花、结果的

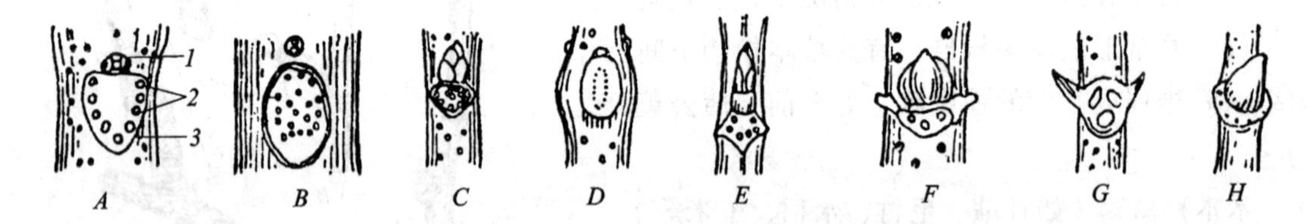

图 3-27　不同植物茎上的叶痕和束痕

A. 臭椿；*B.* 梧桐；*C.* 桑；*D.* 梓；*E.* 杨；*F.* 乌柏；*G.* 刺槐；*H.* 悬铃木（法国梧桐）

1. 腋芽；2. 束痕；3. 叶痕

迟早、数量和质量。它们既受遗传性的支配，也要受到地方性气候条件的影响。在生产上，如果了解花芽的结构和分化情况，就可以及时采取措施，克服不利气候因素的影响。还可以因地制宜，选择适宜于当地气候条件、花芽分化较早或较迟的作物种类和品种进行栽培，以避免或减少不利气候条件的影响，夺取农、林、园艺上的稳产和优质高产。

现在以枝芽为例，说明芽的一般结构（图 3–28）。把任何一种植物的枝芽纵切开，用解剖镜或放大镜观察，可以看到顶端分生组织、叶原基（leaf primordium）、幼叶和腋芽原基（axillary bud primordium）。顶端的分生组织位于枝芽上端，叶原基是近顶端分生组织下面的一些突起，是叶的原始体，即叶发育的早期。由于芽的逐渐生长和分化，叶原基愈向下愈长，较下面的已长成较长的幼叶。腋芽原基是在幼叶叶腋内的突起，将来形成腋芽，腋芽以后会发展成侧枝，因此，腋芽原基也称侧枝原基（lateral branch primordium）或枝原基（branch primordium），它相当于一个更小的枝芽。从枝芽的纵切面上，可以很清楚地看出，它是枝的雏体。枝芽内叶原基、幼叶等各部分着生的轴，称为芽轴（bud axis），实际上是节间没有伸长的短缩茎，因此，芽轴这个名词有时可省略不用。

2. 芽的类型从各种不同角度如芽在枝上的位置、芽鳞的有无、将形成的器官性质和它的生理活动状态等特点，可把芽划分为以下几种类型：

（1）按芽在枝上的位置分　芽可分为定芽（normal bud）和不定芽（adventitious bud）。定芽又可分为顶芽（terminal bud）和腋芽（axillary bud）两种。顶芽是生在主干或侧枝顶端的芽，腋芽是生在枝的侧面叶腋内的芽，也称侧芽（lateral bud）（见图 3–26）。一般讲，多年生落叶植物在叶落后，枝上部的腋芽非常显著，接近枝基部的腋芽往往较小。在一个叶腋内，通常只有一个腋芽，但有些植物如金银花、桃、桂、桑、棉等的部分或全部叶腋内，腋芽却不止一个，其中后生的芽称为副芽（accessory bud）。有的腋芽生长的位置较低，被覆盖在叶柄基部内，直到叶落后，芽才显露出来，称为叶柄下芽（subpetiolar bud，图 3–29），如悬铃木（法国梧桐）、八角金盘、刺槐等的腋芽。有叶柄下芽的叶柄，基部往往膨大。

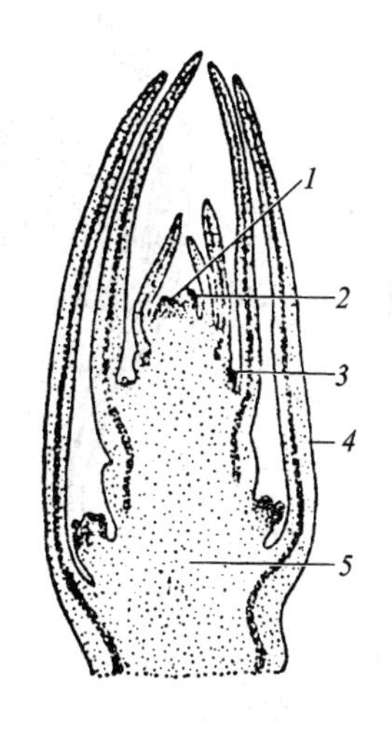

图 3–28　枝芽的纵切面

1. 顶端分生组织； 2. 叶原基； 3. 枝原基； 4. 幼叶； 5. 芽轴

图 3–29　悬铃木的叶柄下芽

1. 叶柄基部； 2. 芽

芽不是生在枝顶或叶腋内的，称为不定芽。如甘薯、蒲公英、榆、刺槐等生在根上的芽，落地生根和秋海棠叶上的芽，桑、柳等老茎或创伤切口上产生的芽，都属不定芽。不定芽在植物的营养繁殖上常加以利用，在农、林、园艺工作上有重要意义。

（2）按芽鳞的有无分　芽可分为裸芽（naked bud）和被芽（protected bud）。多数多年生木本植物的越冬芽，不论是枝芽或花芽，外面有鳞片［scale，也称芽鳞（bud scale）］包被，称为被芽，也称为鳞芽（scaly bud）。鳞片是叶的变态，有厚的角质层，有时还覆被着毛茸或分泌的树脂黏液，借以减低蒸腾和防止干旱、冻害，保护幼嫩的芽。它对生长在温带地区的多年生木本植物，如悬铃木、杨、桑、玉兰、枇杷等的越冬，起很大的保护作用。所有一年生植物、多数两年生植物和少数多年生木本植物的芽，外面没有芽鳞，只被幼叶包着，称为裸芽，如常见的黄瓜、棉、蓖麻、油菜、枫杨等的芽。

（3）按芽将形成的器官性质分　芽可分为枝芽、花芽和混合芽（mixed bud）。枝芽包括顶端分生组织和外围的附属物，如叶原基、腋芽原基和幼叶（图 3–28；图 3–30，*B*）。花芽是产生花或花序的雏体，由一些花部原基或一丛花原基（花序原基）组成，没有叶原基和腋芽原基。花芽的顶端分生组织不能无限生长，当花或花序的各部分形成后，顶端就停止生长。花芽的结构比较复杂，变化也较大（图 3–30，*A*）。一个芽含有枝芽和花芽的组成部分，可以同时发育成枝和花的，称为混合芽（图 3–30，*C*），如梨、苹果、石楠、白丁香、海棠、荞麦等的芽。

玉兰、紫荆等是先叶开花的植物，也就是花芽先开展，开花后枝芽才开始活动，因此，花芽和枝芽极易分辨。一般讲，枝芽瘦长较小，花芽和混合芽饱满而较大，但有些植物的枝芽和花

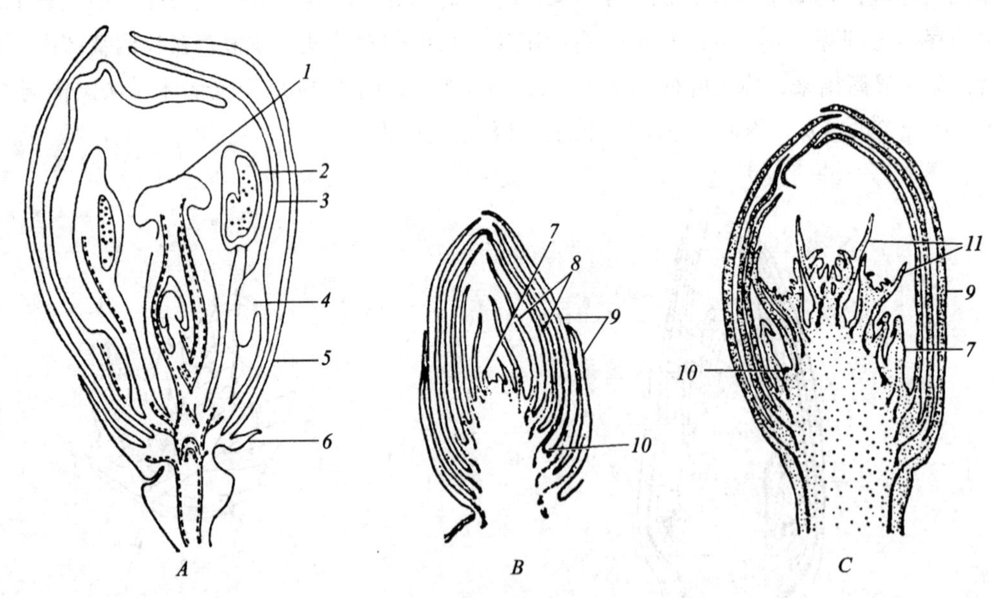

图 3–30　芽的类型

A. 小檗的花芽；*B.* 榆的枝芽；*C.* 苹果的混合芽

1. 雌蕊；2. 雄蕊；3. 花瓣；4. 蜜腺；5. 萼片；6. 苞片；
7. 叶原基；8. 幼叶；9. 芽鳞；10. 枝原基；11. 花原基

芽，在外形上却不容易分辨。

（4）按芽的生理活动状态分　芽可分为活动芽和休眠芽。活动芽（active bud）是在生长季节活动的芽，也就是能在当年生长季节形成新枝、花或花序的芽。一般一年生草本植物，当年由种子萌发生出的幼苗，逐渐成长至开花结果，植株上多数芽都是活动芽。温带的多年生木本植物，许多枝上往往只有顶芽和近上端的一些腋芽活动，大部分的腋芽在生长季节不生长，不发展，保持休眠状态，称为休眠芽（dormant bud）或潜伏芽（latent bud）。休眠芽的存在，就能使植物体内的养料有大量的贮备，既可供活动芽所用，也可备未来需要时的应用。有些多年生植物的植株上，休眠芽长期潜伏着，不活动，只有在植株受到创伤和虫害时，才打破休眠，开始活动，形成新枝。休眠芽的形成，对于调节养料在一段时间内有限量地集中使用，从而控制侧枝发生，使枝叶在空间合理安排，并保持充沛的后备力量，从而使植株得以稳健地成长和生存，这是植物长期适应外界环境的结果。

在生长季节、温度、水分和养料适宜的条件下，一般芽就开始萌动，形成新枝、花或花序。就枝芽讲，主干的顶芽伸展，使植株向高处生长，腋芽伸展，形成很多侧枝。各个侧枝又有顶芽和腋芽，可继续增长和不断地分枝。以此发展下去，地上部分就形成繁茂的枝系。多年生的木本植物，特别是高大的乔木、庞大茂盛的树冠，就是这样逐渐形成的。

（三）茎的生长习性

不同植物的茎在长期的进化过程中，有各自的生长习性，以适应外界环境，使叶在空间合理分布，尽可能地充分接受日光照射，制造自己生活需要的营养物质，并完成繁殖后代的生理功能，产生了以下四种主要的生长方式：直立茎（erect stem）、缠绕茎（twining stem）、攀缘茎（climbing stem）和匍匐茎（creeping stem）（图 3–31）。

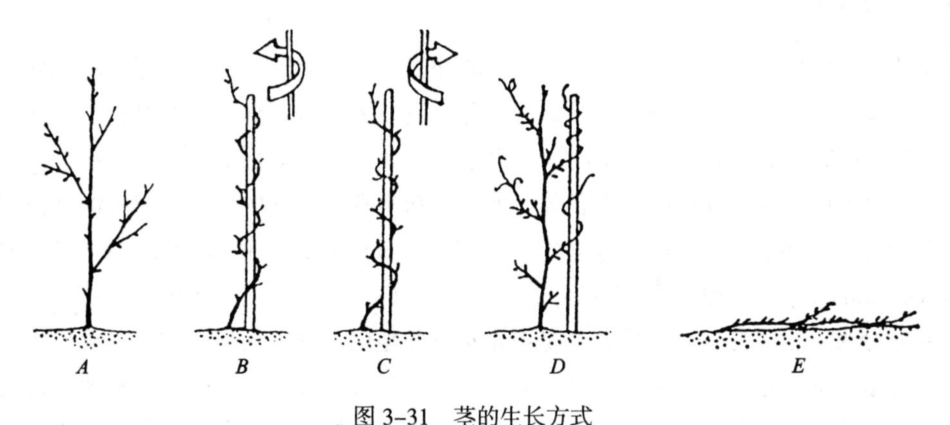

图 3–31　茎的生长方式

A. 直立茎；*B.* 左旋缠绕茎；*C.* 右旋缠绕茎；*D.* 攀缘茎；*E.* 匍匐茎

1. 直立茎　茎背地面而生，直立。大多数植物的茎是这样的，如蓖麻、向日葵、杨等。

2. 缠绕茎　茎幼时较柔软，不能直立，以茎本身缠绕于其他支柱上升。缠绕茎的缠绕方向，有些是左旋的，即按逆时针方向的，如茑萝松、牵牛、马兜铃和菜豆等；有些是右旋的，即按顺时针方向的，如忍冬、葎草等。葎草的茎上有倒刺，还可以钩着它物上升，因此，有时也归入攀缘茎。此外，有些植物的茎既可左旋，也可右旋，称为中性缠绕茎，如何首乌（*Polygonum multiflorum*）的茎。

3. 攀缘茎　茎幼时较柔软，不能直立，以特有的结构攀缘他物上升。按它们的攀缘结构的性质，又可分成以下五种：

（1）以卷须攀缘的，如丝瓜、豌豆、黄瓜、葡萄、乌蔹莓（*Cayratia japonica*）、南瓜等的茎。

（2）以气生根攀缘的，如常春藤、络石、薜荔等的茎。

（3）以叶柄攀缘的，如旱金莲（*Tropaeolum majus*）、铁线莲等的茎。

（4）以钩刺攀缘的，如白藤、猪殃殃（*Galium aparine* var. *tenerum*）等的茎。

（5）以吸盘攀缘的，如爬山虎（地锦，*Parthenocissus tricuspidata*）的茎。

有缠绕茎和攀缘茎的植物，统称藤本植物（liana）。缠绕茎和攀缘茎都有草本和木本之分，因此，藤本植物也分为草本和木本，前者如菜豆、南瓜、旱金莲等，后者如葡萄、紫藤、忍冬等。藤本植物在热带森林和湿润的亚热带森林里，由于条件优越，生长特别茂盛，形成森林内的特有景观。

不少有经济价值的藤本植物，如葡萄、豆类和一部分瓜类，在栽培技术上，必须根据它们的生长习性，及时和适当地搭好棚架，使枝叶得以合理展开，获得充分光照，以提高产量和质量。

4. 匍匐茎　茎细长柔弱，沿着地面蔓延生长，如草莓、甘薯（山芋）、虎耳草（*Saxifraga stolonifera*）等的茎。匍匐茎一般节间较长，节上能生不定根，芽会生长成新株。栽培甘薯和草莓就利用它们这一特性进行繁殖。草莓产生的新株，成为独立的个体后，相连的细茎节间即行死去，根据这一特点，有时将草莓自匍匐茎中分出，另立一类，称为纤匍枝（runner）。

（四）分枝的类型

分枝是植物生长时普遍存在的现象。主干的伸长，侧枝的形成，是顶芽和腋芽分别发育的结果。侧枝和主干一样，也有顶芽和腋芽，因此，侧枝上还可以继续产生侧枝，以此类推，可以产生大量分枝，形成枝系。各种植物上，由于芽的性质和活动情况不同，所产生的枝的组成和外部形态也不同，因而分枝的方式各异，但分枝却是有规律性的。种子植物的分枝方式，一般有单轴分枝（monopodial branching）、合轴分枝（sympodial branching）和假二叉分枝（false dichotomous branching）三种类型（图 3–32）。

1. 单轴分枝　主干也就是主轴，总是由顶芽不断地向上伸展而成，这种分枝形式，称为单轴分枝，也称为总状分枝。单轴分枝的主干上能产生各级分枝，主干的伸长和加粗，比侧枝强得多。因此，这种分枝方式，主干极显著。一部分被子植物如杨、山毛榉等，多数裸子植物如松、杉、柏科等的落叶松、水杉（*Metasequoia glyptostroboides*）、桧等，都属于单轴分枝。单轴分枝的木材高大挺直，适于建筑、造船等用。

2. 合轴分枝　主干的顶芽在生长季节中，生长迟缓或死亡，或顶芽为花芽，就由紧接着顶芽下面的腋芽伸展，代替原有的顶芽，每年同样地交替进行，使主干继续生长，这种主干是由许多腋芽发育而成的侧枝联合组成，所以称为合轴。合轴分枝所产生的各级分枝也是如此。这种分枝在幼嫩时呈显著曲折的形状，在老枝上由于加粗生长，不易分辨。合轴分枝植株的上部或树冠呈开展状态，既提高了支持和承受能力，又使枝、叶繁茂，通风透光，有效地扩大光合作用面积，是先进的分枝方式。大多数被子植物有这种分枝方式，如马铃薯、番茄、无花果、梧桐、桑、菩提树、桃、苹果等。

3. 假二叉分枝　假二叉分枝是具对生叶的植物，在顶芽停止生长后，或顶芽是花芽，在花芽开花后，由顶芽下的两侧腋芽同时发育成二叉状分枝[①]。所以假二叉分枝，实际上也是一种合轴分枝方式的变化，它和顶端的分生组织本身分为二个，形成真正的二叉分枝（dichotomous branching）不同。真正的二叉分枝多见于低等植物，在部分高等植物中，如苔藓植物的苔类和蕨类植物的石松、卷柏等也存在。具假二叉分枝的被子植物如丁香、茉莉花（*Jasminum sambac*）、接骨木（*Sambucus williamsii*）、石竹、繁缕等。

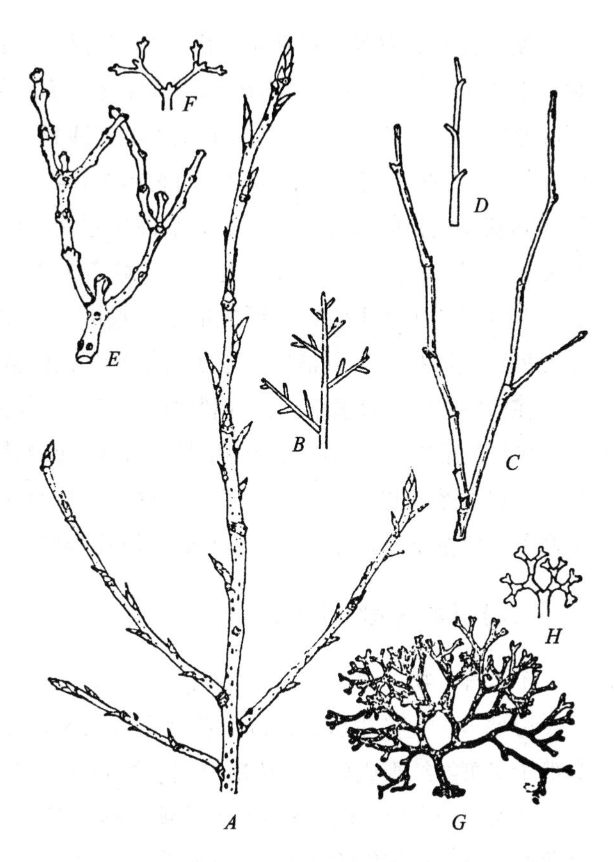

图 3-32　分枝的类型

A，*B*. 单轴分枝；*C*，*D*. 合轴分枝；*E*，*F*. 假二叉分枝；*G*，*H*. 二叉分枝（*G*. 网地藻；*H*. 一种苔类）

分枝是植物生长中普遍存在的现象，是植物的基本特征之一，有重要的生物学意义。形成分枝能迅速增加整个植物体的同化和吸收表面，最充分地利用外界物质，产生强大的营养能力，以后，更产生强大的种子繁殖能力。各种植物的分枝有一定的规律，反映植物在漫长的进化过程中的适应。二叉分枝是比较原始的分枝方式，因此，在进化过程中被其他分枝方式所代替。单轴分枝在蕨类植物和裸子植物中占优势，而合轴分枝是后起的被子植物主要的分枝方式。合轴分枝的树冠有更大的开展性，它的顶芽的依次死亡是极有意义的合理适应，因为任何顶芽都对腋芽有不同程度的抑制作用，顶芽死亡，以及代替顶芽的腋芽的依次死亡，促进了大量下部腋芽的形成和发育，使植物的枝、叶繁茂，光合作用面积扩大，这都说明合轴分枝是更进步的分枝方式。同时，合轴分枝有多生花芽的特征，因此，也是丰产的分枝方式。

有些植物，在一株植物上有两种分枝方式，例如棉的植株上既有单轴分枝，也有合轴分枝，单轴分枝的枝通常是营养枝，不直接开花结果，并多位于植株的下部；合轴分枝的枝是开花结果的果枝。所以在棉的栽培管理中，及早抹去下部的腋芽，使它不发展成营养枝，养分得以集

① 过去植物学名词中，以“二叉”分枝用于低等植物，“二歧”分枝用于高等植物，似无必要，本书一律用“二叉”。

中，促进花果的发展。在林业方面，为获得粗大而挺直的木材，单轴分枝有它特殊的意义。而对于果树和作物的丰产，合轴分枝是最有意义的。同是一属植物，单轴分枝的种，往往结果少，而成熟早，所以研究分枝系统，有很大的实践意义。

分枝现象的普遍存在，反映了植物体对外界环境条件的一种适应。而分枝的形式，又决定于顶芽和腋芽生长的相互关系。人类掌握了它们的活动规律，便能采取种种措施，利用它们天然的分枝方式，并适当地加以控制，使它朝着人类所需要的方向发展。例如摘心和整枝，就是农业生产和园艺工作上常被采用的措施。栽培番茄和瓜类时，通过摘心的方法，使腋芽得到充分的发展而成侧枝。并用整枝的方法来控制侧枝的数目和分布，这样，就可以使所有的枝条合理展布在空间，防止过度郁闭，有利通风透光，并能使养分集中到果枝中，有利于果实的生长。

果树栽培方面，也广泛应用整枝的方法，改变树形，促使早期大量结实。同时，也调整主干与分枝的关系，以利果枝的生长与发育，并且便于操作和管理。在果树达到结果年龄以后，逐年修剪，使枝条发育良好，生长旺盛，还能调整大小年结果不匀的现象。

（五）禾本科植物的分蘖

禾本科植物，如水稻、小麦等的分枝和上面所说的不同，它们是由地面下和近地面的根状茎节（分蘖节）上产生腋芽，以后腋芽形成具不定根的分枝，这种方式的分枝称为分蘖（tiller）。分蘖上又可继续形成分蘖，依次形成一级分蘖、二级分蘖，以此类推。

什么是分蘖节？以小麦为例来说明（图 3–33）。小麦在幼苗期，根茎上的节间很短，节和节间密集在一起，在密集的节上，产生许多不定根和腋芽，小麦只有到了拔节时，主茎和部分分枝（分蘖）的上部 4～7 个节间，才陆续显著地伸长，而基部的各节和节间仍然密集在一起。这些着生分蘖的、密集的节和节间部分，通常称为分蘖节（图 3–33）。分蘖节内贮有丰富的有机养料，外形比较膨大。分蘖节的侧面，生有大量不定根原基（栽培学上称次生根原基），以后发育成不定根。

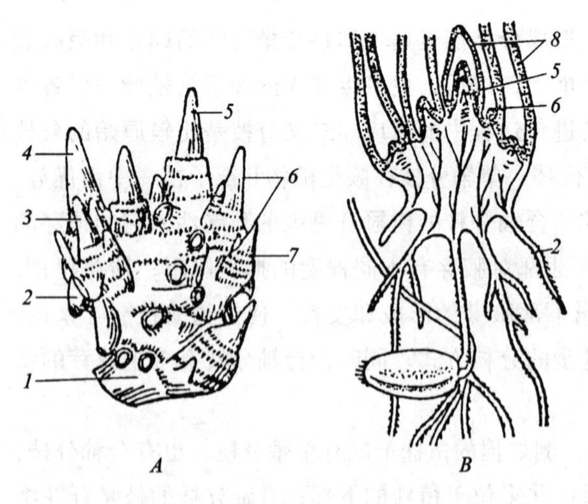

图 3–33　小麦的分蘖节

A. 外形（外部叶鞘已剥去）；*B.* 纵剖面

1. 根茎；2. 不定根；3. 二级分蘖；4. 一级分蘖；5. 主茎；6. 分蘖芽；7. 叶痕；8. 叶

分蘖有高蘖位和低蘖位之分。所谓蘖位，就是分蘖生在第几节上，这个节位就是蘖位。分蘖的出现顺序和蘖位有密切关系。例如分蘖是由第三片叶的叶腋内长出的，它的蘖位就是三；从第四片叶的叶腋内长出的，蘖位就是四。当第一个分蘖发生之后，第二个分蘖的蘖位总是在第一个蘖位之上，依次向上推移，这是小麦、水稻分蘖发生的共同规律。因此，蘖位三的分蘖，位置一定比蘖位四的低；相反，蘖位四一定比蘖位三的高。蘖位越低，分蘖发生越早，生长期也就较长，抽穗结实的可能性就较大。这是因为早的分蘖，进行光合作用的时间长，有机物质的积累较快、较多，对体内吸收的无机营养的利用也较充分，在结实器官的形成进度上就表现出显著的优势。能抽穗结实的分蘖，称为有效分蘖；不能抽穗结实的分蘖，称为无效分蘖。在这里可以看出，蘖位的高低，就是分蘖的早晚，和以后的有效分蘖和无效分蘖有着密切的关系。农业生产上常采用合理密植、巧施肥料、控制水肥、调整播种期、选取适合的作物种类和品种等措施，来促进有效分蘖的生长发育，控制无效分蘖的发生。

不同的禾本科作物，分蘖力的强弱是不同的，同一种作物的不同品种，分蘖力也有差异。例如水稻、小麦分蘖力较强，可形成大量分蘖，而玉米、高粱分蘖力较弱，一般不产生分蘖。

三、茎的发育

（一）顶端分生组织

茎的顶端分生组织和根端的相似。经过顶端分生组织的活动产生了茎的有关结构，包括茎的节和节间、叶、腋芽以及以后转变成生殖（繁殖）结构。茎的顶端分生组织比根的更复杂些，这是因为叶原基的形成和侧枝的发生，都要追溯到顶端分生组织。因此，在讨论茎的顶端分生组织的结构和活动时，也必然要涉及这些侧生器官的起源。

茎的顶端分生组织中夹杂着分化程度不一的组织，这点也和根的相似。在细胞和组织的发育过程中，从分生组织状态过渡到成熟组织状态，是经过由不分化逐渐变为分化的，因而，顶端分生组织的最先端部分，包括原始细胞和它紧接着所形成的衍生细胞，可以看作是未分化或最小分化的部分称原分生组织（promeristem）。在原分生组织下面，随着不同分化程度的细胞出现，逐渐开始分化出未来的表皮、皮层和维管柱的分生组织，也就是它们的前身，可分别称为原表皮层（protoderm）、基本分生组织（ground meristem）和原形成层（procambium），总称初生分生组织（图 3-34）。初生分生组织的活动和分化的结果，就形成成熟组织，组成初生植物体。总之，茎的顶端分生组织可以说是由原分生组织和初生分生组织组成的。

由于名词应用上存在的混乱，为便于阅读参考书的需要，在这里对生长点、生长锥、茎端、根端、茎尖和根尖等名词分别加以说明。当然，各名词在不同书中作者所给予的不同解释和范围，也应加以注意掌握，方能有利于正确理解。

茎的顶端分生组织，有时也称生长点（growing point）。这一名词在根中也应用，但严格地讲，生长点不是一个正确的名词，因为生长一般常指细胞分裂，而它确实是分生组织的特征，顶端分生组织也不例外，但细胞分裂却不局限于生长点，有时离生长点较远的部分反而分裂旺盛；生长也指细胞、组织和器官大小的增加，但最显著的增大却不在生长点，而是出现在它的衍生结构部分。生长点有时也称生长锥（growing tip），但传统上生长锥常用于茎尖上，如在栽培学上就指茎尖上最末一个叶原基以上的一段。茎端（stem apex）和根端（root apex）是各自顶端分生组织的同义词，茎端有时也称枝端或苗端（shoot apex）。而茎尖（stem tip）和根尖（root tip）通常指茎或根的顶端分生组织到组织分化接近成熟区之间的一段。如果根冠存在的话，根尖还包括根冠的部分。

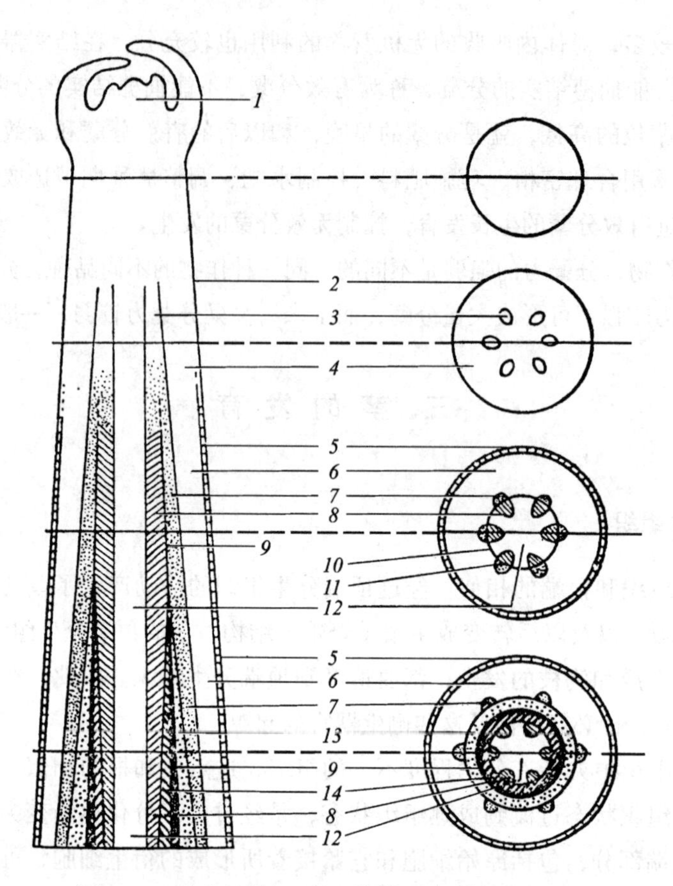

图 3-34　茎尖的纵切面和不同部位上横切面的图解

1. 分生组织； 2. 原表皮层； 3. 原形成层； 4. 基本分生组织； 5. 表皮；
6. 皮层； 7. 初生韧皮部； 8. 初生木质部； 9. 维管形成层； 10. 束间形成层；
11. 束中形成层； 12. 髓； 13. 次生韧皮部； 14. 次生木质部

（二）顶端分生组织组成的几种理论

茎的顶端分生组织由许多细胞组成，有着多种方式的排列，在 18 世纪中叶，就开始引起植物学家的重视，以后陆续提出了不少理论，下面介绍三种理论。

1. 组织原学说（histogen theory） 1868 年韩士汀（J. von Hanstein）提出了组织原学说。他认为被子植物的茎端是由三个组织区（表皮、皮层、维管柱）的前身，即组织原组成的，每一组织原由一个原始细胞或一群原始细胞发生的。这三个组织原分别称为表皮原（dermatogen）、皮层原（periblem）和中柱原（plerome）（图 3-35，*A*），它们以后的活动能分别形成表皮、皮层和维管柱，包括髓（它如果存在）。由于以后发现茎端不能显著地划分出这三层组织原，所以在茎中是不适用的。但此学说比较适合描述根顶端分生组织的分裂、生长和分化过程。组织原学说的提出，使人们对顶端分生组织的认识有了提高，这样，也对顶端分生组织的研究起了积极的推进作用。本章第一节根的顶端组织即按此学说描述。

2. 原套－原体学说（tunica-corpus theory） 施密特（A. Schmidt）对被子植物的茎端进行研

究后，于 1924 年提出有关茎端原始细胞分层的概念，通常称为原套 – 原体学说。这个学说认为茎的顶端分生组织原始区域包括原套（tunica）和原体（corpus）两个部分，组成原套的一层或几层细胞只进行垂周分裂（径向分裂），保持表面生长的连续进行；组成原体的多层细胞进行着平周分裂（切向分裂）和各个方向的分裂，连续地增加体积，使茎端加大。这样，原套就成为表面的覆盖层，覆盖着下面组成芯的原体（图 3–35，*B*）。原套和原体都存在着各自的原始细胞。原套的原始细胞位于轴的中央位置上，原体的原始细胞位于原套的原始细胞下面。这些原始细胞都能经过分裂产生新的细胞归入各自的部分。原套和原体都不能无限扩展和无限增大，因为当它们形成新细胞时，较老的细胞就和顶端分生组织下面的茎的成熟区域结合在一起。被子植物中原套的细胞层数各有不同，根据观察，双子叶植物的过半数具有两层，还曾发现有多至四层或五层的，但由于不同学者的划分根据不同，因此，存在着争议。单子叶植物的原套，一般认为只有一层或两层细胞。原套 – 原体学说认为顶端分生组织（原分生组织部分）的组成上并没有预先决定的组织分区，除表皮始终是由原套的表面细胞层所分化形成的以外，其他较内的各层衍生细胞的发育并不能预先知道它们将形成什么组织，这一点是和组织原学说最大的区别。

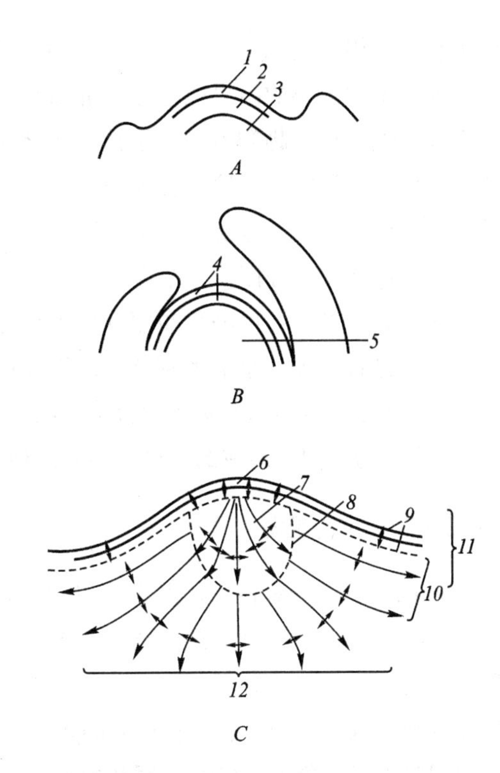

图 3–35　顶端分生组织组成的三种理论图解

A. 组织原学说；*B*. 原套 – 原体学说；

C. 银杏茎端的细胞学分区现象（图中箭头表示主要生长方向）

1. 表皮原；2. 皮层原；3. 中柱原；4. 原套；

5. 原体；6. 顶端原始细胞群；7. 中央母细胞区；

8. 过渡区（虚线）；9. 表面层；10. 周边表面下层；

11. 周围区；12. 肋状分生组织

3. 细胞学分区概念（concept of cytological zonation）　裸子植物茎端没有稳定地只进行垂周分裂的表面层，也就是没有原套状的结构［除南洋杉属（*Araucaria*）和麻黄属（*Ephedra*）外］，因此，对于多数裸子植物茎端的描述来讲，原套 – 原体学说是不适合的。福斯特（A. S. Foster）根据细胞的特征，特别是不同染色的反应，1938 年在银杏（*Ginkgo biloba*）茎端观察到显著的细胞学分区现象（图 3–35，*C*）。分区的情况是这样的：银杏茎端表面有一群原始细胞即顶端原始细胞群，在它们的下面是中央母细胞区，是由顶端原始细胞群衍生而组成的。中央母细胞区向下有过渡区。中央部位再向下衍生成髓分生组织，以后形成肋状分生组织；原始细胞群和中央母细胞向侧方衍生的细胞形成周围区（或周围分生组织）。中央母细胞区的细胞特征是一般染色较淡，较液泡化和较少分裂。过渡区的细胞在活动高潮时，进行有丝分裂，很像维管形成层。髓分生组织一般只有几层，它的细胞相当液泡化，能横向分裂，衍生的细胞形成纵向行列的肋状分生组织。周围区染色较深，有活跃的有丝分裂，它的局部较强分裂活动的结果是形成叶原基。周围区平周分裂的结果能引起茎的增粗，而垂周分裂则能引起茎的伸长。这种细胞分区现象后来在其他裸子植物和不少被子植物的茎端也观察到，但分区的情况有着较大的变化。对茎端的组织化学的研究，更发现各区细胞不仅形态不同，生物化学方面，如RNA、DNA、总蛋白等的浓度，也有差异，这就反映出分区情况的变化是由于局部区域之间真正生理上的不同。因此，某一植株茎端的分区，在个体发育的不同时期以及不同种之间都可能存在着差异。由于这种分区的研究，以后不再停留在原分生组织的部分，而扩展到衍生区域，因此，茎的顶端分生组织的概念也就扩大。原来将原分生组织和顶端分生组织作为同义词来看，也就不再适合，因而把顶端分生组织的最远端称为原分生组织，似乎更适合些。

关于顶端分生组织组成的理论，还有几种，这里就不一一介绍了。

（三）叶和芽的起源

1. 叶的起源　叶是由叶原基逐步发育而成的（图3-36）。裸子植物和双子叶植物中，发生叶原基的细胞分裂，一般是在顶端分生组织表面的第二层或第三层出现。平周分裂增生细胞的结果，就促进了叶原基的侧面突起。突起的表面出现垂周分裂，以后这种分裂在较深入的各层中和平周分裂同时进行。单子叶植物叶原基的发生，常由表层中的平周分裂开始。

原套或原体的衍生细胞，都可分裂引起原基的形成。原套较厚时，整个原基即可由原套的衍生细胞发生。否则，叶原基可由原套和原体共同产生。

刚开始发生的侧面突起，是叶原基形成中的开始阶段，通常称为叶原座（leaf buttress），它是整个叶的萌芽，而不是叶的一部分。叶原基出现在顶端分生组织的周围，其相对位置与枝上的叶序相一致。

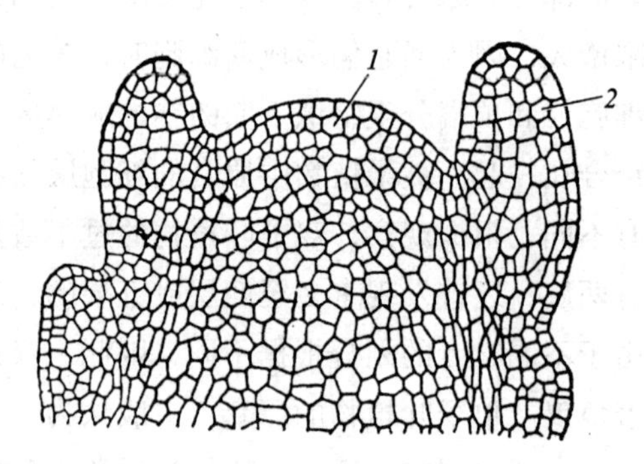

图3-36　枝芽顶端的纵切面，示叶原基

1. 顶端分生组织；　2. 叶原基

2. 芽的起源　顶芽发生在茎端（枝端），包括主枝和侧枝上的顶端分生组织，而腋芽起源于腋芽原基。大多数被子植物的腋芽原基，发生在叶原基的叶腋处。腋芽原基的发生，一般比包在它们外面的叶原基要晚。腋芽的起源很像叶，在叶腋的一些细胞上经过平周分裂和垂周分裂而形成突起，细胞排列与茎端的相似，并且本身也可能开始形成叶原基。不过，在腋芽形成过程中，当它们离开茎端一定距离以前，一般并不形成很多叶原基。

茎上的叶和芽起源于分生组织表面第一层或第二、三层细胞，这种起源的方式称为外起源。不定芽的发生和顶芽、腋芽有别，它的发生与一般顶端分生组织无直接关系，它们可以发生在插条或近伤口的愈伤组织、形成层或维管柱的外围，甚至在表皮上，以及根、茎、下胚轴和叶上。不定芽的起源依照发生的位置，可以分为外生的（靠近表面发生的）和内生的（深入内部组织中发生的）两种。当开始形成时，由细胞分裂组成顶端分生组织，当这种分生组织形成第一叶时，不定芽与产生芽的原结构之间建立起维管组织的连续，而这种连续是由不定芽的分化和原有的维管组织的相接而形成的。

四、茎的初生结构

茎的顶端分生组织中的初生分生组织所衍生的细胞，经过分裂、生长、分化而形成的组织，称为初生组织（primary tissue），由这种组织组成了茎的初生结构（primary structure）。

（一）双子叶植物茎和裸子植物茎的初生结构

1. 双子叶植物茎的初生结构　双子叶植物茎的初生结构，包括表皮、皮层和维管柱三个部分（图 3–37，图 3–38）。

（1）表皮　表皮通常由单层的活细胞组成，是由原表皮发育而成，一般不具叶绿体，分布在整个茎的最外面，起着保护内部组织的作用，因而是茎的初生保护组织。有些植物茎的表皮细胞含花青素，因此茎有红、紫等色，如蓖麻、甘蔗等的茎。表皮细胞在横切面上呈长方形或方形，纵切面上呈长方形。因此，总的来讲，表皮是一种或多或少成狭长形的细胞。它的长径和茎的纵轴平行，表皮细胞腔内，有发达的液泡，原生质体紧贴着细胞壁，暴露在空气中的切

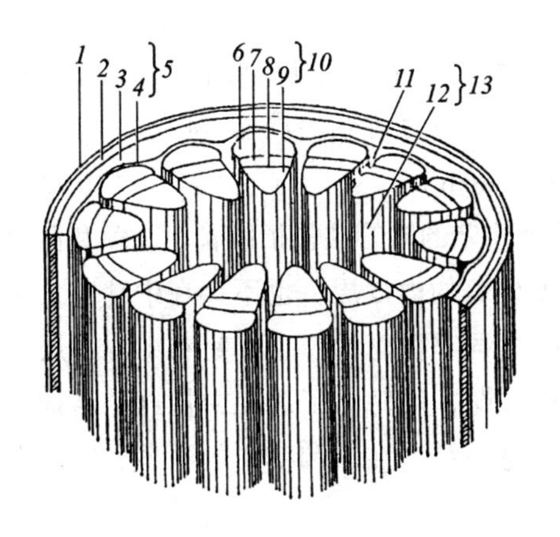

图 3–37　双子叶植物茎初生结构的立体图解

1. 表皮；2. 厚角组织；3. 含叶绿体的薄壁组织；4. 无色的薄壁组织；5. 皮层；6. 韧皮纤维；7. 初生韧皮部；8. 形成层；9. 初生木质部；10. 维管束；11. 髓射线；12. 髓；13. 维管柱

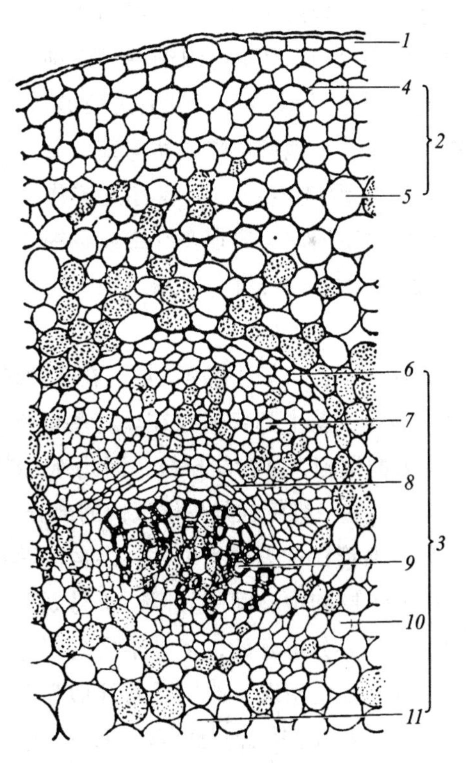

图 3–38　梨茎（木质茎）横切面的一部分，示初生结构

1. 表皮（外有角质层）；2. 皮层；3. 维管柱；4. 厚角组织；5. 薄壁组织；6. 韧皮纤维；7. 初生韧皮部；8. 束中形成层；9. 初生木质部；10. 髓射线；11. 髓

向壁，比其他部分厚，而且角质化，具角质层。蓖麻、甘蔗的茎有时还有蜡质，这些结构既能控制蒸腾，也能增强表皮的坚韧性，是地上茎表皮细胞常具有的特征。在旱生植物茎的表皮上，角质层显著增厚，而沉水植物的表皮上，角质层一般较薄或甚至不存在。

表皮除表皮细胞外，往往有气孔，它是水气和气体出入的通道。此外，表皮上有时还分化出各种形式的毛状体，包括分泌挥发油、黏液等的腺毛。毛状体中较密的茸毛可以反射强光、降低蒸腾，坚硬的毛可以防止动物为害，而具钩的毛可以使茎具攀缘作用。

（2）皮层　皮层位于表皮内方；是表皮和维管柱之间的部分，为多层细胞所组成，是由基本分生组织分化而成。

在皮层中，包含多种组织，但薄壁组织是主要的组成部分。薄壁组织细胞是活细胞，细胞壁薄，具胞间隙，横切面上细胞一般呈等径形。幼嫩茎中近表皮部分的薄壁组织，细胞具叶绿体，能进行光合作用。通常细胞内还贮藏有营养物质。水生植物茎皮层的薄壁组织，具发达的胞间隙，构成通气组织（aerenchyma）。

紧贴表皮内方一至数层的皮层细胞，常分化成厚角组织，连续成层或为分散的束。在方形（薄荷、蚕豆）或多棱形（芹菜）的茎中，厚角组织常分布在四角或棱角部分（图 3–39）。厚角组织细胞是活细胞，有时还具有叶绿体，一般呈狭长形，两端钝或尖锐，细胞壁角隅或切向壁部分特别加厚，能继续生长，对茎有支持作用。有些植物茎的皮层还存在纤维或石细胞，如南瓜的皮层中纤维与厚角组织同时存在。

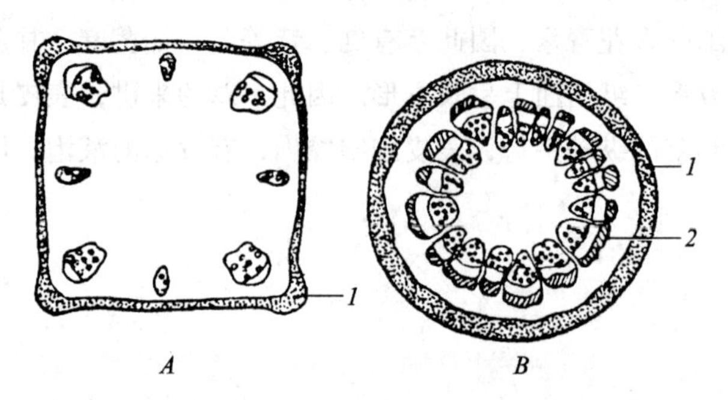

图 3–39　茎的机械组织

A. 方形茎内机械组织；*B*. 圆形茎内的机械组织

1. 厚角组织；2. 厚壁组织

皮层最内一层，有时有内皮层，在多数植物茎内不甚显著或不存在，但在水生植物茎中，或一些植物的地下茎中却普遍存在。有些植物如旱金莲、南瓜、蚕豆等茎的皮层最内层，即相当于内皮层处的细胞，富含淀粉粒，因此称为淀粉鞘（starch sheath）。

（3）维管柱　维管柱是皮层以内的部分，多数双子叶植物茎的维管柱包括维管束、髓和髓射线等部分。维管柱过去称为中柱。多数的茎和根不同，无显著的内皮层，也不存在中柱鞘，因此，茎内的皮层和中柱间的界限，不易划分，而中柱这一名词和概念的产生，是和用内皮层和中柱鞘作为划界分不开的，多数茎内既不存在内皮层和中柱鞘，同时为了避免中柱这一名词所存在的模糊和混乱情况，改用维管柱似觉合适。为了统一这一结构在根和茎中的联系。所以在根内也相应地采用了维管柱这个名词，以代替中柱。

维管束　维管束是指由初生木质部和初生韧皮部共同组成的束状结构，由原形成层分化而成。维管束在多数植物的茎的节间排成一轮由束间薄壁组织隔离而彼此分开，但也有些植物的茎中，维管束却似乎是连续的，但如仔细地观察，也还能看出它们之间多少存在着分离，只不过是距离较近而已。双子叶植物的维管束在初生木质部和初生韧皮部间存在着形成层，可以产生新的木质部和新的韧皮部，因此，它是可以继续进行发育的，称无限维管束（open vascular bundle），与单子叶植物的维管束不同，后者不具形成层，不能再发育出新的木质部和新的韧皮部，因此，称有限维管束（closed vascular bundle）。无限维管束结构较复杂，除输导组织、机械组织外，又增加了分生组织，有些植物的无限维管束还有分泌结构。以上是根据维管束能否继续发育而分成的两种类型。维管束还可以根据初生木质部和初生韧皮部排列方式的不同而分为外韧维管束（collateral vascular bundle）、双韧维管束（bicollateral vascular bundle）、周韧维管束（amphicribral vascular bundle）和周木维管束（amphivasal vascular bundle）四种类型（图 3-40）。外韧维管束是初生韧皮部在外方，初生木质部在内方，即初生木质部和初生韧皮部内外并列的排列方式。多数植物茎的维管束属这一类型，如梨、向日葵、蓖麻、苜蓿等茎内的维管束。双韧维管束是初生木质部的内、外方都存在着初生韧皮部，即初生木质部夹在内、外韧皮部间的一种排列方式。这类维管束常见于葫芦科（南瓜）、旋花科（甘薯）、茄科（番茄）、夹竹桃科（夹竹桃）等植物的茎中，其中以葫芦科茎中的较为典型。在双韧维管束中，内韧皮部与初生木质部间不存在形成层，或有极微弱的形成层。周韧维管束是木质部在中央，外由韧皮部包围的一种排列方式。周韧维管束通常多见于蕨类植物的茎中，在被子植物中是少见的，如大黄、酸模等植物茎的维管束。有些双子叶植物花丝的维管束也是周韧维管束。周木维管束是韧皮部在中央，外由木质部包围的一种排列方式。周木维管束在单子叶和双子叶植物茎中都存在，前者如香蒲和鸢尾的茎和莎草、铃兰的地下茎内的维管束，后者如蓼科和胡椒科植物的一些茎内的维管束。周韧维管束和周木维管束由于是一种维管组织包围另一种维管组织，因此，总称同心维管束（concentric vascular bundle）。在一种植物的茎中有时可存在两种类型的维管束，例如单子叶植物龙血树的茎，初生维管束是外韧维管束，次生维管束是周木维管束（见图 3-72）。

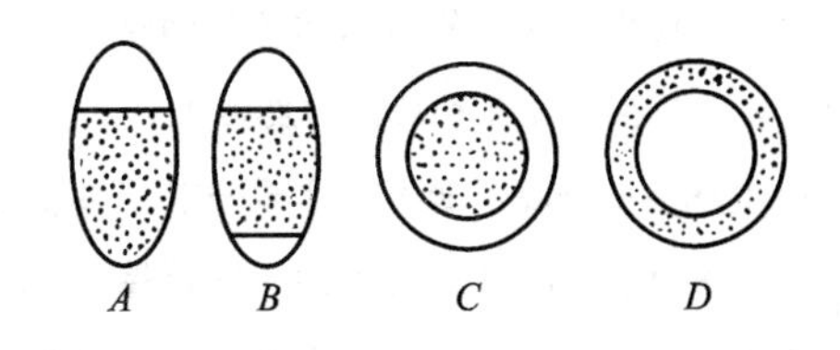

图 3-40　维管束类型的图解

A. 外韧维管束；*B.* 双韧维管束；*C.* 周韧维管束；*D.* 周木维管束（黑点部分为木质部）

中柱的概念和类型：以上叙述了维管组织由束间区域（薄壁组织）划分所成的束状结构，即维管束，现在再从整体或综合性方面谈一下茎的维管组织以及与它相结合的基本组织即中柱鞘、射线和髓（如果存在）共同组成的柱状结构，这个柱状结构称为中柱（stele），这是中柱原来的概念。中柱作为一个形态单位，原是以内皮层和中柱鞘为依据来划分中柱界限的，但大多数种子植物的茎中却往往没有显著的内皮层和中柱鞘作为皮层与中柱间的明确界限而难以应用。因此，中柱的概念严格地只限于维管组织。中柱概念的产生使人们更能对茎和根在进化过程中的各种类型的中柱有统一的概念，并便于分类和说明。

根据髓的有无和维管组织的排列方式，中柱基本上可以分为原生中柱（protostele）和管状中柱（siphonostele）两大类。原生中柱是具有木质部的实心柱，外为韧皮部包围，根据木质部在横切面上的形状，又可分为几个类型。原生中柱是中柱中最简单的和最原始的类型，它出现在一些古代和现代低等蕨类植物茎以及现代一般双子叶植物的根中。管状中柱是中央具髓部的中柱，在系统发育上被认为是进化的，根据韧皮部和木质部的位置，它也可分为几个类型。管状中柱出现在一些高等蕨类植物和种子植物中。以上所述组成中柱的维管组织都是指初生维管组织而言，即初生木质部（原生木质部和后生木质部）和初生韧皮部（原生韧皮部和后生韧皮部）。

中柱类型将在下册第五章第一节“维管植物”中，再作较详的论述。

中央柱（central cylinder）、维管柱（vascular cylinder）、中柱（stele）三者一方面都是同义词，指茎和根中的维管组织及其结合的基本组织所组成的部分；另一方面也各有特点，如中央柱是一个通用名词，由于大多数种子植物茎不存在显著的内皮层和中柱鞘，而这名词的产生是以它们的存在为依据的，因此，现已不加采用，改用维管柱这一名词来代替。维管柱较严格的意义是不包括髓的。中柱这一名词除与上述二名词为同义词外，并含有进化上的意义，中柱概念只指茎和根中维管组织的整体。由于中央柱过去也有译成“中柱”的，因此，与中柱这一名词易于混淆，造成阅读参考文献时的困难。《植物学名词（第2版）》（2019）中，统一了中柱和维管柱的概念，即中柱又称维管柱，不包括髓部。本书仍将二者区别对待。

① 初生木质部　初生木质部是由多种类型细胞组成，包括导管、管胞、木薄壁组织和木纤维。水和矿质营养的运输主要是通过木质部内导管和管胞。

导管在被子植物的木质部中是主要的输导结构，而管胞也同时存在于木质部组织中。维管植物在地球上曾有长期历史，管胞在进化上出现较早，它的变异向着导管分子和木纤维两个方向前进。这两种细胞也就承担了管胞的功能，在高度进化的维管植物中，它们也就大部分地替代了管胞。在导管中输导功能的大大加强，是由于穿孔和导管分子头尾相接情况的出现。在纤维中，管胞原有的支持特点却被增强，纤维是较狭长而渐尖的细胞，细胞壁更厚和细胞顶端有着更广泛的重叠。管胞的这两种衍生物，共同执行着管胞原有的双重功能，而且更为有效。木质部中的木薄壁组织是由活细胞组成，在原生木质部中较多，具贮藏作用。木纤维为长纺锤形死细胞，多出现在后生木质部内，具机械作用。

茎内初生木质部的发育顺序是内始式（endarch）的，和根不同。茎内的原生木质部居内方，由管径较小的环纹或螺纹导管组成；后生木质部居外方，由管径较大的梯纹、网纹或孔纹导管组成，它们是初生木质部中起主要作用的部分，其中以孔纹导管较为普遍。

② 初生韧皮部　初生韧皮部是由筛管、伴胞、韧皮薄壁组织和韧皮纤维共同组成的，主要作用是运输有机养料。

筛管是运输叶所制造的有机物质如糖类和其他可溶性有机物等的一种输导组织，由筛管分子纵向连接而成，相连的端壁特化为筛板，原生质联络索通过筛孔相互贯通，形成有机物质运输的通道（图3-41）。伴胞紧邻于筛管分子的侧面，它们与筛管存在着生理功能上的密切联系。韧皮薄壁细胞散生在整个初生韧皮部中，较伴胞大，常含有晶体、单宁、淀粉等贮藏物质。韧皮纤维在许多植物中常成束分布在初生韧皮部的最外侧。

初生韧皮部的发育顺序和根内的相同，也是外始式，即原生韧皮部在外方，后生韧皮部在内方。

③ 维管形成层　维管形成层出现在初生韧皮部和初生木质部之间，是原形成层在初生维管束的分化过程中留下的潜在的分生组织，在以后茎的生长，特别是木质茎的增粗中，将起主要作用。

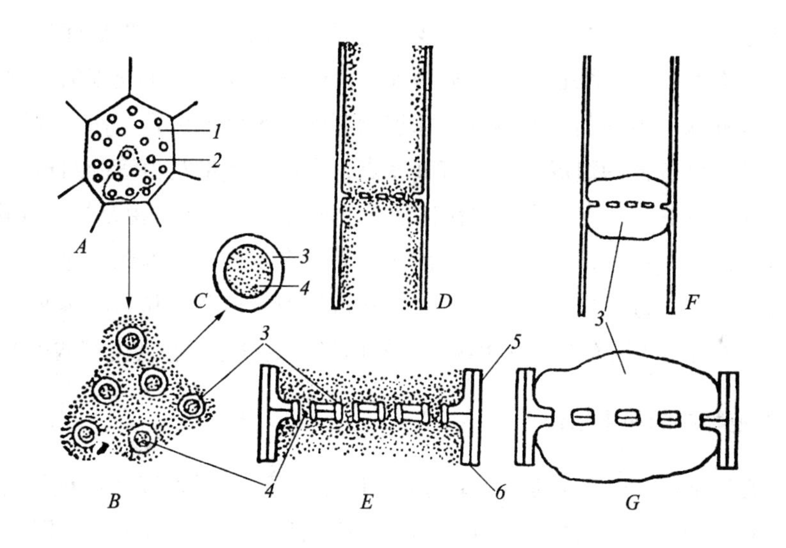

图 3–41　筛板结构图解

A. 筛板表面观；*B.* 筛板的一部分；*C.* 一个筛孔；

D—G. 筛板的侧面观（*A—E* 是有功能的筛板；*F*，*G* 是已停止作用或休眠的筛板）

1. 筛板；2. 筛孔；3. 胼胝质；4. 具内含物的孔；5. 初生壁；6. 胞间层

（4）髓和髓射线　茎的初生结构中，由薄壁组织构成的中心部分称为髓（pith），是由基本分生组织产生的。有些植物（如樟）的茎，髓部有石细胞。有些植物（如椴）的髓，它的外方有小型壁厚的细胞，围绕着内部大型的细胞，二者界线分明，这外围区，称为环髓带（perimedullary zone）。伞形科、葫芦科的植物，茎内髓部成熟较早，当茎继续生长时，节间部分的髓被拉破形成空腔即髓腔（pith cavity）。有些植物（如胡桃、枫杨）的茎，在节间还可看到存留着一些片状的髓组织。

髓射线（pith ray）是维管束间的薄壁组织，也称初生髓射线（primary medullary ray），是由基本分生组织产生。髓射线位于皮层和髓之间，在横切面上呈放射形，与髓和皮层相通，有横向运输的作用。同时髓射线和髓也像皮层的薄壁组织，是茎内贮藏营养物质的组织。

以上所讲的初生结构都是茎的节间部分。从茎的整体来讲，节间占总体的大部分，而节只是一小部分。因此，节间的结构代表了茎内大部分的结构。另外，节的结构比较复杂，它涉及许多方面。节部是叶着生的位置，由于叶内的维管束通过节部进入茎内，和茎内维管束相连，有时，叶的维管束要经过几个节间，才能和茎内的维管束相接，因此，节内组织的排列，特别是维管组织的排列，比节间的复杂得多，这主要是由于叶片和腋芽分化出来的维管束，都在节上转变汇合，这些将在茎和叶的联系中，再作讨论。

2. 裸子植物茎的初生结构　裸子植物茎的初生结构，也和双子叶植物茎一样，包括表皮、皮层和维管柱。以松为例，表皮由一层排列紧密的等径细胞所组成。皮层由多层薄壁组织细胞组成，细胞一般呈圆形，高度液泡化，并含叶绿体，细胞间具胞间隙。松茎的皮层中有树脂道（resin canal）。皮层和维管柱间无显著的分界。维管柱由维管束、髓和髓射线组成。维管束由初生韧皮部及初生木质部组成，在木质部与韧皮部之间也存在形成层，以后能产生次生结构，使茎增粗。维管束间有髓射线。维管柱的中央为髓，由薄壁的和形状不规则的细胞组成。就初生结构大体来讲，多数裸子植物茎和木本双子叶植物茎没有很大的区别，而主要区别是大多数裸子植物茎在木质部和韧皮部的组成成分上有其特点，它的木质部是由管胞组成，其中初生木质部中的原生木质部，是由环纹或单螺纹的管胞组成，而后生木质部是由复螺纹或梯纹管胞组成。韧皮部中是由筛胞组成。裸子植物中没有草质茎，而只有木质茎，因此，裸子植物茎经过短暂的初生结构阶段以后，都进入次生结构，与双子叶植物中有草质茎和木质茎两种类型的情况不同。也就是说，裸子植物茎没有双子叶植物茎中的那种一生只停留在初生结构中的草质茎类型。

（二）单子叶植物茎的初生结构

单子叶植物的茎和双子叶植物的茎在结构上有许多不同。大多数单子叶植物的茎，只有初生结构，所以结构比较简单。少数的虽有次生结构，但也和双子叶植物的茎不同。现以禾本科植物的茎作为代表，说明单子叶植物茎初生结构的最显著特点。绝大多数单子叶植物的维管束由木质部和韧皮部组成，不具形成层（束中形成层）。维管束彼此很清楚地分开，一般有两种排列方式：一种是维管束全部没有规则地分散在整个基本组织内，愈向外愈多，愈向中心愈少，皮层和髓很难分辨，如玉米、高粱、甘蔗等的维管束（图 3–42），它们不像双子叶植物茎的初生结构内，维管束形成一环，显著地把皮层和髓部分开。另一种是维管束排列较规则，一般成两圈，中央为髓。有些植物的茎，长大时，髓部破裂形成髓腔，如水稻（图 3–43）、小麦（图 3–44）等。维管束虽然有不同的排列方式，但维管束的结构却是相似的，都是外韧维管束，同时也是有限维管束。

1. 玉米茎的结构　现在以禾本科植物的玉米茎为代表，说明一般单子叶植物茎的初生结构。玉米成熟茎的节间部分，在横切面上可以明显地看到表皮、基本组织和维管束三个部分。

（1）表皮　表皮在茎的最外方，从横切面看，细胞排列比较整齐。如果纵向地撕取一小方块表皮加以观察，就会看到表皮由长短不同的细胞组成，长细胞夹杂着短细胞（图 3–45）。长细

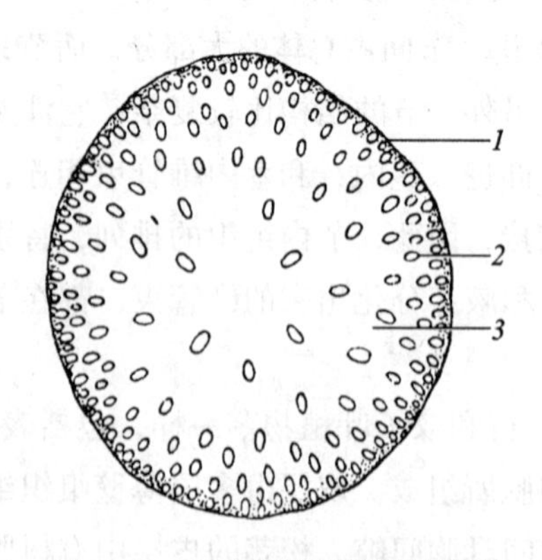

图 3–42　玉米茎节间部分轮廓图

1. 表皮；2. 维管束；3. 基本组织

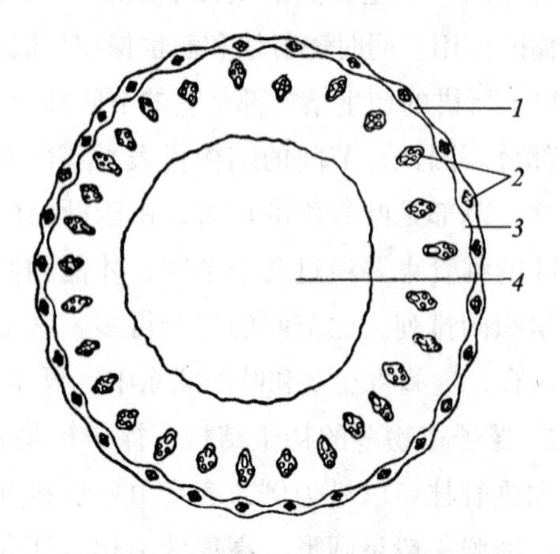

图 3–43　水稻茎秆横切面的轮廓图

1. 机械组织；2. 维管束；3. 薄壁组织；4. 髓腔

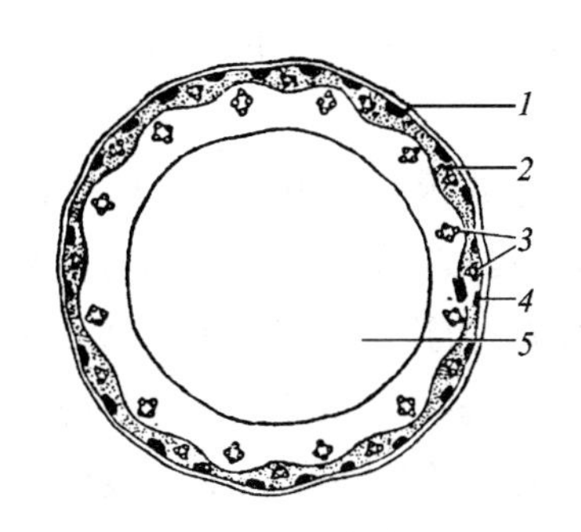

图 3-44　小麦茎秆横切面的轮廓图

1. 绿色组织；　2. 机械组织；　3. 维管束；

4. 薄壁组织；　5. 髓腔

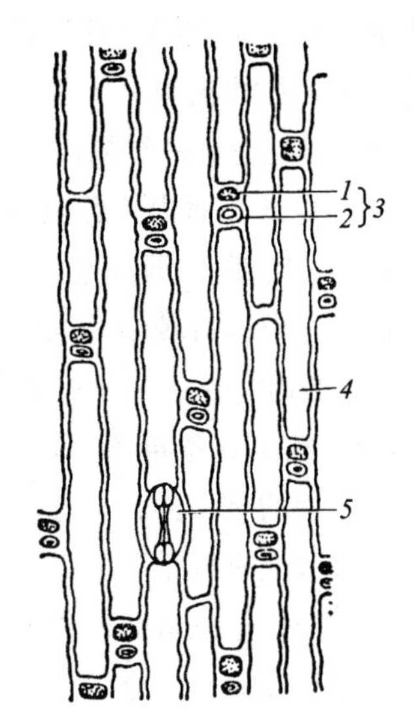

图 3-45　玉米茎的表皮（表面观）

1. 栓质细胞；　2. 硅质细胞；　3. 短细胞；

4. 长细胞；　5. 气孔器

胞是角质化的表皮细胞，构成表皮的大部分。短细胞位于二个长细胞之间，分为两种：木栓化的栓质细胞和含有二氧化硅的硅质细胞。此外，表皮上还有保卫细胞形成的气孔，但数量不多，排列稀疏。

（2）基本组织　整个基本组织除与表皮相接的部分外，都是薄壁细胞，愈向中心，细胞愈大，维管束散布在它们之间，因此不能划分出皮层和髓部。基本组织具有皮层和髓的功能。

基本组织近表皮的部分是由厚壁细胞组成的，有加强和巩固茎的支持功能，对于抗倒伏起着重要的作用。幼嫩的茎，在近表面的基本组织的细胞内，含有叶绿体，呈绿色，能进行光合作用。当老茎的表皮木质化时，就使茎更为坚强，能支持较大的质量。

（3）维管束　玉米茎内的许多维管束，散生在基本组织中。每个成熟的维管束结构都很显著（图 3-46），在横切面上近卵圆形，最外面为机械组织（厚壁组织）所包围，形成鞘状的结构，即维管束鞘（bundle sheath）。维管束由外向内，先是韧皮部，后是木质部，没有形成层，这种有限维管束也正是大多数单子叶植物茎的特点之一。

韧皮部中的后生韧皮部，细胞排列整齐，在横切面上可以看到有多边形近似六角形、八角形的筛管细胞和交叉排列的长方形伴胞。在韧皮部外侧和维管束鞘交接处，可以看到有一条不整齐和细胞形状模糊的带状结构，它是最初分化出来的韧皮部，也就是原生韧皮部。由于后来后生韧皮部的不断生长分化，以致被挤压而遭受破坏。

木质部是韧皮部以内的部分。紧接后生韧皮部的部分，是后生木质部的两个较大的孔纹导管，它们之间有一条由小型厚壁的管胞构成的狭带。向内是原生木质部，由 2 ~ 3 个直列较小的环纹导管或螺纹导管组成。有时还可看到制片时被压碎，或被抽出的环状或螺纹状的次生加厚壁。维管束的两个孔纹导管，和直列的环纹或螺纹导管，构成 V 字形结构，这在禾本科植物茎中是很突出的。原生木质部中直列的两个或三个导管，有时也可能只存在一个或两个，最前面的即向心的一个，往往被腔隙所替代，这是由于环纹或螺纹导管在生长过程中被拉破，以及它们周围薄壁组织相互分离的结果。从以上的结构中，可以清楚地看出，维管束中韧皮部的分化，是由外（原生韧皮部）而内（后生韧皮部），即外始式。但木质部的分化，是由内（原生木质部）而外（后生木质部），即内始式，这是茎的特点，在禾本科植物的茎中，也绝无例外。在玉米茎的横切面上，外围有较多的维管束，这是由于维管束连续地进入叶内形成的复杂布局，大量的维管束是由茎内向外，进入叶基部的鞘状结构。

2\. 竹茎的结构　这里再谈一谈竹类茎的结构。竹类也是禾本科植物，人们把它的茎看作和其他禾本科植物的茎一样，常称它为秆。竹茎的外形确实和其他禾本科植物的茎相似，但节部特别明显。竹节上有两个环，上面的称为秆环，下面的称为箨环，即着生叶鞘的环。两环之间的一段称为节内，这三者共同构成竹类茎上的节。毛竹的茎秆，从表皮至髓腔的部分，常统称为竹壁。竹壁自外而内，分为竹青、竹肉和竹黄三个部分。竹青是表皮和近表皮含叶绿素的基本组织部分，所以呈绿色；竹黄是髓腔的壁；竹肉是介于竹青和竹黄之间的基本组织部分（图 3–47）。这些结构又和一般禾本科植物的茎不同。根据竹类茎的质地，人们又把它看作木质茎，事实上，它只有初生组织，但由于它的机械组织特别发达，基本组织细胞的细胞壁木质化，造成它坚实的木质特性，成为可以和木材媲美的竹材。现以毛竹（*Phyllostachys heterocycla*）为例，说明它的结构的特殊性。

毛竹茎是介于玉米和小麦茎之间的一种类型。它既像玉米，维管束是散生的，又像小麦，节

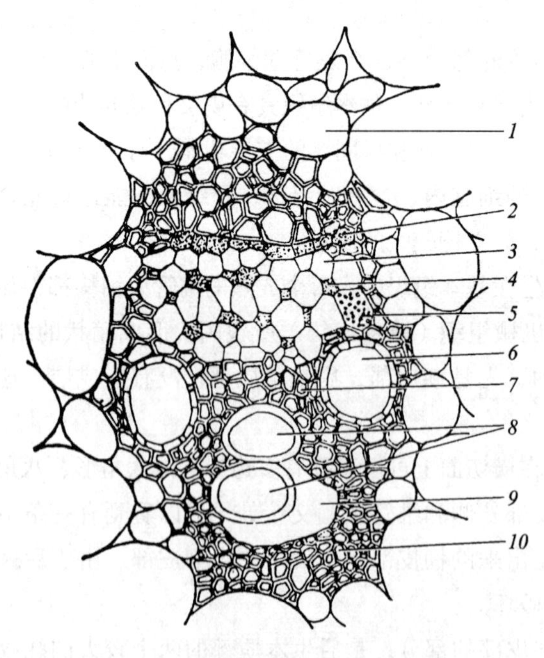

图 3–46　玉米茎内一个维管束的放大

1. 基本组织；2. 被压毁的原生韧皮部；3. 筛管；4. 伴胞；5. 筛板；6. 孔纹导管；7. 管胞；8. 环纹或螺纹导管；9. 气腔；10. 机械组织（维管束鞘）

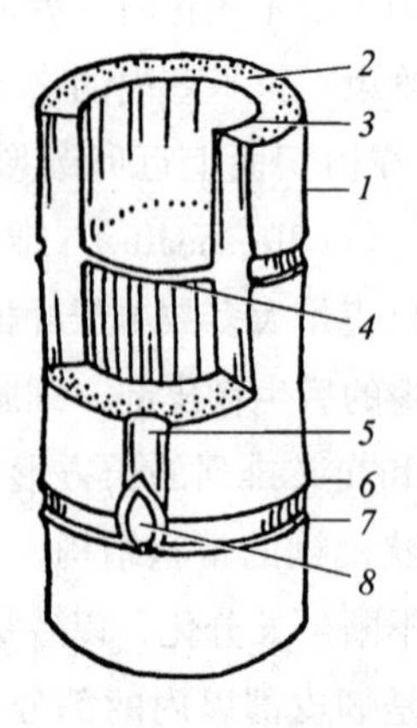

图 3–47　毛竹的茎秆

1. 竹青；2. 竹肉；3. 竹黄；4. 横隔板；5. 沟；6. 秆环；7. 箨环；8. 芽

间是中空的。基本结构也由表皮、基本组织和维管束组成，维管束的结构基本上和玉米、小麦的相似。但是毛竹茎还有它独特的结构（图 3–48，图 3–49）。

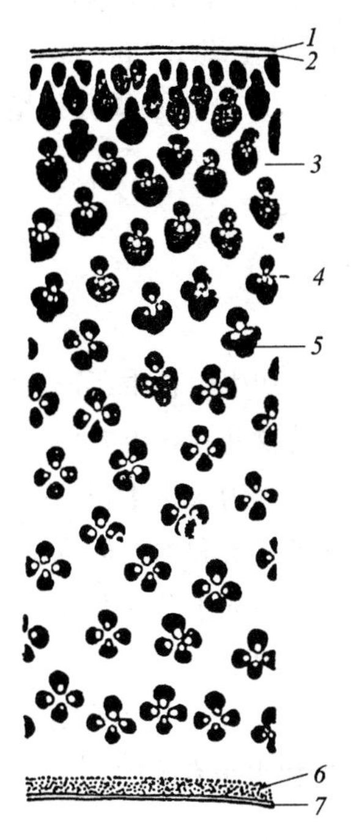

图 3–48　毛竹茎横切面一部分，示内部结构

1. 表皮；　2. 下皮；　3. 基本组织；　4. 维管束；　5. 纤维；　6. 石细胞层；　7. 髓腔边缘组织

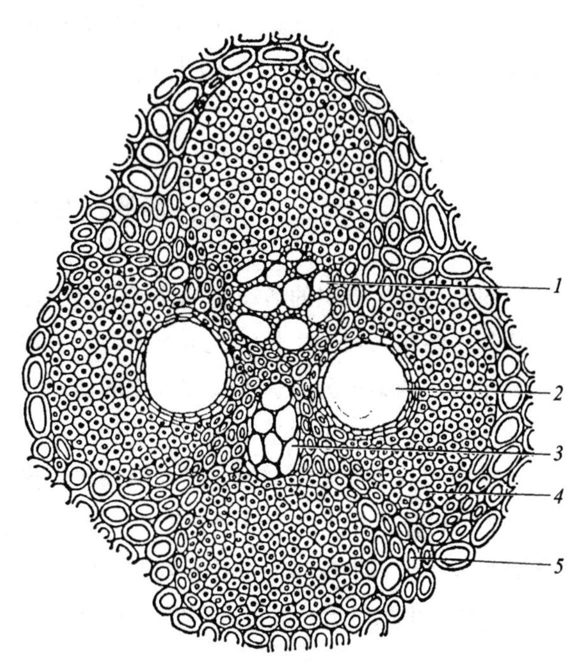

图 3–49　毛竹茎内一个维管束的放大

1. 筛管；　2. 后生木质部的孔纹导管；　3. 由薄壁细胞填充的原生木质部腔隙；　4. 纤维；　5. 基本组织

（1）机械组织特别发达　在表皮下有下皮（hypodermis），即紧接在表皮下的厚壁组织层；近髓腔的部分有多层石细胞层；每一维管束的外围有纤维构成的鞘，越近外围的维管束纤维越发达，数量越多，而木质部和韧皮部的细胞相应减少，甚至有单纯由纤维构成的束。这些纤维的细胞壁，既厚，又木质化。

（2）原生木质部的腔隙被填实　原生木质部像玉米和小麦一样也有腔隙，但腔隙形成后，又被周围的薄壁细胞填实。

（3）基本组织是厚壁组织　构成基本组织的细胞，它们的细胞壁比玉米、小麦的要厚得多，而且以后都木质化。

从以上三个特点看，不难理解，毛竹茎的确是坚实而有着优良力学性能的竹材。其他竹类的茎，也有这种特性，都有重要的经济价值。

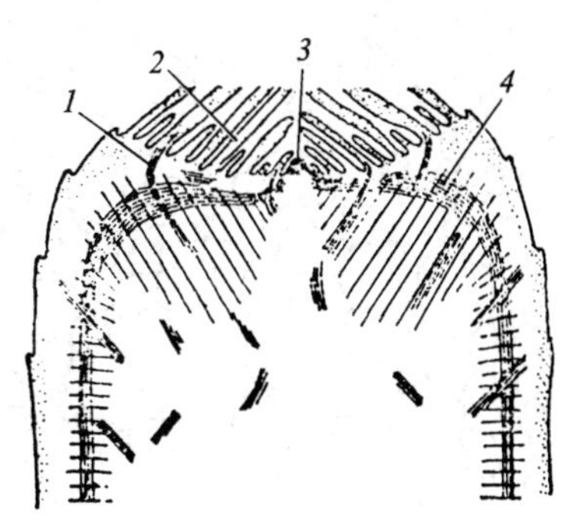

图 3–50　玉米枝端纵切图解，示初生加厚分生组织

1. 原形成层；　2. 叶的基部；　3. 枝端；　4. 初生加厚分生组织

多数单子叶植物茎的维管束没有形成层，因此，它们

不能无限地加粗。但事实上，像玉米、甘蔗、棕榈等的茎，虽不能像树木的茎一样长大，但也有明显的增粗。这是什么原因呢？根据研究，有两种原因：一方面，是初生组织内的细胞在长大，成万上亿个细胞的长大，必然导致总体的增大；另一方面，在茎尖的正中纵切面上可以看到，在叶原基和幼叶的下面，有几层由扁长形细胞组成的初生加厚分生组织（primary thickening meristem），也称初生增粗分生组织（图 3-50），它们和茎表面平行，进行平周分裂增生细胞，使幼茎不断地增粗。

五、茎的次生生长和次生结构

茎的顶端分生组织的活动使茎伸长，这个过程称为初生生长，初生生长中所形成的初生组织组成初生结构。初生生长中，也有增粗，一般是少量的，各种植物间存在着差异。以后茎的侧生分生组织的细胞分裂、生长和分化的活动使茎加粗，这个过程称为次生生长，次生生长所形成的次生组织组成了次生结构。所谓侧生分生组织，包括维管形成层和木栓形成层。多年生的裸子植物和双子叶木本植物，不断地增粗和增高，必然地需要更多的水分和营养，同时，也更需要大的机械支持力，这也就必须相应地增粗即增加次生结构。次生结构的形成和不断发展，就能满足多年生木本植物在生长和发育上的这些要求，这些也正是植物长期生活过程中产生的一种适应性。少数单子叶植物的茎也有次生结构。但性质不同，加粗也是有限的。

（一）双子叶植物茎和裸子植物茎的次生结构

1. 双子叶植物茎的次生结构

（1）维管形成层的来源和活动

① 维管形成层的来源　初生分生组织中的原形成层，在形成成熟组织时，并没有全部分化成维管组织，在维管束的初生木质部和初生韧皮部之间，留下了一层具有潜在分生能力的组织，即维管形成层（以后简称形成层），在初生结构中，它位于维管束的中间部分，即韧皮部和木质部之间，因此，也称为束中形成层（fascicular cambium，图 3-51）。

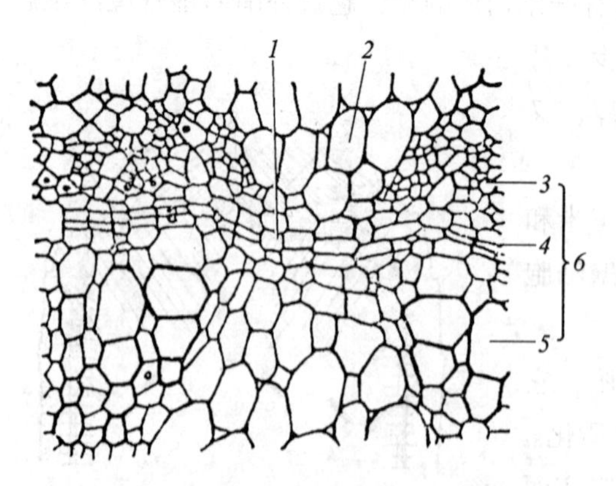

图 3-51　落花生幼茎横切面，示束间形成层的发生，与束中形成层的衔接

1. 束间形成层；2. 髓射线；3. 初生韧皮部；4. 束中形成层；5. 初生木质部；6. 维管束

初生结构中，曾提到髓射线，即维管束之间的薄壁组织，在这个组织中，相当于形成层部位的一些细胞恢复分生能力时，即产生束间形成层（interfascicular cambium，图 3-51）。束间形成层产生以后，就和束中形成层衔接起来，在横切面上看来，形成层就成为完整的一环。从来源的性质上讲，束中形成层和束间形成层尽管完全不同，前者由原形成层转变而成，后者由部分束间薄壁组织细胞恢复分生能力而成，但以后二者不论在

分裂活动和分裂产生的细胞性质以及数量上，都是非常协调一致的，共同组成了次生分生组织。

原形成层是由茎（或根）的顶端分生组织前端的原始细胞分裂产生的衍生细胞再分化而成。种子植物的原形成层开始发生时多形成环状一圈，以后随着叶原基的出现，而逐渐分化成束状的维管组织，包括其间的形成层（束中形成层）。但原形成层转变成束中形成层的过程在各种植物中相差悬殊，有的清楚，有的二者的界限却难以分辨。

原形成层即束中形成层的前身，为了更好地理解束中形成层的性质，现就原形成层和束中形成层的差异作一扼要的比较：原形成层位于顶端分生组织的下方，细胞较小，细胞质浓厚，各细胞间无大差异，是较均一的组织；束中形成层位于初生木质部和初生韧皮部之间，细胞大小、长短不一，并液泡化，系非均一的组织。原形成层以后本身完全转变成初生维管组织，也不再存在原始细胞；形成层的细胞每次分裂产生两个子细胞，一个分化成维管组织的组成分子或射线；另一个仍保留原来的分生能力并继续分裂和分化，也就是存在着不断更新的原始细胞。

不论束中形成层或束间形成层，它们开始活动时，细胞都是进行切向分裂，增加细胞层数，向外形成次生韧皮部母细胞，以后分化成次生韧皮部，添加在初生韧皮部的内方；向内形成次生木质部母细胞，以后分化成次生木质部，添加在初生木质部的外方。同时，髓射线部分也由于细胞分裂不断地产生新细胞，也就在径向上延长了原有的髓射线。茎的次生结构不断地增加，达一定宽度时，在次生韧皮部和次生木质部内，又能分别产生新的维管射线（图 3–52）。

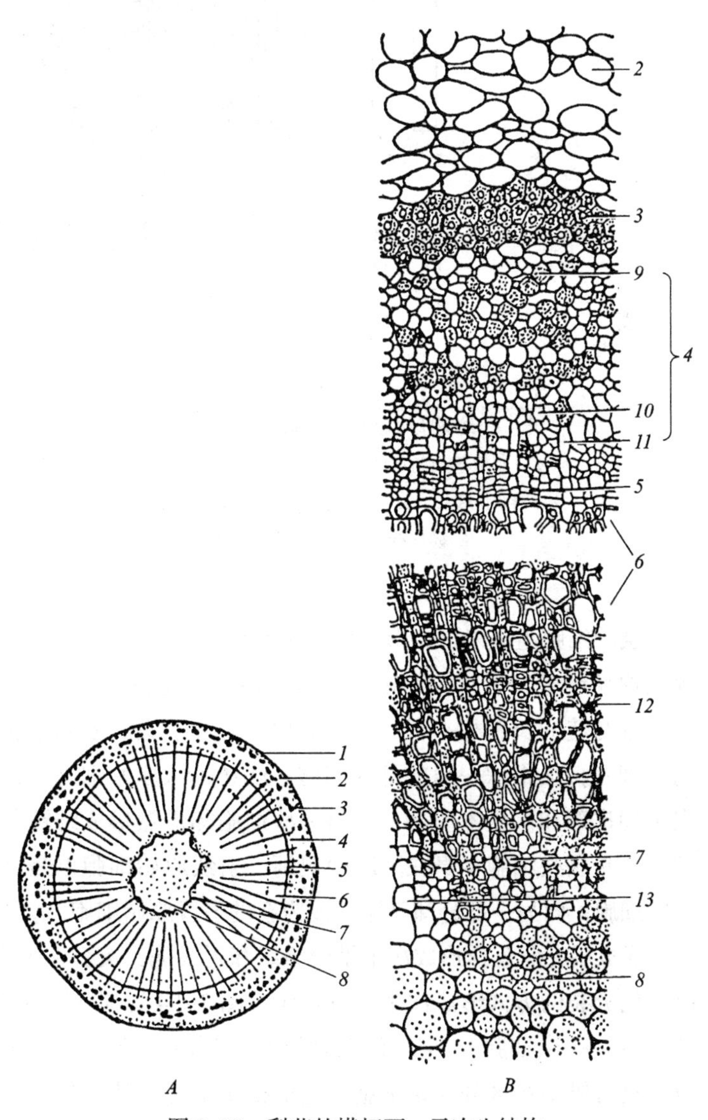

图 3–52　梨茎的横切面，示次生结构

A. 茎的横切面图解；*B.* 横切面的一部分放大，示次生结构

1. 周皮；2. 皮层；3. 韧皮纤维；4. 韧皮部；5. 形成层；6. 次生木质部；7. 初生木质部；8. 髓；9. 初生韧皮部；10. 次生韧皮部；11. 韧皮射线；12. 木射线；13. 髓射线

② 维管形成层的细胞组成、分裂方式和衍生细胞的发育　就

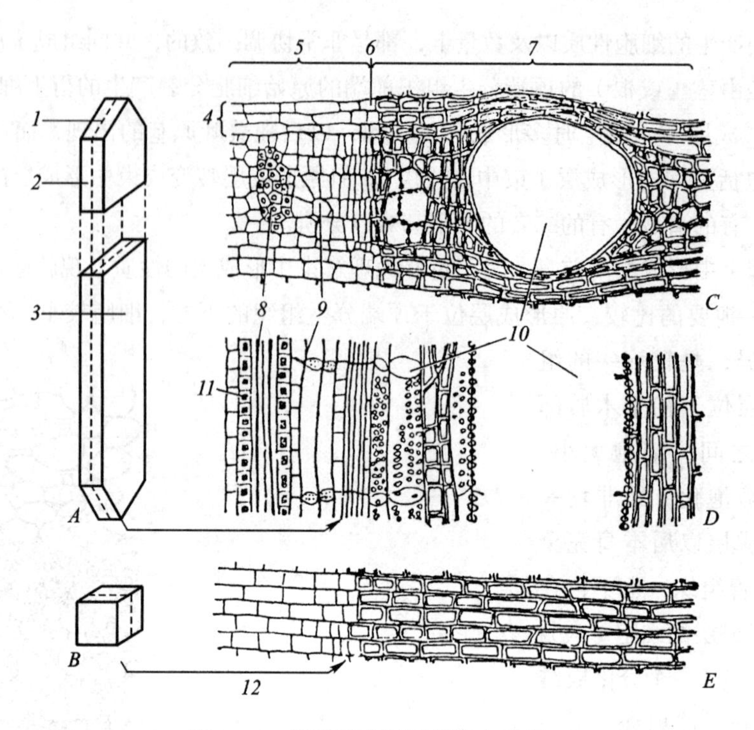

图 3-53　维管形成层及其衍生组织

A. 纺锤状原始细胞图解；*B.* 射线原始细胞图解；*C.* 刺槐茎横切面的一部分；

D. 刺槐茎径向切面的一部分，仅示轴向系统；*E.* 刺槐茎径向切面的一部分，仅示射线

1. 平周分裂；2. 径向面；3. 弦向面；4. 射线；5. 韧皮部；6. 形成层；7. 木质部；

8. 韧皮纤维；9. 筛管；10. 导管；11. 含晶细胞；12. 射线原始细胞

形成层的细胞组成来讲，形成层细胞有纺锤状原始细胞和射线原始细胞两种类型（图 3-53）。纺锤状原始细胞，形状像纺锤，两端尖锐，长比宽大几倍或很多倍，细胞的切向面比径向面宽，其长轴与茎的长轴相平行。射线原始细胞和纺锤状原始细胞不同，从稍为长形到近乎等径，它们的细胞特征很像一般的薄壁细胞。就纺锤状原始细胞讲，它分裂后，衍生的细胞中有些形成次生韧皮部和次生木质部，但另一些细胞却仍然形成纺锤状原始细胞，始终保持继续分裂的特性，只是这些细胞本身在不断地更新。射线原始细胞也是这样，它的衍生细胞一部分分化形成射线细胞，而另一部分却又继续成为新的射线原始细胞。

形成层究竟怎样形成次生维管组织和射线呢？关键在于形成层细胞的分裂方式。形成层细胞以平周分裂的方式形成次生维管组织（图 3-54）。形成层细胞（即原始细胞）只有一薄层（理论上只是一层细胞），但它活跃地进行分裂时，新的衍生细胞已经产生，老的衍生细胞还在分裂，这时候很难区分原始细胞和它的衍生细胞，特别是衍生细胞在分化成次生韧皮部和次生木质部细胞以前，往往也要进行一次或几次平周分裂，因而通常把原始细胞和尚未分化而正在进行平周分裂的衍生细胞所组成的形成层带（cambial zone），笼统地称为“形成层”，在工作上较为方便。

形成层形成的次生木质部细胞，就数量而言，远比次生韧皮部细胞为多。生长二三年的木本

植物的茎，绝大部分是次生木质部。树木生长的年数越多，次生木质部所占的比例越大。十年以上的木质茎中，几乎都是次生木质部，而初生木质部和髓已被挤压得不易识别。次生木质部是木材的来源，因此，次生木质部有时也称为木材。

双子叶植物茎内的次生木质部在组成上和初生木质部基本相似，包括导管、管胞、木薄壁组织和木纤维，但都有不同程度的木质化。这些组成分子都是由形成层的纺锤状原始细胞分裂、生长和分化而成，它们的细胞长轴与纺锤状原始细胞一致，都与茎轴相平行，所以共同组成了和茎轴平行的轴向系统。次生木质部中的导管类型以孔纹导管最为普遍，梯纹和网纹导管为数不多。导管的大小、数目和分布情况，在不同种类植物中，有很大的差异。木薄壁组织贯穿在次生木质部中成束或成层，数量不少，在各种植物的茎中，围绕或沿着导管分子有多种分布方式，是木材鉴别的根据之一。木纤维在双子叶植物的次生木质部，特别是晚材中，比初生木质部中的数量多，成为茎内产生机械支持力的结构，也是木质茎内除导管以外的主要组成分子。次生木质部与初生木质部组成上的不同，在于它还具有木射线。木射线由射线原始细胞向内方产生的细胞发育而成，细胞作径向伸长和排列，构成了与茎轴垂直的径向系统，它是次生木质部特有的结构。木射线细胞为薄壁细胞，但细胞壁常木质化。

生长一年的木质茎内，由于维管形成层活动的结果，已经产生次生维管组织，其中次生木质部已显著，同时在有些植物中，表皮下也出现了木栓形成层，形成了周皮。

形成层向外方分裂的细胞，经过生长和再一二次分裂后，不久就分化成次生韧皮部。次生韧皮部的组成成分，基本上和初生韧皮部中的后生韧皮部相似，包括筛管、伴胞、韧皮薄壁组织和韧皮纤维，有时还具有石细胞。但各组成成分的数量、形状和分布，在各种植物中是不相同的。

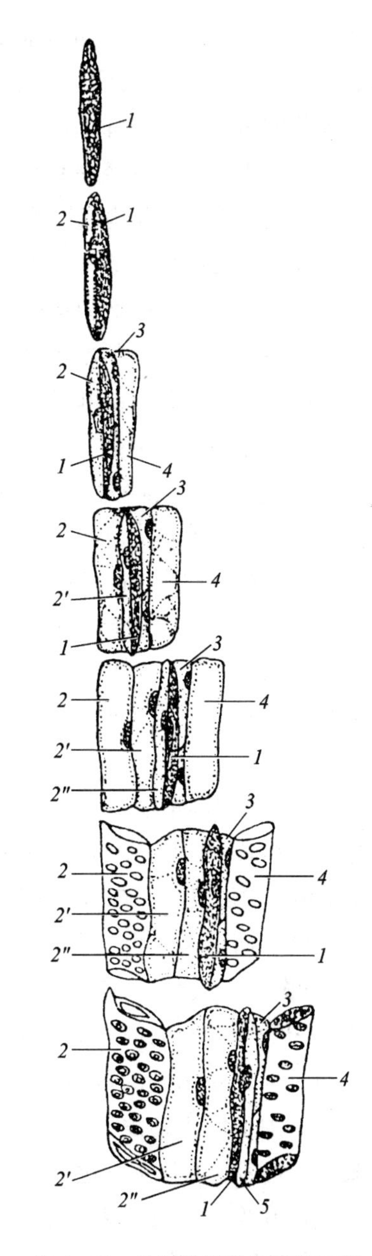

图 3–54　纺锤状原始细胞的平周分裂和分化过程图解

1. 纺锤状原始细胞（包括不断更新的原始细胞）；2. 2′、2″. 系由纺锤状原始细胞分裂而先后产生木质部母细胞和木质部细胞的分化过程；3. 由纺锤状原始细胞分裂而产生的韧皮部母细胞和由它以后分化成伴胞和筛管分子的过程；4. 自上而下示筛管分子分化的过程；5. 第二次产生的韧皮部母细胞

次生韧皮部中还有韧皮射线（phloem ray），它是射线原始细胞向次生韧皮部衍生的细胞作径向伸长而成，细胞壁不木质化，形状也没有木射线那么规则，这是次生韧皮部特有的结构。筛管、伴胞、韧皮薄壁组织和韧皮纤维由纺锤状原始细胞产生，构成了次生韧皮部中的轴向系统，韧皮射线则构成次生韧皮部的径向系统。韧皮射线通过维管形成层的射线原始细胞，和次生木质部中的木射线相连接，共同构成维管射线（vascular ray）。木本双子叶植物每年由形成层产生新的维管组织，也同时增生新的维管射线，横向贯穿在次生木质部和次生韧皮部内。导管或管胞中的水分，可以借维管射线横向运输到形成层和次生韧皮部；筛管中的有机养料，也可借维管射线横向运输到形成层和次生木质部。维管射线既是横向输导组织，也是贮藏组织。从排列方向和生理功能上看，维管射线和髓射线相似，但从起源、位置、数量上看，二者全然不同。维管射线是由射线原始细胞分裂、分化而成，因此，是次生结构，所以也称次生射线（secondary ray），它位于次生木质部和次生韧皮部内，数目不固定，随着新维管组织的形成，茎的增粗也不断地增加。髓射线是由基本分生组织的细胞分裂、分化而成，因此，在次生生长以前是初生结构，所以，也称初生射线（primary ray），它位于初生维管组织（维管束）之间，内连髓部，外通皮层，虽在次生结构中能继续增长，形成部分次生结构，但数目却是固定不变的。

次生韧皮部形成时，初生韧皮部被推向外方，由于初生韧皮部的组成细胞多是薄壁的，易被挤压破裂，所以，茎在不断加粗时，初生韧皮部除纤维外，有时只留下压挤后片断的胞壁残余。

在具双韧维管束的植物中，形成层只存于外韧皮部与木质部之间，以后形成层的活动结果，形成次生结构，而内韧皮部与木质部之间不存在形成层，或存在极微弱的形成层，因而也就不形成次生结构，或形成极少而不显著的次生结构。

在茎的横切面上，次生韧皮部远不及次生木质部宽厚。这是由于形成层向外方分裂的次数，没有向内方分裂的次数多，因而，外方新细胞的数量，相应地也就减少。加上次生韧皮部有作用的时期较短，筛管的运输作用不过一二年。当木栓形成层在次生韧皮部发生后，木栓以外的次生韧皮部就被破坏死亡，转变为硬树皮（即落皮层）的一部分，逐年剥落，或积聚在茎干上，因植物种类不同而异。许多植物在次生韧皮部内有汁液管道组织，能产生特殊的汁液，为重要的工业原料。例如，橡胶树的乳汁管所产的乳汁（图 3–55），经加工后成为橡胶；漆树的漆汁道所产的漆液（图 3–56），经加工后成各种生漆涂料。不论乳汁管

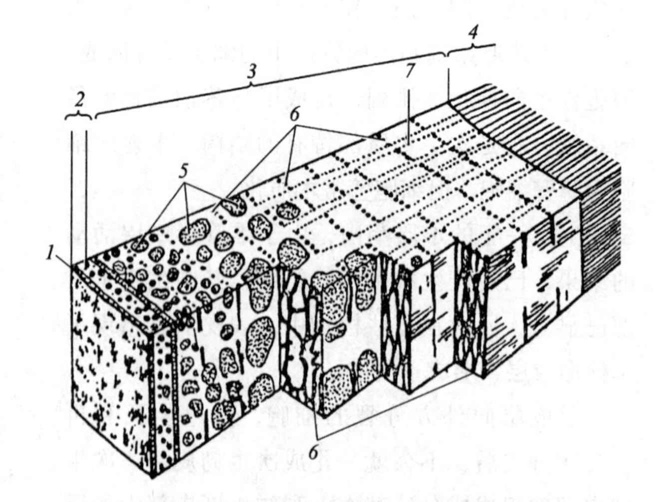

图 3–55　橡胶树茎切面的立体图解，示乳汁管在韧皮部中的分布

1. 木栓；2. 皮层；3. 韧皮部；4. 木质部；5. 厚壁细胞；6. 乳汁管；7. 射线

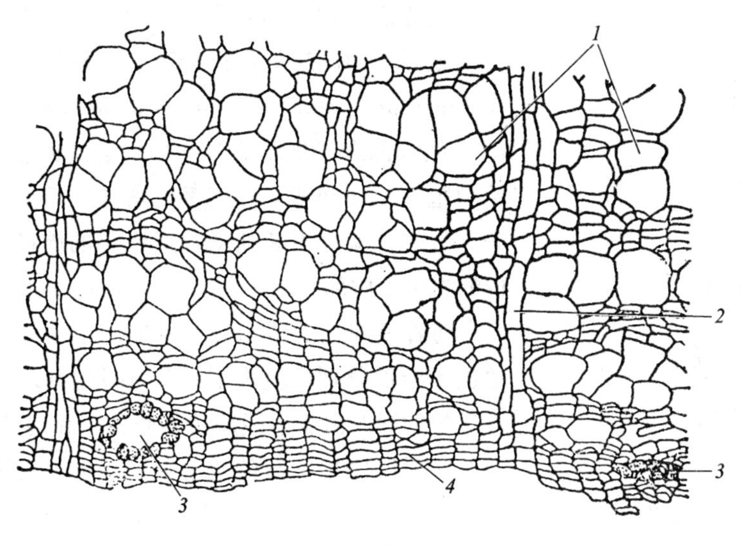

图 3-56　漆树茎内漆汁道的形成

1. 次生韧皮部；2. 韧皮射线；3. 漆汁道在形成；4. 形成层

（仿张志良、沈敏健、胡人亮、陆时万，1978）

或漆汁道，都分布在次生韧皮部内。此外，有些植物茎的次生韧皮部内，有发达的纤维，可供纺织、制绳、造纸等原料，如黄麻、构树等。

纺锤状原始细胞的分裂，不断地增生次生维管组织，特别是次生木质部，使茎的周径不断增粗。因此，形成层的周径也必然地随着相应扩大和发生位置外移，才能与次生木质部的不断增长相适应。形成层的周径究竟怎样扩大呢？简单地讲，形成层的原始细胞必须增加，也就是需要有它自身的分裂。形成层增加自身原始细胞的分裂，称为增殖分裂（multiplicative division）。以纺锤状原始细胞的增殖分裂来讲，有以下三种形式（图 3-57）：径向垂周分裂—— 一个纺锤状原始细胞垂直地或近乎垂直地分裂成两个子细胞，子细胞的切向生长就使切向面增宽；侧向垂周分裂——纺锤状原始细胞的一侧分裂出一个新细胞，它的生长也同样地使切向面增宽；拟横向分裂（或假横向分裂，pseudo-transverse division）——纺锤状原始细胞斜向地垂周分裂，几乎近似横向分裂，两个子细胞通过斜向滑动，各以尖端相互错位，上面的一个向下伸展，下面的一个向上延伸，产生纵向的侵入生长，也就是正在生长

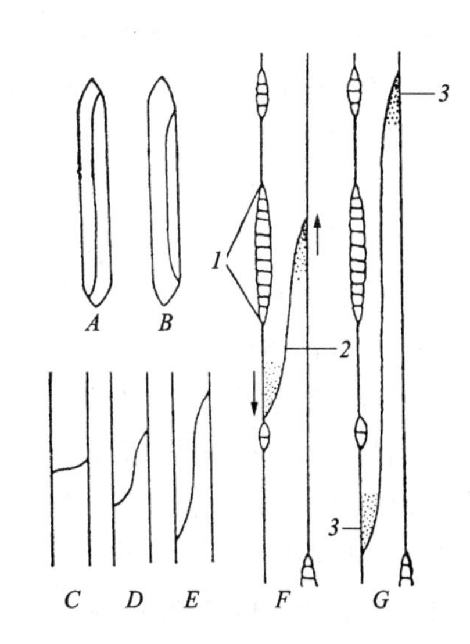

图 3-57　纺锤状原始细胞的增殖分裂

A. 径向垂周分裂；*B*. 侧向垂周分裂；*C*—*E*. 各种拟横向分裂；*F*，*G*. 拟横向分裂后，接着为顶端侵入生长（加点处为生长中的顶端）

1. 射线原始细胞；2. 拟横向分裂；3. 顶端侵入生长

（仿伊稍，1977 稍改）

的子细胞插入相邻细胞间，在向前延伸中，各以尖端把另一细胞沿着胞间层处加以分离，这种生长类型称为侵入生长（intrusive growth 或 interpositional growth，图 3–57，*F*、*G*）。结果两个子细胞成为并列状态，通过生长使形成层原始细胞的长度和切向宽度都能增加。基于上述的三种增殖分裂方式，就可不断地增加形成层的周径，包围整个增大中的次生木质部。

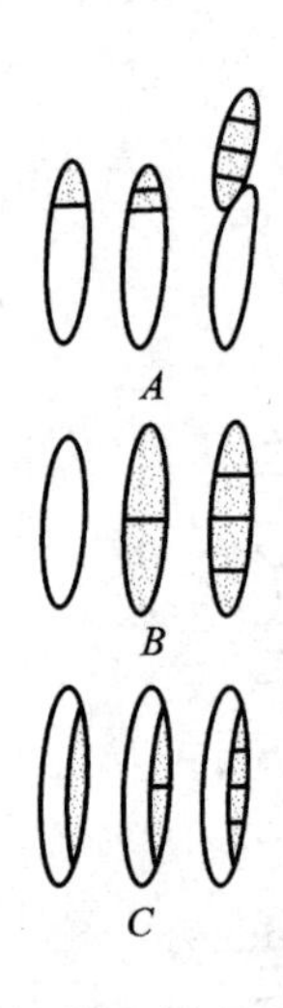

图 3–58 纺锤状原始细胞转变成射线原始细胞的方式
A. 顶端分割出射线原始细胞；
B. 整个细胞转变成射线原始细胞；
C. 侧面分割出射线原始细胞
（具点部分为射线原始细胞）

随着茎周径的增粗，相应地次生木质部和次生韧皮部中也不断地分别增生木射线和韧皮射线。这些射线又是怎样产生的呢？由于射线原始细胞分布在纺锤状原始细胞间，因此，射线原始细胞的增殖分裂，也由纺锤状原始细胞的转化来增殖，通常有以下几种形式（图 3–58）：纺锤状原始细胞的侧向分裂，即在原始细胞中部纵向分割出一部分，形成射线原始细胞；纺锤状原始细胞近顶端横向分割出一个射线原始细胞；纺锤状原始细胞的一半分割成单列射线原始细胞；纺锤状原始细胞的整体分割成单列射线原始细胞；纺锤状原始细胞衰退而逐渐缩短，形成射线原始细胞。一个射线原始细胞可再分裂成一列射线原始细胞；单列射线原始细胞可垂周分裂形成双列，以至形成多列；双列和多列的射线原始细胞也可由于并合而成较宽的。射线原始细胞的增殖分裂和细胞扩大，也对形成层周径的增大起一定的作用。

③ 维管形成层的季节性活动和年轮

早材和晚材　形成层的活动受季节影响很大，特别是在有显著寒、暖季节的温带和亚热带，或有干、湿季节的热带，形成层的活动就随着季节的更替而表现出有节奏的变化，有盛有衰，因而产生细胞的数量有多有少，形状有大有小，细胞壁有厚有薄，次生木质部在多年生木本植物茎内，一般比例较大，因此，由于季节的影响，不同时期，它在形态结构上也就出现显著的差异。温带的春季或热带的湿季，由于温度高、水分足，形成层活动旺盛，所形成的次生木质部中的细胞，径大而壁薄；温带的夏末、秋初或热带的旱季，形成层活动逐渐减弱，形成的细胞径小而壁厚，往往管胞数量增多。前者在生长季节早期形成，称为早材（early wood），也称春材。后者在后期形成，称为晚材（late wood，图 3–59），也称夏材或秋材。从横切面上观察，早材质地比较疏松，色泽稍淡；晚材质地致密，色泽较深。从早材到晚材，随着季节的更替而逐渐变化，虽可以看到色泽和质地的不同，却不存在截然的界限，但在上年晚材和当年早材间，却可看到非常明显的分界，这是由于二者的细胞在形状、大小、壁的厚薄上，有较大的差异。温带地区因经过干寒的冬季，形成层的活动可暂时休眠，春季湿温，形成层又开始活动，这种气候变化大，形成层的活动差异大，早材和晚材的色泽与质地也就有着显著的区别。

年轮　年轮也称为生长轮（growth ring）或生长层（growth layer）。在一个生长季节内，早材和晚材共同组成一轮显著的同心环层，代表着一年中形成的次生木质部。在有显著季节性气候的地区中，不少植物的次生木质部在正常情况下，每年形成一轮，因此，习惯上称为年轮（annual ring，图 3-59）。但也有不少植物在一年内的正常生长中，不止形成一个年轮，例如，柑橘属植物的茎，一年中可产生三个年轮，也就是三个年轮才能代表一年的生长，因此，又称为假年轮，即在一个生长季内形成多个年轮。此外，气候的异常，虫害的发生，出现多次寒暖或叶落的交替，造成树木内形成层活动盛衰的起伏，使树木的生长时而受阻，时而复苏，都可能形成假年轮。没有干湿季节变化的热带地区，树木的茎内一般不形成年轮。因此，年轮这一名词，严格地讲，并不完全正确，但已为人们所习用，故本书仍加采用。

在对于木本植物茎内年轮形成情况了解的基础上，往往可根据树干基部年轮，测定树木的年龄（图 3-60）。年轮还可反映出树木历年生长的情况，以及抚育管理措施和气候变化。对年轮反映的树木历年生长情况，结合当地当时气候条件和抚育管理措施的实际，进行比较和分析研究，可以从中总结出树木快速生长的规律，用以指导林业生产。更可以从树木年轮的变化中，了解到一地历年及远期气候变化的情况和规律。有的树龄已达百年、千年之久，以及地下深埋的具有年轮的树木茎段化石，都是研究早期气候、古气候、古植被变迁的可贵依据。

心材和边材　形成层每年都不断地产生次生木质部，因而次生木质部也就不断地逐年地大量积累，多年生老茎的次生木质部内外层的性质发生变化，就有心材和边材之分（图 3-61）。

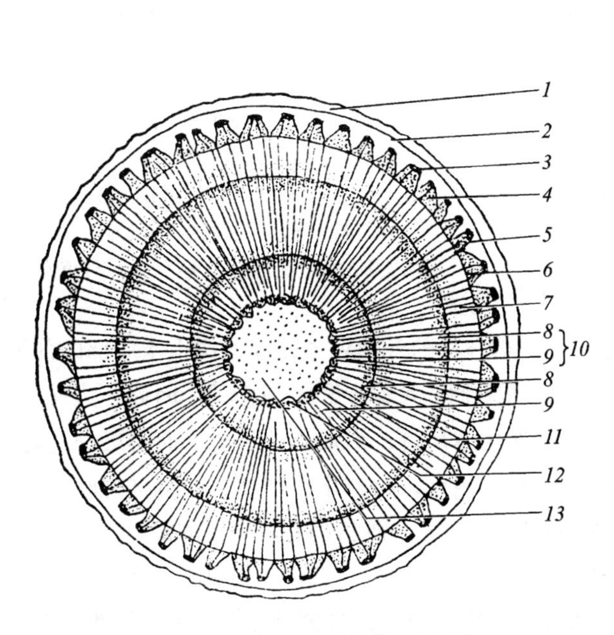

图 3-59　三年生木质茎横切面图解

1. 周皮；2. 皮层；3. 初生韧皮部；4. 次生韧皮部；5. 韧皮射线；6. 形成层；7. 第三年木材；8. 晚材；9. 早材；10. 年轮；11. 木射线；12. 初生木质部　13. 髓

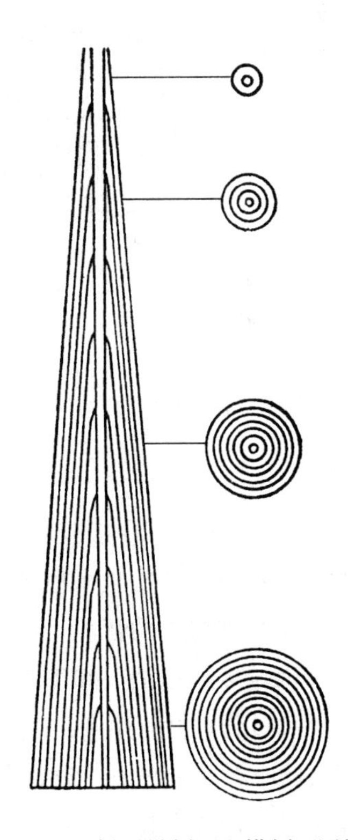

图 3-60　树干纵剖面和横剖面图解

（示年轮愈近顶端数目愈少）

心材（heart wood）是次生木质部的内层，也就是早期的次生木质部，近茎内较深的中心部分，养料和氧进入不易，组织发生衰老死亡，因此，它的导管和管胞往往已失去输导作用，导管和管胞失去作用的另一原因，是由于它们附近的薄壁组织细胞，从纹孔处侵入导管或管胞腔内，膨大和沉积树脂、单宁、油类等物质，形成部分地或完全地阻塞导管或管胞腔的突起结构，称为侵填体（tylosis，图 3–62）。有些植物的心材，由于侵填体的形成，木材坚硬耐磨，并有特殊的色泽，如桃花心木的心材，呈红色，胡桃木呈褐色，乌木呈黑色，使心材具有工艺上的价值。

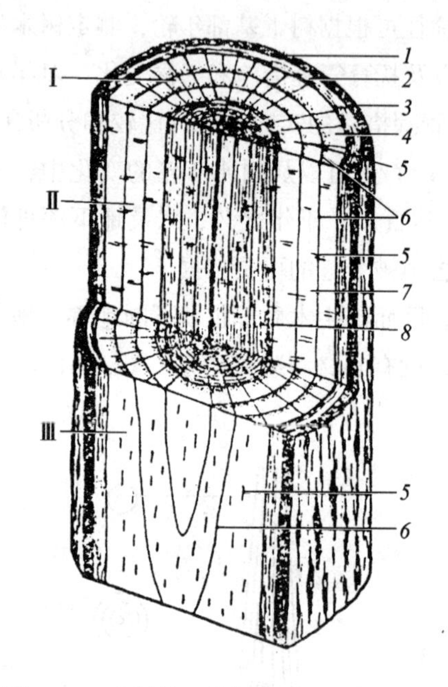

图 3–61　木材的三种切面，示边材和心材

Ⅰ. 横切面；Ⅱ. 径向切面；Ⅲ. 切向切面

1. 外树皮；2. 内树皮；3. 形成层；4. 次生木质部；

5. 射线；6. 年轮；7. 边材；8. 心材

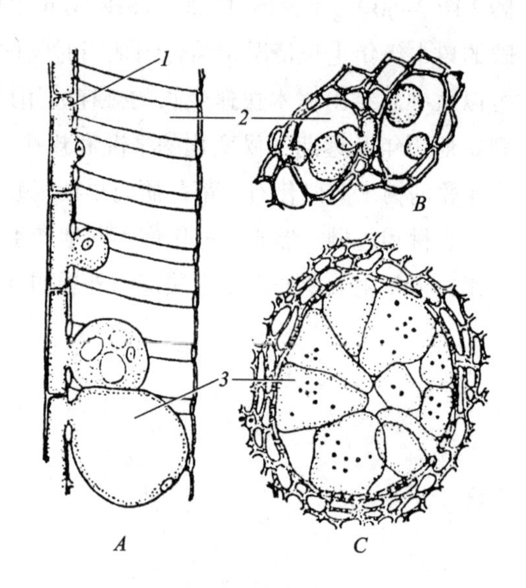

图 3–62　导管内侵填体形成的过程

A. 纵切面，示侵填体的形成过程；

B. 横切面，示一个导管和侵填体由相邻细胞内的发生；

C. 横切面，示导管内的侵填体

1. 木质部的薄壁细胞；2. 导管；3. 侵填体

边材（sap wood）一般较湿，因此也称液材，是心材的外围色泽较淡的次生木质部的部分，也是贴近树皮较新的次生木质部部分，它含有生活细胞，具输导和贮藏作用。因此，边材的存在，直接关系到树木的营养。形成层每年产生的次生木质部，形成新的边材，而内层的边材部分，逐渐因输导作用消失和细胞死亡，转变成心材。因此，心材逐年增加，而边材的厚度却较为稳定。心材和边材的比例，以及心材的颜色和显明程度，各种植物有着较大的差异。

坚实的心材，虽丧失了输导作用，而坚硬的中轴，却增加了高大树木的负载量和支持力。有些木本植物不形成心材或心材不坚，易为真菌侵害，腐烂中空，但边材存在，树木仍然能生活，不过易为暴风雨等外力所摧折。因此，这样中空的高大行道树或观赏树木，就需用加固物质填充已经腐烂中空的部分，以免外力侵袭造成倾倒、坍塌或遭受其他生物的进一步为害。

三种切面　要充分地理解茎的次生木质部的结构，就必须从横切面、切向切面和径向切面三种切面上进行比较观察（图 3-63，图 3-64）。这样，才能从立体的形象全面地理解它的结构。横切面是与茎的纵轴垂直所作的切面。在横切面上所见的导管、管胞、木薄壁组织细胞和木纤维等，都是它们的横切面观，可以看出它们细胞直径的大小和横切面的形状；所见的射线作辐射状条形，这是射线的纵切面，显示了它们的长度和宽度。切向切面，也称弦向切面，是垂直于茎的半径所作的纵切面，也就是离开茎的中心所作的任何纵切面。在切向切面上所见的导管、管胞、木薄壁组织细胞和木纤维都是它们的纵切面，可以看到它们的长度、宽度和细胞两端的形状；所见的射线是它的横切面，轮廓呈纺锤状，显示了射线的高度、宽度、细胞的列数和两端细胞的形状。径向切面是通过茎的中心，也就是通过茎的直径所作的纵切面。在径向切面上，所见的导管、管胞、木薄壁组织细胞、木纤维和射线都是纵切面。细胞较整齐，尤其是射线的细胞与纵轴垂直，长方形的细胞排成多行，井然有序，仿佛像一段砖墙，显示了射线的高度和长度。在这三种切面中，射线的形状最为突出，可以作为判别切面类型的指标。

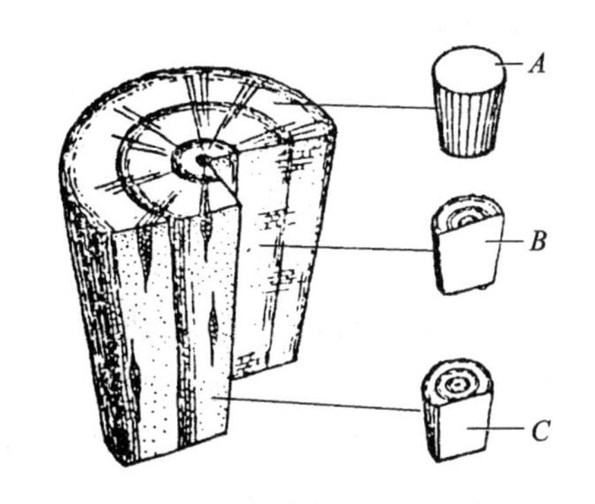

图 3-63　茎的次生木质部的三种切面图解

A. 横切面；*B*. 径向切面；*C*. 切向切面

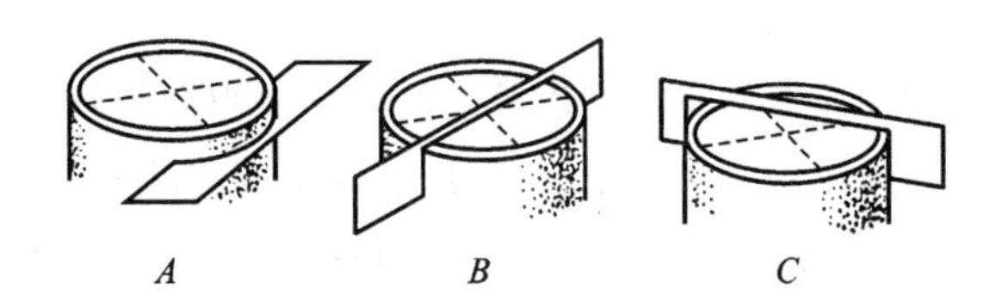

图 3-64　茎的三种切面的切法

A. 横切面；*B*. 径向切面；*C*. 切向切面

专门研究次生木质部的解剖，也就是研究木材解剖的科学，称为木材解剖学（xylotomy 或 wood anatomy）。木材解剖学是一门有很大的理论和实践意义的科学，只有对木材的解剖结构有了充分理解，才能很好地判断和比较木材的性质、优劣和用途，从而为林木种类的选择、合理利用，以及为植物的系统发育和亲缘关系等的研究，提供科学依据。

（2）木栓形成层的来源和活动　形成层的活动过程中，次生维管组织不断增加，其中特别是次生木质部的增加，使茎的直径不断加粗。一般表皮是不能分裂的，也不能相应地无限增长，所以，不久便为内部生长所产生的压力挤破，失去其保护作用。与此同时，在次生生长的初期，茎内近外方某一部位的细胞，恢复分生能力，形成另一个分生组织，即木栓形成层。木栓形成层也是次生分生组织，由它所形成的结构也属次生结构。木栓形成层分裂、分化所形成的木栓，代替了表皮的保护作用。木栓形成层的结构较维管形成层简单，它只含一种类型的原始细胞，这些原始细胞在横切面上成狭窄的长方形，在切向切面上成较规则的多边形。木栓形成层也和形成层一样，是一种侧生分生组织，它以平周分裂为主，向内外形成木栓和栓内层，组成周皮。

第一次形成的木栓形成层，在各种植物中有不同的起源（图 3-65），最通常的，是由紧接表皮的皮层细胞所转变的（如杨、胡桃、榆）；有些是由皮层的第二三细胞层转变的（如刺槐、马

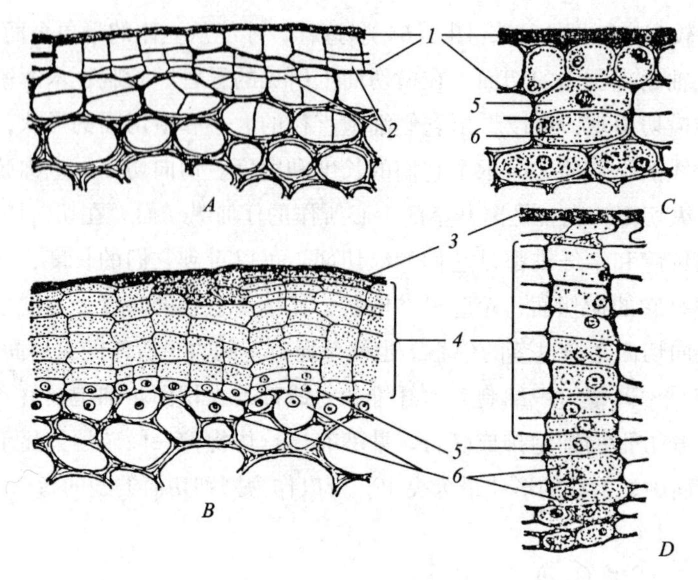

图 3-65 梨（*A*、*B*）和梅（*C*、*D*）茎的木栓形成层的发生与活动产物

1. 具角质层的表皮层； 2. 开始发生周皮时的分裂； 3. 挤碎的具角质层的表皮细胞；
4. 木栓； 5. 木栓形成层； 6. 栓内层

兜铃）；有的是近韧皮部内的薄壁组织细胞转变的（如葡萄、石榴）；有些也可由表皮转变而成（如栓皮栎、柳、梨）。木栓形成层的活动期限，因植物种类而不同，但大多数植物的木栓形成层的活动期都是有限的，一般只不过几个月。但有些植物中的第一个木栓形成层的活动期却比较长，有些甚至可保持终生。如梨和苹果可保持 6 ~ 8 年，以后再产生新的木栓形成层；石榴、杨属和梅属的少数种，可保持活动达二三十年；栓皮栎和其他一些种可保持活动达终生，而不再产生新的木栓形成层。当第一个木栓形成层的活动停止后，接着在它的内方又可再产生新的木栓形成层，形成新的周皮。以后不断地推陈出新，依次向内产生新的木栓形成层，这样，发生的位置也就逐渐内移，愈来愈深，在老的树干内往往可深达次生韧皮部。

新周皮的每次形成，它外方的所有的活组织，由于水分和营养供应的终止，而相继全部死亡，结果在茎的外方产生较硬的层次，并逐渐增厚，人们常把这些外层，称为树皮。在林业砍伐或木材加工上，又常把树干上剥下的皮，称为树皮。事实上，前者只含死的部分，后者除死的部分外，却又包括了活的部分，所以，“树皮”这一名词，二者的含义是不同的，往往容易引起混乱。尽管“树皮”并非专业名词，但已为人们所习用，特别是在林业和木材加工方面。因此，对“树皮”这一名词，如能从解剖结构上给予正确的定义，将成为极有用的名词。就植物解剖学而言，维管形成层或木质部外方的全部组织，皆可称为“树皮”（bark）。在较老的木质茎上，树皮可包括死的外树皮（硬树皮或落皮层）和活的内树皮（软树皮）（图 3-66，图 3-67）。前者包含新的木栓和它外方的死组织；后者包括木栓形成层、栓内层（如果存在）和最内具功能的韧皮部部分。所以在次生状态中的树皮，包括次生韧皮部和可能存留在它外方的初生组织、周皮以及周皮外的一切死组织；有时在初生状态中的所谓树皮，就只包括初生韧皮部、皮层和表皮。

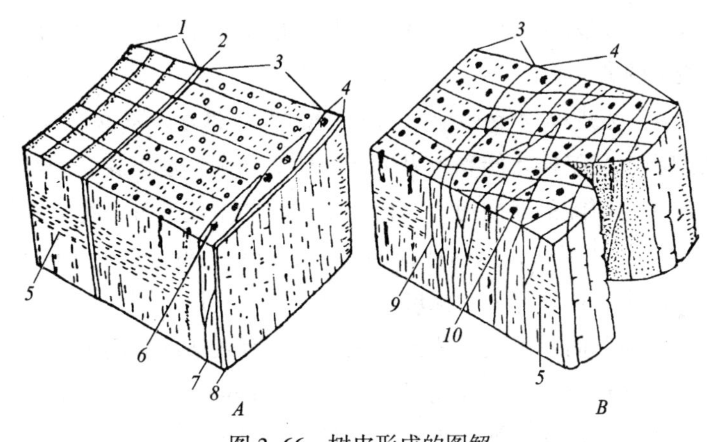

图 3-66　树皮形成的图解

A. 落皮层发育的早期；*B.* 落皮层发育的后期

1. 次生木质部；2. 维管形成层；3. 次生韧皮部；4. 落皮层；5. 射线；6. 初生韧皮纤维；7. 较深入内部的周皮的木栓形成层；8. 初期的周皮；9. 最内的周皮的木栓形成层；10. 次生韧皮纤维

（*A* 图中落皮层包括皮层和初生韧皮部；*B* 图中有多层次生韧皮部，早期的一些落皮层已剥落）

杜仲、合欢、黄檗、厚朴、肉桂等的树皮有着极大的经济价值。过去对一些树皮的采割，常用伐木取皮的方法，这就严重地影响今后的资源。树皮大面积的环剥，长期以来被认为由于有机养料运输途径的割断，可以导致整个植株的死亡，所以有“树怕剥皮”之说。但我国农民常对梨、苹果、杏等树进行适度地环剥用以增产，并未发现损害植株。在欧洲，人们利用壳斗科栎属（*Quercus*）植物树皮生产软木，大面积环剥后，仍可正常地再生新树皮。我国植物学家对杜仲（*Eucommia ulmoides*）进行的剥皮再生的解剖学研究，发现在适当时期剥皮，方法恰当，基本上都能再生出新树皮。他们还发现，剥皮后，近表面的大多数未成熟的木质部细胞不久能转变成木栓化细胞，形成保护层。以后在保护层内又逐渐发生木栓形成层，形成周皮。在木质部的内部深层，一些未成熟的木质部逐渐转化成新的形成层，由初期不连续的小片，以后变为连续完整的一圈，并不断地分别向内外分化出新木质部和韧皮部。

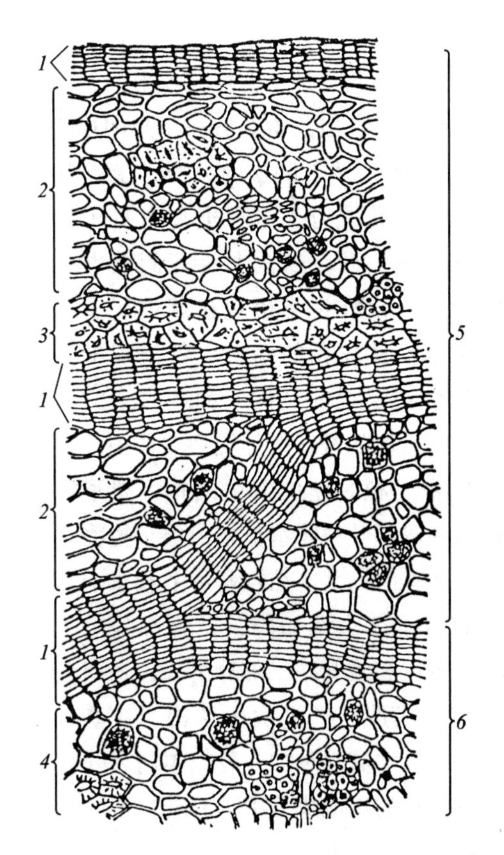

图 3-67　栎属植物树皮的横切面，示木栓形成层在韧皮部内发生

1. 周皮；2. 已死的薄壁组织；3. 石细胞；4. 韧皮部（活的部分）；5. 由皮层形成的部分；6. 由韧皮部形成的部分

所以，新树皮并不是长期以来认为由原来残留的形成层所再生的。这种树皮的再生研究，有着极大的理论上和实践上的意义。

周皮的形成，代替了表皮作为保护组织，但是木栓是不透水、不透气的紧密无隙的组织，那么，周皮内方的活细胞，又怎样才能和外界进行气体交换呢？这里就要介绍一下皮孔，它是分布在周皮上的具有许多胞间隙的新的通气结构，是周皮的组成部分。在树木的枝干表面上，肉眼可见的，具有一定色泽和形状，纵向或横向凸出的斑点，就是皮孔（lenticel）。最早的一些皮孔，往往在气孔下出现，在那部分的深层以后建立了木栓形成层，它和邻近的木栓形成层不同，它的活动不形成木栓，而是产生一些排列疏松、具有发达的胞间隙、近似球形的薄壁组织细胞，它们以后栓化或非栓化，称为补充组织（complementary tissue）。以后由于补充组织的逐步增多，撑破表皮或木栓，形成皮孔。皮孔的形状、色泽、大小，在不同植物上，是多种多样的。因此，落叶树的冬枝上的皮孔，可作为鉴别树种的根据之一。皮孔的色泽一般有褐、黄、赤锈等，形状有圆、椭圆、线形等，大小从 1 mm 左右到 2 cm 以上。就内部结构讲，皮孔有两种主要类型，即具封闭层（closing layer）的和无封闭层的。具封闭层的类型，在结构上有显著的分层现象，这是由于排列紧密的栓化细胞所形成的一至多个细胞厚的封闭层，把内方疏松而非栓化的补充组织细胞包围着。以后，补充组织的增生，破坏了老封闭层，而新封闭层又产生，推陈出新，依此类推，这样，就形成了不少层次的交替排列。尽管封闭层因补充组织的增生而连续遭到破坏，但其中总有一个封闭层是完整的。这种类型常见于梅、山毛榉、桦、刺槐等茎上（图 3-68）。无封闭层的类型，在结构上较为简单，无分层现象，但细胞有排列疏松或紧密、栓化或非栓化之分。这种类型常见于接骨木、栎、椴、杨、木兰等的茎上（图 3-69）。皮孔也常出现在落皮层裂缝的底部。从皮孔的结构，可以理解它是适应新情况的结构，和表皮上的气孔具有相似的进行气体交换的作用。

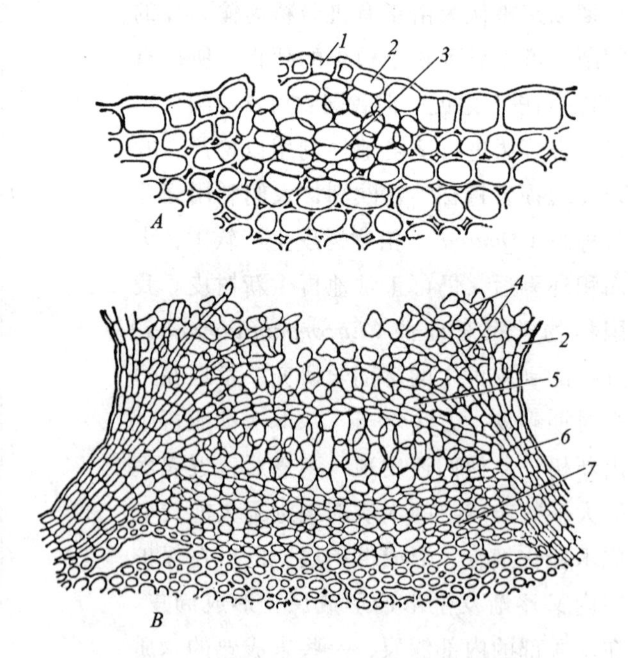

图 3-68　梅属植物皮孔的结构（具封闭层）

A. 皮孔发生的早期；*B.* 皮孔形成的初期

1. 气孔；2. 表皮；3. 木栓形成层；4. 封闭层；5. 补充组织；6. 木栓；7. 栓内层

2. 裸子植物茎的次生结构　裸子植物茎和双子叶植物茎比较，裸子植物茎都是木本的，茎的结构基本上和双子叶植物木本茎大致相同，二者都是由表皮、皮层和维管柱三部分组成，长期存在着形成层，产生次生结构，使茎逐年加粗，并有显著的年轮。不同之处是维管组织的组成成分中，有着以下的特点：

（1）多数裸子植物茎的次生木质部主要是由管胞、木薄壁组织和射线所组成，无导管（少数如买麻藤目的裸子植

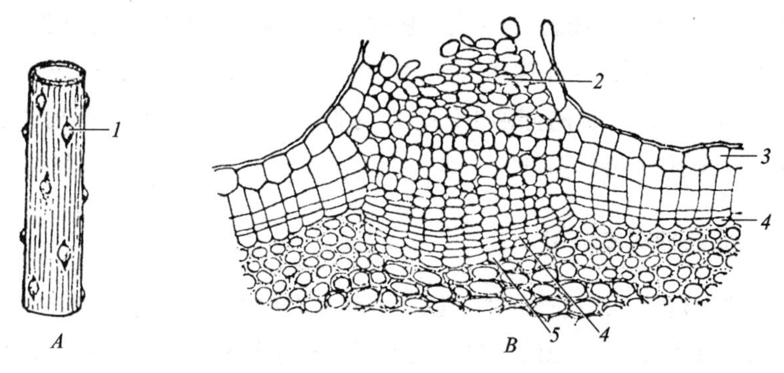

图 3-69　接骨木属植物皮孔的结构（无封闭层）

A. 接骨木茎外形，示皮孔；*B*. 皮孔的解剖结构

1. 皮孔；2. 补充组织；3. 表皮；4. 木栓形成层；5. 栓内层

物，木质部具有导管），无典型的木纤维。管胞兼具输送水分和支持的双重作用，和双子叶植物茎中的次生木质部比较，它显得较单纯和原始。在横切面上，结构显得均匀整齐（图 3-70）。裸子植物的次生木质部中，也存在着早材、晚材、边材和心材的区分，和双子叶植物茎的次生木质部相同。

（2）裸子植物次生韧皮部的结构也较简单，是由筛胞、韧皮薄壁组织和射线所组成。一般没

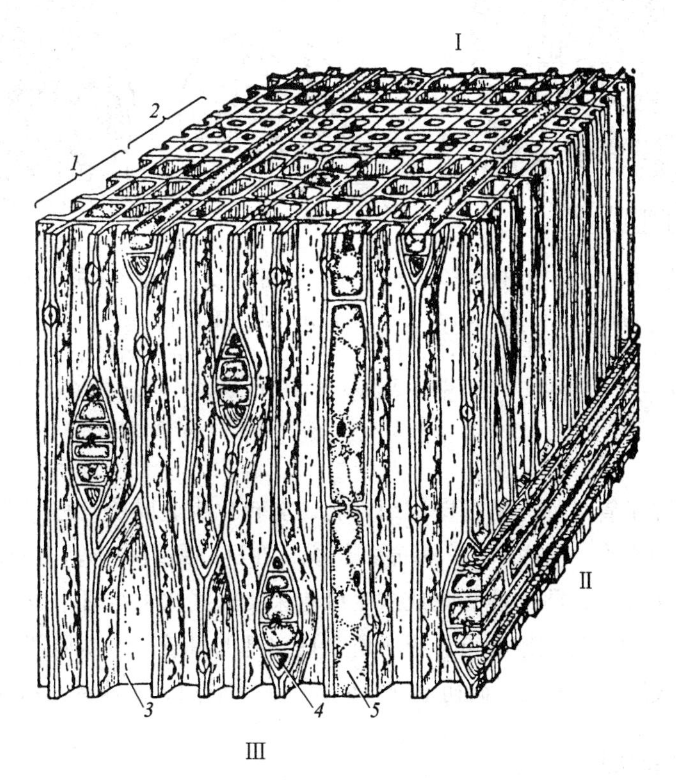

图 3-70　裸子植物茎木质部的立体图解

Ⅰ. 横切面；Ⅱ. 径向切面；Ⅲ. 切向切面

1. 早材；2. 晚材；3. 管胞；4. 射线；5. 薄壁细胞

有伴胞和韧皮纤维，有些松柏类植物茎的次生韧皮部中，也可能产生韧皮纤维和石细胞。

（3）有些裸子植物（特别是松柏类植物中）茎的皮层、维管柱（韧皮部、木质部、髓，甚至髓射线）中，常分布着许多管状的分泌组织，即树脂道。松脂是由松树的树脂道产生，这在双子叶植物木本茎中是没有的（图 3–71）。

（二）单子叶植物茎的次生结构

大多数单子叶植物是没有次生生长的，因而也就没有次生结构，它们茎的增粗是由于细胞的长大或初生加厚分生组织平周分裂的结果，在前面的初生结构中已经提过。但少数热带或亚热带的单子叶植物茎，除一般初生结构外，有次生生长和次生结构出现，如龙血树、朱蕉、丝兰、芦荟等的茎中，它们的维管形成层的发生和活动情况，却不同于双子叶植物，一般是在初生维管组织外方产生形成层，形成新的维管组织（次生维管束），因植物不同而有各种排列方式。现以龙血树（*Dracaena draco*，图 3–72）为例，加以说明。

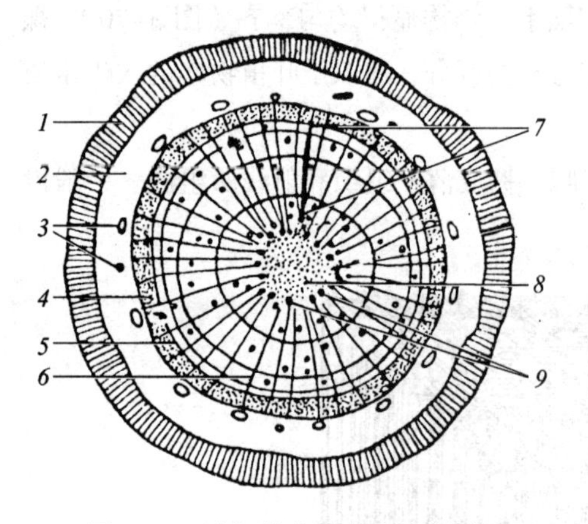

图 3–71　油松幼茎的次生结构图解

1. 周皮；2. 皮层；3. 树脂道；4. 韧皮部；5. 维管形成层；6. 髓射线；7. 次生木质部；8. 髓；9. 初生木质部

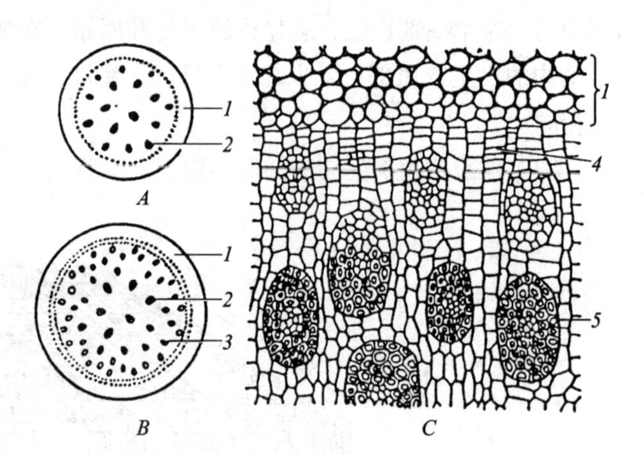

图 3–72　龙血树茎的横切面，示次生加厚

A. 茎中只有初生维管束；*B*. 茎中已形成次生维管束；*C*. 一部分茎的横切面，示次生周木维管束

1. 皮层；2. 初生维管束；3. 次生维管束；4. 形成层；5. 周木维管束

龙血树茎内，在维管束外方的薄壁组织细胞，能转化成形成层，它们进行切向分裂，向外产生少量的薄壁组织细胞，向内产生一圈基本组织，在这一圈组织中，有一部分细胞直径较小，细胞较长，并且成束出现，将来能分化成次生维管束。这些次生维管束也是散列的，比初生的更密，在结构上也不同于初生维管束，因为所含韧皮部的量较少，木质部由管胞组成，并包于韧皮部的外周，形成周木维管束。而初生维管束为外韧维管束，木质部是由导管组成的。

（三）木质茎和草质茎

综上所述，可知茎有木质茎和草质茎之分。裸子植物只有木质茎，双子叶植物既有木质茎，又有草质茎，单子叶植物大多数是草质茎。

1. 木质茎　在整个植物的进化中，木质茎是较早出现的，裸子植物只有木质茎，就是一个证明。木质茎由于次生结构的发达，木质化的组织占70%以上，质地坚硬而茎干粗大，直径约达50 cm的不在少数，最普通的往往也在15 cm左右。具木质茎的植物称木本植物，它们的寿命，一般都是几十年到上百年，甚至千年以上。

多数木本植物较老的茎，外表总是粗糙和覆盖着木栓等构成的树皮，树皮上面有通气的皮孔，形式多样。树皮的粗糙和光滑，决定于周皮的结构和发育，以及周皮所分隔成的组织。有木质茎的植物越冬时，芽多数有芽鳞包被着。

幼年的木质茎，当表皮还存在时，表皮内的组织含有叶绿素，能进行光合作用。大多数木本植物，茎外的表皮仅见于初生部分，以后茎加粗，表皮破坏，周皮就代替了表皮，成为次生保护组织，它既不存在含叶绿素的活细胞，光合作用的能力因此也就消失。一般来讲，木质茎上的表皮成熟较早，新枝在第一个生长季内就形成木栓。可是有些木本植物的茎，表皮成熟较迟，茎增粗时，表皮细胞仍能继续分裂，可以延续多年，以适应内部组织的增长，但茎长粗达一定程度，表皮终于被破坏而由周皮所取代，例如樟的茎就是这样。梧桐的表皮生活期较长，能延迟周皮的形成。事实上，大多数刚由芽萌动发育的幼嫩的木质茎，主要是初生结构时，它的外观和结构都和草质茎相似（见图3–38）。但很快，随着茎的变老，木质的特征逐渐发展起来。直径增大，主要是次生木质部发达产生的结果。

2. 草质茎　草质茎是由木质茎类型中衍生出来的。草质茎一般柔软、绿色，次生构造不发达，只有少量木质化的组织，最多也不超过40%，不能长得很粗（图3–73）。大多数单子植物具草质茎。具草质茎的植物称草本植物，寿命往往较短，一般是一年生或二年生，生活期限只有一二个生长季节。有的草本植物有一年生的茎和多年生的根或地下茎，能生活多年，它的茎（地下茎）往往是草质茎，而根是木质的，例如蜀葵、飞燕草、楼斗菜等。

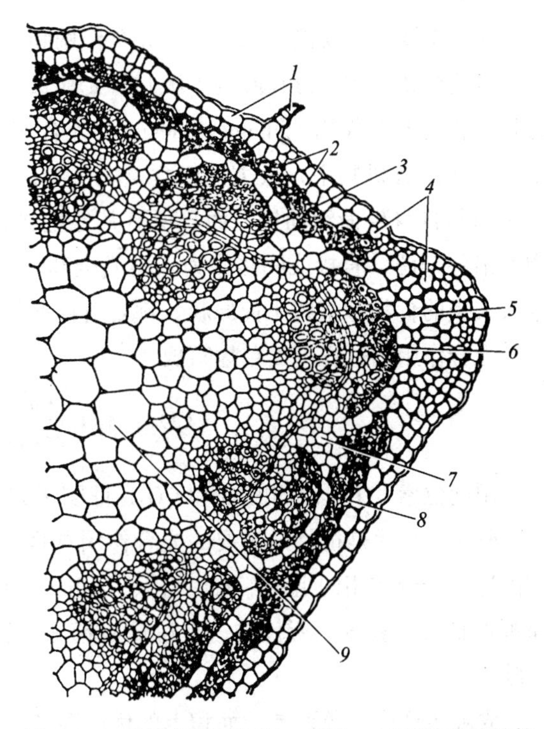

图3–73　苜蓿茎横切面的一部分，示草质茎的结构

1. 表皮； 2. 皮层； 3. 维管束； 4. 机械组织； 5. 初生韧皮部； 6. 形成层； 7. 髓射线； 8. 初生木质部； 9. 髓

草本植物的茎，如向日葵、棉等，虽产生木质化的组织，但数量较少，仍属草质茎。大多数草本植物的茎外部长期存在着表皮，表皮上有气孔。表皮内的组织有叶绿素，因此呈绿色，有进行光合作用的能力。茎的支持作用，依赖厚角组织、厚壁组织和薄壁组织细胞的紧张状态。

在草质茎中，大多数单子叶植物，维管束无束中形成层，也无束间形成层（见图3–46），故完全是初生结构；而在双子叶植物中，大多数草本植物具有次生构造，但和木质茎比较，其维管柱中的次生维管组织的数量，占较少的比例，这可能是由于维管形成层不发达和活动性下降的缘故。有些双子叶植物，如部分的葫芦科植物的草质茎中，仅有束中形成层，而没有束间形成层（图 3-73）。更有些植物如毛茛，不仅没有束间形成层，连束中形成层也不甚发达，活动非常有限，因而次生结构的数量就很少甚至不存在。

必须指出，植物茎的类型不是固定不变的，有些植物生长在某一地区是一年生草质茎，而在另一地区却成为多年生木质茎。例如，番茄和蓖麻在温带较冷的地区是一年生草质茎，而在热带地区却成了多年生木质茎。

第三节　叶

叶（leaf）是种子植物制造有机养料的重要器官，也就是光合作用进行的主要场所。光合作用的进行，和叶绿体的存在以及整个叶的结构有着紧密联系。因此，要理解叶的功能，首先就要充分认识叶的结构。

一、叶的生理功能和经济利用

叶的主要生理功能有二，就是光合作用和蒸腾作用，它们在植物的生活中有着重大的意义。

绿色植物（主要是在叶内）吸收日光能量，利用二氧化碳和水，合成有机物质，并释放氧的过程，称为光合作用（photosynthesis）。光合作用合成的有机物主要是糖类，贮藏的能量则存在于所形成的有机物中，人类吃粮食，烧炭柴，就是利用它们所贮藏的能量。光合作用的产物不仅供植物自身生命活动用，而且所有其他生物包括人类在内，都是以植物的光合作用产物为食物的最终来源，直接或间接作为人类或全部动物界的食物，也可作为某些工业的原料。可以说，今天人类的食物和某些工业原料，都是直接或间接来自光合作用。

光合作用的过程可简单地写成：

$$CO_2 + H_2O \xrightarrow[\text{叶绿素}]{\text{光能}} [CH_2O] + O_2\uparrow$$

用同位素 ^{18}O 标记的 H_2O 和 CO_2，证明了光合作用过程中释放出的氧，是来自于水而不是从 CO_2 来的。叶片是植物最主要的光合作用器官，可以说它是一所高效的合成有机物的绿色工厂，它由进行光合作用的组织［栅栏组织（palisade tissue）和海绵组织（spongy tissue）］组成，最外面被保护层（表皮）所包被，有运输原料（水和无机盐等）和光合作用产物的输导组织组成的叶脉。

农业生产中，争取单位面积上的优质高产，都直接和光合作用有关。在生产上只有提高光合作用强度，采用合理密植、间作套种以及选择光合强度高的品种，才能获得高产稳产。

水分以气体状态从体内通过生活的植物体的表面，散失到大气中的过程，称为蒸腾作用

（transpiration）。植物的主要蒸腾器官是叶，所以蒸腾作用也是叶的一个重要生理功能。

蒸腾作用消耗水分很多，根系吸收的水分绝大部分是通过蒸腾作用而散失的。叶片上一些结构，如多数气孔分布在下表皮，表皮上密生茸毛，气孔下陷或气孔分布在气孔窝内，都是为了适应减少水分的蒸腾。

蒸腾作用对植物的生命活动有重大意义。第一，蒸腾作用是根系吸水的动力之一；第二，根系吸收的矿物质，主要是随蒸腾液流上升的，所以蒸腾作用对矿质元素在植物体内的运转有利；第三，蒸腾作用可以降低叶的表面温度，使叶在强烈的日光下，不致因温度过分升高而受损害。

叶除了具有光合作用和蒸腾作用外，还有吸收的能力。例如根外施肥，向叶面上喷洒一定浓度的肥料，叶片表面就能吸收；又如喷施农药时（如有机磷杀虫剂），也是通过叶表面吸收进入植物体内的。有少数植物的叶，还具有繁殖能力，如落地生根，在叶边缘上生有许多不定芽或小植株，脱落后掉在土壤上，就可以长成一新个体。

叶有多种的经济价值，可作食用、药用以及其他用途。青菜、卷心菜、菠菜、芹菜、韭菜等，都是以食叶为主的蔬菜。近年来发现的甜叶菊（*Stevia rebaudiana*），可以从叶中提取较蔗糖甜度高 300 倍的糖苷。毛地黄（*Digitalis purpurea*）叶，含强心苷，为著名强心药。颠茄（*Atropa belladonna*）叶含莨菪碱和东莨菪碱等生物碱，为著名抗胆碱药，用以解除平滑肌痉挛等。其他如薄荷、桑等的叶，皆可供药用。香叶天竺葵（*Pelargonium graveolens*）和留兰香（*Mentha spicata*）的叶，皆可提取香精。剑麻（*Agave sisalana*）叶的纤维可制船缆和造纸，叶粕可制酒精、农药或作肥料、饲料。其他如茶叶可作饮料；烟草叶可制卷烟、雪茄和烟丝；桑、蓖麻、麻栎（俗称柞树）等植物的叶，可以饲蚕；箬竹、麻竹、棕叶芦等植物的叶，可以裹粽或作糕饼衬托；蒲葵叶可制扇、笠和蓑衣；棕榈（*Trachycarpus fortunei*）叶鞘所形成的棕衣可制绳索、毛刷、地毡、床垫等。

二、叶的形态

（一）叶的组成

植物的叶，一般由叶片（lamina 或 blade）、叶柄（petiole）和托叶（stipule）三部分组成（图 3-74）。叶片是叶的主要部分，多数为绿色的扁平体。叶柄是叶的细长柄状部分，上端（即远端）与叶片相接，下端（即近端）与茎相连。托叶是柄基两侧所生的小叶状物。不同植物上的叶片、叶柄和托叶的形状是多种多样的。

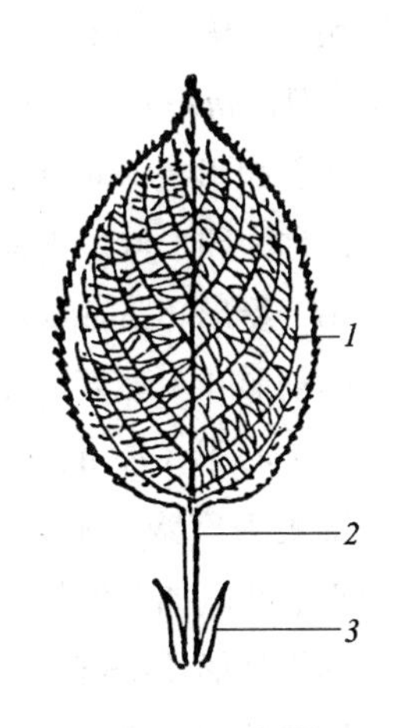

图 3-74　叶的外形

1. 叶片；2. 叶柄；3. 托叶

具叶片、叶柄和托叶三部分的叶，称为完全叶（complete leaf），例如梨、桃、豌豆、月季等植物的叶。有些叶只具一或两个部分的，称为不完全叶（incomplete leaf）。其中无托叶的最为普遍，例如茶、白菜、丁香等植物的叶。有些植物的叶具托叶，但早脱落，应加注意。不完全叶中，同时无托叶和叶柄的，如莴苣、苦苣菜、荠菜等植物的叶，也称无柄叶（sessile leaf）。叶片是叶的主要组成部分，植物中缺叶片的叶较少见，如我国的台湾相思树（*Acacia confusa*），除幼苗时期外，全树的叶不具叶片，都是由叶柄扩展而成。这种扩展成扁平片状的叶柄，称为叶状柄（phyllode）。

（二）叶片的形态

各种植物叶片的形态多种多样，大小不同，形状各异。但就一种植物来讲，叶片的形态还是比较稳定的，可作为识别植物和分类的依据。

叶片的大小，差别极大。例如柏的叶细小，呈鳞片状，长仅几毫米；芭蕉（*Musa basjoo*）的叶片长达一二米；王莲（*Victoria amazonica*）的叶片直径可达 1.8～2.5 m，叶面能负荷质量 40～70 kg，小孩坐在上面像乘小船一样；而亚马孙酒椰（*Raphia taedigera*）的叶片长可达 22 m，宽达 12 m。

1. 就叶片的形状来讲，一般指整个单叶叶片的形状，但有时也可指叶尖、叶基或叶缘的形状。叶片的形状，变化极大，这主要是由于叶片发育的情况，以后的生长方向（纵向的或横向的），长阔的比例，以及较阔部分的位置等存在差异。常见的形状有以下几种（图 3–75）。

（1）针形（acicular 或 acerose） 叶细长，先端尖锐，称为针叶，如松、云杉和针叶哈克木（*Hakea sericea*）的叶。

（2）线形（linear） 叶片狭长，全部的宽度约略相等，两侧叶缘近平行，称为线形叶，也称带形或条形叶。如稻、麦、韭、水仙和冷杉的叶。

（3）披针形（lanceolate） 叶片较线形为宽，由下部至先端渐次狭尖，称为披针形叶。如柳、桃的叶。

（4）椭圆形（elliptical） 叶片中部宽而两端较狭，两侧叶缘成弧形，称为椭圆形叶。如芫花（*Daphne genkwa*）、樟的叶。

（5）卵形（ovate） 叶片下部圆阔，上部稍狭，称为卵形叶。如向日葵、苎麻的叶。

（6）菱形（rhomboidal） 叶片成等边斜方形，称菱形叶。如菱的叶。

（7）心形（cordate） 与卵形相似，但叶片下部更为广阔，基部凹入成尖形，似心形，称为心形叶。如紫荆的叶。

（8）肾形（reniform） 叶片基部凹入成钝形，先端钝圆，横向较宽，似肾形，称为肾形叶。如积雪草、冬葵（*Malva crispa*）的叶。

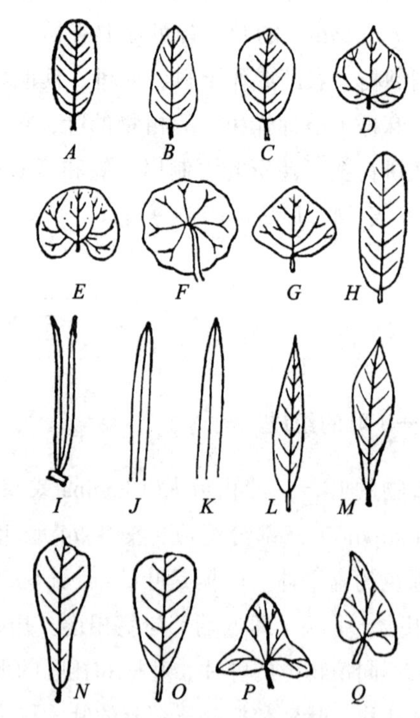

图 3–75 叶形（全形）的类型

A. 椭圆形；*B*. 卵形；*C*. 倒卵形；*D*. 心形；*E*. 肾形；*F*. 圆形（盾形）；*G*. 菱形；*H*. 长椭圆形；*I*. 针形；*J*. 线形；*K*. 剑形；*L*. 披针形；*M*. 倒披针形；*N*. 匙形；*O*. 楔形；*P*. 三角形；*Q*. 斜形

上面是叶片的几种基本形状。在叙述叶形时，也常用“长”“广”“倒”等字眼冠在前面。譬如，椭圆形叶而较长的，称长椭圆形叶；卵形叶而较宽的，称为广卵形叶；卵形叶而先端圆阔与基部稍狭，仿佛卵形倒置的，称为倒卵形叶；同样地，有倒披针形叶、倒心形叶、长卵形叶、倒长卵形叶、广椭圆形叶、广披针形叶等，除上面几种基本形状外，其他的形状还有：如圆形叶（莲）、扇形叶（银杏）、三角形叶（杠板归）、剑形叶（鸢尾）等。凡叶柄着生在叶片背面的中央或边缘内，不论叶形如何，均称为盾形叶（peltate leaf）（图 3–75，*F*；图 3–76），如莲、蓖麻的叶。盾形叶的叶片表面有平有凹。

叶片的形状主要是以叶片的长阔的比例（即长阔比）和最阔处的位置来决定的（图 3–77）。就长阔比而言，圆形为 1∶1，广椭圆形为 1.5∶1，长椭圆形为 3∶1，线形为 10∶1，带形或剑形为 6∶1。以上长阔比皆为大概数字，因具体植物的叶片可略有差异。

除上述的整个叶片形状外，有时对叶尖（leaf apex）、叶基（leaf base）和叶缘（leaf margin），也可分别作以下描述。

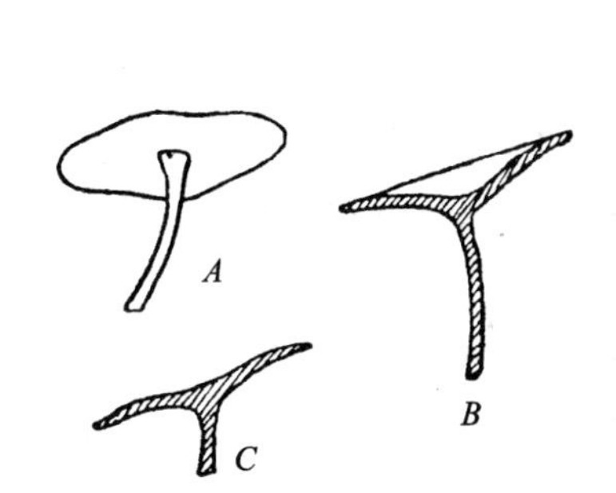

图 3–76　盾形叶

A. 叶柄着生于叶片背面近中央部分；
B. 叶片表面深凹成漏斗状；
C. 叶片表面较平

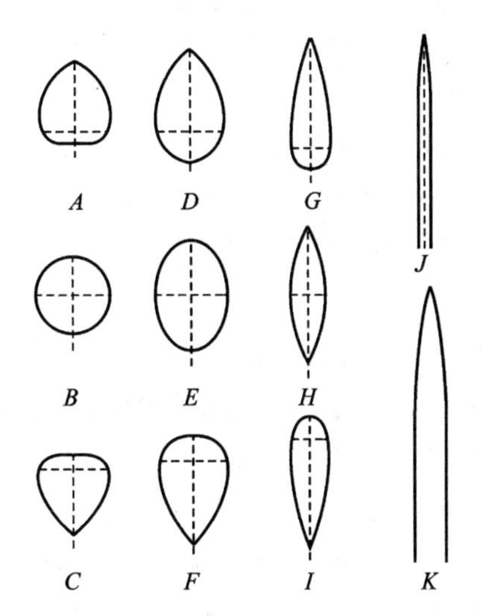

图 3–77　几种常见单叶叶片的长阔比和最阔处的位置

A. 广卵形；*B*. 圆形；*C*. 倒广卵形；*D*. 卵形；*E*. 广椭圆形；
F. 倒卵形；*G*. 披针形；*H*. 长椭圆形；*I*. 倒披针形；
J. 线形；*K*. 带形或剑形；
A、*D*、*G* 最阔处近基部；*B*、*E*、*H* 最阔处在中部；*C*、*F*、*I* 最阔处近顶部

2. 就叶尖而言，有以下一些主要形状（图 3–78）。

（1）渐尖（acuminate）　叶尖较长，或逐渐尖锐，如菩提树（*Ficus religiosa*）的叶。

（2）急尖（acute）　叶尖较短而尖锐，如荞麦的叶。

（3）钝形（obtuse）　叶尖钝而不尖，或近圆形，如厚朴的叶。

（4）截形（truncate）　叶尖如横切成平边状，如鹅掌楸（马褂木，*Liriodendron chinense*）、蚕豆的叶。

（5）具短尖（mucronate） 叶尖具有突然生出的小尖，如树锦鸡儿（*Caragana arborescens*）、锥花小檗（*Berberis aggregata*）的叶。

（6）具骤尖（cuspidate） 叶尖尖而硬，如虎杖（*Polygonum cuspidatum*）、吴茱萸的叶。

（7）微缺（emarginate） 叶尖具浅凹缺，如苋、苜蓿的叶。

（8）倒心形（obcordate） 叶尖具较深的尖形凹缺，而叶两侧稍内缩，如酢浆草的叶。

3. 就叶基而言，主要的形状有渐尖、急尖、钝形、心形、截形等与叶尖的形状相似，只是在叶基部分出现。此外，还有耳形、箭形、戟形、匙形、偏斜形等（图 3–79）。

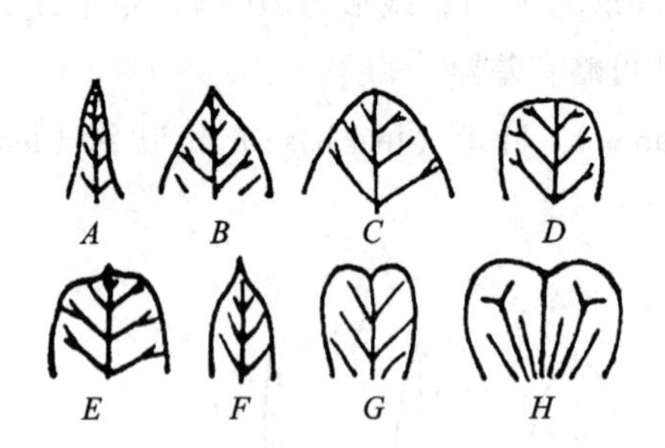

图 3–78 叶尖的类型

A. 渐尖； *B*. 急尖； *C*. 钝形； *D*. 截形； *E*. 具短尖； *F*. 具骤尖； *G*. 微缺的； *H*. 倒心形

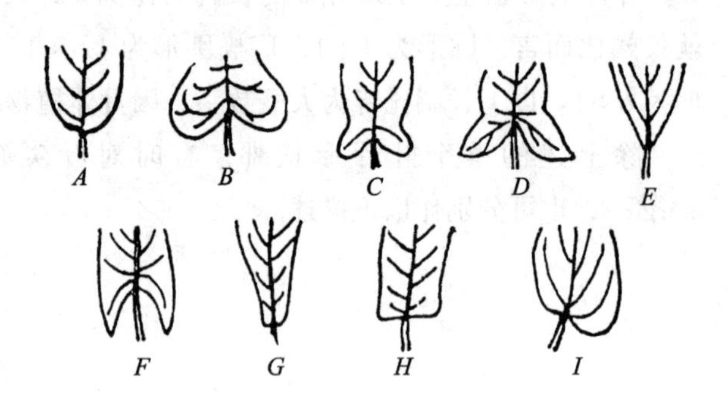

图 3–79 叶基的类型

A. 钝形； *B*. 心形； *C*. 耳形； *D*. 戟形； *E*. 渐尖； *F*. 箭形； *G*. 匙形； *H*. 截形； *I*. 偏斜形

（1）耳形（auriculate） 是叶基两侧的裂片钝圆，下垂如耳，如白英、狗舌草的叶。

（2）箭形（sagittate） 是二裂片尖锐下指，如慈姑（*Sagittaria trifolia* var. *sinensis*）的叶。

（3）戟形（hastate） 是二裂片向两侧外指，如菠菜、旋花的叶。

（4）匙形（spatulate） 是叶基向下逐渐狭长，如金盏菊（*Calendula officinalis*）的叶。

（5）偏斜形（oblique） 是叶基两侧不对称，如秋海棠、朴树的叶。

4. 就叶缘来说，有下面一些情况（图 3–80）。

（1）全缘（entire） 叶缘平整的，如女贞、玉兰、樟、紫荆、海桐等植物的叶。

（2）波状（undulate） 叶缘稍显凸凹而呈波纹状的，如胡颓子的叶。

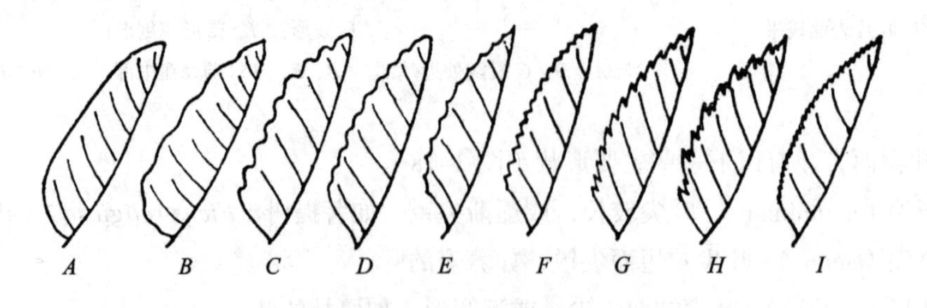

图 3–80 叶缘的类型

A. 全缘； *B*. 波状缘； *C*. 皱缩状缘； *D*. 圆齿状； *E*. 圆缺； *F*. 牙齿状； *G*. 锯齿状； *H*. 重锯齿状； *I*. 细锯齿状

（3）皱缩状　叶缘波状曲折较波状更大，如羽衣甘蓝（*Brassica oleracea* var. *acephala*）的叶。

（4）齿状　叶片边缘凹凸不齐，裂成细齿状的，称为齿状缘，其中又有锯齿状（serrate）、牙齿状（dentate）、重锯齿状（double serrate）、圆齿状（crenate）各种情况。所谓锯齿状，是齿尖锐而齿尖朝向叶先端的，也就是指向上方或前方的，如月季的叶。细锯齿状（serrulate）是指锯齿较细小的，如猕猴桃的叶。所谓牙齿状，是齿尖直向外方的，如茨藻的叶。牙齿状缘中，凡齿基成圆钝形的，称圆缺缘（emarginate）。所谓重锯齿状，是锯齿上又出现小锯齿的，如樱草的叶。所谓圆齿状，是齿不尖锐而成钝圆的，如山毛榉的叶。

（5）缺刻（lobed 或 notched）　叶片边缘凹凸不齐，凹入和凸出的程度较齿状缘大而深的，称为缺刻。缺刻的形式和深浅又有多种。依缺刻的形式讲，有两种情况：一种是裂片呈羽状排列的，称为羽状缺刻（图 3–81，*A*—*C*），如蒲公英、荠菜、茑萝松（*Quamoclit pennata*）等植物的叶。另一种是裂片呈掌状排列的，称为掌状缺刻（图 3–81，*D*—*F*），如枫香、梧桐、悬铃木、蓖麻等植物的叶。依裂入的深浅讲，又有浅裂（cleft）、深裂（partite）、全裂（divided）三种情况。浅裂，也称半裂，缺刻很浅，最深达到叶片的二分之一，如梧桐叶；深裂是缺刻超越二分之一，缺刻较深，如荠菜的叶；全裂，也称全缺，缺刻极深，可深达中脉或叶片基部，如茑萝松、乌头叶蛇葡萄（草白蔹）（*Ampelopsis aconitifolia*）、铁树。因此，羽状缺刻和掌状缺刻都可以根据缺刻深浅，再加划分。

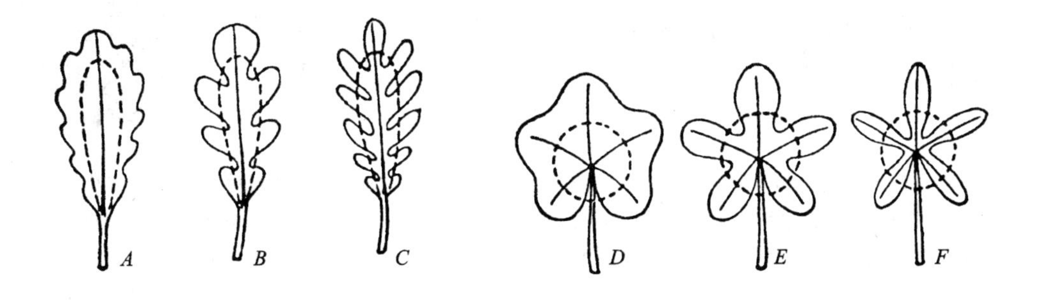

图 3–81　叶的缺刻类型

A. 羽状浅裂；*B*. 羽状深刻；*C*. 羽状全裂；*D*. 掌状浅裂；*E*. 掌状深裂；*F*. 掌状全裂

（虚线为叶片一半的界线，可作为衡量缺刻深度的依据，裂至虚线处即为半裂）

禾本科植物的叶是单叶，分叶片和叶鞘（leaf sheath）两部分。叶片扁平狭长呈线形或狭带形，具纵列的平行脉序。叶的基部扩大成叶鞘，围裹着茎秆，起保护幼芽、居间生长以及加强茎的支持作用。叶片和叶鞘相接处的外侧有色泽稍淡的带状结构，称为叶环，栽培学上也称叶枕（图 3–82，*A*）。叶环有弹性和延伸性，借以调节叶片的位置。叶片和叶鞘相接处的腹面，即叶环内方有一膜质向上突出的片状结构，称为叶舌（ligulte，图 3–82，*A*、*C*、*D*），可以防止害虫、水分、病菌孢子等进入叶鞘处，也能使叶片向外伸展，借以多受光照。叶舌两侧，即叶环两端外侧，有片状、爪状或毛状伸出的突出物，称为叶耳（auricle）。叶舌和叶耳的有无、形状、大小等，可以作为鉴定禾本科植物种类或品种，以及识别幼苗或杂草的依据。例如：水稻有叶舌和叶耳，稗草没有；水稻叶舌顶端分歧成狭三角形，叶耳狭长有茸毛；甘蔗叶舌作弧形，两侧宽狭不对称，叶耳作三角形或披针形；大麦叶耳大，小麦叶耳小（图 3-82）。

植物学上所称的叶枕（pad），一般是指植物叶柄或叶片基部显著突出或较扁的膨大部分，如豆科植物含羞草（*Mimosa pudica*），包括复叶的总叶柄、初级羽片，以及小叶基部等的膨大部分（图 3-83）。

叶柄和托叶如果存在的话，在不同植物中，它们的形态也是多种多样的。例如叶柄的色泽、长短、粗细、毛与腺体的有无、横切面的形状等；托叶的色泽、大小、形状、脱落的先后等，这里不再赘述。

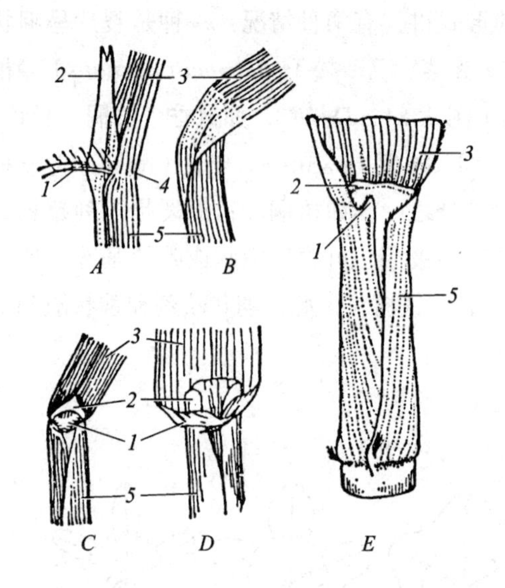

图 3-82　禾本科植物叶片与叶鞘连接交界处的结构

A. 水稻叶；*B*. 稗叶；*C*. 小麦叶；*D*. 大麦叶；*E*. 甘蔗叶

1. 叶耳；2. 叶舌；3. 叶片；4. 叶环；5. 叶鞘

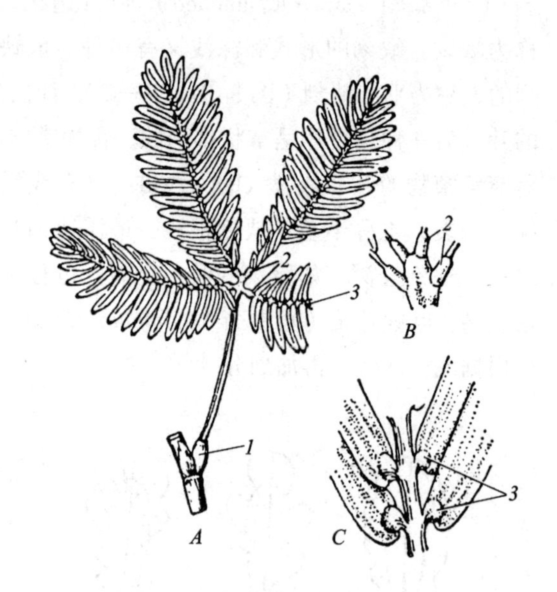

图 3-83　含羞草的复叶，示叶枕

A. 一张复叶；*B*. 初级羽片基部的放大；*C*. 小叶基部的放大

1. 总叶柄基部叶枕；2. 初级羽片基部叶枕；3. 小叶基部叶枕

（三）脉序

叶脉（vein）是贯穿在叶肉内的维管束和其他有关组织组成的，是叶内的输导和支持结构，叶脉通过叶柄与茎内的维管组织相连。叶脉在叶片上呈现出各种有规律的脉纹的分布称为脉序（venation）。脉序主要有平行脉、网状脉和叉状脉三种类型（图 3-84）。平行脉是各叶脉平行排列，多见于单子叶植物，其中各脉由基部平行直达叶尖，称为直出平行脉或直出脉，如水稻、小麦；有中央主脉显著，侧脉垂直于主脉，彼此平行，直达叶缘，称侧出平行脉或侧出脉，如香蕉（*Musa nana*）、芭蕉、美人蕉；有各叶脉自基部以辐射状态分出，称辐射平行脉或射出脉，如蒲葵（*Livistona chinensis*）、棕榈；有各脉自基部平行出发，但彼此逐渐远离，稍作弧状，最后集中在叶尖汇合，称为弧状平行脉或称弧形脉，如车前。网状脉是具有明显的主脉，并向两

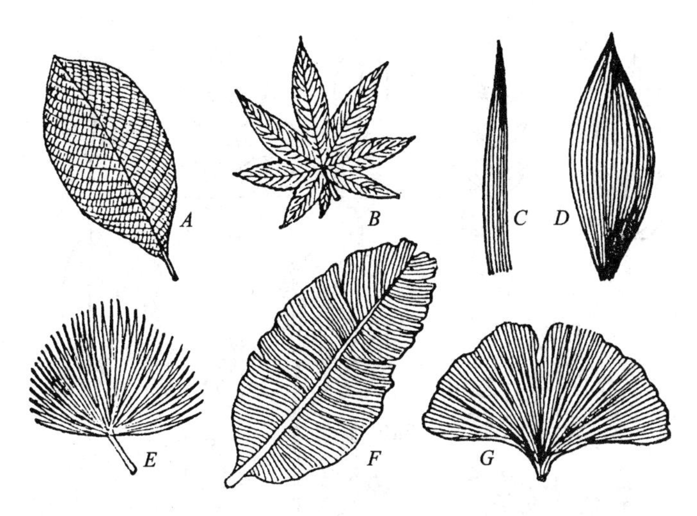

图 3-84 叶脉的类型

A、*B*. 网状脉（*A*. 羽状网脉，*B*. 掌状网脉）；*C*—*F*. 平行脉（*C*. 直出脉，*D*. 弧形脉，*E*. 射出脉，*F*. 侧出脉）；*G*. 叉状脉

侧发出许多侧脉，各侧脉之间，又一再分枝形成细脉，组成网状，是多数双子叶植物的脉序，其中具一条明显的主脉，两侧分出许多侧脉，侧脉间又多次分出细脉的，称为羽状网脉，如女贞、桃、李等大多数双子叶植物的叶；其中由叶基分出多条主脉的，主脉间又一再分枝，形成细脉，称为掌状网脉，如蓖麻、向日葵、棉等。叉状脉是各脉作二叉分枝，为较原始的脉序，如银杏。叉状脉序在蕨类植物中较为普遍。

（四）单叶和复叶

一个叶柄上所生叶片的数目，各种植物也是不同的，一般有两种情况：一种是一个叶柄上只生一张叶片，称为单叶（simple leaf）；另一种是一个叶柄上生许多小叶，称为复叶（compound leaf）。复叶的叶柄，称为叶轴（rachis）或总叶柄（common petiole）；叶轴上所生的许多叶，称为小叶（leaflet）；小叶的叶柄，称为小叶柄（petiolule）。

复叶依小叶排列的不同状态而分为羽状复叶（pinnately compound leaf）、掌状复叶（palmately compound leaf）和三出复叶（ternately compound leaf）（图 3–85）。羽状复叶是指小叶排列在叶轴的左右两侧，类似羽毛状，如紫藤、月季、槐等；掌状复叶是指小叶都生在叶轴的顶端，排列如掌状，如牡荆、七叶树等；三出复叶是指每个叶轴上生三个小叶，如果三个小叶柄是等长的，称为掌状三出复叶（ternate palmate leaf），如橡胶树；如果顶端小叶柄较长，就称为羽状三出复叶（ternate pinnate leaf），如苜蓿。

羽状复叶依小叶数目的不同，又有奇数羽状复叶（odd-pinnately compound leaf）和偶数羽状复叶（even-pinnately compound leaf）之分。奇数羽状复叶是一个复叶上的小叶总数为单数的，如月季、蚕豆、刺槐；偶数羽状复叶是一个复叶上的小叶总数为双数的，如落花生、皂荚的复叶。羽状复叶又因叶轴分枝与否，及分枝情况，而再分为一回、二回、三回和数回（或多回）羽状

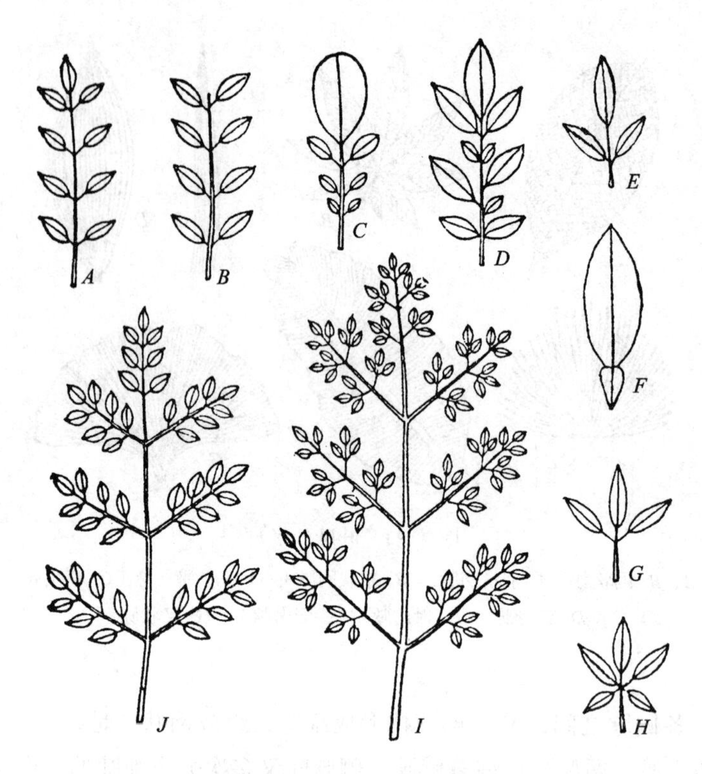

图 3-85　复叶的主要类型

A. 奇数羽状复叶；*B.* 偶数羽状复叶；*C.* 大头羽状复叶；*D.* 参差羽状复叶；
E. 羽状三出复叶；*F.* 单身复叶；*G.* 掌状三出复叶；*H.* 掌状复叶；
I. 三回羽状复叶；*J.* 二回羽状复叶

复叶。一回羽状复叶（monopinnate leaf），即叶轴不分枝，小叶直接生在叶轴左右两侧，如刺槐、落花生；二回羽状复叶（bipinnate leaf），即叶轴分枝一次，再生小叶，如合欢、云实；三回羽状复叶（tripinnate leaf），即叶轴分枝二次，再生小叶，如南天竹（*Nandina domestica*）；数回羽状复叶，即叶轴多次分枝，再生小叶的。掌状复叶也可因叶轴分枝情况，而再分为一回、二回等。

复叶中也有一个叶轴只具一个叶片的，称为单身复叶（unifoliate compound leaf）如橙、香橼的叶（图 3-85，*F*）。单身复叶可能是由三出复叶退化而来，叶轴具叶节，表明原先是三小叶同生在叶节处，后来两小叶退化消失，仅存先端的一个小叶所成。

复叶和单叶有时易混淆，这是由于对叶轴和小枝未加仔细区分的结果。叶轴和小枝实际上有着显著的差异，即：（1）叶轴的顶端没有顶芽，而小枝常具顶芽；（2）小叶的叶腋一般没有腋芽，芽只出现在叶轴的腋内，而小枝的叶腋都有腋芽；（3）复叶脱落时，先是小叶脱落，最后叶轴脱落；小枝上只有叶脱落；（4）叶轴上的小叶与叶轴成一平面，小枝上的叶与小枝成一定角度。按这几点认真观察，就不难区分单叶和复叶。

具缺刻全裂的叶，裂口深时可达叶柄，但各裂片的叶脉仍彼此相连，一般和复叶中具小叶柄的小叶容易区分。

（五）叶序和叶镶嵌

1. 叶序　叶在茎上都有一定规律的排列方式，称为叶序（phyllotaxy）。叶序基本上有三种类型，即互生（alternate）、对生（opposite）和轮生（verticillate）（图 3–86）。

图 3–86　叶序

A. 互生叶序；*B.* 对生叶序；*C.* 轮生叶序；*D.* 簇生叶序

互生叶序是每节上只生 1 叶，交互而生，称为互生。如樟、白杨、悬铃木（即法国梧桐）等的叶序。互生叶序的叶，成螺旋状着生在茎上。如任意取一个叶为起点叶，以线连接各叶的着生点，盘旋而上，直到上方另一叶（即终点叶）与起点叶相遇时为止，也就是与茎的长轴平行的直线上，上下 2 片叶的着生点相互重合，这时 2 叶间的螺旋距离，称为叶序周。不同植物的叶序的一个叶序周中，绕茎的周数不一，可能只是 1 周，也可能是 2 周、3 周到多周。叶数也不相同，有 2 叶、3 叶、5 叶、8 叶或更多叶。如果以绕茎的周数为分子，叶数为分母，就可作为互生叶序的公式，显示出一个互生叶序中叶的着生情况，包括各叶排列的形式，即相邻两叶所成的角度，也称开度（divergence）。如第一叶（起点叶）与第三叶（终点叶）重合，那么叶序周为 1，即绕茎 1 周，叶序周中有 2 叶（因终点叶为另一叶序周的开始，不加计算），那么 1/2 即代表该植物的叶序。绕茎一周是 360°，互生叶不生在同一节上，另一叶必然生在茎的另一节的半周上，这二叶的开度一定是 360° × 1/2=180°。即每隔 180° 着生一叶，如水稻、小麦、榆等。通常互生叶序的公式有 1/2、1/3、2/5、3/8、5/13、8/21 等。1/3 即绕茎 1 周中，有 3 片叶，各叶所成的开度为 120°，如桑、锦葵等；2/5 即绕茎 2 周中，有 5 个叶，开度为 144°，如桃、李、天竺葵等；3/8 即绕茎 3 周中，有 8 个叶，开度为 135°，如菊、大麻、车前等，依此类推。

对生叶序是每节上生 2 叶，相对排列，如丁香、薄荷、女贞、石竹等。对生叶序中，一节上的 2 叶，与上下相邻一节的 2 叶交叉成十字形排列，称为交互对生（decussate）。

轮生叶序是每节上生 3 叶或 3 叶以上，作辐射排列，如夹竹桃、百合、梓等。此外，尚有枝的节间短缩密接，叶在短枝上成簇生出，称为簇生叶序（fascicled phyllotaxy），如银杏、枸杞、落叶松等。

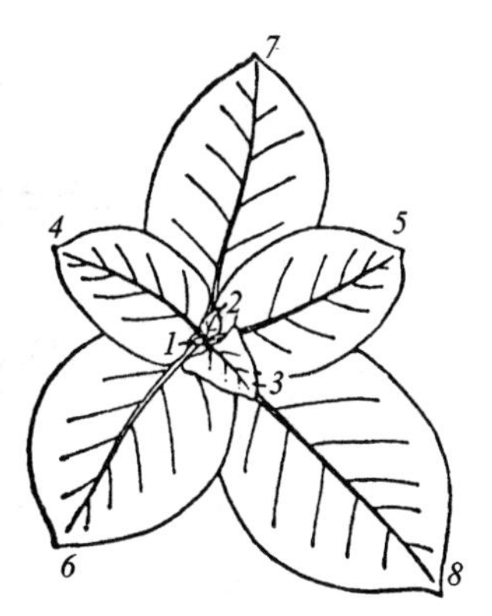

图 3–87　叶镶嵌

幼小烟草植株的顶面观，图中数字显示叶的顺序

2. 叶镶嵌　叶在茎上的排列，不论是哪一种叶序，相邻两节的叶，总是不相重叠而成镶嵌状态，这种同一枝上的叶，以镶嵌状态排列而不重叠的现象，称为叶镶嵌（leaf mosaic，图 3–87）。爬山虎、常春藤、木香花（*Rosa banksiae*）的叶片，均匀地展布在

墙壁或竹篱上，是垂直绿化的极好材料，就是由于叶镶嵌的结果。叶镶嵌的形成，主要是由于叶柄的长短、扭曲和叶片的各种排列角度，形成叶片互不遮蔽。因此，从植株的顶面看去，叶镶嵌的现象格外清楚。在节间极短而有较多的叶簇生在茎上的种类中，由顶面下看叶镶嵌现象特别明显，如烟草、车前、蒲公英等。叶镶嵌使茎上的叶片不相遮蔽，有利于光合作用的进行，此外，叶的均匀排列，也使茎上各侧的负载量得到平衡。

（六）异形叶性

一般情况下，一种植物具有一定形状的叶，但有些植物，却在一个植株上有不同形状的叶。这种同一植株上具有不同叶形的现象，称为异形叶性（heterophylly）。异形叶性的发生，有两种情况：一种是叶因枝的老幼不同而叶形各异，例如蓝桉（*Eucalyptus globulus*，图 3–88），嫩枝

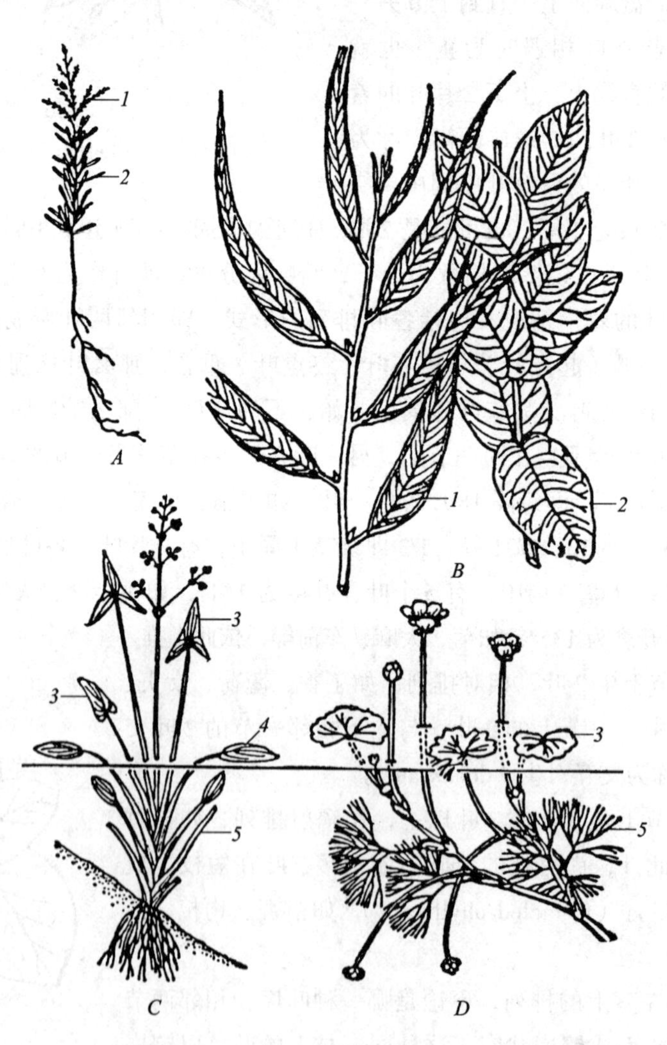

图 3–88　异形叶性

A. 金钟柏；*B.* 蓝桉；*C.* 慈姑；*D.* 水毛茛

1. 次生叶；2. 初生叶；3. 气生叶；4. 漂浮叶；5. 沉水叶

上的叶较小，卵形无柄，对生，而老枝上的叶较大，披针形或镰刀形，有柄，互生，且常下垂。又如北美香柏（*Thuja occidentalis*）的幼枝上的叶为针形，老枝上的叶为鳞片形。我们常见的白菜、油菜，基部的叶较大，有显著的带状叶柄，而上部的叶较小，无柄，抱茎而生。另一种是由于外界环境的影响，而引起异形叶性。例如慈姑，有三种不同形状的叶，气生叶，作箭形；漂浮叶，作椭圆形；而沉水叶，呈带状。又如水毛茛（*Batrachium bungei*），气生叶，扁平广阔；而沉水叶，却细裂成丝状。这些都是生态的异形叶性。

三、叶的发育

叶的各部分，在芽开放以前，早已形成，它以各种方式折叠在芽内，随着芽的开放，由幼叶逐渐生长为成熟叶。叶究竟是怎样发生的呢？这就要涉及茎尖的生长点。叶的发生开始得很早，当芽形成时，在茎的顶端分生组织的一定部位上，产生许多侧生的突起，这些突起就是叶分化的最早期，因而称为叶原基（图 3-89）。叶原基的产生是生长点一定部位上的表层细胞（原套），或表层下的一层或几层细胞（原体）分裂增生所形成的。叶原基形成后，起先是顶端生长，使叶原基迅速引长，接着是边缘生长，它形成叶的整个雏形，分化出叶片、叶柄和托叶几个部分。除早期外，叶以后的伸长就靠居间生长。

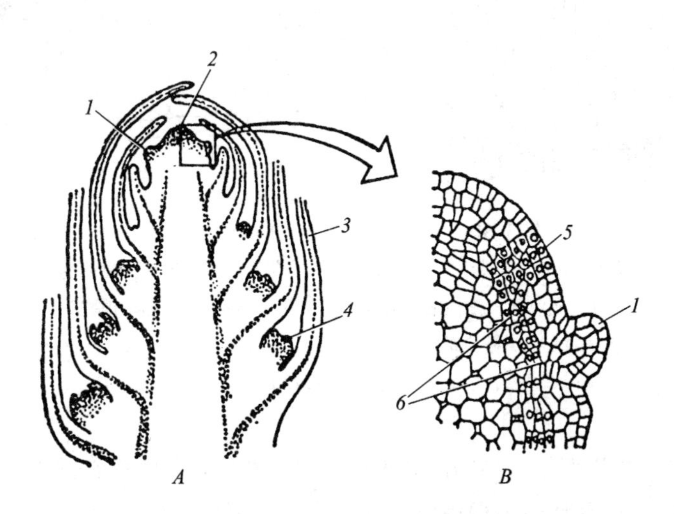

图 3-89　芽的纵切面，示叶原基的发生

A. 芽的纵切面；*B.* 顶端分生组织（生长锥）的一部分放大

1. 叶原基；2. 顶端分生组织；3. 幼叶；4. 腋芽；5. 叶的发生端；6. 原形成层

一般说来，叶的生长期是有限的，这和根、茎（特别是裸子植物和被子植物中的双子叶植物）具有形成层的无限生长不同。叶在短期内生长达一定大小后，生长即停止。但有些单子叶植物的叶的基部保留着居间分生组织，可以有较长期的居间生长。

叶原基细胞的分裂、增大和分化，产生了叶肉（mesophyll）。叶肉的层数是一定种类植物叶的特征。在各层形成后，只进行垂周分裂，因而叶片面积扩大，而不增加厚度。叶肉的分化从以后的栅栏细胞垂周延伸和伴随着的垂周分裂开始，海绵组织细胞也是垂周分裂，但没有像栅栏细胞那样多（图 3-90）。在这些分裂中，海绵组织细胞通常保持近乎等径的形状。这些发育上的特点，构成海绵组织与栅栏组织间的差异。在栅栏组织垂周分裂仍在进行时，邻接的表皮细胞停止分裂而增大，特别是在和表皮平行的面上。因此，就出现几个栅栏细胞附着在一个表皮细胞上的结果。在栅栏组织中，分裂继续的时间往往最长。在分裂完成后，栅栏细胞沿着垂周壁彼此分离。细胞间的部分分离和胞间隙的形成，这些现象在海绵组织中早于栅栏组织，在图 3-90 中可以清楚地看到。海绵组织细胞的分离和夹杂着细胞的局部生长，结果在许多植物中，就发育出分支的或具臂的细胞。

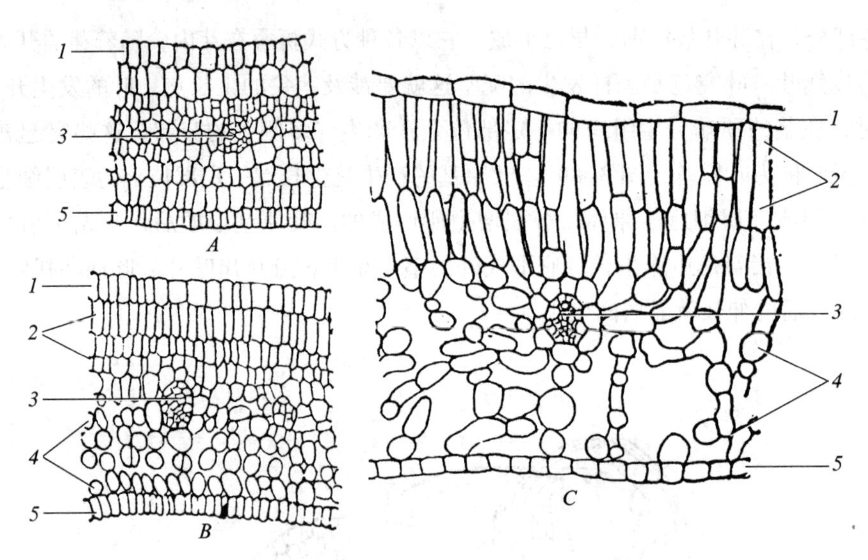

图 3-90　梨叶的横切面，示叶肉的分化

A. 较早期，叶肉组织紧密；*B.* 早期，海绵薄壁组织内出现明显的胞间隙；

C. 成熟期，栅栏细胞沿垂周壁分开，形成较小的胞间隙

1. 上表皮；2. 栅栏组织；3. 维管束；4. 海绵组织；5. 下表皮

（仿伊稍，1977）

维管组织的发育，可以双子叶植物的叶为例。双子叶植物叶的维管发育，是从未来的中脉处原形成层的分化开始，这时叶还小得像钉状的小突起，但已经能分辨出这种现象。这种原形成层的分化，是和茎上叶迹原形成层相连续的。各级的侧脉是从边缘分生组织所衍生的细胞中发生的，较大的侧脉的发生比较小的侧脉开始得早些，而且更靠近边缘分生组织。据有些研究的观察表明，在居间生长的整个时期中，都能不断地形成新维管束。这也就是说位于较早出现的叶脉间的基本组织，可以较长期地保留着产生新原形成层束的能力。

和较大的脉比较，较小脉的发生只包含少数几个细胞。最小脉的起源，可能只是单列的，这就是说，它们可能从直径上只有一个细胞的细胞系列中发生。原形成层的分化往往是一个连续的过程，因为连续形成的原形成层束，它的发生是和较早形成的原形成层相连续的。韧皮部以相似的方式进行分化，但是最初成熟的木质部却出现在孤立的区域中，最后的连续是由于原形

成层的伸入，和接着木质部的分化，而造成最后的连续。

双子叶植物叶的中脉的纵向分化是向顶的，也就是最初在叶的基部出现，以后在较高的部位。一级的侧脉从中脉向边缘发育。在具平行脉的叶中，相似大小的几个脉，是同时向顶发育。不论双子叶植物叶，还是单子叶植物叶的较小脉，都是在较大的脉间发育，往往是最先在近叶尖的部位，然后连续地逐步向下发育。

四、叶的结构

（一）被子植物叶的一般结构

一般被子植物的叶片有上、下面的区别，上面（即腹面或近轴面）深绿色，下面（即背面或远轴面）淡绿色，这种叶是由于叶片在枝上的着生取横向的位置，近乎和枝的长轴垂直或与地面平行，叶片的两面受光的情况不同，因而两面的内部结构也不同，即组成叶肉的组织有较大的分化，形成栅栏组织和海绵组织，这种叶称为异面叶（bifacial leaf）。有些植物的叶取近乎直立的位置，近乎和枝的长轴平行或与地面垂直，叶片两面的受光情况差异不大，因而叶片两面的内部结构也就相似，即组成叶肉的组织分化不大（图 3-91），这种叶称为等面叶（isobilateral leaf）。有些植物的叶上、下面都同样地具有栅栏组织，中间夹着海绵组织，也称等面叶。不论异面叶还是等面叶，就叶片来讲，都有三种基本结构，即表皮、叶肉和叶脉（图 3-92）。表皮是包在叶的最外层，有保护作用；叶肉是在表皮的内方，有制造和贮藏养料的作用；叶脉是埋在叶肉中的维管组织，有输导和支持的作用。叶片的形态和结构尽管有多种多样，但是这三种基本结构总是存在的，只不过是形状、排列和数量的变化而已。

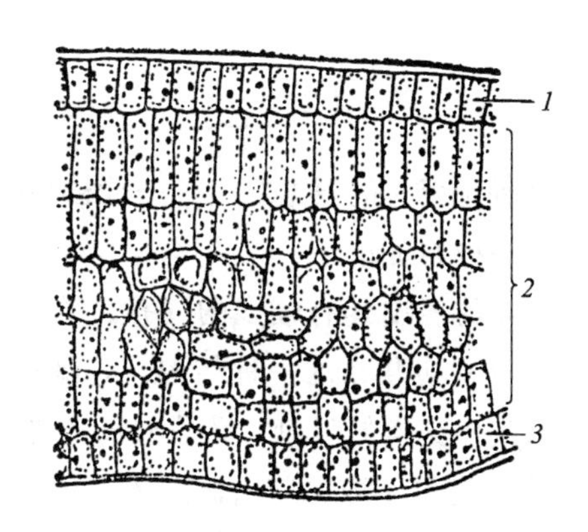

图 3-91　蓝桉叶的横切面，示等面叶结构
1. 上表皮；　2. 叶肉；　3. 下表皮

1. 表皮　表皮包被着整个叶片，有上、下表皮之分。表皮通常由一层生活的细胞组成，但也有多层细胞组成的，称为复表皮（multiple epidermis），如夹竹桃和印度榕（*Ficus elastica*）叶的表皮（图 3-93）。叶的表皮细胞在平皮切面（与叶片表面成平行的切面）上看，一般是形状规则或不规则的扁平细胞。不少双子叶植物叶表皮细胞的径向壁往往凹凸不平，犬牙交错地彼此镶嵌着，成为一层紧密而结合牢固的组织。在横切面上，表皮细胞的外形较规则，呈长方形或方形，外壁较厚，常具角质层。角质层的厚度因植物种类和所处环境而异。角质层是由表皮细胞内原生质体分泌所形成，通过质膜，沉积在表皮细胞的外壁上。多数植物叶的角质层外，往往还有一层不同厚度的蜡质层。通过透射电子显微镜对表皮超微切片的观察，可以看出角质层的细微结构（见图 1-40，*C*）。角质层的存在，起着保护作用，可以控制水分蒸腾，加固机械性能，防止病菌侵入，对药液也有着不同程度的吸收能力。因此，角质层的厚薄，可作为作物优

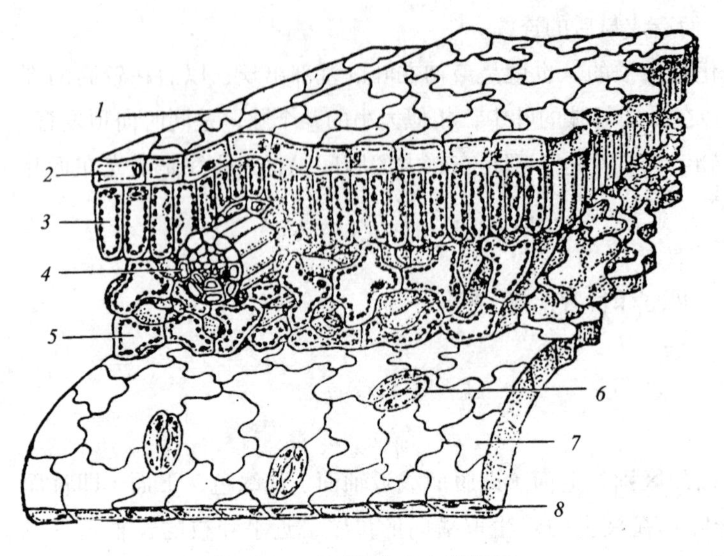

图 3–92　叶片结构的立体图解

1. 上表皮（表面观）；2. 上表皮（横切面）；3. 叶肉的栅栏组织；4. 叶脉；5. 叶肉的海绵组织；6. 气孔；7. 下表皮（表面观）；8. 下表皮（横切面）

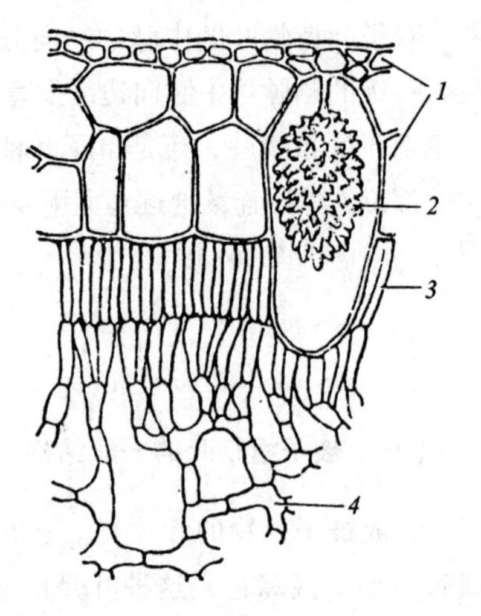

图 3–93　印度橡胶树叶横切面的一部分

1. 复表皮；2. 钟乳体；3. 栅栏组织；4. 海绵组织

良品种选育时的根据之一。一般植物叶的表皮细胞不具叶绿体。表皮毛的有无和毛的类型也因植物的种类而异。

叶的表皮具有较多的气孔，这是和叶的功能有密切联系的一种结构，它既是与外界进行气体交换的门户，又是水气蒸腾的通道，根外施肥和喷洒农药由此进入，因而也是水液的入口。各种植物的气孔数目、形态结构和分布是不同的（图 3–94，图 3–95）。

这里以双子叶植物的气孔为例，就气孔与相邻细胞的关系，即相邻细胞中有无副卫细胞（subsidiary cell），以及它的数目、大小与排列等为依据可分为四个主要类型：

（1）无规则型（anomocytic type），也称毛茛科型（ranunculaceous type），几个与表皮细胞大小、形状相同的细胞，无规则地围绕着保卫细胞，也就是无副卫细胞。所谓副卫细胞就是邻近保卫细胞的与一般表皮细胞大小形状有区别的细胞。本类型通常见于毛茛科（如毛茛属）、葫芦科（如西瓜属）以及其他

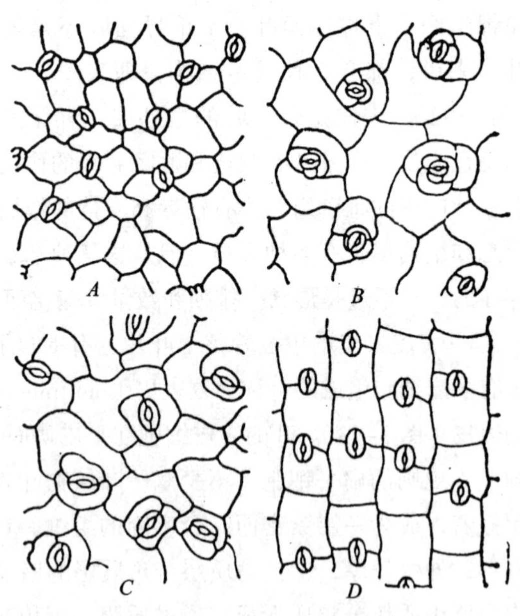

图 3–94　表皮的表面观，说明由保卫细胞与周围的细胞所形成的各种形式

A. 西瓜属，无规则型；*B*. 景天属，不等型；*C*. 豇豆属，平列型；*D*. 石竹属，横列型

科、属中（图 3-94，*A*）。

（2）不等型（anisocytic type），也称十字花科型（cruciferous type），有三个大小不同的副卫细胞围绕着保卫细胞，其中一个显著地较其他二者为小。本类型通常见于十字花科（如芸薹属）、景天科（如景天属）以及其他科、属中（图 3-94，*B*）。

（3）平列型（paracytic type），也称茜草科型（rubiaceous type），在每一保卫细胞侧面伴随着一个或几个副卫细胞，它们的长轴与气孔的长轴平行。本类型通常见于茜草科（如茜草属）、蝶形花科（如菜豆属）以及其他科、属中（图 3-94，*C*）。

（4）横列型（diacytic type），也称石竹科型（caryophyllaceous type），每一气孔由二副卫细胞围绕着，它们的共同壁与气孔的长轴形成直角。本类型通常见于石竹科（如石竹属）、爵床科（爵床属）以及其他科、属中（图 3-94，*D*）。

气孔是由保卫细胞和它们间的孔口共同组成的。如果副卫细胞存在，副卫细胞及气孔又共同组成气孔器（stomatal apparatus）或称气孔复合体（stomatal complex）。气孔和气孔器的各种类型在分类学的鉴定上是有一定的价值。不同学者对气孔类型的制订，存在着不同的看法。各种植物的气孔和气孔器由于形状和结构不同，在表面观和各切面观上存在着显著的差异（图 3-95）。例如单子叶植物稻属的气孔由于副卫细胞和哑铃状保卫细胞的存在，在表面观和切面观上都另具特点。裸子植物松属针叶的气孔，木质化较大和气孔下陷，也显出在切面观上与其他植物不同。

表 3-1 是几种气孔在叶片上、下表皮上分布的情况。

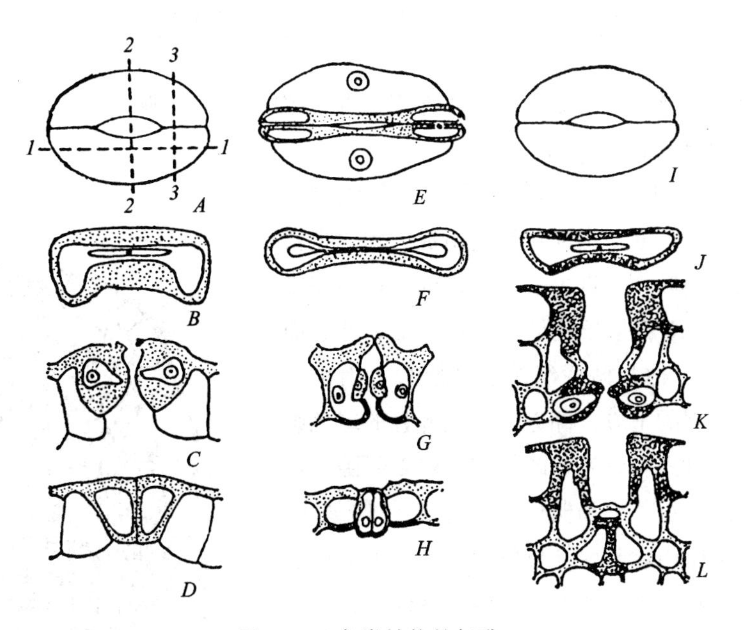

图 3-95　各类植物的气孔

A，*E*，*I*. 表示气孔的表面观，其他图示气孔的各种切面（在图 *A* 上说明）；

B，*F*，*J*. 沿 1—1 面；*C*，*G*，*K*. 沿 2—2 面；*D*，*H*，*L*. 沿 3—3 面；

E. 保卫细胞在高焦平面，因此不见细胞狭窄部分的细胞腔

（*A*—*D*. 梅属；*E*—*H*. 稻属；*I*—*L*. 松属）

从表 3–1 可以看出气孔的数目和分布情况，在各个植物的叶中是不同的。此外，植物体上部叶的气孔较下部的多，叶尖端和中脉部分的气孔较叶基部和叶缘的多。有些植物如向日葵、蓖麻、玉米、小麦等叶的上、下表皮都有气孔，而下表皮一般较多。但也有些植物，气孔却只限于下表皮（如旱金莲、苹果）或限于上表皮（如莲、睡莲），还有些植物的气孔却只限于下表皮的局部区域，如夹竹桃叶的气孔，仅生在凹陷的气孔窝部分。在不同的外界环境中，同一种植物的叶气孔的数目也有差异，一般阳光充足处较多，阴湿处较少。沉水的叶一般没有气孔（如眼子菜）。夹竹桃和眼子菜的叶，将在以后“叶的生态类型”中再作叙述。

表 3–1　植物叶片表皮上的气孔数目（个数 /cm²）和大小（μm）

植物名称	上表皮	下表皮	下表皮上气孔全张开时，孔的大小（长 × 宽）
小麦（*Triticum aestivum*）	3 300	1 400	38 × 7
玉米（*Zea mays*）	5 200	6 800	19 × 5
向日葵（*Helianthus annuus*）	8 500	15 600	22 × 8
蓖麻（*Ricinus communis*）	6 400	17 600	10 × 4
菜豆（*Phaseolus vulgaris*）	4 000	28 000	7 × 3
大花大竺葵（*Pelargonium domesticum*）	1 900	5 900	19 × 12
旱金莲（*Tropaeolum majus*）	0	13 000	12 × 6
燕麦（*Avena sativa*）	2 500	2 300	38 × 8
番茄（*Lycopersicon esculentum*）	1 200	13 000	13 × 6

在叶尖或叶缘的表皮上，还有一种类似气孔的结构，保卫细胞长期开张，称为水孔（water pore），是气孔的变形（图 3–96）。

2. 叶肉　叶肉是上、下表皮之间的绿色组织的总称，是叶的主要部分。通常由薄壁细胞组成，内含丰富的叶绿体。一般异面叶中，近上表皮部位的绿色组织排列整齐（图 3–97），细胞呈长柱形，细胞长轴和叶表面相垂直，呈栅栏状，称为栅栏组织。其层数，因植物种类而异。栅栏组织的下方，即近下表皮部分的绿色组织，形状不规则，排列不整齐，疏松和具较多间隙，作海绵状，称为海绵组织。它和栅栏组织对比，排列较疏松，间隙较多，细胞内含叶绿体也较少。叶片上面绿色较深，下面较淡，就是由于两种组织内叶绿体的含量不同所致。光合作用主要是在叶肉中进行。

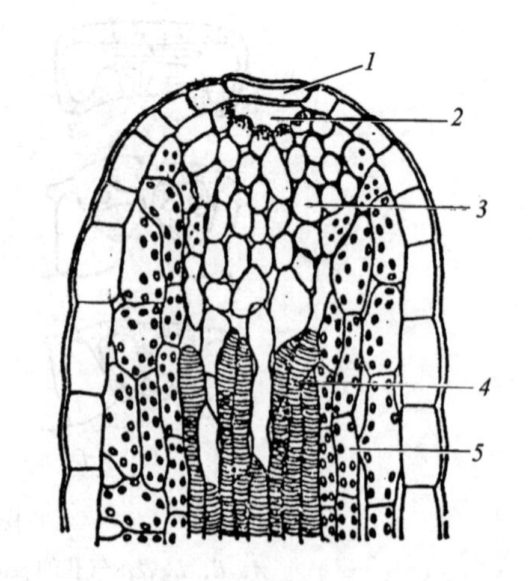

图 3–96　藏报春叶顶端的纵切面，示水孔
1. 水孔；2. 气腔；3. 通水组织；4. 管胞；5. 叶肉组织

3. 叶脉　前面已经讲过叶片上叶脉的分布状态，现在再讲叶脉在叶片中的内部结构。叶脉也就是叶内的维管束，它的内部结构，因叶脉的大小而不同。例如粗

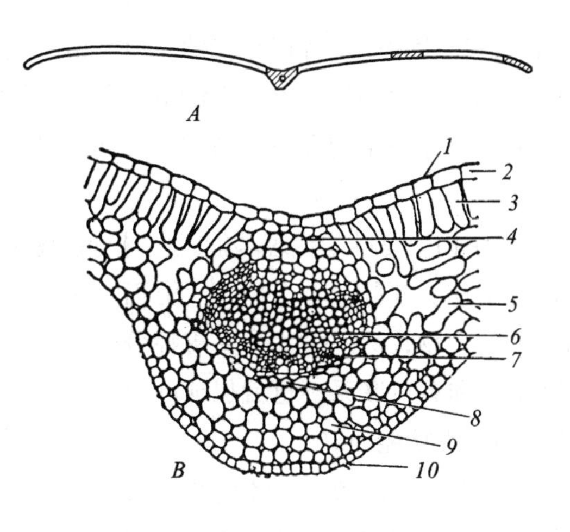

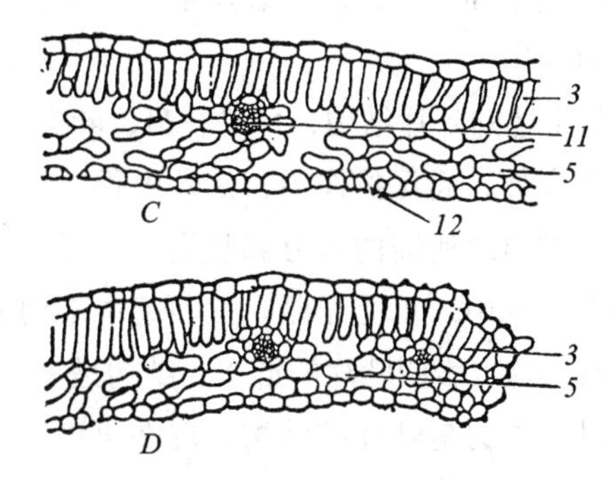

图 3–97　女贞叶的横切面，示异面叶

A. 叶片横切面的轮廓图（*B*、*C*、*D* 分别为 *A* 图从左向右斜线部分横切面的放大图）；

B. 中肋部分放大；*C.* 叶片一侧的部分放大；*D.* 叶片边缘的部分放大

1. 角质层；2. 上表皮；3. 栅栏组织；4. 厚角组织；5. 海绵组织；6. 木质部；

7. 韧皮部；8. 纤维；9. 薄壁组织；10. 下表皮；11. 小脉；12. 气孔

（仿李正理、张新英，1984，稍改）

大的中脉（即中肋），它的内部结构是由维管束和伴随的机械组织组合而成。叶片中的维管束是通过叶脉而与茎中的维管束相连接。在茎中，维管束的木质部在内方，韧皮部在外方，进入叶片后，木质部却在上方（近轴面），而韧皮部在下方（远轴面），这是由于维管束从茎中向外方，侧向地进入叶中必然的结果。维管束外，还有由薄壁组织组成的维管束鞘包裹着。有些植物的叶具束鞘延伸也称维管束鞘延伸，即组成束鞘的一些细胞延伸至上、下表皮，或一面的表皮上。在中脉和较大的叶脉中，维管束常相当发达，并有形成层，不过形成层的活动有限和活动期间较短，因而产生的次生组织不多。大的叶脉在维管束的上下方常有相当量的机械组织，直接和表皮相连接，机械组织在下方更为发达，因此，叶片的下面常有显著的凸出。在叶中叶脉越分越细，结构也愈来愈简化。就简化的趋向程度而言，一般首先是形成层的消失；其次，是机械组织的逐渐减少，以至完全不存在；再次，是木质部和韧皮部的结构简化。中等的脉，一般纯为初生结构，机械组织或有或无，即使存在，也不及大脉中的那样发达。叶片中最后的叶脉分枝，终止于叶肉组织内，往往成为游离的脉梢，结构异常简单，木质部，仅为一个螺纹管胞，而韧皮部仅有短狭的筛管分子和增大的伴胞，甚至有时只有木质部分子存在（图 3–98）。

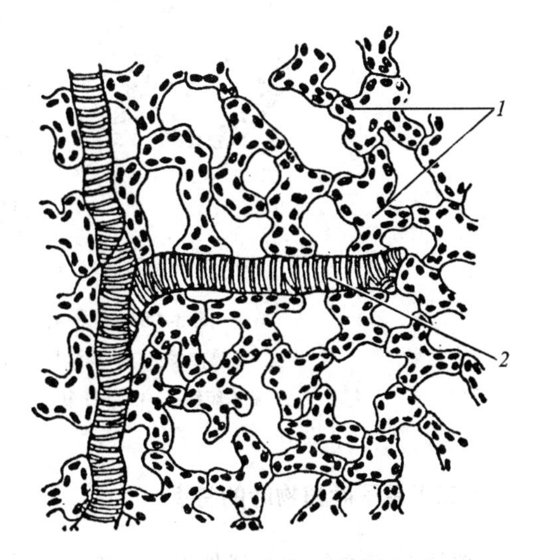

图 3–98　叶的脉梢（平皮切面）

1. 海绵组织；2. 管胞

以上所讲的表皮、叶肉和叶脉等三种基本结构，在叶片中是普遍存在的，但是由于叶肉组织分化和发达的程度，栅栏组织的有无、层数和分布情况，海绵组织的有无和排列的疏松程度，气孔的类型和分布，以及表皮毛的有无和类型，都使叶片的结构在不同植物和不同生境中，有不少的变化。

从上述的叶片结构，可以看出，叶肉是叶的主要结构，是叶的生理功能主要进行的场所。表皮包被在外，起保护作用，使叶肉得以顺利地进行工作。叶脉分布于内，一方面，源源不绝地供应叶肉组织所需的水分和盐类，同时运输出光合的产物；另一方面，又支撑着叶面，使叶片舒展在大气中，承受光照。三种基本结构的合理组合和有机联系，也就保证叶片生理功能的顺利进行，这也表明叶片的形态、结构是完全适应它的生理功能的。

以上讲的是叶片的结构，现在再讲一下叶柄的结构（图 3–99）。叶柄的结构比叶片要简单些，它和茎的结构有些相似，是由表皮、基本组织和维管组织组成的。在一般情况下，叶柄在横切面上通常呈半月形、圆形、三角形等。最外层为表皮；表皮内为基本组织，基本组织中近外方的部分往往有多层厚角组织，内方为薄壁组织；基本组织以内为维管束，数目和大小不定，排列成弧形、环形、平列形。维管束的结构和幼茎中的维管束相似，但木质部在上方（近轴面），韧皮部在下方（远轴面）。每一维管束外，常有厚壁的细胞包围。双子叶植物的叶柄中，木质部与韧皮部之间往往有一层形成层，但形成层只有短期的活动。在叶柄中由于维管束的分离和联合，使维管束的数目和排列变化极大，造成它的结构复杂化。

有托叶的叶，如果托叶外形是叶状的，它的结构一般和叶片的结构大致相似。

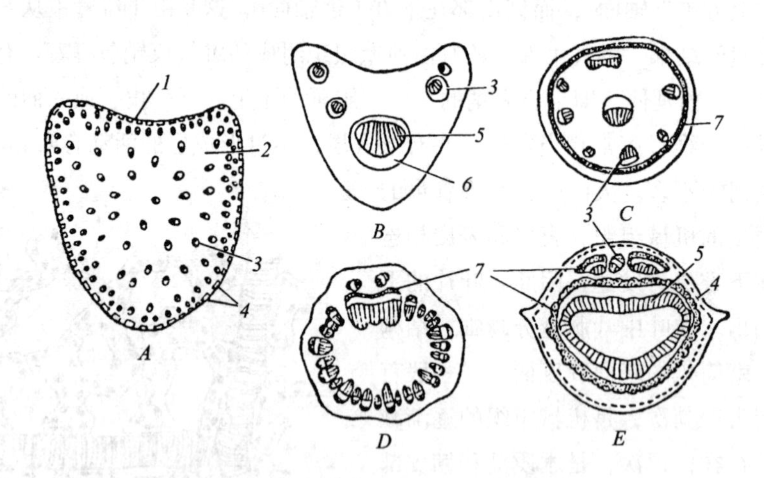

图 3–99　几种叶柄的横切面，示维管组织的排列

A. 马蹄莲属；*B.* 地榆属；*C.* 天竺葵属；*D.* 葡萄属；*E.* 胡桃属

1. 表皮；2. 基本组织；3. 维管束；4. 厚角组织；5. 木质部；6. 韧皮部；7. 厚壁组织

（二）单子叶植物叶的特点

单子叶植物的叶，就外形讲，有多种多样，如线形（稻、麦）、管形（葱）、剑形（鸢尾）、卵形（玉簪）、披针形（鸭跖草）等。叶脉多数为平行脉，少数为网状脉（薯蓣、菝葜等）。现

以禾本科植物的叶为例，就内部结构加以说明。

前面讲过，禾本科植物叶的外形是叶片狭长，叶鞘包在茎外，在叶鞘与叶片连接处，有叶舌和叶耳。禾本科植物的叶片和一般叶一样，具有表皮、叶肉和叶脉三种基本结构（图 3–100）。

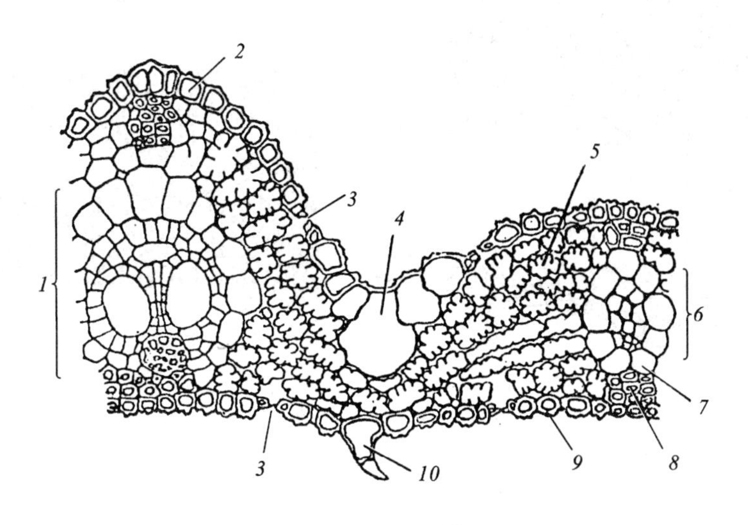

图 3–100　水稻叶的横切面

1. 大维管束； 2. 上表皮； 3. 气孔； 4. 泡状细胞； 5. 叶肉； 6. 小维管束；
7. 维管束鞘； 8. 厚壁组织； 9. 下表皮； 10. 表皮毛

1. 表皮　表皮细胞的形状比较规则（图 3–101），排列成行，常包括长、短两种类型的细胞。长细胞作长方柱形，长径与叶的纵长轴方向一致，横切面近乎方形，细胞壁不仅角质化，并且充满硅质，这是禾本科植物叶的特征；短细胞又分为硅质细胞和栓质细胞两种。硅质细胞常为单个的硅质体所充满，禾本科植物的叶，往往质地坚硬，易戳破手指就是由于含有硅质；栓质细胞是一种细胞壁栓质化的细胞，常含有有机物质。在表皮上，往往是一个长细胞和两个短细胞（即一个硅质细胞和一个栓质细胞）交互排列，有时也可见多个短细胞聚集在一起。长细胞与短细胞的形状、数目和相对位置，因植物种类而不同。禾本科植物叶的上、下表皮上，都有气孔，成纵行排列，与一般植物不同（图 3–101）。保卫细胞呈哑铃形，中部狭窄，具厚壁，两端膨大，成球状，具薄壁。气孔的开闭是两端球状部分胀缩变化的结果。当两端球状部分膨胀时，气孔开放，反之，收缩时气孔关闭。保卫细胞的外侧各有一个副卫细胞，它和一般表皮细胞形状不同，有时甚至是内含物不同的细胞。这些副卫细胞骤看起来，仿佛是气孔的一部分，但实际上，它们都是由气孔侧面的表皮细胞所衍生。气孔的分布和叶脉相平行。气孔的数目和分布，因植物种类而异。同一植株的不同叶上，或同一叶上的不同部分，气孔的数目也有差别。上、下表皮上，气孔的数目近乎相等。在上表皮的不少地方，还有一些特殊的大型含水细胞，有较大的液泡，无叶绿素，或有少量的叶绿素，径向细胞壁薄，外壁较厚，称为泡状细胞（bulliform cell，图 3–102）。泡状细胞通常位于两个维管束之间的部位，在叶上排列成若干纵列，列数因植物种类而不同。在横切面上，泡状细胞的排列略呈扇形。过去一般认为泡状细胞和叶片的伸展卷缩有关，即水分不足时，泡状细胞失水较快，细胞外壁向内收缩，引起整个叶片向

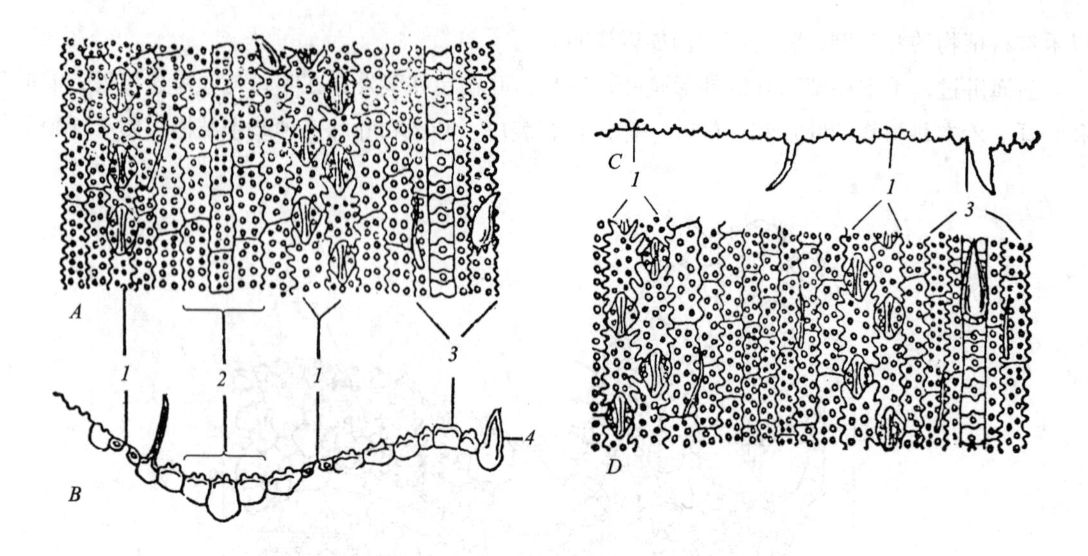

图 3-101　水稻叶的表皮

A. 上表皮表面观； *B*. 上表皮的横切面； *C*. 下表皮横切面； *D*. 下表皮的表面观

1. 气孔列； 2. 泡状细胞； 3. 叶脉上方的表皮部分； 4. 表皮毛

上卷缩成筒，以减少蒸腾；水分充足时，泡状细胞膨胀，叶片伸展，因此，泡状细胞也称为运动细胞。但是有些试验表明，叶片的伸展、卷缩，最重要的是泡状细胞以外的其他组织如表皮、叶肉等的收缩。

2. 叶肉　叶肉组织比较均一，不分化成栅栏组织和海绵组织，所以，禾本科植物叶是等面叶，叶肉内的胞间隙较小，在气孔的内方有较大的胞间隙，即孔下室。

3. 叶脉　叶脉内的维管束是有限外韧维管束，与茎内的结构基本相似。叶内的维管束一般平行排列，较大的维管束与上、下表皮间存在着厚壁组织。维管束外，往往有一层或二层细胞包围，组成维管束鞘。维管束鞘有两种类型：如玉米、甘蔗、高粱等的维管束鞘，是单层薄壁细胞的，细胞较大，排列整齐，含叶绿体。在显微结构上，这些叶绿体比叶肉细胞所含的为大，没有或仅有少量基粒，但它积累淀粉的能力，却超过叶肉细胞中的叶绿体；水稻、小麦、大麦等的维管束鞘有两层细胞，但水稻的细脉中，一般只有一层维管束鞘。外层细胞是薄壁的，较大，含叶绿体较叶肉细胞中为少；内层是厚壁的，细胞较小，几乎不含叶绿体。禾本科植物叶中的维管束鞘类型不同，一般可作为区分黍亚科（Panicoideae）和早熟禾亚科（Pooideae）的参考依据。

随着科学研究的发展，人们不仅认识到维管束鞘的解剖结构与禾本科植物分类有关，同时，也进一步注意到维管束鞘和它周围叶肉细胞的排列和结构与光合作用的关系。玉米等植物叶片的维管束鞘较发达，内含多数较大叶绿体，外侧紧密毗连着一圈叶肉细胞，组成“花环形”结构（图 3-103）。根据近代光合作用途径的研究，这种“花环”解剖结构是碳四（C_4）植物的特征。小麦、水稻等植物的叶片中，没有这种“花环”结构出现，并且维管束鞘细胞中的叶绿体也很少，这是碳三（C_3）植物在叶片结构上的反映。具有“花环”结构的 C_4 植物叶片中，它的

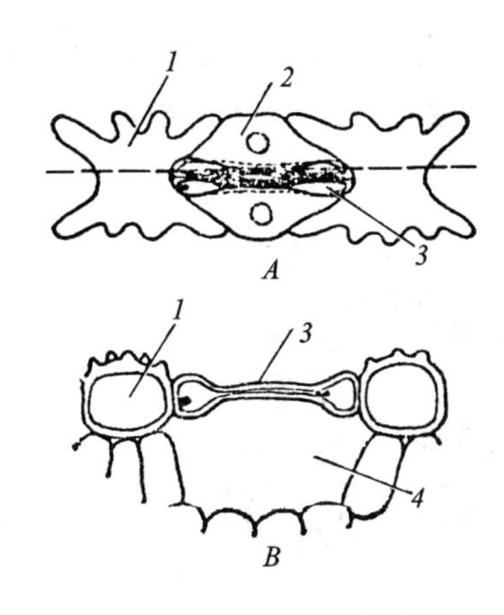

图 3-102 水稻的气孔

A. 气孔的表面观； *B. A* 图虚线的横切面

1. 表皮细胞； 2. 副卫细胞； 3. 保卫细胞； 4. 孔下室

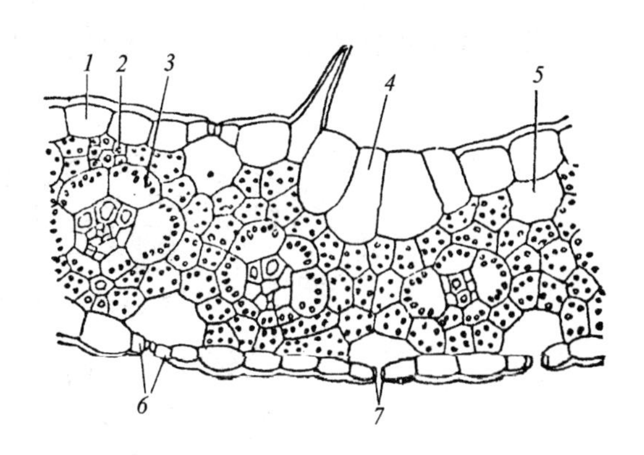

图 3-103 玉米叶横切面的一部分

1. 表皮； 2. 机械组织； 3. 维管束鞘； 4. 泡状细胞； 5. 胞间隙； 6. 副卫细胞； 7. 保卫细胞

维管束鞘细胞，在进行光合作用时，可以将叶细胞中，由四碳化合物所释放出的二氧化碳，再行固定还原，这样就提高了光合效能。一般认为，C_4 植物可称为高光效植物，而 C_3 植物为低光效植物。C_4 和 C_3 植物不仅存在于禾本科植物中，其他一些单子叶植物和双子叶植物中也有发现，如莎草科、苋科、藜科等也有 C_4 植物，而大豆、烟草则属 C_3 植物。

禾本科植物叶脉的上、下方，通常都有成片的厚壁组织把叶肉隔开，而与表皮相接。水稻的中脉，向叶片背面突出，结构比较复杂，它是由多个维管束与一定的薄壁组织组成。维管束大小相间而生，中央部分有大而分隔的气腔，与茎、根的通气组织相通。光合作用所释放的氧，可以由这些通气组织输送到根部，供给根部细胞呼吸的需要。

（三）松针的结构

裸子植物中松属植物是常绿的，叶为针叶，有时称为松针，因而松属植物有针叶植物之称，是造林方面很重要的树种。针叶植物常呈旱生的形态，叶作针形，缩小了蒸腾面积。松叶发生在短枝上，有的是单根的，多数是两根或多根一束的。松叶一束中的针叶数目不同，因而横切面的形状也就不同。例如马尾松（*Pinus massoniana*）和黄山松（*P. taiwanensis*）的针叶是两根一束，横切面作半圆形，而云南松（*P. yunnanensis*）是三根一束，华山松（*P. armandii*）是五根一束，它们的横切面都作三角形（图 3-104）。现以马尾松为例，说明针叶内部结构（图 3-105，图 3-106）。马尾松叶的表皮细胞壁较厚，角质层发达，表皮下更有多层厚壁细胞，称为下皮（hypodermis），气孔内陷，这些都是旱生形态的特征。此外，叶肉细胞的细胞壁，向内凹陷，成无数褶襞，叶绿体沿褶襞而分布，这就使细胞扩大了光合面积。叶肉细胞实际上也就是绿色折叠的薄壁细胞。叶内具若干树脂道，在叶肉内方有明显的内皮层，维管组织两束，居叶的中央。松属的其他种类，有仅具一束维管组织的，因此，按维管组织的束数，而把松属分为两个亚属，即单维管束亚属（subgen. *Strobus*）和双维管束亚属（subgen. *Pinus*）。

松针叶小，表皮壁厚，叶肉细胞壁向内折叠，具树脂道，内皮层显著，维管束排列在叶的中心部分等，都是松属针叶的特点，也表明了它是具有能适应低温和干旱的形态结构。

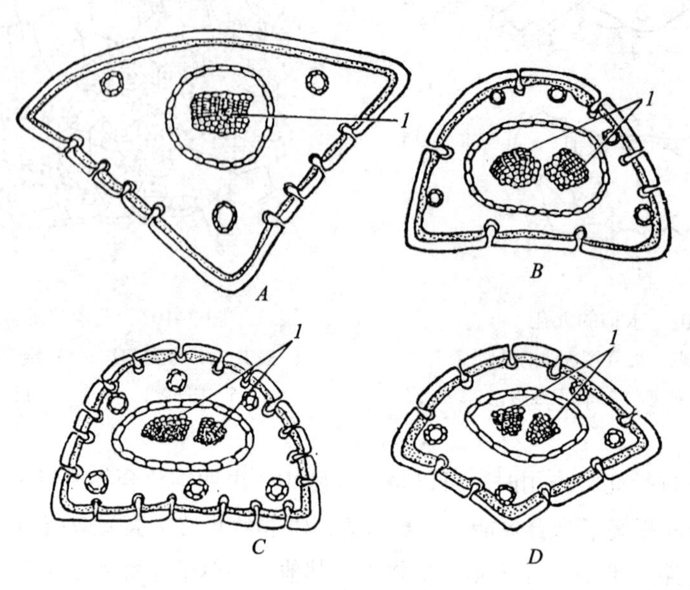

图 3-104　几种松针横切面的图解

A. 华山松；*B.* 马尾松；*C.* 黄山松；*D.* 云南松

1. 维管束

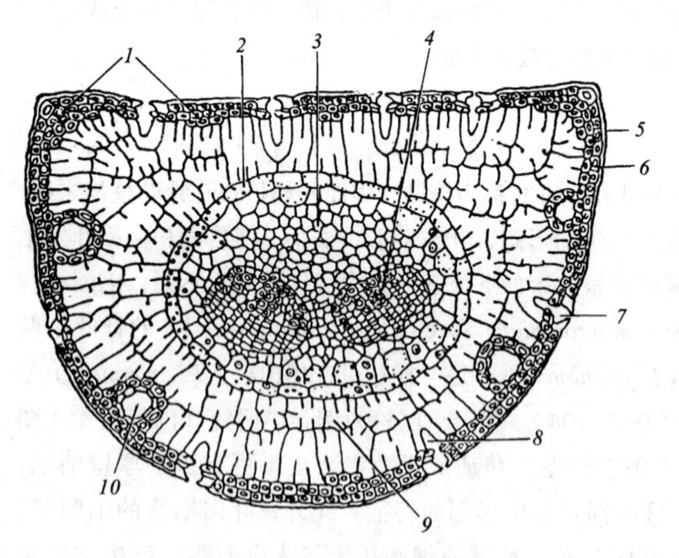

图 3-105　马尾松叶的横切面

1. 下皮层；2. 内皮层；3. 薄壁组织；4. 维管束；5. 角质层；6. 表皮；7. 下陷的气孔；8. 孔下室；9. 叶肉细胞；10. 树脂道

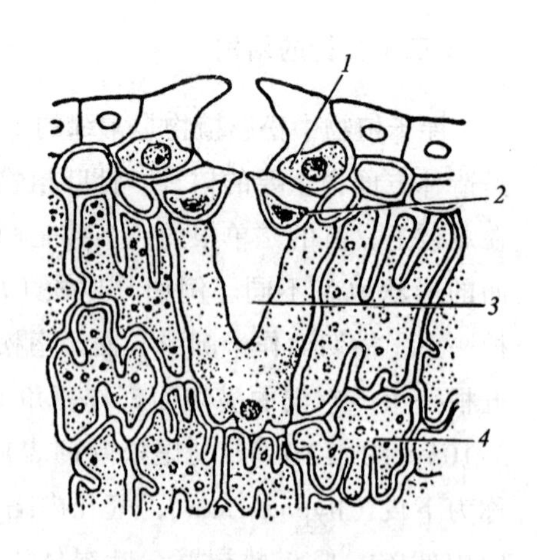

图 3-106　马尾松叶的气孔器

1. 副卫细胞；2. 保卫细胞；3. 孔下室；4. 叶肉细胞（绿色折叠薄壁细胞）

五、叶的生态类型

（一）旱生植物和水生植物的叶

各类植物在生态上，根据它们和水的关系，被区分为陆生植物和水生植物。前者又可分为旱生植物、中生植物和湿生植物。旱生植物是能够生长在干旱环境下的植物，有极强的抗旱性。湿生植物是抗旱性小，生长在潮湿环境中的植物。中生植物是介乎二者间的一类植物，但在湿润环境中能生长得较好。水生植物是生长在水中的植物。这些植物在形态上各有特点，特别表现在叶的形态和结构上。这是由于植物体内的水分主要消耗在蒸腾方面，叶是蒸腾器官，叶的形态结构直接影响蒸腾的作用和情况，也就影响植物和水的关系。所以，旱生植物和水生植物的形态和结构上的特征，主要能在叶的形态和结构上反映出来。前面所讲的被子植物叶的结构，一般是指中生植物的叶而言。

1. 旱生植物的叶　旱生植物，一般讲，植株矮小，根系发达，叶小而厚，或多茸毛，这是就外形而言。在结构上，叶的表皮细胞壁厚，角质层发达。有些种类，表皮常是由多层细胞组成，气孔下陷或限生于局部区域（图 3–107，图 3–108）。栅栏组织层数往往较多，海绵组织和胞间隙却不发达。机械组织的量较多。这些形态结构上的特征，或者是减少蒸腾面，或者是尽量使蒸腾作用的进行迟滞，再加上原生质体的少水性，以及细胞液的高渗透压，使旱生植物具有高度的抗旱力，以适应干旱的环境。

旱生植物的另一种类型，是所谓肉质植物，如马齿苋、景天、芦荟、龙舌兰等。它们的共同特征，是叶肥厚多汁，在叶内有发达的薄壁组织，贮多量的水分。仙人掌也属肉质植物，但不少种类中叶片退化，茎肥厚多汁。这些植物的细胞，能保持大量水分，水的消耗也少，因此，能够耐旱。景天时常生长在瓦沟内，就可以说明它的抗旱力。

2. 水生植物的叶　水生植物的整个植株生在水中，因此，它们的叶，特别是沉水叶（submerged leaf）不怕缺水，而问题在于如何获得它所需要的气体和光量，因为水中的气体和光量是不足的。沉水叶和旱生植物的叶，在结构上迥然不同，表现出植物界中叶的另一极端的类型。沉水叶一般形小而薄，有些植物的沉水叶片细裂成丝状，以增加与水的接触和气体的吸收面。表皮细胞壁薄，不角质化或轻度角质化，一般具叶绿体，无气孔。叶肉不发达，亦无栅栏组织与海绵组织的分化。维管组织和机械组织极端衰退。胞间隙特别发达，形成通气组织，即具大细胞间隙的薄壁组织，如眼子菜属的菹草（*Potamogeton crispus*）的叶（图 3–109）。

沉水叶的这些结构特征，就能很好地适应水中的生活。这是因为：

（1）表皮细胞壁薄，既然在水中，就能直接吸收水分和溶于水中的气体和盐类。水中光线一般较弱，水愈深，光线愈弱，表皮细胞含叶绿体，对于光的吸收和利用是极有利的。因此，沉水叶的表皮不仅是保护组织，也是吸收组织和同化组织（光合组织）。

（2）沉水叶的叶肉不发达，这是由于透入水中的光线较弱，结构内组织的层数少，就便于光透入组织，有利于植物的生理活动。例如上述眼子菜属植物的叶，除叶片的中部有多层细胞外，

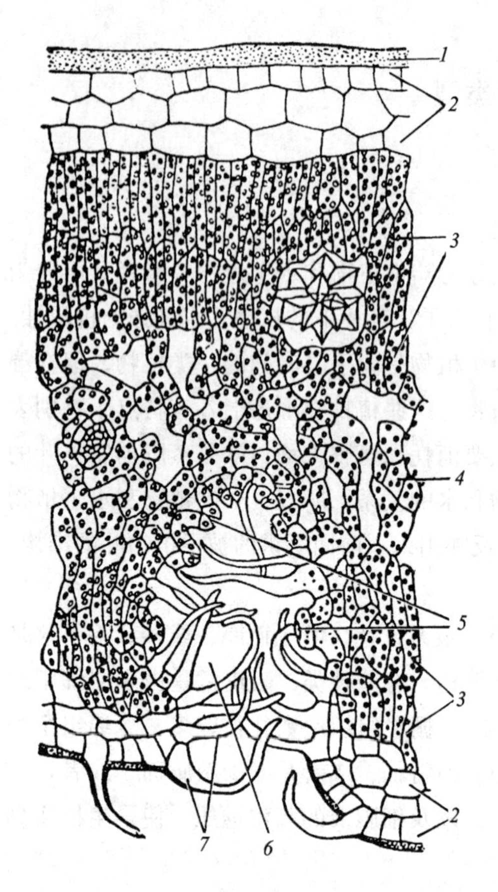

图 3-107　夹竹桃叶横切面的一部分

1. 角质层；　2. 复表皮；　3. 栅栏组织；　4. 海绵组织；
5. 气孔；　6. 气孔窝；　7. 毛

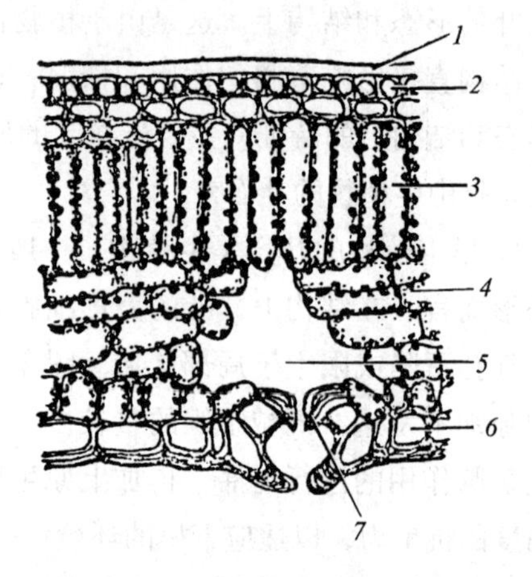

图 3-108　铁树叶的横切面

1. 角质层；　2. 上表皮；　3. 栅栏组织；　4. 海绵组织；
5. 孔下室；　6. 下表皮；　7. 下陷气孔

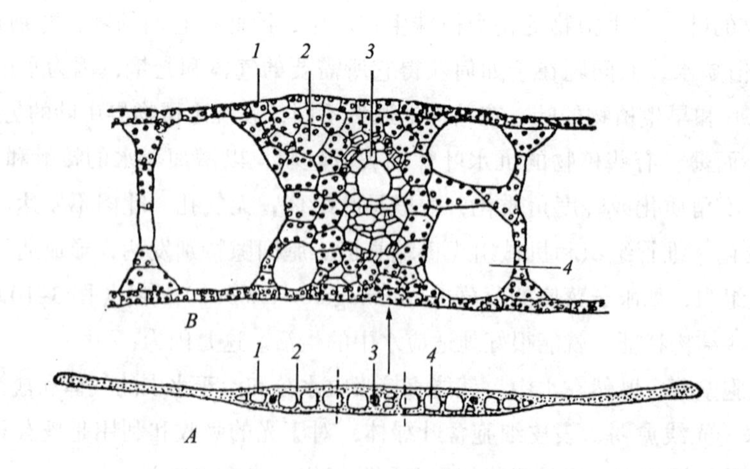

图 3-109　菹草叶的结构

A. 叶的横切面全形图解；　*B.* 叶片中部的一部分放大

1. 具叶绿体的表皮细胞；　2. 叶肉；　3. 退化的维管束（没有导管）；　4. 通气组织

大部分叶片仅是三层细胞结构，只有中间一层细胞代表着叶肉。表皮细胞可向四周吸水，又进行光合作用。组织层数少，在这样的情况下，水和养分的运输就不成重要的问题，同时，随水漂荡，所需的支持力也小。因此，维管组织和机械组织就很不发达。

（3）气体的供应是沉水植物的一个很重要的问题。一般沉水植物，具发达的胞间隙所形成的通气组织，就是适应这种需要的结构。通气组织内，贮藏着气体可以供光合作用和呼吸作用一部分的需要，弥补吸收的不足。

从这三点看，沉水叶的结构是完全能适应水中生活的。有些水生植物中具气生叶或漂浮叶。前者和一般中生植物的叶结构相似，后者仅上表皮具气孔，叶肉中也具发达的通气组织。

（二）阳地植物和阴地植物的叶

各类植物根据它们和光照强度的关系，又可分为阳地植物（阳生植物，sun plant）、阴地植物（阴生植物，shade plant）和耐阴植物（shade-enduring plant）。阳地植物是在阳光完全直射的环境下生长良好的植物，它们多生长在旷野、路边。一般农作物、草原和沙漠植物以及先叶开花的植物都属阳地植物。阴地植物是在较弱光照条件下，即荫蔽环境下生长良好的植物。但这并不是说，阴地植物要求的光照强度愈弱愈好。因为当光照强度过弱达不到阴地植物的补偿点时，它们也不能正常生长。所以，阴地植物要求较弱的光照强度只是和阳地植物比较而言。阴地植物多生长在潮湿背阴的地方，或生于密林草丛内。耐阴植物是介于阳地植物与阴地植物两者间的植物。它们一般在全日照下生长最好，但也能忍耐适度的荫蔽，它们既能在阳地生长，也能在较阴的环境下生长，而不同种类的植物，耐阴的程度有着极大的差异。阴地植物和耐阴植物的研究，在作物和林间隙地的利用，以及园林绿化上，是极有意义的。

1. 阳地植物的叶　阳地植物受热和受光较强，所处的环境中，空气较干燥，风的影响也较大，这都加强了蒸腾作用。因此，阳地植物的叶倾向于旱生形态。它的特征是：叶片一般较小而厚，叶面上常有较厚的角质层覆盖，表皮细胞较小，细胞壁较厚，排列紧密，胞间隙小，气孔通常较小而密集，表皮外有时有茸毛。叶肉细胞强烈分化，栅栏组织发达，常有2～3层，有时上、下表皮都有栅栏组织；海绵组织不甚发达，胞间隙较小。叶脉细密而长。机械组织发达。这些都充分表现了旱生形态的特征。阳地植物倾向于旱生形态，但不等于旱生植物。旱生植物中，确实有不少是阳地植物，但阳地植物中，也有不少是湿生植物，甚至是水生植物。例如水稻是水生植物，又是阳地植物。阳地植物的大气环境和旱生植物有些类似，但土壤环境就可不同。甚至完全相反，这点必须加以注意。

2. 阴地植物的叶　阴地植物的叶倾向于湿生形态。一般是叶片较大而薄，表皮细胞有时具叶绿体，角质层较薄，气孔数较少；叶肉内栅栏组织不发达，胞间隙较发达，叶绿体较大，叶绿素含量较多。这些形态结构都有利于光的吸收和利用，在弱光环境下是完全必要的。

耐阴植物的叶因生境的光照强度不同和植物耐阴性的差异，叶的形态结构或偏于阳地植物，或偏于阴地植物，这里不加详述了。

阳地植物和阴地植物是生长在不同光照强度环境中的植物，由于叶是直接接受光照的器官，因此，受光照强弱的影响，也就容易反映在它们的形态、结构上。实际上，同一种植物，生长在不同的光照环境中，叶的结构也会有或多或少的变化。即使同一植株上，向光的叶（阳叶）和背光的叶（阴叶）在形态、结构上，也显出差异。例如，糖槭（*Acer saccharum*）生在树冠南面有着充分光照的阳叶，和生在较阴暗处的阴叶，就有着显著不同的特征（图 3-110）。

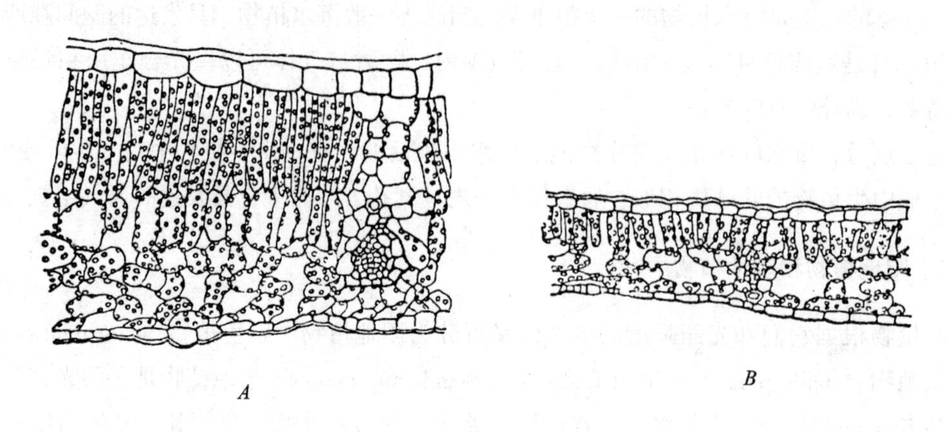

图 3-110　糖槭叶的横切面，示阳叶与阴叶

A. 生长在树冠向阳面的叶；*B.* 生长在树冠内中部的叶

从以上的旱生、水生植物的叶，阳地植物和阴地植物的叶，可以看到，外界环境的不同，即生态条件的不同，叶的形态、结构就有显著的差异，充分说明叶的形态、结构对于生境（即生长的环境）的适应。

六、落叶和离层

植物的叶并不能永久存在，而是有一定的寿命，也就是在一定的生活期终结时，叶就枯死。叶的生活期的长短，各种植物是不同的。一般植物的叶，生活期不过几个月而已，但也有生活期在一年以上或多年的。一年生植物的叶随植物的死亡而死亡。常绿植物的叶，生活期一般较长，例如，女贞叶可活 1～3 年，松叶可活 3～5 年，罗汉松叶可活 2～8 年，冷杉叶可活 3～10 年，紫杉叶可活 6～10 年。

叶枯死后，或残留在植株上，如稻、蚕豆、豌豆等草本植物，或随即脱落，称为落叶，如多数树木的叶。树木的落叶有两种情况：一种是每当寒冷或干旱季节到来时，全树的叶同时枯死脱落，仅存秃枝，这种树木称为落叶树（deciduous tree），如悬铃木、栎、桃、柳、水杉等；另一种是在春、夏季时，新叶发生后，老叶才逐渐枯落，因此，落叶有先后，而不是集中在一个时期内，就全树看，终年常绿，这种树木称为常绿树（evergreen tree），如茶、黄杨、樟、广玉兰、枇杷、松等。实际上，落叶树和常绿树都是要落叶的，只是落叶的情况有着差异罢了。

植物的叶经过一定时期的生理活动，细胞内产生大量的代谢产物，特别是一些矿物质的积累，引起叶细胞功能的衰退，渐次衰老，终至死亡，这是落叶的内在因素。落叶树的落叶总是在不良季节中进行，这就是外因的影响。温带地区，冬季干冷，根的吸收困难，而蒸腾强度并不减低，这时缺水的情况也促进叶的枯落。热带地区，旱季到来，环境缺水，也同样促进落叶。叶的枯落可大大地减少蒸腾面，对植物是极为有利的，深秋或旱季落叶，可以看作是植物避免过度蒸腾的一种适应现象。植物在长期历史发展的过程中，形成了这种习性，自然选择又选择和巩固了这些能在不良季节会落叶的植物种类。这样，就创造了一些植物一定的发育节律，每年的不良季节，在内因和外因的综合影响下，出现一种植物适应环境的落叶现象。

叶为什么会脱落？脱落后的叶痕为什么会那样的光滑呢？这是因为在叶柄基部或靠近叶柄基部的某些细胞，由于细胞的或生物化学的性质的变化，最终产生了离区（abscission zone）的原因。离区包括离层（abscission layer）和保护层（protective layer）两个部分（图 3-111）。在叶将落时，叶柄基部或靠近基部的部分，有一个区域内的薄壁组织细胞开始分裂，产生一群小型细胞，以后这群细胞的外层细胞壁胶化，细胞成为游离的状态，因此，支持力量变得异常薄弱，这个区域就称为离层。因为支持力弱，由于叶的重力，再加上风的摇曳，叶就从离层脱落。有些植物叶的脱落，也可能只是物理学性质的机械断裂。紧接在离层下，就是保护层，它是由一些保护物质如栓质、伤胶等沉积在数层细胞的细胞壁和胞间隙中所形成的。在木本植物中，保护层迟早为保护层下发育的周皮所代替，以后并与茎的其他部分的周皮相连续。保护层的这些特点，都能避免水的散失和昆虫、真菌、细菌等的伤害。

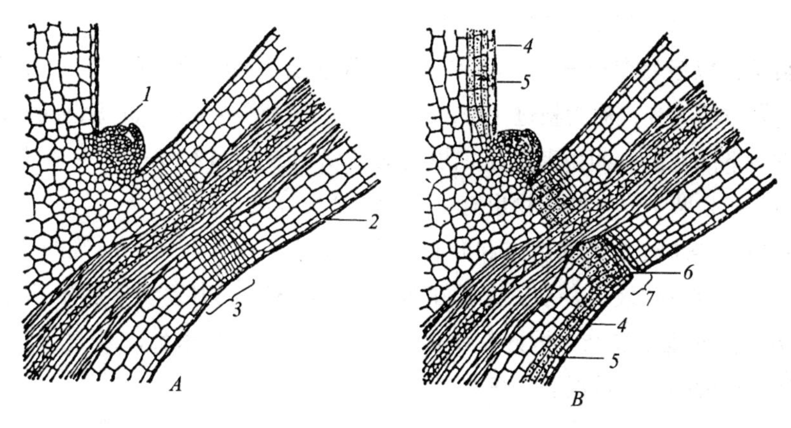

图 3-111　离区的离层和保护层结构示意图

A. 离区的形成；*B*. 离层和保护层

1. 腋芽；2. 叶柄；3. 离区；4. 表皮；5. 周皮；6. 保护层；7. 离层

科学研究已经发现，在植物体内存在着一种内生植物激素，即脱落酸（abscisic acid，简称 ABA）。它是一种生长抑制剂，能刺激离层的形成，使叶、果、花产生脱落现象，它也能影响植物的休眠和生长发育。随着对脱落过程的深入研究，在农业生产上用化学物质控制落叶、落果等，取得了良好的经济效益。叶的人为脱落，在农产品的收获季节里有时应用，例如在机械采棉时，为减除叶片妨碍操作，用 3% 的硫氰化铵（NH_4SCN）或马来酰肼（MH）喷洒，就能使叶脱落，以利采收。

第四节　营养器官间的相互联系

一、营养器官间维管组织的联系

（一）茎与叶的维管组织的联系

一般叶的叶柄具表皮、皮层和维管束，都是和茎的结构相连续的，这里值得一提的是茎和叶的维管系统的联系。在茎的形态一节中，曾讲到冬枝上的叶痕内的叶迹，它是茎中维管束从内向外弯曲之点起，通过皮层，到叶柄基部止的这一段。各种植物的叶迹，由茎伸入叶柄基部的方式是不同的，有的由茎中的维管束伸出，在节部直接进入叶柄基部；有的从茎中维管束伸出后，和其他叶迹汇合，再沿着皮层上升穿越一节或多节，才进入叶柄基部。叶迹进入叶柄基部后，和叶维管束相连，通过叶柄伸入叶片，在叶片内广泛分枝，构成叶脉。叶迹从茎的维管柱上分出向外弯曲后，维管柱上，即叶迹上方出现一个空隙，并由薄壁组织填充，这个区域称为叶隙（leaf gap，图 3-112，*A*—*D*，*I*）。

叶腋里有腋芽，以后发育成分枝。茎和分枝的联系跟茎和叶的联系一样，茎维管柱上的分枝，通过皮层进入枝的部分，称为枝迹（branch trace）。枝隙（branch gap）也同样地是枝迹伸出后，在它的上方留下的空隙，而由薄壁组织填充的区域（图 3-112，*E*—*H*）。在双子叶植物和裸子植物中，枝迹一般是两个，有些植物也有一个或多个的。

这里可以看出，茎维管系统的组成和叶有密切的关系。由于叶迹和枝迹的产生，茎中的维管组织在节部附近离合变化极为复杂，尤其在节间短、叶密集，甚至多叶轮生和具叶鞘的茎上，叶迹的数目更多，情况也更复杂。因此，要很好地了解茎中维管系统，必须进一步研究茎和叶中的维管系统相互连续的全部情况。

（二）茎与根的维管组织的联系

茎和根是互相连续的结构，共同组成植物体的体轴。在植物幼苗时期的茎和根相接的部分，出现双方各自特征性结构（即根的初生维管组织为间隔排列，木质部为外始式；茎的初生维管组织为内外排列，木质部为内始式）的过渡，称为根和茎的过渡区（简称过渡区，也称转变区，transition zone）。

过渡区通常很短，从小于 1 mm 到 2 ~ 3 mm，很少达到几厘米。过渡一般发生在胚根以上的下胚轴的最基部、中部或上部，终止于子叶节上。

在过渡区，表皮、皮层等是直接连续的，但维管组织要有一个改组和连接的过程。我们已经知道，茎和根中维管组织的类型和排列，有显著的不同，根中的初生木质部和初生韧皮部是相互独立、交互排列的，初生木质部是外始式；茎内的初生木质部和初生韧皮部则位于同一半

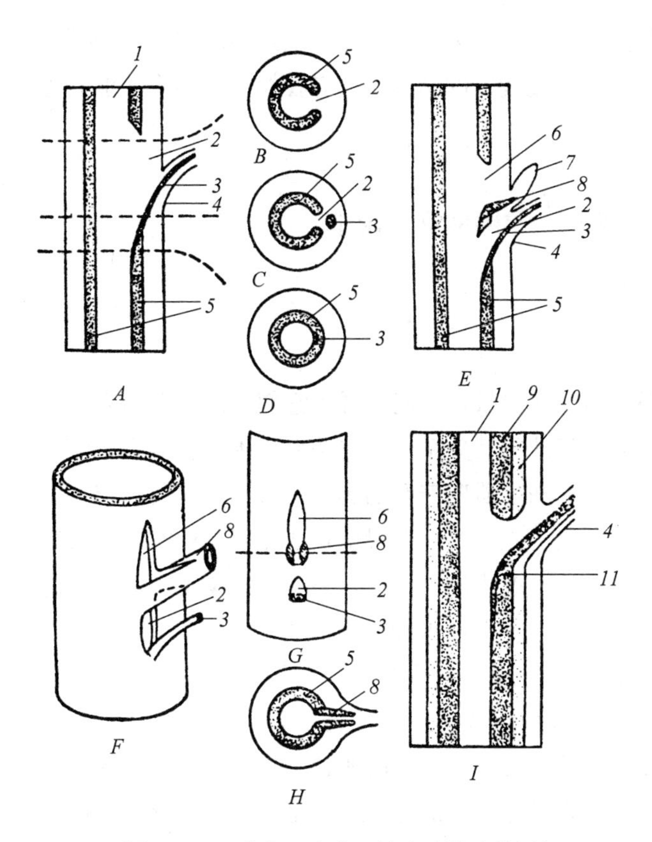

图 3-112　叶迹、叶隙、枝迹及枝隙的图解

A. 茎节中经过叶迹、叶隙的纵切面；*B—D.* 分别为 *A* 图中三条虚线部位所指的横切面；*E.* 茎节中经过叶迹、叶隙、枝迹、枝隙的纵切面；*F.* 维管柱，示叶迹、叶隙、枝迹、枝隙；*G.* 系 *F* 图中正面的剖面；*H.* 系 *G* 图中虚线处所作的横切面；*I.* 同 *A* 图，示较详细的结构

1. 髓；2. 叶隙；3. 叶迹；4. 叶柄；5. 茎中的维管组织；6. 枝隙；7. 腋芽；8. 枝迹；9. 木质部；10. 韧皮部；11. 原生木质部

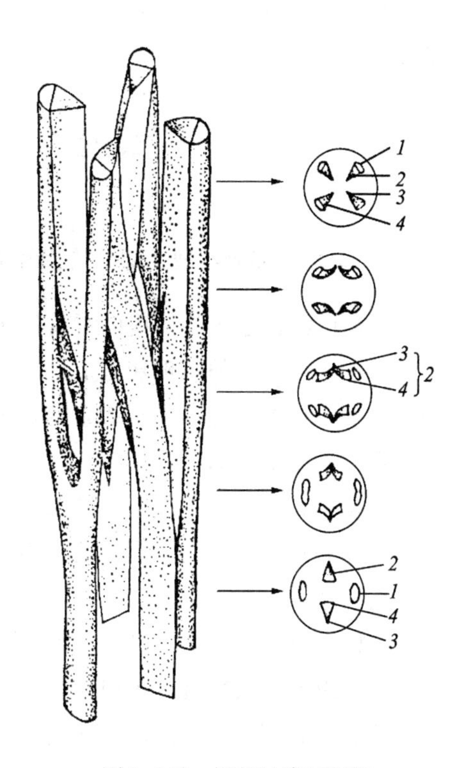

图 3-113　根茎过渡区图解

1. 韧皮部；2. 木质部；3. 原生木质部；4. 后生木质部

径上，成了内外排列，组成维管束，而初生木质部又往往是内始式。这样由根到茎的维管组织，必然要有一个转变，才能相互连接。这个转变就发生在过渡区内。

从根到茎的变化，一般先是维管柱增粗，伴随着维管组织因分化的结果，木质部的位置和方向，出现一系列变化。各种植物都有一定的变化方式，现在就南瓜属（*Cucurbita*）和菜豆属（*Phaseolus*）植物中二原型根的类型说明从根到茎维管组织的变化（图 3-113）。

一个二原型的根，它的维管柱的每一个初生木质部发生转变时，看来好像先是纵向分裂成叉状分枝；接着，分枝向上，朝左右两侧扭转，以后又好像各旋转近 180° 和韧皮部相接。事实上，这是由于从根到茎的不同水平的部位上，经过细胞分裂和分化，所形成的组织种类和细胞组成不同，因而使木质部的组成分子也就出现在不同的位置和方向上，而韧皮部在木质部变化的同时，也逐渐分裂移位。因此，这一类型茎中的初生维管束数，和根中的初生韧皮部的束数不同，经过分化的过程，二者连接起来，就完成了过渡。过渡区的结构，只有在初生结构中才能看得清楚。

二、营养器官在植物生长中的相互影响

（一）地下部分与地上部分的相互关系

上面已经讲过植物体内的维管组织将根、茎、叶串联在一起，看出它们在结构上的紧密联系。从根、茎、叶的生理功能上也可看出它们之间的相互关系，这些关系是由于各器官之间存在着营养物质的供应、生长激素的调节，以及水分和矿质营养等的影响，所以引起促进与抑制的关系。种子播种后，萌发时，一般情况下，总是根先长出，在根生长达一定程度时，下胚轴和胚芽出土，形成地上枝系，说明地下部分根系的发展为地上部分枝系的生长奠定了基础。以后在植物整个生长期间，同样地，根系的健全发展才能保证水分、无机盐、氨基酸、生长激素等对地上枝系的充分供应，为地上枝系良好的生长发育提供有利的物质条件。所谓“根深叶茂，本（即根）固枝荣”正是如此。如果根系不健全，地上部分也一定不能繁荣，“拔苗助长”的可笑，就是由于不按照这一规律，拔苗必然破坏根系，要希望枝系的速长，是完全不可能的。当种子萌发的后期，种子内的养料消耗殆尽时，根系又从地上部分，特别是从叶的部分，取得养料，才能继续发展。所以反过来，叶茂才能根深，枝荣才能本固。根系的健全发展有赖于叶的制造有机养料、维生素、生长激素等，通过茎的输送进入根系。叶的蒸腾作用也是根能吸水的动力之一。在枝条的扦插中，即使仅留一张叶片，也会较快地生出不定根来，这都说明，地上部分与地下部分相互依存、相互制约的辩证关系。农、林和园艺的生产实践中正是利用这种辩证关系来调整和控制植物的生长。

（二）顶芽与腋芽的相互关系

一株植物枝上的芽，并不是全部都开放的，一般情况下，只有顶芽和离顶芽较近的少数腋芽才能开放，而大多数的腋芽是处于休眠状态而不开放的。

顶芽和腋芽的发育是相互制约的。顶芽发育得好，主干就长得快，而腋芽却受到抑制，不能发育成新枝或发育得较慢。如果摘除顶芽（通称打顶）或顶芽受伤，顶芽以下的腋芽才能开始活动，较快地发育成新枝。这种顶芽生长占优势，抑制腋芽生长的现象，称为“顶端优势”（apical dominance）。了解顶芽和腋芽间相互关系的规律，就可以对不同作物，根据不同要求，采取不同的处理，有的要保留顶端优势，有的要抑制顶端优势。例如栽培黄麻，不需要它分枝，就可以利用顶端优势，适当密植，抑制腋芽发育，从而提高纤维的产量和质量。果树和棉花正相反，需要合理修剪，适时打顶，抑制顶端优势，以促进分枝多而健壮，通风透光，多开花结果，提高果实的产量和质量。实验证明，顶端优势的存在，可能是由于腋芽对生长激素的敏感性大于顶芽，大量的生长激素在顶芽中形成后，抑制了腋芽的生长。所以，顶端优势的存在，

实质上是生长激素对腋芽生长活动的抑制作用。顶端优势的强弱，还随着作物的种类、生育时期及供肥等情况而变化。水稻、小麦等作物，在分蘖时期顶端优势比较弱，地下的分蘖节上，可以进行多次的分蘖，但是芦苇、毛竹的顶端优势却很强，地上茎一般不分枝，或分枝很弱。因此，了解各种植物的芽的活动规律，在农、林和园艺的生产实践上，具有重大意义。

第五节　营养器官的变态

营养器官（根、茎、叶）的形态、结构和功能，在前几节中已经作了扼要的叙述，可以看到它们都有一定的与功能相适应的形态和结构。就多数情况而言，在不同植物中，同一器官的形态、结构是大同小异的，然而在自然界中，由于环境的变化，植物器官因适应某一特殊环境而改变它原有的功能，因而也改变其形态和结构，经过长期的自然选择，已成为该种植物的特征，这种由于功能的改变所引起的植物器官的一般形态和结构上的变化称为变态（metamorphosis）。这种变态与病理的或偶然的变化不同，而是健康的、正常的遗传。

一、根 的 变 态

根的变态有贮藏根、气生根和寄生根三种主要类型。

（一）贮藏根

存贮养料，肥厚多汁，形状多样，常见于二年生或多年生的草本双子叶植物。贮藏根是越冬植物的一种适应，所贮藏的养料可供来年生长发育时的需要，使根上能抽出枝来，并开花结果。根据来源，可分为肉质直根和块根两大类。

1. 肉质直根（fleshy taproot） 主要由主根发育而成。一株上仅有一个肉质直根，并包括下胚轴和节间极短的茎。由下胚轴发育而成的部分无侧根，平时所说的根颈，即指这一部分，而根头，即指茎基部分，上面着生了许多叶。肥大的主根构成肉质直根的主体。萝卜、胡萝卜和甜菜的肉质根即属此类（图 3–114）。这些肉质直根在外形上极为相似，初生木质部也都是二原型，但加粗的方式即贮藏组织的来源却不同，因而内部结构也就不同。胡萝卜和萝卜根的加粗，虽然都是由于形成层活动的结果，但产生的次生组织的情况却不

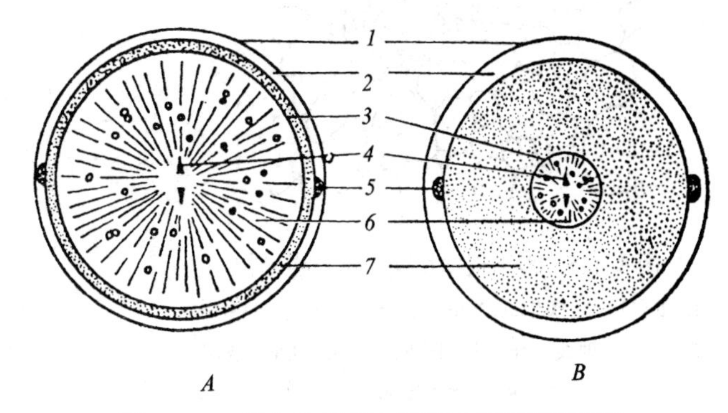

图 3–114　萝卜和胡萝卜贮藏根横切面的图解

A. 萝卜根横切面；*B*. 胡萝卜根横切面

1. 周皮；2. 皮层；3. 形成层；4. 初生木质部；5. 初生韧皮部；6. 次生木质部；7. 次生韧皮部

相同。胡萝卜的肉质直根，大部分是由次生韧皮部组成。在次生韧皮部中，薄壁组织非常发达占主要部分，贮藏大量营养物质，而次生木质部形成较少，其中大部分为木薄壁组织，分化的导管较少，构成通常所谓“芯”的部分。萝卜的肉质直根却和胡萝卜相反。它的次生木质部发达，其中导管很少，无纤维，薄壁组织占主要部分，贮藏大量营养物质，而次生韧皮部形成的很少。萝卜的肉质根中，除一般的形成层外，在木薄壁组织中的某些细胞，可恢复分裂，转变成另一种新的形成层（图 3–115），这些在正常维管形成层以外产生的形成层，称为额外形成层（extra cambium 或副形成层 accessory cambium）。它和正常的形成层一样，向内产生木质部，向外产生韧皮部，有时称为三生结构。因此，额外形成层所形成的木质部和韧皮部，也相应地称为三生木质部和三生韧皮部。

甜菜根的加粗和萝卜、胡萝卜不同（图 3–116）。但甜菜最初的形成层活动和次生结构的产生和它们一样。所不同的是当这一形成层正在活动时，却在中柱鞘中又产生另一形成层，即额

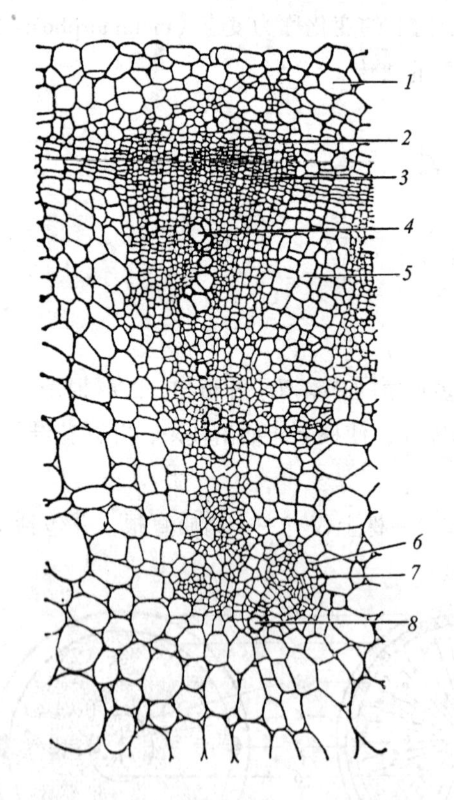

图 3–115　萝卜根横切面，示三生结构

1. 皮层；2. 次生韧皮部；3. 形成层；4. 次生木质部；5. 射线；6. 三生韧皮部；7. 额外形成层；8. 三生木质部

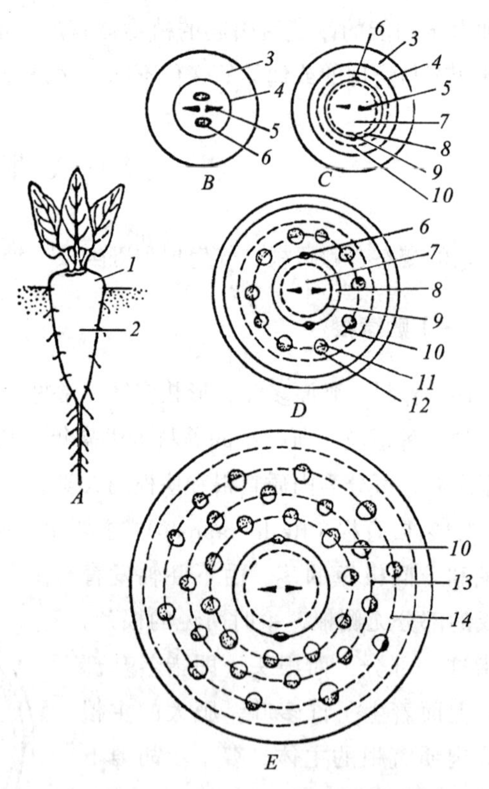

图 3–116　甜菜根的加粗过程图解

A. 甜菜贮藏根的外形；*B*. 具初生结构的幼根；*C*. 具次生结构的根；*D*. 发展成额外的三生结构的根；*E*. 发展成多层额外形成层的根

1. 下胚轴；2. 初生根；3. 皮层；4. 内皮层；5. 初生木质部；6. 初生韧皮部；7. 次生木质部；8. 次生韧皮部；9. 形成层；10. 额外形成层；11. 三生木质部；12. 三生韧皮部；13. 第二圈额外形成层；14. 第三圈额外形成层

外形成层，它能形成新的维管组织。在中柱鞘形成额外形成层的同时，也形成大量的薄壁组织，这些薄壁组织中以后又产生新的额外形成层，依次，同样地可产生多层额外形成层，位于各维管束韧皮部的外方，并形成新的维管组织。结果造成一轮维管组织和一轮薄壁组织的相间排列，使甜菜的肉质根的横切面上，出现显著的多层同心环结构。甜菜的优良品种中，肉质直根内，连同最初的形成层可达 8 ~ 12 层或 12 层以上。贮藏的糖分都在薄壁组织内，特别是维管组织中的木薄壁组织内。因此，根据根的木薄壁组织的发达与否，可以判断某一甜菜是否属于高产的优良品种。

2. 块根（root tuber） 和肉质直根不同，块根主要是由不定根或侧根发育而成，因此，在一株上可形成多个块根。另外，它的组成不含下胚轴和茎的部分，而是完全由根的部分构成。甘薯（山芋）、木薯、大丽花的块根都属此类。现以甘薯为例，加以说明。

甘薯所具有的块根是常见的一种块根。扦插繁殖的甘薯，块根是由不定根形成的，而种子繁殖的块根，则是由侧根形成的。甘薯块根早期的初生结构中，木质部为三至六原型。初生木质部和次生木质部都正常地发育和含有大量的薄壁组织。次生结构中，薄壁组织较为发达，木质部的导管常为薄壁组织所分隔，因而形成无数导管群或一些单独的导管，星散在薄壁组织内。随着进一步的发育，以后在各导管群或单独的导管周围的薄壁组织中产生额外形成层（图 3–117）。有时，甚至在没有导管存在的薄壁组织中或韧皮部外方，也产生额外形成层。它和甜菜不同，不形成同心环的结构，而是在初生形成层的内方，出现许多以导管群或单独导管为中心的额外形成层。由于这许多额外形成层活动的结果，产生三生木质部、三生韧皮部和大量的薄壁组织，使块根不断膨大，贮积大量淀粉。离开导管的一些距离，即韧皮部部分，也形成乳汁管，因此，创伤的伤口会流出白色乳汁。甘薯块根的增粗，是形成层和额外形成层共同活动的结果。形成层产生次生结构，特别是次生木质部和它周围的薄壁组织，为额外形成层的发生奠定了基础。而无数额外形成层的发生与活动，又形成大量的薄壁组织和其他组织，使块根增粗并能贮藏大量养料。

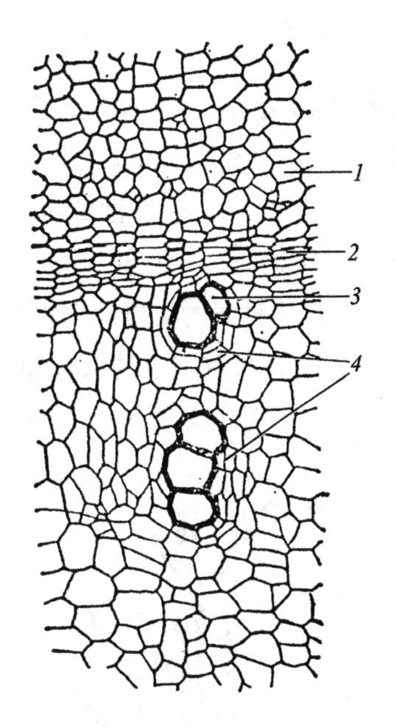

图 3–117 甘薯块根横切面的一部分，示额外形成层
1. 韧皮部； 2. 形成层； 3. 次生木质部； 4. 额外形成层

（二）气生根

气生根就是生长在地面以上空气中的根。常见的有三种。

1. 支柱根（prop root） 支柱根如玉米茎节上生出的一些不定根。这些在较近地面茎节上的不定根不断地延长后，根先端伸入土中，并继续产生侧根，能成为增强植物整体支持力量的辅助根系，因此，称为支柱根。玉米支柱根的表皮往往角质化，厚壁组织发达。在土壤肥力高，空气湿度大的条件下，支柱根可大量发生。培土也能促进支柱根的产生。榕树从枝上产生多数下垂的气生根，也进入土壤，由于以后的次生生长，成为木质的支柱根，榕树的支柱根在热带和亚热带造成“一树成林”的现象。支柱根深入土中后，可再产生侧根，具支持和吸收作用。

2. 攀缘根（climbing root） 常春藤、络石、凌霄等的茎细长柔弱，不能直立，其上生不定根，以固着在其他树干、山石或墙壁等表面，而攀缘上升，称为攀缘根。

3. 呼吸根（respiratory root） 生在海岸腐泥中的红树、木榄和河岸、池边的水松，它们都有许多支根，从腐泥中向上生长，挺立在泥外空气中。呼吸根外有呼吸孔，内有发达的通气组织，有利于通气和贮存气体，以适应土壤中缺氧的情况，维持植物的正常生长。

（三）寄生根

寄生植物如菟丝子（*Cuscuta chinensis*），以茎紧密地回旋缠绕在宿主茎上，叶退化成鳞片状，营养全部依靠宿主，并以突起状的根伸入宿主茎的组织内，彼此的维管组织相通，吸取宿主体内的养料和水分，这种根称为寄生根（parasitic root）（图 3-118），也称为吸根（sucker）。菟丝子在宿主接近衰弱死亡时，也常自我缠绕，产生寄生根，从自身的其他枝上吸取养料，以供开花结实、产生种子的需要。槲寄生虽也有寄生根，并伸入宿主组织内，但它本身具绿叶，能制造养料，它只是吸取宿主的水分和盐类，因此是半寄生植物（semi-parasitic plant），与菟丝子的叶完全退化、营养全部依赖宿主的情况不同。

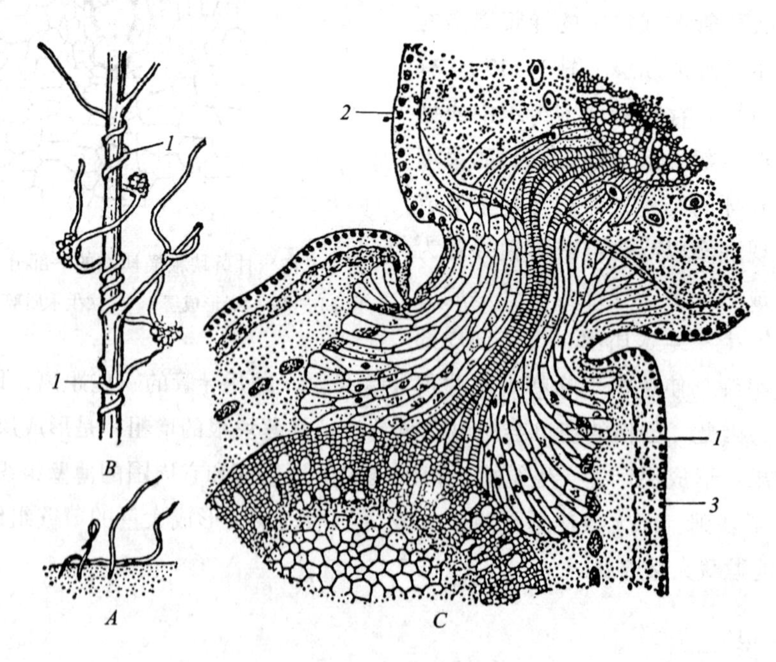

图 3-118 菟丝子

A. 菟丝子幼苗； *B.* 菟丝子寄生在柳枝上； *C.* 菟丝子根伸入宿主茎内的横切面

1. 寄生根； 2. 菟丝子茎横切面； 3. 宿主茎横切面

二、茎 的 变 态

茎的变态可以分为地上茎（aerial stem）和地下茎（subterraneous stem）两种类型。

（一）地上茎的类型

地上茎由于和叶有密切的关系，因此，有时也称为地上枝。它的变态主要有五种。

1. 茎刺（stem thorn） 茎转变为刺，称为茎刺或枝刺，如山楂、酸橙的单刺，皂荚的分枝的刺。茎刺有时分枝生叶，它的位置又常在叶腋，这些都是与叶刺有区别的特点。蔷薇茎上的皮刺是由表皮形成的，与维管组织无联系，与茎刺有显著区别（图 3–119；图 3–120，*A*、*B*）。

2. 茎卷须（stem tendril） 许多攀缘植物的茎细长，不能直立，变成卷须，称为茎卷须或枝卷须。茎卷须的位置或与花枝的位置相当（如葡萄），或生于叶腋（如南瓜、黄瓜），与叶卷须不同（图 3–120，*C*）。

3. 叶状茎（也称叶状枝，phylloid） 茎转变成叶状，扁平，呈绿色，能进行光合作用，称为叶状茎或叶状枝。假叶树（*Ruscus aculeatus*）的侧枝变为叶状枝，叶退化为鳞片状，叶腋内可生小花。由于鳞片过小，不易辨识，故人们常误认为“叶”（实际上是叶状枝）上开花（图 3–120，*E*）。天门冬的叶腋内也产生叶状枝。竹节蓼的叶状茎极显著，叶小或全缺（图 3–120，*D*）。

4. 小鳞茎（bulblet） 蒜（*Allium sativum*）的花间，常生小球体，具肥厚的小鳞片，称为小

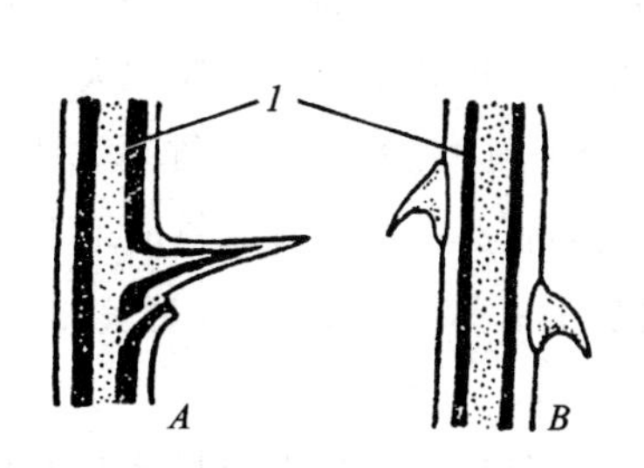

图 3–119 茎刺和皮刺

A. 茎刺；*B*. 皮刺

1. 维管组织

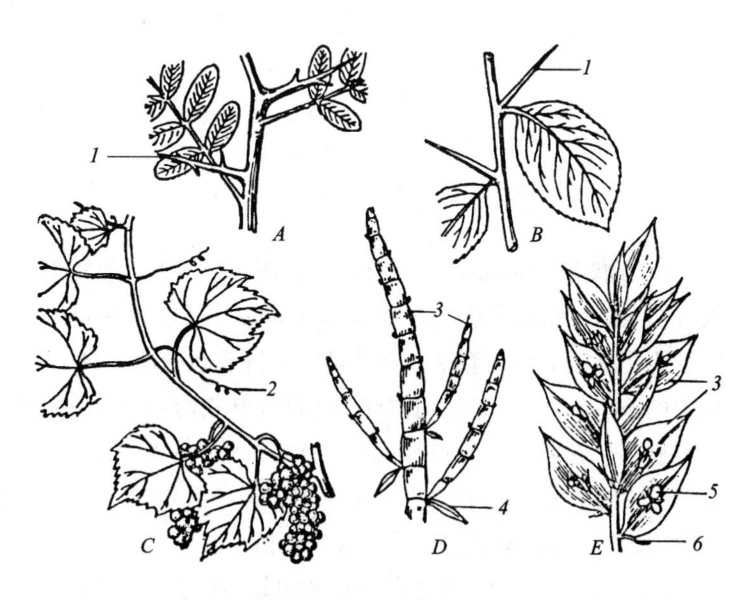

图 3–120 茎的变态（地上茎）

A、*B*. 茎刺（*A*. 皂荚，*B*. 山楂）；*C*. 茎卷须（葡萄）；

D、*E*. 叶状茎（*D*. 竹节蓼，*E*. 假叶树）

1. 茎刺； 2. 茎卷须； 3. 叶状茎； 4. 叶； 5. 花； 6. 鳞叶

鳞茎，也称珠芽（bulbil）。小鳞茎长大后脱落，在适合条件下，发育成一新植株。百合地上枝的叶腋内，也常形成紫色的小鳞茎。

5. 小块茎（tubercle） 薯蓣（山药）、秋海棠的腋芽，常成肉质小球，但不具鳞片，类似块茎，称为小块茎。

（二）地下茎的类型

茎一般皆生在地上，生在地下的茎与根相似，但由于仍具茎的特征（有叶、节和节间，叶一般退化成鳞片，脱落后留有叶痕，叶腋内有腋芽），因此容易和根加以区别。常见的地下茎有四种（图 3-121）。

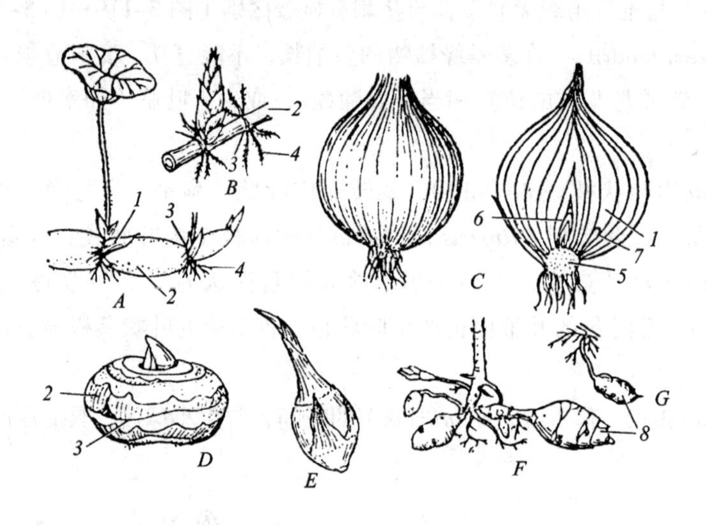

图 3-121 茎的变态（地下茎）

A、*B*. 根状茎（*A*. 莲，*B*. 竹）； *C*. 鳞茎（洋葱）； *D*、*E*. 球茎（*D*. 荸荠，*E*. 慈姑）；
F、*G*. 块茎（*F*. 菊芋，*G*. 甘露子）
1. 鳞叶； 2. 节间； 3. 节； 4. 不定根； 5. 鳞茎盘； 6. 顶芽； 7. 腋芽； 8. 块茎

1. 根状茎（rhizome） 简称根茎，即横卧地下，形较长、似根的变态茎。竹、莲、芦苇，以及许多杂草，如狗牙根（*Cynodon dactylon*）、马兰（*Aster indicus*）、白茅等，都有根状茎。根状茎贮有丰富的养料，春季，腋芽可以发育成新的地上枝。藕就是莲的根状茎中先端较肥大、具顶芽的一些节段，节间处有退化的小叶，叶腋内可抽出花梗和叶柄（图 3-121，*A*）。竹鞭就是竹的根状茎，有明显的节和节间。笋就是由竹鞭的叶腋内伸出地面的腋芽，可发育成竹的地上枝（图 3-121，*B*）。竹、芦苇和一些杂草，由于有根状茎，可四向蔓生成丛。杂草的根状茎，翻耕割断后，每一小段就能独立发育成一新植株。

2. 块茎（tuber） 块茎中最常见的是马铃薯（图 3-122）。马铃薯的块茎是由根状茎的先端膨大，积累养料所形成的。块茎上有许多凹陷，称为芽眼，幼时具退化的鳞叶，后脱落。整个块茎上的芽眼，作螺旋状排列。芽眼内（相当于叶腋）有芽，3～20 个不等，通常具 3 芽，但仅有 1 芽发育，同时，先端亦具顶芽。块茎的内部结构与地上茎相同，但各组织的量却不同。马铃薯块茎的结构由外至内，为木栓、皮层、外韧皮部、形成层、木质部、内韧皮部和髓。其中，内韧皮部较发达，组成块茎的主要部分。不论韧皮部或木质部内，都以薄壁组织最为发达，因此，整个块茎，除木栓外，主要的是薄壁组织，而薄壁组织的细胞内，都贮存着大量淀粉。菊芋（*Helianthus tuberosus*），俗称洋姜，也具块茎，可制糖或糖浆（图 3–121，*F*）。甘露子（*Stachys sieboldii*）的串珠状块茎可供食用，即酱菜中的“螺丝菜”，也称宝塔菜（图 3–121，*G*）。

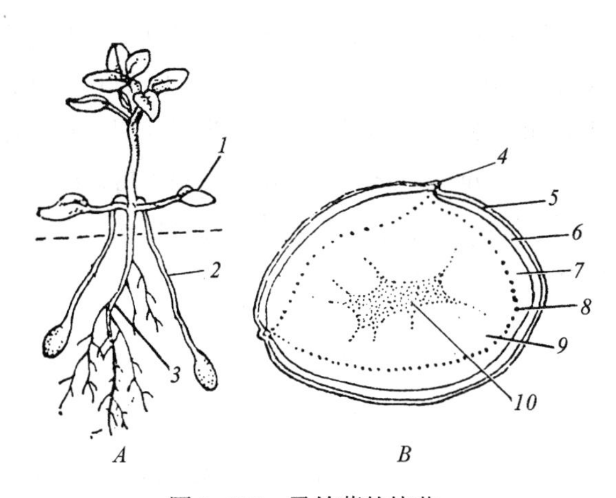

图 3–122　马铃薯的块茎

A. 幼苗；*B.* 块茎横切面结构的图解

1. 子叶；2. 由幼苗腋内所产生的枝，末端已具有块茎；3. 根：4. 芽；5. 木栓；6. 皮层；7. 外韧皮部；8. 木质部；9. 内韧皮部；10. 髓

3. 鳞茎（bulb）　由许多肥厚的肉质鳞叶包围的扁平或圆盘状的地下茎，称为鳞茎。常见的鳞茎，如百合、洋葱、蒜等。

百合的鳞茎，本身呈圆盘状，称鳞茎盘（或鳞茎座），四周具瓣状的肥厚鳞叶，鳞叶间具腋芽，鳞叶每瓣分明，富含淀粉，为食用的部分。

洋葱的鳞茎也呈圆盘状，四周也具鳞叶，但鳞叶不成显著的瓣，而是整片地将茎紧紧围裹（图 3–121，*C*）。每一鳞叶是地上叶的基部，外方的几片随地上叶的枯死而成为干燥的膜状鳞叶，包在外方，有保护作用。内方的鳞叶肉质，在地上叶枯死后，仍然存活着，富含糖分，是主要的食用部分。

蒜和洋葱相似，幼时食用鳞茎的整个部分、幼嫩的鳞叶和地上叶部分。成熟的蒜，抽薹（蒜薹）开花，地下茎本身因木质增加而硬化，鳞叶干枯呈膜状，已失去食用价值。而鳞叶间的肥大腋芽，俗称“蒜瓣”成为主要食用部分，和洋葱不同。此外，葱、藠头（或荞头，*Allium chinense*）、水仙、石蒜等都具鳞茎。

4. 球茎（corm）　球状的地下茎，如荸荠（*Eleocharis dulcis*）、慈姑、芋等（图 3–121，*D*、*E*），它们都是根状茎先端膨大而成。球茎有明显的节和节间，节上具褐色膜状物，即鳞叶，为退化变形的叶。球茎具顶芽，荸荠更有较多的侧芽，簇生在顶芽四周。

三、叶的变态

叶的变态主要有六种。

（一）苞片和总苞

生在花下面的变态叶，称为苞片（bract）。苞片一般较小，绿色，但也有形大，呈各种颜色的。苞片数多而聚生在花序外围的，称为总苞（involucre）。苞片和总苞有保护花芽或果实的作用。此外，总苞尚有其他作用，如菊科植物的总苞在花序外围，它的形状和轮数可作为种属区别的根据；蕺菜（鱼腥草，*Houttuynia cordata*）、珙桐（鸽子树，*Davidia involucrata*）皆具白色花瓣状总苞，有吸引昆虫进行传粉的作用；苍耳的总苞作束状，包住果实，上生细刺，易附着动物体上，有利果实的散布。

（二）鳞叶

叶的功能特化或退化成鳞片状，称为鳞叶（scale leaf）。鳞叶的存在有两种情况：一种是木本植物的鳞芽外的鳞叶，常呈褐色，具茸毛或有黏液，有保护芽的作用，也称芽鳞（bud scale）；另一种是地下茎上的鳞叶，有肉质的和膜质的两类。肉质鳞叶出现在鳞茎上，鳞叶肥厚多汁，含有丰富的贮藏养料（图 3–123，*C*），有的可作食用，如洋葱、百合的鳞叶，洋葱除肉质鳞叶外，尚有膜质鳞叶包被；膜质的鳞叶，如球茎（荸荠、慈姑）、根茎（藕、竹鞭）上的鳞叶，作褐色干膜状，是退化的叶。

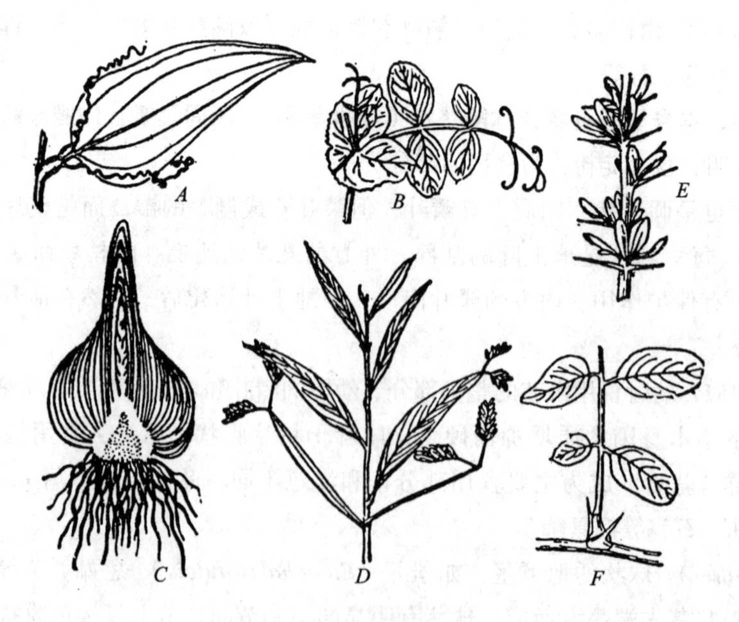

图 3–123　叶的变态

A、*B*. 叶卷须（*A*. 菝葜，*B*. 豌豆）；*C*. 鳞叶（风信子）；*D*. 叶状柄（金合欢属）；
E、*F*. 叶刺（*E*. 小檗，*F*. 刺槐）

（三）叶卷须

由叶的一部分变成卷须状，称为叶卷须（leaf tendril）。豌豆的羽状复叶，先端的一些叶片变成卷须，菝葜的托叶变成卷须（图 3–123，*A*、*B*）。这些都是叶卷须，有攀缘的作用。

（四）捕虫叶

有些植物具有能捕食小虫的变态叶，称为捕虫叶（insect-catching leaf）（图 3–124）。具捕虫叶的植物，称为食虫植物（insectivorous plant）或肉食植物（carnivorous plant）。捕虫叶有囊状（如狸藻）、盘状（如茅膏菜）、瓶状（如猪笼草）。狸藻（*Utricularia aurea*）是多年生水生植物，生于池沟中，叶细裂和一般沉水叶相似。它的捕虫叶却膨大成囊状，每囊有一开口，并由一活瓣保护。活瓣只能向内开启，外表面具硬毛。小虫触及硬毛时，活瓣开启，小虫随水流入，活瓣又关闭。小虫等在囊内经壁上腺体分泌的消化液消化后，再由囊壁吸收。

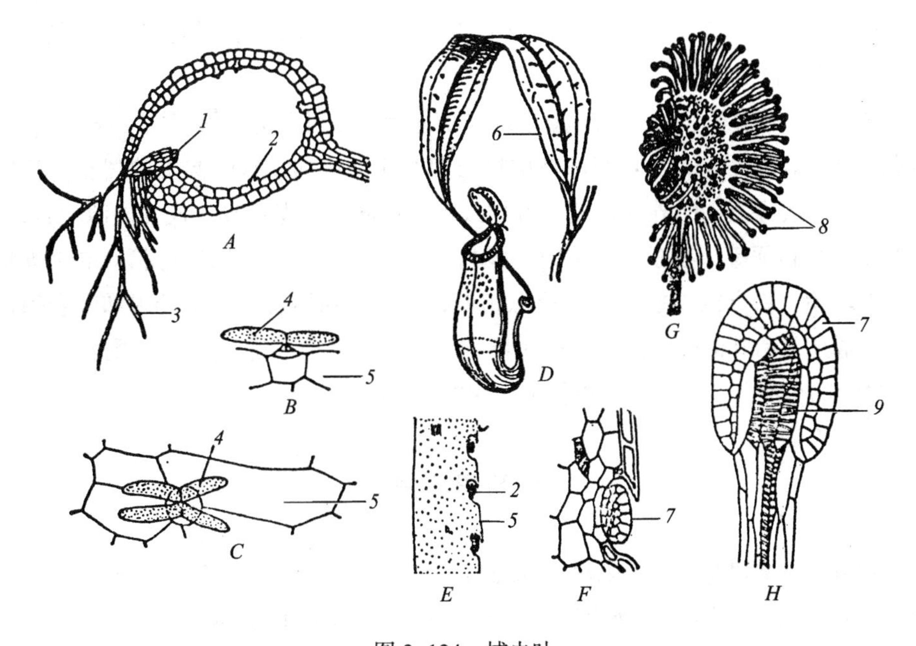

图 3–124　捕虫叶

A—*C*. 狸藻（*A*. 捕虫囊切面，*B*. 囊内四分裂的毛侧面观，*C*. 毛的顶面观）；
D—*F*. 猪笼草（*D*. 捕虫瓶外观，*E*. 瓶内下部分的壁，具腺体，*F*. 壁的部分放大）；
G、*H*. 茅膏菜（*G*. 捕虫叶外观，*H*. 触毛放大）
1. 活瓣；2. 腺体；3. 硬毛；4. 吸水毛（四分裂的毛）；5. 表皮；
6. 叶；7. 分泌层；8. 触毛；9. 管胞

茅膏菜（*Drosera peltata*）的捕虫叶呈半月形或盘状。上表面有许多顶端膨大并能分泌黏液的触毛，能粘住昆虫，同时触毛能自动弯曲，包围虫体并分泌消化液，将虫体消化并吸收。

猪笼草（*Nepenthes mirabilis*）的捕虫叶呈瓶状，结构复杂，瓶顶端有盖，盖的腹面光滑而具蜜腺。通常瓶盖敞开，当昆虫一旦爬至瓶口时，极易滑入瓶内，遂为消化液消化并被吸收。

食虫植物一般具叶绿体，能进行光合作用。在未获得动物性食料时仍能生存，但有适当动物性食料时，能结出更多的果实和种子，原因如何，尚无确定的解释。

（五）叶状柄

有些植物的叶片不发达，而叶柄转变为扁平的片状，并具叶的功能，称为叶状柄（phyllode）（图 3–123，*D*）。我国广东、台湾的台湾相思（*Acacia confusa*），只在幼苗时出现几片正常的羽状复叶，以后产生的叶，其小叶完全退化，仅存叶状柄。澳大利亚干旱区的一些金合欢属（*Acacia*）植物，初生的叶是正常的羽状复叶，以后产生的叶，叶柄发达，仅具少数小叶，最后产生的叶，小叶完全消失，仅具叶状柄。

（六）叶刺

由叶或叶的部分（如托叶）变成刺状，称为叶刺（leaf thorn）。叶刺腋（即叶腋）中有芽，以后发展成短枝，枝上具正常的叶。如小檗长枝上的叶变成刺，刺槐的托叶变成刺，刺位于托叶地位，极易分辨（图 3–123，*E*、*F*）。

以上所述的植物营养器官的变态，就来源和功能而言，可分为同源器官（homologous organ）和同功器官（analogous organ），它们都是植物长期适应环境的结果。同类的器官，长期进行不同的生理功能，以适应不同的外界环境，就导致功能不同，形态各异，成为同源器官，如叶刺、鳞叶、捕虫叶、叶卷须等，都是叶的变态；反之，相异的器官，长期进行相似的生理功能，以适应某一外界环境，就导致功能相同，形态相似，成为同功器官，如茎卷须和叶卷须、茎刺和叶刺，它们分别是茎和叶的变态。有些同源器官和同功器官是不易区分的，因此，应进行形态、结构和发育过程的全面研究，才能作出较为确切的判断。

复习思考题

1. 根有哪些功能？根是怎样吸收水分和无机盐的？
2. 根有多种用途可供人类利用，就食用、药用、工业原料等方面举例说明。
3. 主根和侧根为什么称为定根？不定根是怎样形成的？它对植物本身起何作用？
4. 根系有哪些类型？环境条件如何影响根系的分布？
5. 什么是“不活动中心”？位置在根尖的哪一部分？有何特点？
6. 根是怎样发育的？简要加以说明。
7. 根尖分为哪几个区？各区的特点如何？
8. 在叙述根尖中，人们往往提到顶端分生组织、伸长区、分生区，说明这些区为什么不能截然划分。
9. 当根尖在生长时，根冠的细胞由于和粗的土粒接触而剥落。解释为什么一个根冠在生长多年后却仍然存在。
10. 尽管根毛细胞和根的其他细胞比较，并没有更大的吸收水分的能力，说明为什么根毛在吸收水分方面却比根的其他表皮细胞更重要。

11. 为什么雨水通常不能为植物的气生部分直接吸收，而必须进入土壤中由根毛来吸收？

12. 为什么水生植物一般不具根毛？

13. 平周分裂和垂周分裂有何区别？它们在形成的新壁面和排列上区别如何？不同的分裂对植物的加厚、增粗和伸长的影响如何？

14. 由外至内说明根成熟区横切面的初生结构。

15. 内皮层的结构有何特点？对皮层与维管柱间的物质交流有何作用？

16. 根内初生木质部与初生韧皮部的排列如何？什么是木质部脊？它的数目有什么变化？

17. 侧根是怎样形成的？简要说明它的形成过程和发生的位置。

18. 画一个已经生长有一年的木质根的横切面简图，显示次生结构，但尚无木栓形成，注明所有组织。

19. 根内形成层原来成波状的环，以后怎样会变为圆形的环？说明根的次生结构的形成过程。

20. 根内木栓形成层从何发生？

21. 何谓共生现象？豆科植物的根瘤形成在农业生产实践上有何重要意义？

22. 什么是菌根？它和植物的关系如何？举例说明几种主要的类型。

23. 茎有哪些主要功能？

24. 列出 10 项通常被人应用的物品是由植物茎或它的一些部分制成的。

25. 列出 5 种产品是由人从植物茎中提取出来的。

26. 什么是芽？芽与主干和分枝的发生有什么关系？

27. 根据芽的各种特征，列出有关芽的分类简表。

28. 茎的生长方式有几种？其各自特点如何？

29. 什么是枝条？通常有哪些分枝的形式？了解分枝的形式对农业或园艺整枝修剪工作上有什么意义并举例说明。

30. 从杨树上切下一枝条，它生长已超过三年，说明怎样能够证明在切下时它的年龄。

31. 什么是分蘖节？分蘖对于农业生产有什么意义？

32. 试比较茎端和根端的分化过程在结构上的异同。

33. 生长点和生长锥有无区别？为什么说生长点不是一个正确的名词？

34. 什么是茎尖、茎端、根尖、根端？各有何区别？

35. 简要说明组织原学说、原套－原体学说和细胞学分区概念三种理论的特点和区别。

36. 叶和芽是怎样起源的？

37. 茎的分枝和根的分枝在发育上有何不同？

38. 简述双子叶植物草质茎的成熟区横切面的结构。

39. 什么是维管束、维管柱、维管组织和维管系统？各有什么特点？

40. 维管束有几种类型？各有什么特点？

41. 什么是中柱？中柱有几种类型？各有什么特点？

42. 中柱、中央柱和维管柱三者有何异同？为什么中央柱与中柱有时易于混淆？为什么中央柱现时不再采用？

43. 初生木质部和初生韧皮部在结构上各有何特点？

44. 一张未标明部分的幼期木本植物的横切面切片，解说怎样能决定它是由根还是茎的部分制成的。

45. 裸子植物茎与双子叶植物茎在初生结构和次生结构上有何异同？

46. 画一个有维管形成层但无次生组织的木质茎的简单图解，将各区或组织注明，不需显示个别细胞。

47. 同前题的茎，画出形成层一年活动后的简图，将各区或组织注明，不需显示个别细胞。

48. 同前题的茎，画出生长六年后的纵向（径向）切面简图，注出各区或组织，不需显示个别细胞。

49. 根据内部解剖，对一个成熟的双子叶植物草质茎和一个成熟的单子叶植物草质茎进行比较。

50. 比较顶端分生组织和维管形成层在植物生长中的作用。

51. 单子叶植物的茎在结构上有何特征？和双子叶植物的茎有何不同？

52. 为什么竹材可作建筑材料？在结构上竹茎有哪些特点？

53. 单子叶植物茎怎样增粗？有无次生结构？

54. 为什么说原形成层是束中形成层的前身？

55. 详述茎中形成层活动和产生次生结构的过程。

56. 什么是原始细胞？纺锤状原始细胞和射线原始细胞在形态和分裂性质上有何不同？

57. 形成层的周径怎样扩大？有什么意义？

58. 什么是增殖分裂？纺锤状原始细胞与射线原始细胞在增殖分裂上各有什么特点？

59. 年轮是怎样形成的？它如何反映季节的变化？为什么说生长轮比年轮这一名词较正确？

60. 解释早材、晚材、心材、边材等名词。

61. 木材都有纹理，一般与树木长轴平行，这些纹理是由什么形成的？怎样形成的？

62. 观察一块木板，怎样才能说明它是由树干中央部分锯下来的？

63. 当树木生长逐渐老了，在厚度上增加较快的是心材还是边材？

64. 在一张木材切片上，从解剖特点上如何分辨它们的三种切面？

65. 软木塞是植物茎上什么部分制成的？它有哪些特点适合作为瓶塞、隔音板等材料？

66. 解释树皮、皮孔和补充组织等名词。

67. 一棵树的茎干开裂，为了挽救它，决定放一个金属栓穿过茎干还是用一根金属带围绕着茎干，解说应该用哪种方法较好。

68. 一棵“空心”树，为什么仍能活着和生长？

69. 草本植物和木本植物在适应环境上其优缺点如何？

70. 什么是光合作用？影响光合作用的因素有哪些？

71. 蒸腾作用的意义如何？植物本身有哪些减低蒸腾的适应方式？

72. 叶在人类生活上有何经济价值？

73. 典型的叶通常包括哪些部分？禾本科植物叶的外形特征如何？

74. 叶片、叶尖、叶缘和叶基有哪些形态和类别？

75. 平行脉和网状脉有何不同？举例说明。

76. 怎样区别单叶和复叶？

77. 解释叶序、叶镶嵌、叶枕、叶环等名词。

78. 叶在茎上的排列有哪些方式？

79. 什么是叶的异形叶性？举例说明其类型。

80. 叶和侧根的起源有何不同？

81. 画一张叶的横剖面的简图，注出所有的结构。不需画出维管组织的个别细胞。

82. 画一张与叶表皮平行、通过栅栏组织的切面简图（即平皮切面），不需画出维管组织的个别细胞。

83. 画一张与叶表皮平行、通过海绵组织的切面的图解（即平皮切面），不需画出维管组织的个别细胞。

84. 在观察叶的横切面时，为什么能够同时看到维管组织的横面观和纵面观？

85. 叶的表皮细胞一般透明，细胞液无色，这对叶的生理功能有何意义？

86. 等面叶和异面叶有何不同？

87. 根据气孔与相邻细胞间关系，气孔可分为哪些主要类型，各有什么特点？

88. 解释水孔、维管束鞘延伸、泡状细胞等名词。

89. 一般植物叶下表面上气孔多于上表面，这有何优点？沉水植物的叶上为什么往往不存在气孔？

90. C_3 植物和 C_4 植物在叶的结构上有何区别？

91. 松针的结构有哪些特点？

92. 试举例说明叶的结构和生态环境的关系。

93. 种植烟草，有时需要遮阴，这与烟草的质量有何关系？

94. 什么是离层和保护层？离层与落叶有何关系？落叶对于植物本身有何意义？

95. 冬季落叶后，植物茎干上出现哪些冬态？

96. 为什么说“根深叶茂”？举例说明其间的相互关系。

97. 被子植物的茎内有导管，同时它们也有较大的叶，两者间是否存在着联系？

98. 从树木茎干上作较宽且深的环剥，会导致多数树木的死亡，说明地上部分与地下部分的紧密联系。

99. 解释枝迹、枝隙、叶迹、叶隙等名词。

100. 为什么根和茎之间存在着过渡区？

101. 什么是“顶端优势”？在农业生产上如何利用？举例说明。

102. 什么是植物营养器官的变态？变态和病态有何区别？

103. 同功器官和同源器官的区别如何？举例说明。

104. 根、茎、叶都有哪些变态？简要加以说明。

105. 哪些变态的营养器官主要具有贮藏的作用？它们在实用上的价值如何？试举例说明。

106. 胡萝卜和萝卜的根在次生结构上各有何特点？

107. 甜菜的额外形成层是怎样发生的？

108. 肥大的直根和块根在发生上有何不同？

109. 如何从形态特征来辨别根状茎是茎而不是根？

第四章　种子植物的繁殖和繁殖器官

第一节　植物的繁殖

一、繁殖的概念

任何植物，不论是低等的或是高等的，是结构简单的还是复杂的，它们的全部生命活动周期，包含着两个互为依存的方面：一是维持它本身一代的生存；另一个是保持种族的延续。植物本身一代的生存是有一定的时限的，尽管不同植物的生存时期有长有短，但都要经过衰老阶段，以至于最后趋向死亡。所以植物在生长发育到一定阶段的时候，就必然通过一定的方式，从它本身产生新的个体来延续后代，这就是植物的繁殖（reproduction）。繁殖同样也是其他生物有机体具有的重要生命现象之一。

植物通过繁殖也大量地增加了新生一代的个体，扩大了植物的生活范围，丰富了后代的遗传性和变异性。新生的一代不仅在繁殖过程中产生了新的变异，同时也在不同的生活条件下，通过自然选择和人工选择巩固了某些变异，使一些能适应生存的种被选择保留了下来。新生的植物种又通过繁殖而代代相传，形成了种类繁多、性状各异的植物世界。在生产实践中，人们就是通过各种人工杂交、选择、培育等活动，来获得大量优良栽培品种，生活资料也因此而得到极大的丰富，所有这些，也都需要通过繁殖来实现。所以繁殖在生产实践中起的作用是很大的。

植物的繁殖可以区分为三种类型：第一种是营养繁殖（vegetative reproduction），是通过植物营养体的一部分从母体分离开去（有时不立即分离），进而直接形成一个独立生活的新个体的繁殖方法；第二种是无性生殖（asexual reproduction），是通过一类称为孢子的无性生殖细胞，从母体分离后，直接发育成为新个体的繁殖方式；第三种称为有性生殖（sexual reproduction），是由两个称为配子的有性生殖细胞，经过彼此融合的过程，形成合子或受精卵，再由合子或受精卵发育为新个体的繁殖方式。也有人将营养繁殖和无性生殖合称为广义的无性生殖。

二、被子植物的营养繁殖和有性生殖

被子植物的营养繁殖是指植物体的营养器官——根、茎、叶的某一部分，在脱离母体后，重新长成为一个新植物体的繁殖方式。营养繁殖之所以成为可能，是因为脱离母体的营养器官，具有再生的能力，能在离体的部分长出不定根、不定芽，从而发展成为新的独立生活的植株。

这些植物能自然地在母体周围繁殖蔓延，产生大量后代，经过若干年后，可以形成大片新个体。在生产上，人们为了保存植物的优良品系，或是创造新的品种，往往采用各种人工营养繁殖的方法，来达到这些目的。对一些不能产生种子，或产生的种子是无效的植物种类，如香蕉、无花果；或是种子寿命极短，靠种子繁殖往往不能起到作用的植物种类，如柳属；或是植物在一生中开花机会极少，利用种子繁殖成为不可能的种类，如竹子等，营养繁殖往往成为主要的繁殖措施。植物由营养繁殖成长的后代，要比用种子繁殖在速度上快得多。

被子植物的有性生殖是通过花的结构，产生雌、雄两性配子——卵和精子，在经过受精作用后来完成繁殖的目的。有关花的结构和花的整个生殖过程，将在以后各节中再加叙述。

（一）营养繁殖及其在生产上的运用

被子植物的营养繁殖可分为两种情况：一种是植物体在自然情况下不经人工辅助，就能产生新的植株，这一类称为自然营养繁殖；另一种是经过人们的辅助，采用各种方式以达到繁殖个体、改良品种或保留优良性状为目的的营养繁殖，在农、林、园艺等生产实践中被广为采用，这一类称为人工营养繁殖。现将两种营养繁殖分别叙述如下。

1. 自然营养繁殖　被子植物的自然营养繁殖多借助于块根、鳞茎、球茎、块茎、根状茎等变态器官来进行。有些长期进行营养繁殖的植物，有性生殖器官退化，不能发生作用。营养繁殖不仅可以达到繁殖的目的，还能克服种子萌发力弱，寿命短，或是用种子繁殖需要经过较长的幼年期，使开花结实有所推迟等缺点。

借助鳞茎繁殖的植物种类很多，例如洋葱、百合、水仙、蒜、风信子等。鳞茎的鳞叶内贮有大量养分，是鳞茎次年开花结实时的养料。鳞叶叶腋内长出的小鳞茎，和在地面部分叶腋内长出的珠芽，都能进行营养繁殖。例如蒜的鳞茎是由数个或单个肉质、瓣状的小鳞茎（俗称蒜瓣）组成，外面有共同的膜质鳞被包围。每一个小鳞茎自母株分离后即能成长为一个独立的小植株；同时一部分花朵可转变成珠芽，起到繁殖作用（图 4–1）。不是所有的鳞茎都具营养繁殖作用的，例如洋葱一般是以种子来进行繁殖。

用块茎繁殖的习见种类，有马铃薯、菊芋、五彩芋属（*Caladium*）等。马铃薯块茎上的顶芽和芽眼内的腋芽，可以在第二年生长发育，长成新植株。由一个块茎长成的新植株可以很多，人工繁殖马铃薯时，可以把整个块茎切成许多带有芽眼的小块埋入土中，不久芽体萌发，成为新的个体，以后由植株茎基部形成许多地下根茎，向四周横向生长，根茎的近顶端部分由于积聚养料而膨大，成为肉质的块茎，也即食用的马铃薯（图 4–2）。

用球茎繁殖的常见植物，有慈姑、荸荠等，它们的繁殖方式与块茎颇相似，当一些根茎的顶端积累了大量营养后，则膨大形成球茎。

竹、藕、姜和田间习见的杂草如白茅、小蓟等，是以地下的根状茎来繁殖的（图 4–3）。根状茎的节上有不定芽，生长发育后伸出地面，成为直立地上的茎枝，同时还从节上丛生不定根。如果把根状茎分割成若干小段，则每一小段有可能成为一株新植物，白茅、小蓟等田间杂草之所以不容易彻底铲除，正是因为这些植物有相当发达的地下根状茎，每因锄地而把地下蔓生的根状茎切断，反促使其更快繁殖。

图 4–1　大蒜的珠芽繁殖

大蒜的花序，一部分花朵转变为珠芽，能起繁殖作用

1. 正常的花朵；　2. 珠芽

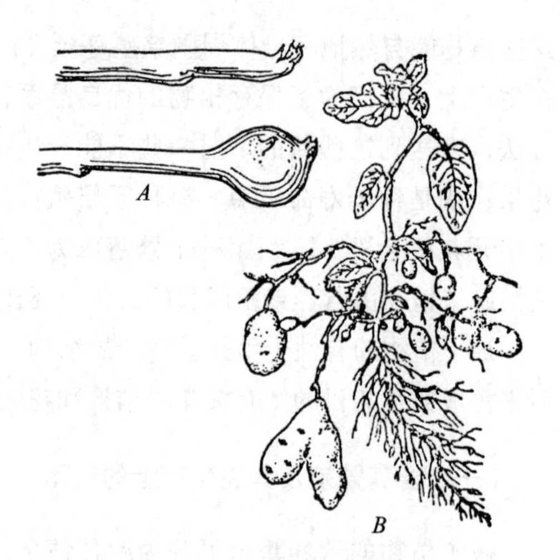

图 4–2　马铃薯块茎的形成

A. 地下茎顶端积聚养料后膨大成块茎；

B. 马铃薯植株，具地下块茎

利用块根进行繁殖的植物种类，习见的有甘薯、大丽菊等。甘薯和大丽菊长有粗壮的块根，内贮大量养料。当外界条件适合时，常在块根的近茎端长出不定芽，而在块根尾端长成须状不定根（图 4–4）。以后，不定芽长大，成为新的植株。

图 4–3　姜（*Zingiber officinale*）的根状茎繁殖

从姜的根状茎上长成不定根和地上枝

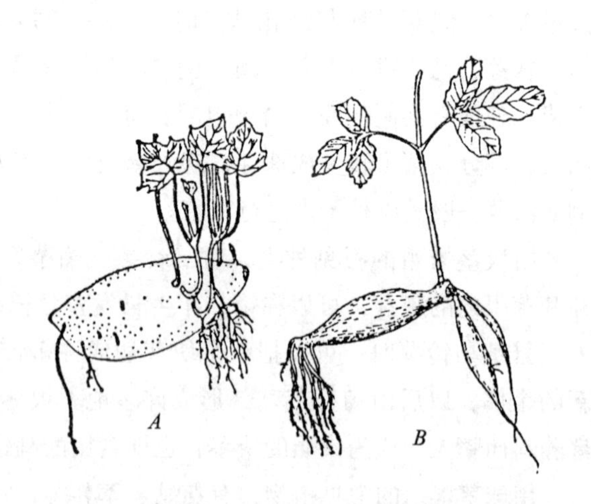

图 4–4　利用甘薯和大丽菊的块根进行繁殖

A. 由甘薯的块根上长成不定根和地上枝；

B. 由大丽菊的块根上长成新的块根和地上枝

此外，洋槐、白杨等木本植物的一般根上，也常生出许多不定芽，这些不定芽可以长成幼枝条，进行繁殖。这类植物也称为根蘖植物。

在地面蔓延的匍匐茎（stolon）也是植物重要的营养繁殖器官。由植物茎基部生出的匍匐茎，向地面四周生长延伸。当茎节与地面土壤接触后，从节上长出不定根，顶芽则向上开放成新植株，以后又从新植株再伸出新的匍匐茎。如此多次反复，可由一株植物扩展为一大片，如草莓、狗牙根就是这样（图 4-5）。

图 4-5　草莓匍匐茎的繁殖

示匍匐茎上形成新叶和不定根

某些植物的叶也能形成不定根和不定芽，借以进行营养繁殖，如落地生根的叶缘上可以长出具不定根和不定芽的小植株，它们从叶缘脱落后便能在地面上形成新植株。“落地生根”的名称就是因此而得的（见图 3-1，*F*）。

2. 人工营养繁殖　人们在生产实践中应用植物营养繁殖这一特性，采取各种措施，在加速植物繁殖，改良作物品种，或保存品种的优良特性等方面起了很大的作用，至今这些措施仍在农、林、园艺等方面受到重视。生产实践中，经常采用的人工营养繁殖措施，有分离、扦插、压条和嫁接等几种。

（1）分离（division）繁殖　由植物体的根状茎、根蘖、匍匐茎等长成的新植株，人为地加以分割，使与母体分离，分别移栽在适当场所任其发育长大的方法，称为分离繁殖。分离繁殖移栽的新植株，一般是已经成长了的小植物体，所以成活率很高。多种木本植物的繁殖是采用根蘖进行的，如野生的洋槐、杨、榅桲、花楸以及栽培的苹果、樱桃、银杏、杉等。由这些植物根部长出的不定芽发展为萌蘖枝，再把它们连同母根的一段，及时移栽，即可长成新植株。我国杉木的繁殖和杉木林的更新，是利用由砍伐过的树干基部，或由老根产生的不定芽所形成的新苗来实行的。其他如香蕉、小麦、水稻等，也可采用分离法繁殖。

（2）扦插（cutting）　剪取植物的一段带 1～2 个芽的枝条、一段根或一张叶片，插入湿润的土壤或其他排水良好的基质上，经过相当时间以后，可以从插入的枝段、根段的切口处或叶片上长出愈伤组织，再由愈伤组织上长出不定根，并由原来的芽体，或新长成的不定芽发展为新个体。通常扦插是用枝来进行，有些植物可进行根插，如蔷薇、梨、苹果、无花果、合欢树、橡胶草、漆树等，或用叶扦插，如秋海棠、柠檬、柑橘等。

扦插选取的材料、时间，依植物种类而异。扦插成活率的大小，和基质的情况有很大关系。一般湿润、疏松、空气流通、排水良好和温度适中（18～21℃）的基质，成活率比较高。能否成活的关键，决定于不定根是否能及时形成。不同植物种类的插条，不定根生成的难易有较大差别，有的容易生成，如柳、杨、绣球花、茉莉等；有的比较困难，如油桐、油茶、苹果、梅、李等。对于后一类插条可以先通过药剂处理，如把插条浸入 0.01%～0.001% 的高锰酸钾溶液，2% 的蔗糖溶液或不同浓度的一些生长素［如 2,4-D，吲哚乙酸（IAA），吲哚丁酸（IBA），萘乙酸（NAA），或等量 IBA 和 NAA 溶液的混合液］的溶液内若干小时，然后再插入土中，对加速不定根的成长有显著效果。研究证明，维生素 B_1 对促进不定根的发生也有很大作用。此外，某些矿质营养的使用，如有机或无机含氮物质、硼等，对促进生根也有显著作用。此外，扦插的枝条还需按插条在原来植株上的正常位置插入土中，同时要选用阶段发育上较老的枝条，即枝条的生理年龄应是比较成熟的才好。单子叶植物的插条难以生成愈伤组织，不定根不从茎上生出，而由基部叶腋中的芽长大再生根，成为新的植物体。

（3）压条（layering） 也是常用的人工营养繁殖措施之一，与扦插的不同点是在新植株生成不定根后，再从母体上割离栽植，所以成活率极高。压条繁殖常用于生根比较缓慢的植物种类，方法比较简单，一般在天气转暖，雨量充沛的早春季节进行。进行时，可以从需要压条的植物体上，选取靠近地面的枝条，轻轻弯下，以能碰到地面为准。枝条在埋入土壤之前，可先在枝条上割掉半圈树皮，再用木叉将枝条的割皮处压入土中，上面覆以松土，单留枝条带芽的末端露出土面（图 4–6），同时须经常使覆土保持润湿。经过相当时间，待压埋的枝条在割皮处拥积大量养料，生成不定根，枝条上部的芽体和枝叶也正常开展生长，便可将枝条从母体上分离出去。葡萄、悬钩子、连翘、茶等植物，常用这一方法繁殖。

对植株高大、枝条坚硬、不易向下弯曲触及地面的植物种类，可用空中压条的方法来进行，即在选定的枝上，在适当的部位，剥去一圈树皮，或切一裂痕，用对半劈开的竹筒、瓦罐或塑料袋套合在枝条的割皮或裂痕处，中间填塞泥土，周围用绳扎好（图 4–7），经常浇水，使之湿润，等割皮或裂痕处长出新根，即可将枝条从割皮下方截断，移栽土中。很多名贵的观赏植物和果树，如紫玉兰、白兰花、桂花、荔枝等，可用这一方式繁殖。

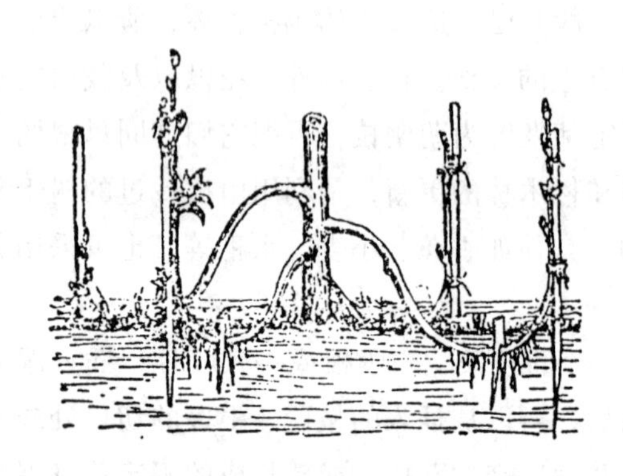

图 4–6 压条繁殖

在压入土中部分的枝条上生成不定根以后，从母株分离，即能成长新的植株

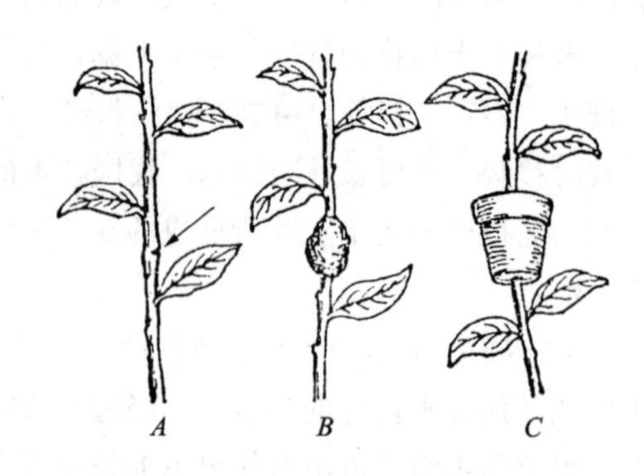

图 4–7 空中压条

A. 在受压处用刀切一裂痕； *B*. 裂痕外用浸湿的泥炭藓团包扎，经常浇水； *C*. 裂痕外用瓦罐或其他筒、袋盛以湿泥套住，经常浇水湿润

（4）嫁接（grafting） 将一株植物体上的枝条或芽体，移接在另一株带根的植株上，使二者彼此愈合，共同生长在一起，这一方法称为嫁接。保留根系的、被接的植物称为砧木（stock），接上去的枝条或芽体称为接穗（scion）。选作砧木的植株一般具有耐寒、抗病、对土壤适应性大、营养生长强盛等特性，或者利用根系的影响，提早开花。接合时，两个伤面的形成层互相靠拢紧贴，各自增生新细胞，形成愈伤组织（callus），并分化出形成层，产生维管组织，将二者连接起来，成为一个整体（图 4–8）。

嫁接后能否成活，决定于接穗和砧木间的愈合情况，以及两植物之间的相互关系。一般说来，两植物之间的代谢类型越相近似，或两者之间的亲缘关系愈近，嫁接的成活率也愈大，反

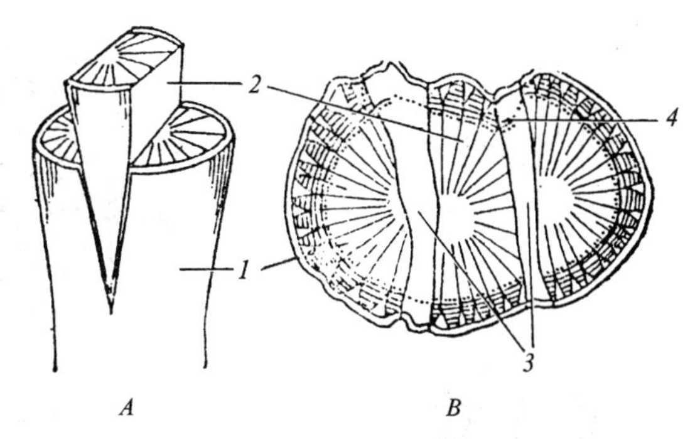

图 4-8 劈接中砧木和接穗的愈合

A. 将接穗插入劈开的砧木劈缝中； *B.* 愈合后的横切面结构

1. 砧木； 2. 接穗； 3. 愈伤组织层； 4. 新的维管组织将二者连接起来

之愈小。所以品种之间的嫁接比较容易，种间的嫁接就比较困难一些，属间和科间的嫁接就更为困难。然而这种现象也不是绝对的，亲缘关系远的嫁接后也有成活的可能，如枳与橘、女贞与桂花、榅桲与苹果、梨等的嫁接可以同样取得成功。此外，木本植物的嫁接要比草本、藤本的容易；双子叶植物的嫁接，比单子叶植物困难要少，禾本科植物利用分蘖节嫁接已经取得成功。

经过嫁接成活的新植株，具有砧木的庞大根系，枝条则是由接穗发育而来，在成长过程中，砧木和接穗之间可以相互产生影响，这就给新植物以变化的可能性。在生产上，通过嫁接形成的新植株，可以具有提前结实，增加结实数量，加大果实体积等的优异性质。特别对不产生种子的果木（如一些柑橘、葡萄品种），经过嫁接后，可以起到促进繁殖的作用。有些用种子繁殖不能保存亲代优良品质的植物（如草莓、苹果、梨），可以用嫁接保存下来。通过嫁接也可以改良植物的品质，创造特异的新品种，如增强植物的抗寒性、抗旱性和抗病害能力等。如果从增殖后代的角度来看，嫁接同上述几种人工繁殖的方式同样能大量增加后代的个体数，因为各接穗嫁接在各砧木上都能各自成新植株，同时通过嫁接改良植物的品质和提高产量等方面，是其他营养繁殖所不具备的。

嫁接的方法主要有三种。

① 靠接　将需要嫁接的二植物枝条彼此靠拢，各在相对一侧削成切口，作为接穗的枝条，在切口相反的一侧需带有芽体，然后贴紧，缚好，涂蜡，待接活后，将接穗的枝条从原植株上剪下，同时剪去砧木上部不需要的枝条即成（图 4-9）。

② 枝接　利用植株上一段带芽的枝条作为接穗，嫁接到砧木上去，称为枝接。接穗的枝条如果和砧木的茎干同样粗细，可采用全接法。全接的接合处可削成互相嵌合的舌状或马鞍状（图 4-10）；如果接穗枝条比砧木细小，不能在二切口面完全愈合，可采用切接或劈接法（图 4-11）。

③ 芽接　接穗是枝条上的芽体。进行芽接时，先在砧木茎干上划一“T”形的接缝，深仅及皮层，并用嫁接刀在切缝处挑开皮层，同时将接穗枝条上的腋芽用刀削下，保留芽下一小部分皮层和木质部，再修剪成盾形，切去芽下方的叶片，仅留一小段叶柄。然后把盾形的接芽嵌入已割开的砧木皮下，使接穗的芽体正好在砧木切缝正中央的位置，以绳或麻皮扎紧，

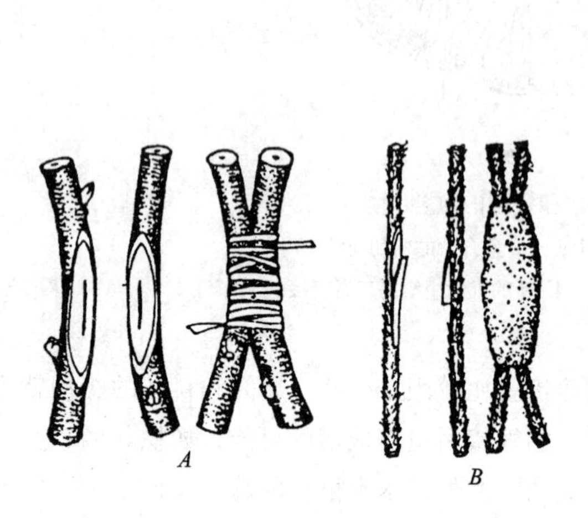

图 4-9　靠接

A. 平面靠接；*B.* 舌面靠接

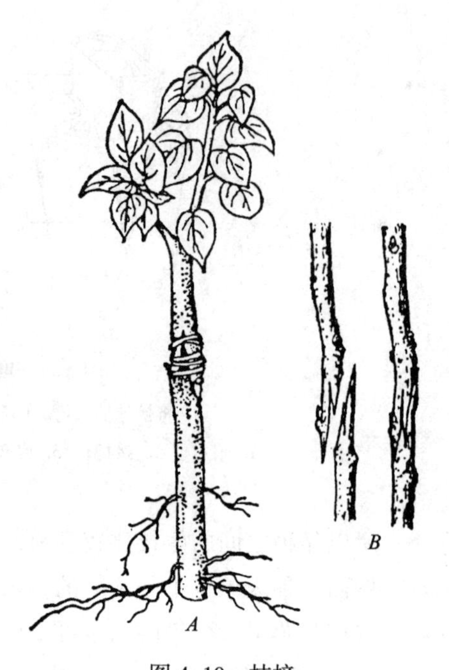

图 4-10　枝接

A. 接合处呈鞍状；*B.* 接合处呈舌状

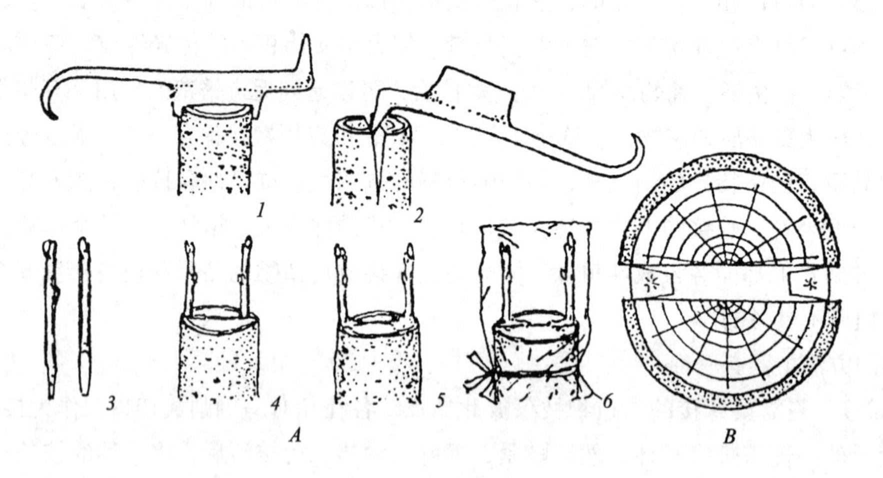

图 4-11　劈接

A.（1—6）在砧木的切口内嫁接上二段接穗的枝条，接好后缚好套袋；*B.* 二接穗接合情况

待愈合后即成。

（二）有性生殖的概念

有性生殖是通过两性配子的融合来完成繁殖的作用，是繁殖方式中的进步形式。二配子彼此融合时，它们相互同化，成为一个新生的细胞——合子，再在适宜的条件下，发展成为新个体。

有性生殖的配子，可以是从不同生活条件下生长的两个个体，或是在同一个体的不同部位上形成。所以，配子所带的遗传性可以不尽相同，融合后形成的合子以及以后发展的新个体，也就包含了两性配子所带来的遗传特性，因此，新的个体更富有生活力，更能适应新的环境条件。

被子植物的有性生殖，是在花的结构里集中体现的。从两性配子——精子和卵细胞的形成，到配子的彼此接近和融合——传粉和受精过程，然后形成合子，并由合子生长发育为幼植物体的整个过程，都在花里进行。有关花的详细结构及其整个有性生殖过程，将在下节叙述。

第二节　花

一、花的概念和花的组成

（一）花的概念

被子植物从种子萌发时起，就不断地进行着生长和发育。在以营养生长为基础的前提下，经过一定的时期，满足了光照、温度等因素的要求，以及某些激素的诱导作用以后，就进入生殖生长阶段。这时一部分或全部茎端的分生组织，不再形成叶原基和腋芽原基，而是形成花原基或花序原基。

被子植物由营养生长转入生殖生长，是个体发育中的一个巨大转变，这一转变包含着一系列极为复杂的生理生化过程。转变开始时，茎端生长锥的表面有一层或数层细胞加速分裂，生长锥中部的细胞分裂慢，细胞变大，还出现大液泡。在表层细胞里没有淀粉的积累，但蛋白质和RNA 含量很高，证明花的分化与 DNA-RNA- 蛋白质系列的活化有很大关系。20 世纪 90 年代，通过对拟南芥（*Arabidopsis thaliama*）和金鱼草（*Antirrhinum majus*）等模式植物同源异型突变体的分离和研究，克隆了调控各轮花器官形成的花器官特征决定基因（floral organ identity gene），并发现它们控制着同源异型突变体各轮花器官的错位发育（Coen 等，1991 年）；提出了基因控制花器官发生的“*ABC* 模型”，后来又陆续发现了 *D*、*E* 功能基因。*ABC* 模型也发展为 *ABCDE* 模型（Theissen 等，2001），进而又提出了四因子模型，直接把花器官特化决定和 MADS-box 蛋白联系到一起。在基因与蛋白质相互作用与控制下，表层细胞由外而内地形成数轮突起，再由这些突起分别发展为组成花的各部分原基。

第一个为花下定义的人是德国的博物学家和哲学家歌德（J. W. von Goethe，1749—1832），在 18 世纪的 90 年代里，他提出植物一切器官的共同性的观点和多种多样植物形态的统一性的观点。按照他的观点，植物地上器官是统一的，是一种器官的多方面变态，于是，他提出花是适合于繁殖作用的变态枝。歌德的见解被认为基本上是正确的，因为花的各部分从形态、结构来看，还具有叶的一般性质。如果从高等植物系统进化的发展角度来看，作为产生大、小孢子的花的各部分，应该是由植物茎轴的孢子囊和孢子囊柄演变而来。

由此可以说，花是不分枝的变态短枝，用以形成有性生殖过程中的大、小孢子和雌、雄配子的，并且进一步发展为种子和果实。所以花也是果实和种子的先导，花、果实、种子三者成为一体，但出现的先后和发展的性质以及结构互有不同。

被子植物的花可以有多方面的经济利用。由于花的鲜艳色彩和芬芳香味，利用花来美化环境，陶冶心情，已是尽人皆知的了。从花朵中提取芳香油料，制成香精，很早就受到重视，虽然有的香精可以人工合成，但一部分名贵的香料，仍然是从花朵中提制的。利用花朵如茉莉、代代、白兰花等熏制香茶，由来很早，已成为花茶制作过程中不可缺少的重要原料，有的花农专门栽植这类花卉植物，供制作香茶的需要。花朵用于医药方面的种类也很不少，常见的如红花、丁香、金银花、菊花等，都有较高的药用价值。少数植物的花朵可供作染料，如凤仙。有些植物的花朵或花序具有较高的营养成分，如金针菜、花椰菜等，或浓郁的香味，如桂花、玫瑰花等，可供食用或制作糕点。

（二）花的组成

一朵完整的花可分为五个部分，即花梗（花柄，pedicel）、花托（receptacle）、花被（perianth）、雄蕊群（androecium）和雌蕊群（gynoecium）（图 4–12）。

1. 花柄和花托　花柄或称花梗，是着生花的小枝，可以把花展布在枝条的显著位置上；同时，也是花朵和茎相连的短柄。花柄有长、有短，视不同植物种类而异，例如垂丝海棠的花柄很长，而贴梗海棠的花柄就很短，有些植物的花没有花柄。花柄有具分枝的，也有不分枝的。分枝的花柄称小梗，顶端着生一花。花柄的结构和茎的结构是相同的。

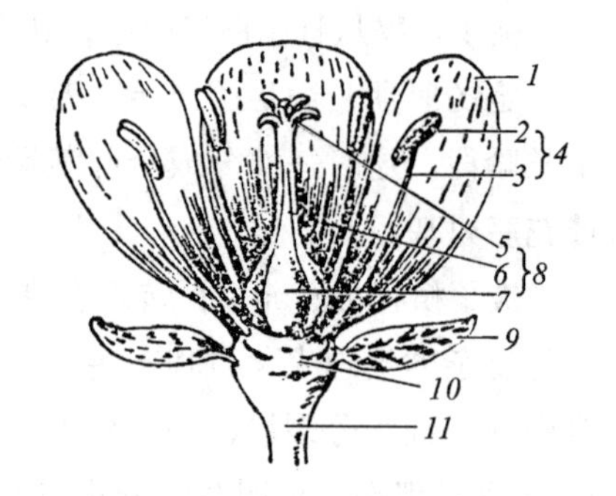

图 4–12　花的结构

1. 花瓣； 2. 花药； 3. 花丝； 4. 雄蕊； 5. 柱头； 6. 花柱； 7. 子房； 8. 雌蕊； 9. 萼片； 10. 花托； 11. 花柄

花托是花柄或小梗的顶端部分，一般略呈膨大状，花的其他各部分按一定的方式排列在它上面。花托的形状随植物种类而异，有的呈圆柱状，如木兰；有的凸起如覆碗状，如草莓；也有中央部分凹陷呈碗状，如桃、蔷薇等；或膨大呈倒圆锥形，如莲。柑橘的花托在雌蕊（pistil）基部形成膨大的盘状，能分泌蜜汁，称为花盘。此外，有的花托在雌蕊群基部向上延伸成为柄状，称雌蕊柄，如落花生，它的雌蕊柄在花完成受精作用后迅速延伸，将先端的子房插入土中，形成果实，所以也称为子房柄；像西番莲、苹婆属等植物的花托，在花冠以内的部分延伸成柄，称为雌雄蕊柄或两蕊柄；也有花托在花萼以内的部分伸长成花冠柄，如剪秋萝和某些石竹科植物（图 4–13）。

2. 花被　花被着生在花托的外围或边缘部分，是花萼（calyx）和花冠（corolla）的总称，由扁平状瓣片组成，在花中主要是起保护作用，有些花的花被还有助于花粉传送。花被由于形态和作用的不同，可分为内、外两部分，在外的称花萼，在内的为花冠，像这样的花称两被花，如油菜、豌豆、番茄等。仅一轮花被的花称单被花如大麻、荞麦等。也有花被虽有二轮，但内、

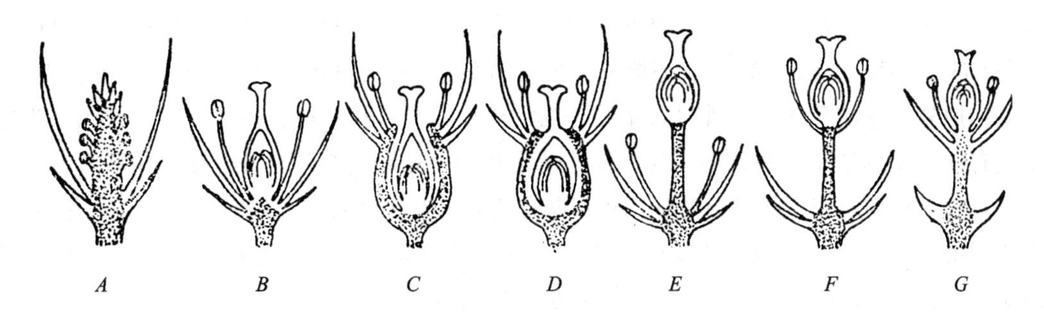

图 4-13　几种不同形状的花托

A. 花托突出如圆柱状；*B.* 花托突出如覆碗状；*C*、*D.* 花托凹陷如碗状；

E. 示雌蕊柄；*F.* 示雌雄蕊柄；*G.* 示花冠柄

（加点部分是花托）

外瓣片在色泽等方面并无区分的，称为同被花，它们的每一瓣片称花被片（tepal），如百合、丝兰等。也有花被完全不存在的，称为无被花，如杨、柳等。

（1）花萼　花萼是由若干萼片（sepal）组成，包被在花的最外层。普通萼片多为绿色的叶状体，在结构上类似叶，有丰富的绿色薄壁细胞，但无栅栏、海绵组织的分化。有的植物花萼大而具色彩，呈花瓣状，有利于昆虫的传粉，如飞燕草。棉的花朵除花萼外，外面还有一轮绿色的瓣片，称副萼（accessory calyx）。

萼片有各自分离的，称离生萼，如油菜、桃；也有彼此联合在一起成筒状，称为合生萼，如樱花。萼片大小相同或不同，分别称为整齐萼或不整齐萼。萼片比花冠先脱落的称早落萼，如罂粟；有的与花冠一起脱落，称落萼，如油菜、桃；也有花萼常留花柄上，随同果实一起发育，称宿萼，如茄、柿、番茄、辣椒等；有的在花萼一边引伸成短小的管状突起，称为距（spur），如凤仙花、旱金莲等植物的花萼。

（2）花冠　位于花萼的上方或内方，是由若干称为花瓣（petal）的瓣片组成，排列为一轮或多轮，结构上由薄壁细胞所组成（图 4-14）。花瓣比萼片要薄，且多具鲜艳色彩。有的花瓣，表皮细胞呈凹凸不平状，经光线折射后，呈现丝绒般光泽。花瓣的色彩主要是因为花瓣细胞内含有色素所致。含杂色体时，花瓣呈黄色、橙色或橙红色；含花青素的花瓣显示红、蓝、紫等色（主要由液泡内细胞液的酸碱度所决定）；有的花瓣两种情况都有存在，它的色彩往往就绚丽

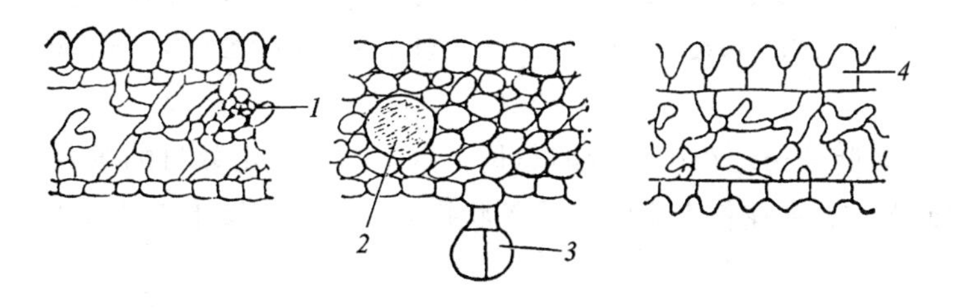

图 4-14　花瓣的横切面结构

1. 维管束；2. 油腺；3. 腺毛；4. 表皮呈疣状突起

多彩。如果两种情况都不存在，花瓣便呈白色。花瓣基部常有分泌蜜汁的腺体存在，可以分泌蜜汁和香味。多种植物的花瓣细胞还能分泌挥发油类，产生特殊的香味。所以花冠除具保护雌、雄蕊的作用外，它的色泽、芳香以及蜜腺分泌的蜜汁，都有招致昆虫传送花粉的作用，为进一步完成有性生殖创造了有利条件。与萼片的情况相同，花瓣也有各自分离或互相联合的，具有分离花瓣的花称离瓣花，如桃、毛茛；具有联合花瓣的花为合瓣花，如牵牛、茄等。花瓣形状、大小相同的为整齐花，如桃；相反则为不整齐花，如豌豆。根据花瓣的脱落情况，有早落冠，如葡萄；落冠如桃和宿冠如黄瓜。花瓣有距的，如三色堇、耧斗菜等。

由于组成花冠的花瓣形状、大小相同或各异，花瓣各自分离或彼此联合，而用花冠形成多种不同的形状，有呈十字形的，如油菜；有蝶形的，如豌豆；有漏斗状的，如牵牛；有钟状的，如风铃草；有管状的，如马兜铃；有唇形的，如野芝麻；有舌状的，如菊花等（图 4–15）。

在蕾期，花冠的各瓣片因植物种类的不同而形成各种形式的卷叠。

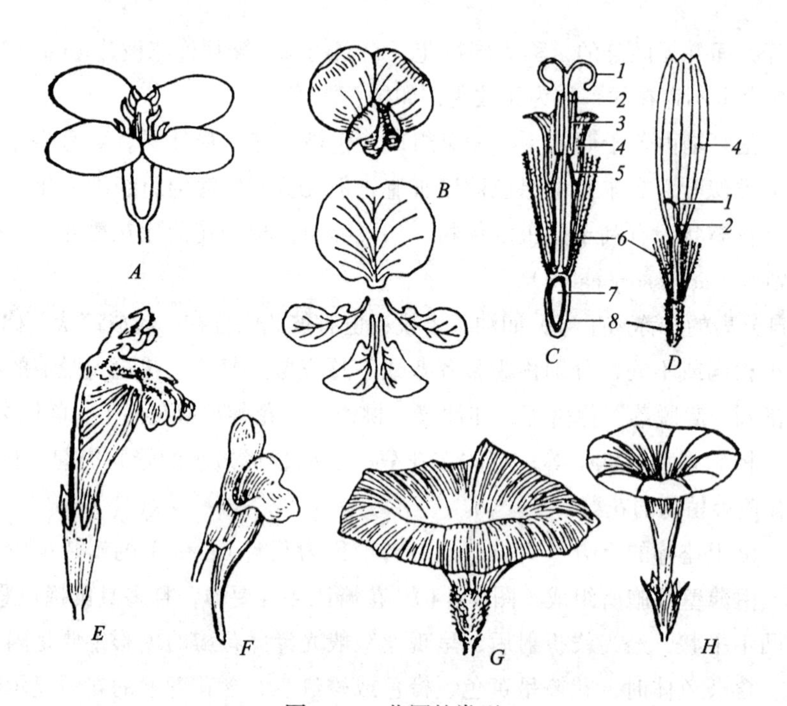

图 4–15　花冠的类型

A. 十字形花冠；*B*. 蝶形花冠；*C*. 筒状花冠；*D*. 舌状花冠；*E*. 唇形花冠；*F*. 有距花冠；*G*. 喇叭状花冠；*H*. 漏斗状花冠（*A*、*B* 为离瓣花；*C*—*H* 为合瓣花）

1. 柱头；2. 花柱；3. 花药；4. 花冠；5. 花丝；6. 冠毛；7. 胚珠；8. 子房及花托

3. 雄蕊群　雄蕊群是一朵花中雄蕊的总称，由多数或一定数目的雄蕊（stamen）所组成，位于花被的内方或上方，在花托上呈螺旋或轮状排列。一般直接生于花托上，也有基部着生于花冠或花被上的。

少数原始被子植物的雄蕊呈薄片状（图 4–16），可为花的雄蕊是叶的变态提供佐证，但绝大多数被子植物的雄蕊是由花丝和花药两部分组成（见图 4–12）。花丝细长，顶端与花药相连。花

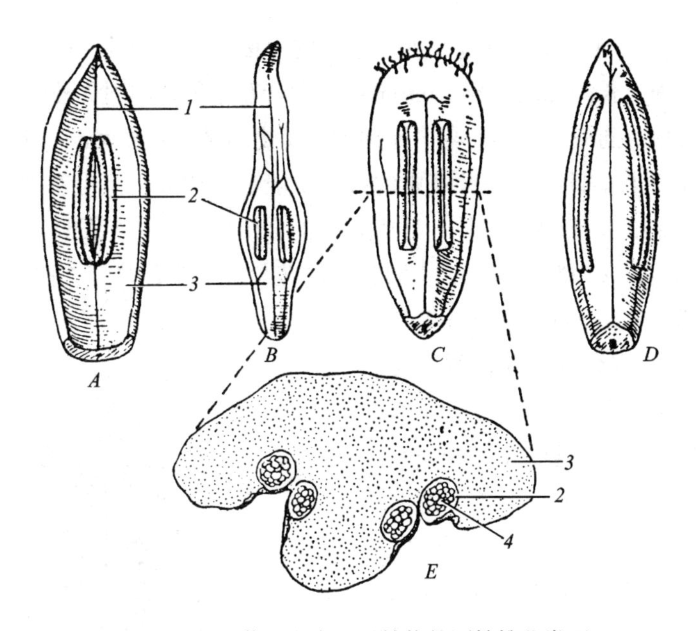

图 4–16　毛茛目和木兰目植物的原始雄蕊类型

A. Austrobaileya 属的雄蕊；*B. Himantandra* 属的雄蕊；*C. Degeneria* 属的雄蕊；

D. 木兰属的雄蕊；*E. Degeneria* 属雄蕊的横切面结构

1. 维管束；2. 小孢子囊（花粉囊）；3. 小孢子叶；4. 花粉粒

药是产生花粉粒的地方，是雄蕊的主要部分，在结构上，由 4 个或 2 个花粉囊组成，分为两半，中间为药隔相连。

花粉成熟后，花粉囊自行破裂，花粉由裂口处散出。花粉囊破裂的方式，有的沿二粉囊交界处成纵行裂开，称为纵裂，如油菜、牵牛、百合等；有的沿花药中部成横向裂开，称横裂，如木槿、蜀葵等；有的在花药顶端开一小孔，花粉由小孔散出，称孔裂，如茄、番茄等；或在花药的侧壁上裂成几个小瓣，花粉由瓣下的小孔散出，称瓣裂，如香樟等（图 4–17）。

花丝除一般细长如丝外，也有扁平如带的，如莲，或完全消失的，如栀子，或转化为花瓣的，如美人蕉。

花药在花丝上的着生方式也有几种不同情况；有的花丝顶端直接与花药基部相连，称为底着药（innate anther）；有的花药背部全部贴着在花丝上的，称为贴着药（adnate anther）；有的花丝

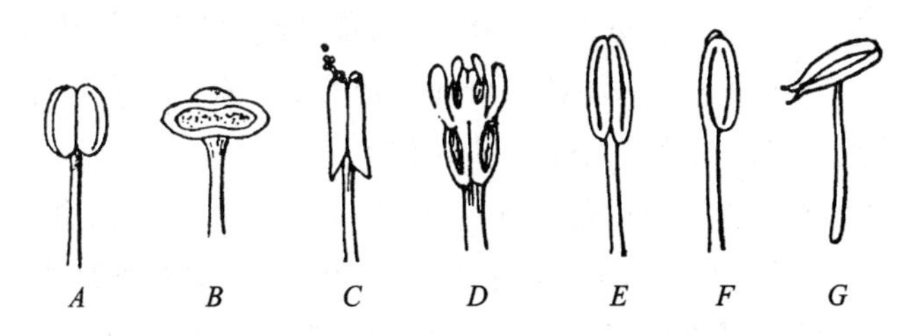

图 4–17　花药的开裂方式和在花丝上的着生位置

A—D. 花药的开裂方式（*A.* 纵裂；*B.* 横裂；*C.* 孔裂；*D.* 瓣裂）；

E—G. 花药在花丝上的着生位置（*E.* 底着药；*F.* 贴着药；*G.* 丁字着药）

顶端与花药背面的一点相连，整个雄蕊犹如丁字形的，称为丁字着药（versatile anther）。此外，如果花药向着雌蕊一面生长的称内向药（introrse），向着花冠生长的则称外向药（extrorse）。

雄蕊的数目和长短，随植物种类而异。原始种类植物的雄蕊数多而不一定，较进化的则有减少，以至达到一定的数目。此外，一朵花中的雄蕊一般长短相等，但也有同一花中的雄蕊长短不等，如十字花科植物的雄蕊共有6枚，其中外轮的2个较短，内轮的4个较长，称四强雄蕊（tetradynamous stamen）；又如唇形科、玄参科植物的花朵中，雄蕊共有4枚，2个较长，另2个较短，称为二强雄蕊（didynamous stamen）。

雄蕊同样有分离和联合的变化，联合有在花丝部分，或在花药部分。花药完全分离而花丝联合成1束的称单体雄蕊（monadelphous stamen），如棉、山茶；花丝如联合成2束的称二体雄蕊（diadelphous stamen），如蚕豆、豌豆等；花丝合成为3束的为三体雄蕊（tridelphous stamen），如小连翘；合为4束以上的为多体雄蕊（polydelphous stamen），如金丝桃。雄蕊的花丝分离而花药互相联合的称聚药雄蕊（syngenesious stamen），如菊科、葫芦科等植物的雄蕊（图4-18）。

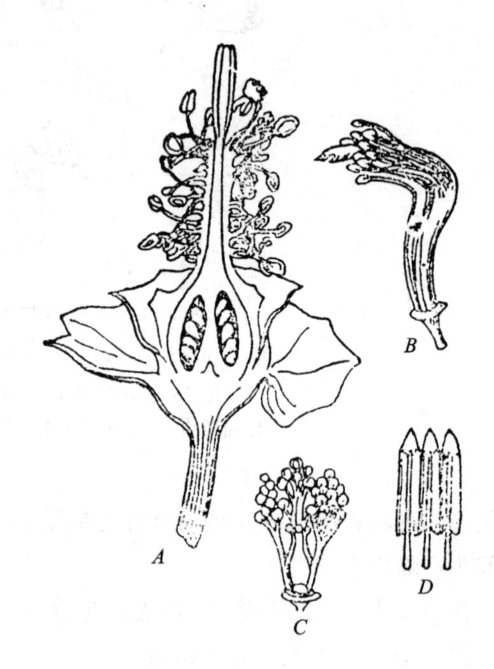

图4-18　雄蕊的联合

A. 棉花的单体雄蕊；*B.* 蚕豆的二体雄蕊，雄蕊10枚，9枚的花丝相连为一体，另一枚雄蕊分离；*C.* 小连翘的三体雄蕊；*D.* 菊科植物的聚药雄蕊，花药相连，花丝分离

4. 雌蕊群　雌蕊群是一朵花中雌蕊的总称，位于花中央或花托顶部。每一雌蕊由柱头（stigma）、花柱（style）和子房（ovary）三部分组成（见图4-12）。构成雌蕊的单位称为心皮（carpel），是具生殖作用的变态叶。有些植物，一朵花中的雌蕊只是由一个心皮所构成，称为单雌蕊（simple pistil），如蚕豆、大豆。更多种类植物的雌蕊是由几个心皮构成的，其中有的各心皮各自分离。因而各雌蕊也彼此分离，形成一朵花内多数雌蕊，称为离生雌蕊（apocarpous pistil），亦属单雌蕊，如玉兰、莲等；或是各个心皮互相联合，组成一个雌蕊，称为合生雌蕊（syncarpous pistil），属复雌蕊（compound pistil），以与单雌蕊相对应，如棉、番茄等。合生雌蕊各部分的联合情况不同，有子房、柱头和花柱全部联合的，也有子房和花柱联合而柱头分离的，也有只是子房联合而柱头、花柱彼此分离的（图4-19）。

单雌蕊是通过心皮两侧边缘，向内包卷愈合而成（图4-20）。边缘愈合的部分形成一条缝线，称为腹缝，相对于心皮的中肋处的一条缝线，称背缝，在这两条缝线处都有维管束分布。在心皮联合的复雌蕊上，同样可以见到这两种缝线，但复雌蕊的腹缝位于2心皮彼此愈合的部分，如果复雌蕊是由3个心皮合成的，则可见到3条腹缝，相应的另有3条背缝，出现在3个心皮的背面中肋处。

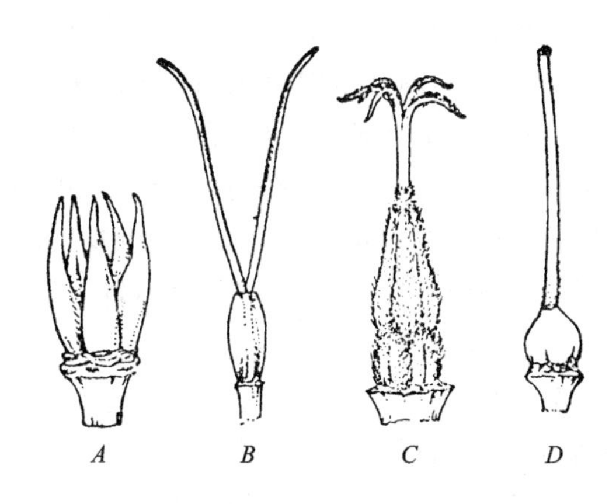

图 4-19　雌蕊的联合

A. 离生雌蕊，各心皮完全分离，着生在同一花托之上；*B—D.* 合在雌蕊（*B.* 子房联合，柱头和花柱分离；*C.* 子房和花柱联合，柱头分离；*D.* 子房、花柱和柱头全部联合）

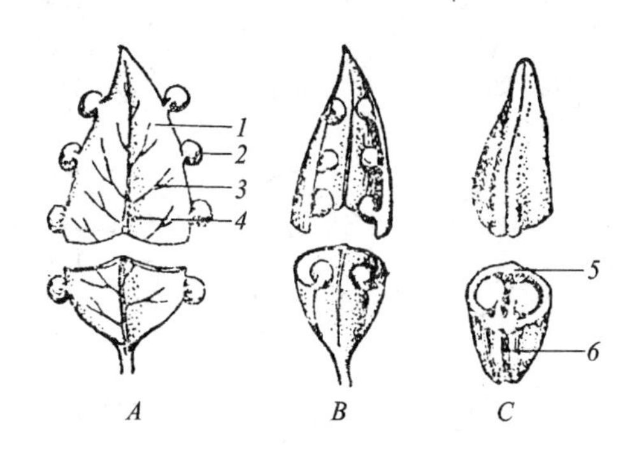

图 4-20　心皮边缘愈合，形成雌蕊过程的示意图

A、*B*、*C.* 表示由一片张开的心皮逐步内卷，边缘进行愈合的程序

1. 心皮；2. 心皮上着生的胚珠；3. 心皮的侧脉；4. 心皮的背脉；5. 背缝；6. 腹缝

（1）柱头　柱头位于雌蕊的顶端，是接受花粉的部位，一般膨大或扩展成各种形状。柱头的表皮细胞有延伸成乳头、短毛或长形分枝毛茸的。当传粉时，有的柱头表面湿润，表皮细胞分泌水分、糖类、脂质、酚类、激素、酶等物质，可以粘住更多的花粉，并为花粉萌发提供必要的基质，这类柱头称为湿柱头，烟草、百合、苹果、豆科等植物的柱头属此类型；也有柱头是干燥的，在被子植物中较为常见，这类柱头在传粉时不产生分泌物，但柱头表面存在亲水性的蛋白质薄膜，能从薄膜下角质层的中断处吸收水分，所以在生理上这层薄膜与湿柱头的分泌相似，十字花科、石竹科植物和凤梨、蓖麻、月季等的柱头是干柱头，禾本科植物中的水稻、小麦、大麦、玉米等的柱头也属此类型。

（2）花柱　花柱是柱头和子房间的连接部分，也是花粉管进入子房的通道。一般植物的花柱细长，如玉米的花柱特别细长；但也有极短不明显的，如水稻、小麦。多数植物的花柱中央为引导组织（transmitting tissue）所充塞，构成这组织的细胞长形、壁薄、细胞内含丰富的原生质和淀粉，常成疏松状排列，棉、烟草、番茄、荠菜以及大多数双子叶植物的花柱是这样的，也有的花柱中央是空心的管道，称花柱道（stylar canal），管道的周围是花柱的内表皮，或为 2 ~ 3 层分泌细胞，如单子叶植物百合科的百合、贝母和双子叶植物的罂粟科、马兜铃科、豆科等。不论是哪一种情况，当花粉管沿着花柱生长并进入子房时，花柱能为花粉管的生长提供营养和某些趋化物质。花柱内有维管束分布，一端与花托相连，另一端止于柱头。

（3）子房　子房是雌蕊基部的膨大部分，有柄或无柄，着生在花托上。子房的中空部分称为子房室（locule）。单雌蕊子房内仅有一室，如豌豆、牡丹等。复雌蕊的子房可由数个心皮合为一室或数室，如黄瓜的子房一室，烟草的二室，牵牛的三室，月见草的四室，凤仙花的五室等。有的植物子房原为一室，以后由于产生假隔膜而使子房分隔为多室的，如油菜、黄芪等。复雌蕊子房室数的差别，决定于各心皮的愈合状况以及心皮数目的不同。如果心皮彼此以边缘相连

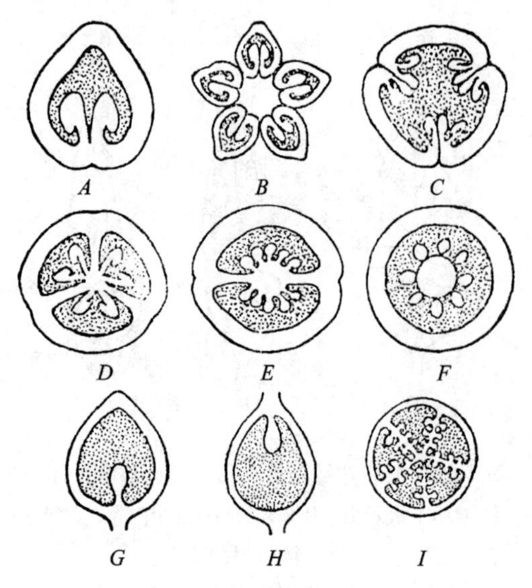

图 4-21　几种不同的子房和胎座

A. 单雌蕊，单子房，边缘胎座；*B.* 离生雌蕊，单子房，边缘胎座；*C.* 合生雌蕊，单室复子房，侧膜胎座；*D*、*E.* 合生雌蕊，多室复子房，中轴胎座；*F.* 合生雌蕊，子房一室，特立中央胎座；*G.* 单雌蕊，子房一室，基生胎座；*H.* 单雌蕊，子房一室，顶生胎座；*I.* 合生雌蕊，子房多室，片状胎座

（*A*—*F*、*I* 为子房横切面观　*G*、*H* 为子房纵切面观）

接，全部心皮都成为子房的壁，这样的子房是一室的。如果各心皮的边缘向内弯入，各心皮的边缘在子房中央部分彼此联合，心皮一部分成为子房的壁，而弯入部分的心皮成为子房内的隔膜，就成为多室。有的子房原为多室的，以后由于隔膜消失，成为一室，如石竹、报春花等（图 4-21）。

子房的内、外壁上都有表皮、气孔和毛茸等结构。每个心皮有一条较大的中央维管束沿心皮的背缝分布，另有两条侧生维管束分布在心皮两侧的边缘，也即腹缝处（见图 4-20），这些维管束一方面分别向心皮输送水分和养料，同时也通过分枝向子房内壁的胚珠运送养料。

胚珠（ovule）是着生在子房内的卵形小体，是由心皮内侧若干部位的细胞经过快速分裂、生长后出现的突起所形成。子房内胚珠的数目视植物种类而异，常一至多个不等。着生的部位，一般在子房腹缝的一侧或在子房的中轴处，每一胚珠由珠心（nucellus）、珠被（integument）和珠柄（funiculus）所组成。

胚珠着生的心皮壁上，往往形成肉质突起，称为胎座（placenta）。由于心皮数目的不同，以及心皮连接的情况不一样，所以胎座有以下几种不同的类型：一室的单子房，胚珠沿心皮的腹缝线成纵行排列，称为边缘胎座（marginal placenta），如豌豆、蚕豆；一室的复子房，胚珠沿着相邻二心皮的腹缝线排列，成为若干纵行，称为侧膜胎座（parietal placenta），如罂粟、紫花地丁；复子房如分隔为多室，胚珠着生于各室的内隅，沿中轴周围排列，称为中轴胎座（axile placenta），如水仙、百合、鸢尾等。多室复子房的隔膜消失后，胚珠着生在由中轴残留的中央短柱周围，称为特立中央胎座（free central placenta），如石竹、马齿苋等。特立中央胎座的短柱也有是心皮基部和花托上端愈合，向子房中央伸长而成的。此外，胚珠也有着生在子房基底的，如向日葵，称为基生胎座（basal placenta），或着生在子房顶部而悬垂室中的，称为顶生胎座（apical placenta）或悬垂胎座，如桑。如果在多室子房中胚珠着生于隔膜的各面，则称片状胎座（lamellar placenta），如芡（图 4-21）。

一朵具备以上各部分结构的花称为完全花，如果有一部分或二部分缺少不全的，称为不完全花。花萼和花冠全缺的称无被花，仅有花萼或花冠的为单被花。雌蕊和雄蕊如果在一朵花上同时兼备的称为两性花，单存一种花蕊而缺乏另一种的称为单性花，其中只有雌蕊的称雌花，只有雄蕊的称雄花。花被保存而花蕊全缺的称无性花或中性花。无被花、单被花、单性花和中性花都属不完全花。雌花和雄花生于同一植株上的，称为雌雄同株，分别生于二植株上的，称为雌雄异株。同一植株上，两性花和单性花都存在的，称为杂性同株，如槭、柿等。

（三）花各部分的演化

每一种植物，花的各部分形态是比较固定的，而花的形态变化又往往与植物的演化有关，因此，被子植物的分类依据，很大一部分是由花的形态来决定的。花各部分的演化趋势，主要从以下几方面表现出来：

1. 数目的变化　组成花的各部分，在数目上是有不同的，总的演化趋势是从多而无定数到少而有定数，如玉兰、莲、毛茛等较原始植物的花，雄蕊、雌蕊或花被的数目是多而无定数。而大多数被子植物的花，这三部分的数目有显著减少，但减少情况，各轮并不完全一致，一般减少到 3 数、4 数和 5 数，或是 3，4，5 的倍数。一般说来，单子叶植物多为 3 数或 3 的倍数；双子叶植物多为 4 数、5 数，或是 4，5 的倍数。多数植物的雌蕊心皮数目常较花被为少，而雄蕊则比较增多。花部的相对固定数目（3，4，5）称为花基数。

花各部分数目上的关系，一般服从于花基数或它的倍数，例如石竹属植物的花基数是 5，具 5 个萼片，5 个花瓣，10 个雄蕊，5 个心皮，但也有和这个原则不符合的。另外，花部的数目在发展过程中有趋向于退化减少，甚至少于原基数的情形。如十字花科的花基数是 4，按雄蕊 2 轮应为 8 个，可是有 2 个已经退化消失，只存 6 个，作二轮排列；再如紫丁香的花基数为 4，而雄蕊中只存 2 个，其他 2 个也在演化过程中消失。部分退化的情形，除上述雄蕊外，也可见于其他花部，如花冠退化，仅留花萼。整个花被退化，仅存花蕊。或是二种花蕊中有一种退化的（单性花），又如雌蕊心皮数的部分退化（少于原基数），更是习见。

2. 排列方式的变化　花的各部分在花托上的排列，是随植物种类不同而异的。花部的排列主要有两种方式：一种是螺旋排列；另一种是轮状或圆周排列，二者中，前者是原始类型。螺旋排列的花，从最外面或最下层的苞片起，继而花被，雄蕊群到中央的雌蕊群，在花托周围呈现由下而上，或由外而内的按顺序螺旋排列，双子叶植物中的毛茛科、木兰科等植物，仍保留这种排列方式。轮状排列就不是这样，花的各部分常由下而上，或由外而内地按顺序排列成一轮或数轮，每一轮的各个分体，常与相邻的内轮或外轮的各分体相间隔排列，也即萼片和花瓣相间隔，花瓣和雄蕊相间隔，心皮和雄蕊相间隔。有些花的结构看起来似乎不尽如此，例如鸢尾的心皮与雄蕊相对而生，报春花的雄蕊和花瓣相对而生，产生这类现象的原因，是由于某一轮花部的消失所致，如鸢尾与报春花原来各有 2 轮雄蕊，以后鸢尾的内轮雄蕊消失，保留下来的外轮雄蕊就和心皮对生。同样，报春花的外轮雄蕊消失，而内轮雄蕊就与花瓣相对而生。

此外，花部作螺旋排列的花托往往凸起或呈圆柱状，而轮状排列的花托多为平顶或凹顶。

3. 对称性的变化　花各部分在花托上的排列，常形成一定的对称面。如果通过花的中心可以作出几个对称面的，这类花称为辐射对称，也称整齐花。如果通过中心只可作一个对称面的，称两侧对称，这类花称不整齐花（图 4–22）。桃、李和百合等花是整齐花，它们的花基数各为 5 和 3，各轮花部都按相互间隔的规律和辐射对称的位置在花托上排列。蚕豆或其他豆类花的基数是 5，5 片萼片相互联合（仅上部分离），5 片花瓣的大小、形状也极不相同，上方 1 片大型花瓣称旗瓣，侧面 2 片略小，形状相同，状如双翼，称翼瓣，另 2 片更小，合生在一起，位于花冠

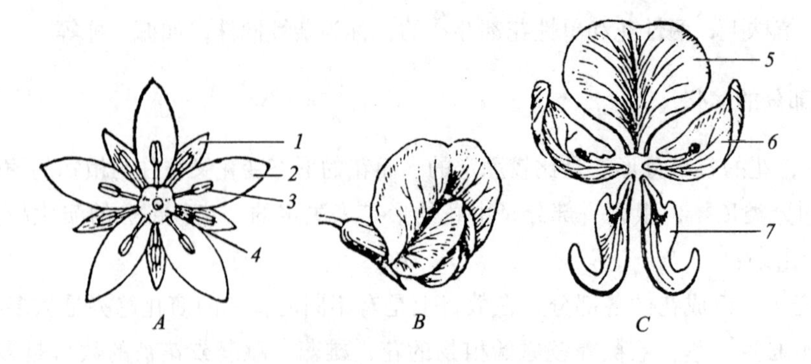

图 4-22　整齐花和不整齐花

A. 双子叶植物的整齐花（花基数为 5）；*B*、*C.* 蚕豆的不整齐花（蝶形花冠，*B.* 花的全貌；*C.* 花冠形态）

1. 萼片；2. 花瓣；3. 雄蕊；4. 雌蕊；5. 旗瓣；6. 翼瓣；7. 龙骨瓣

下方，形状如龙骨突起，故称龙骨瓣。花冠以内的雄蕊群共有雄蕊 10 枚，9 枚的花丝合生在一起，另 1 枚单独离生。心皮数是一片。整个花冠外形似蝶，称为蝶形花冠，是两侧对称的不整齐花。也有完全不对称的花，如美人蕉，其花被虽属整齐型，但因雄蕊的部分退化和瓣化而使整个花朵显示不对称状，故一般常以此作为不对称花的例子。从进化的观点看，辐射对称是原始性的，而两侧对称，则是进化的。花冠的形状和对称性也往往与传粉方式有相关性，也是长期适应所产生的结果。

4. 子房位置的变化　原始类型的花托是一个圆锥体或圆柱形，在进化的演变过程中，花托逐渐缩短，加大宽度，变为圆顶或扁平状，并且进一步在中央出现凹陷，成为凹顶形。花托形状的变化，改变了花部在花托上的排列地位，特别是子房的位置，出现下述几种不同的状态。

第一种是花托圆柱形，或是圆顶、平顶状，花萼、花冠和雄蕊群顺序地着生在雌蕊下方的花托四周，或是雌蕊外方的花托上，雌蕊的位置要比其他各部分高，像这样的子房位置称子房上位。子房上位的花也称下位花（hypogynous flower），如芸薹、毛茛、牡丹、蚕豆等（图 4-23，*A*）。

第二种是花托中央凹陷，花托杯状或盂状，花萼、花冠和雄蕊群着生在杯状花托隆起的四周边缘上，而雌蕊的子房着生在花托的杯底，花托的壁与子房壁并不相连。这类子房的位置同样是上位，称这类花为周位花（perigynous flower），如蔷薇、月季、樱花等（图 4-23，*B*、*C*）。

第三种是花托呈深陷的杯状，子房着生在花托的杯底里，子房的壁和花托完全愈合，只留花柱和柱头突出在花托外面，花萼、花冠和雄蕊群着生在子房上方的花托边缘上。这类花的子房位置最低，所以是子房下位，而称这样的花为上位花（epigynous flower），如梨、苹果、黄瓜等（图 4-23，*D*）。

另有一种是花托呈深陷的杯状，子房着生在花托杯底里，只有子房壁的下半部与花托愈合，其余部分与花托分离；花萼、花冠和雄蕊群围生在子房上半部的周围。这类子房的位置为半下位（half-inferior），也把这类花称为周位花，如忍冬、接骨木、虎耳草等（图 4-23，*E*）。

花各部分的演化趋势是多方面的，就一朵花来说，演化的趋势也不是各部分同步一致的，这就使花的结构更为复杂而多样化。例如苹果和梨的花萼、花冠离生，雄蕊多数，这些反映了它

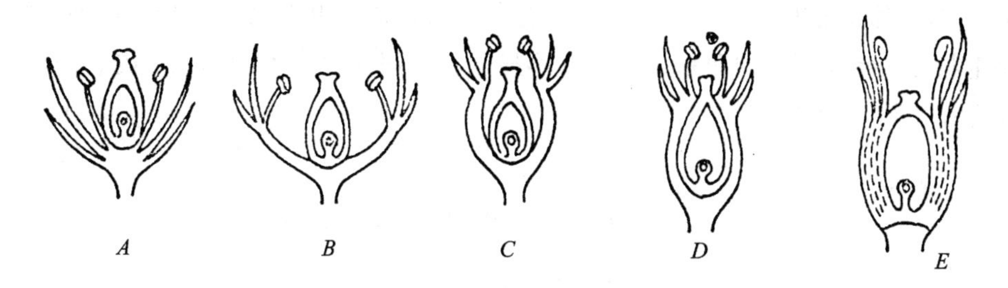

图 4–23　子房的位置

A. 子房上位（下位花）；*B*、*C.* 子房上位（周位花）；*D.* 子房下位（上位花）；*E.* 子房半下位（周位花）

们的原始性状，但凹陷的花托和下位子房，则又是进化的表现。此外，花各部分的互相转变，也经常在栽培的植物种类中找到，如栽培的芍药和玫瑰，雄蕊的数目减少，而花瓣增多，出现重瓣的结构。在睡莲的花朵里，也常常可以见到花瓣和雄蕊之间的过渡类型，这种瓣化雄蕊的下部花丝成为扁平、接近于花瓣的薄片状，而在上部却留有残存的花药（图 4–24）。

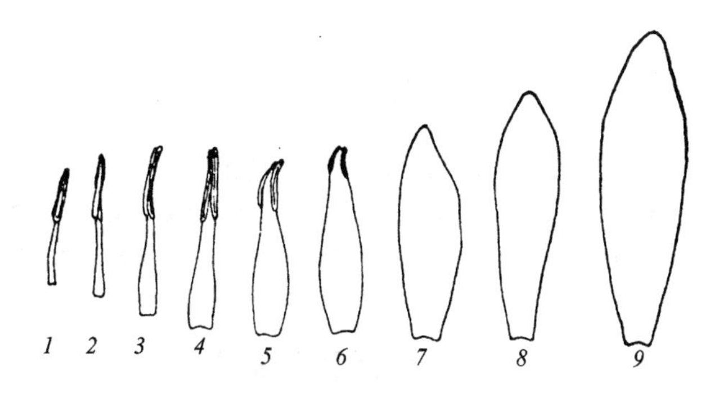

图 4–24　睡莲雄蕊的瓣化

1. 雄蕊的正常形态；2—6. 雄蕊的花丝逐渐瓣化；7—9. 雄蕊的花药完全消失，花丝完全瓣化

二、禾本科植物的花

禾本科是被子植物中的单子叶植物，花的形态和结构比较特殊，与上面所叙述的一般形态很不一样。小麦、水稻、玉米以及许多杂草种类，都属禾本科植物，它们的花在结构上有相似处，现以小麦的花为例说明。

小麦的花集中着生在麦穗上，按一定的方式排列，整个麦穗是小麦的花序（下节详述）。麦穗有一根主轴，周围又生出许多小穗，每一个小穗基部有 2 片坚硬的颖片（glume），称外颖和内颖。颖片之内有几朵花，其中基部的 2 ~ 3 朵是以后能正常发育结实的，上部的几朵往往是发育不完全的不育花，不能结实。每一朵能发育的花的外面又有 2 片鳞片状薄片包住，称为稃片，外边的一片称外稃（lemma），是花基部的苞片，里面一片称内稃（palea）。有的小麦品种，外稃的中脉明显而延长成芒（awn）。内稃里面有 2 片小型囊状突起，称为浆片（lodicule），内稃和浆片是由花被退化而成。开花时，浆片吸水膨胀，使内、外稃撑开，露出花药和柱头。小麦的雄蕊有 3 个，花丝细长，花药较大，成熟开花时，常悬垂花外。雌蕊 1 个，有 2 条羽毛状柱头承受飘来的花粉，花柱并不显著，子房 1 室。不育花只有内、外稃，雌、雄蕊却并不存在（图 4–25）。

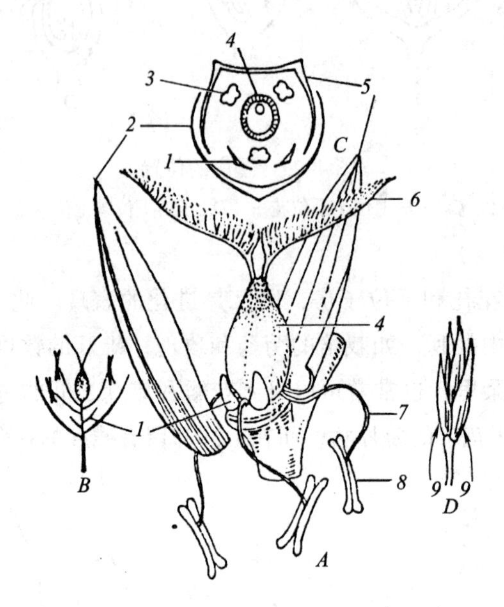

图 4–25　禾本科植物的花

A. 花的解剖，示各部分与结构； *B.* 花的纵向示意图； *C.* 花的横切示意图； *D.* 不孕小穗

1. 浆片； 2. 外稃； 3. 雄蕊； 4. 子房； 5. 内稃； 6. 柱头； 7. 花丝； 8. 花药； 9. 颖片

三、花程式和花图式

为了简单地说明一朵花的结构，花各部分的组成、排列位置和相互关系，可以用一个公式或图案把一朵花的各部分表示出来，前者称花程式（floral formula），后者称花图式（floral diagram）。

（一）花程式

用以表示花各部分的代号，一般是每一轮花部拉丁名词的第一个字母，通常用：K 代表花萼（kalyx，calyx），C 代表花冠（corolla），A 代表雄蕊群（androecium），G 代表雌蕊群（gynoecium）。如果花萼、花冠不能区分，可用 P 代表花被（perianth）。每一字母的右下角可以记上一个数字来表示各轮的实际数目。如果缺少某一轮，可记下“0”，如果数目极多，可用“∞”表示。如果某一部分的各单位互相联合，可在数字外加上“(　)”的符号。如果某一部分不止一轮，而有两轮或三轮，可在各轮的数字间加上“+”号。子房位置也可在公式中表示出来，如果是子房上位，可在 G 字下加上一划；子房下位，则在 G 字上加一划；周位子房，则在 G 字上下各加一划。在 G 字右下角写上一个数字，可以表示心皮的数目，数字后再加上一个数字，可代表子房的室数，两数字间可用“：”号相连。

如果是整齐花，可在公式前加一“*”号，两侧对称花用“↑”表示。♂表示单性雄花，♀表示单性雌花，⚥表示两性花。

下面举几个例子说明：

1. 百合的花程式为：

$$*P_{3+3}A_{3+3}\underline{G}_{(3:3)}$$

花程式表示：百合花为整齐花，花被6数，2轮，各轮3片；雄蕊群6枚，2轮排列，各为3枚；雌蕊群3心皮组成，合生，子房3室，上位。

2. 蚕豆的花程式为：

$$\uparrow K_{(5)}C_{1+2+(2)}A_{(9)+1}\underline{G}_{(1:1)}$$

花程式表示：蚕豆花是不整齐花，两侧对称；花萼5片，萼片合生；花冠由5片花瓣组成，旗瓣、翼瓣离生，龙骨瓣2片合生；雄蕊群有雄蕊10枚，其中9枚合生，内轮的1枚分离；子房1心皮1室，上位。

3. 柳的花程式为：

$$♂，\uparrow K_0C_0A_2；♀，*K_0C_0G_{(2:1)}$$

花程式表示：柳的花单性，雄花为不整齐花，花萼、花冠都无，只有2枚雄蕊；雌花为整齐花，无花萼和花冠；子房上位，2心皮1室。

（二）花图式

花图式是用花的横剖面简图来表示花各部分的数目、离合情况，以及在花托上的排列位置，也就是花的各部分在垂直于花轴平面所作的投影图。现仍以百合和蚕豆的花为例说明（图4–26）。图中最外层的实心弧线表示苞片，内方的实心弧线表示花冠，带横线条的弧线表示花萼。雄蕊和雌蕊就以它们的实际横切面图表示。图中也可以看到联合或分离，整齐或不整齐的排列情况。图上方黑点为花轴。如为顶生花可不绘花轴与苞片。

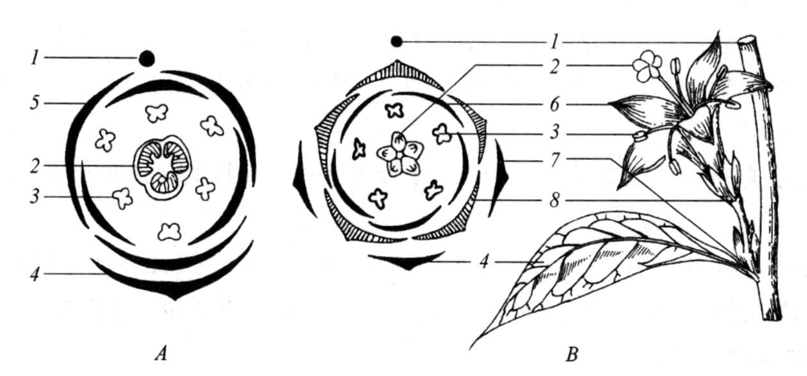

图4–26　花图式

A. 单子叶植物；*B*. 双子叶植物

1. 花轴；2. 雌蕊；3. 雄蕊；4. 苞片；5. 花被；6. 花瓣；7. 小苞片；8. 萼片

（强胜，2017）

四、花　　序

被子植物的花，有的是单独一朵生在茎枝顶上或叶腋部位，称单顶花或单生花，如玉兰、牡丹、芍药、莲、桃等。但大多数植物的花，密集或稀疏地按一定排列顺序，着生在特殊的总花柄上。花在总花柄上有规律地排列方式，称为花序（inflorescence）。花序的总花柄或主轴称花轴，也称花序轴（rachis）。花序下部的叶有的退化，但也有特大而具颜色的。花柄及花轴基部生有苞片（bract），有的花序的苞片密集一起，组成总苞，如菊科植物中的蒲公英、蓟等的花序有这样的结构。有的苞片转变为特殊形态，如禾本科植物小穗基部的颖片就是。

花序的形式变化甚繁，表现为主轴的长短，分枝或不分枝，各花有无花柄，各花开放的顺序，以及其他特殊因素所产生的变异等。花序主要可归纳为二大类，一类是无限花序（indefinite inflorescence），另一类是有限花序（definite inflorescence）。

（一）无限花序

无限花序也称总状类花序，它的特点是花序的主轴在开花期间，可以继续生长，向上伸长，不断产生苞片和花芽，犹如单轴分枝，所以也称单轴花序。各花的开放顺序是花轴基部的花先开，然后向上方顺序推进，依次开放。如果花序轴短缩，各花密集呈一平面或球面时，开花顺序是先从边缘开始，然后向中央依次开放。无限花序又可以分成以下几种类型：

1. 总状花序（raceme） 花轴单一，较长，自下而上依次着生有柄的花朵，各花的花柄大致长短相等，开花顺序由下而上，如紫藤、荠菜、油菜的花序（图 4–27，*A*、*B*）。

2. 伞房花序（corymb） 或称平顶总状花序，是变形的总状花序，不同于总状花序的特点，在于着生在花轴的各花，花柄长短不等，下层花的花柄较长，然后各花花柄自下而上地逐步缩短，因此，各花排列在同一个平面上，如梨、苹果、樱花等。油菜的花序初期呈伞房花序状，以后花轴伸长，又转而为总状花序（图 4–27，*C*、*D*）。

3. 伞形花序（umbel） 花轴短缩。大多数花着生在花轴的顶端。每朵花有近于等长的花柄，因而各花在花轴顶端的排列呈圆顶形，开花的顺序是由外向内，如人参、五加、常春藤等（图 4–27，*E*、*F*）。

4. 穗状花序（spike） 花轴直立，较长，上面着生许多无柄的两性花，如车前、马鞭草等（图 4–28，*A*、*B*）。

5. 柔荑花序（ament） 花轴上着生许多无柄或短柄的单性花（雌花或雄花），有花被或花被缺如，有的花轴柔软下垂，但也有是直立的，开花后一般整个花序一起脱落，如杨、柳、栎、枫杨、榛等（图 4–28，*C*）。

6. 肉穗花序（spadix） 基本结构和穗状花序相同，所不同的是花轴粗短，肥厚而肉质化，上生多数单性无柄的小花，如玉米、香蒲的雌花序。有的肉穗花序外面还包有一片大型苞叶，称为佛焰苞（spathe），因而这类花序又称佛焰花序，如半夏、天南星、芋等（图 4–28，*D*）。

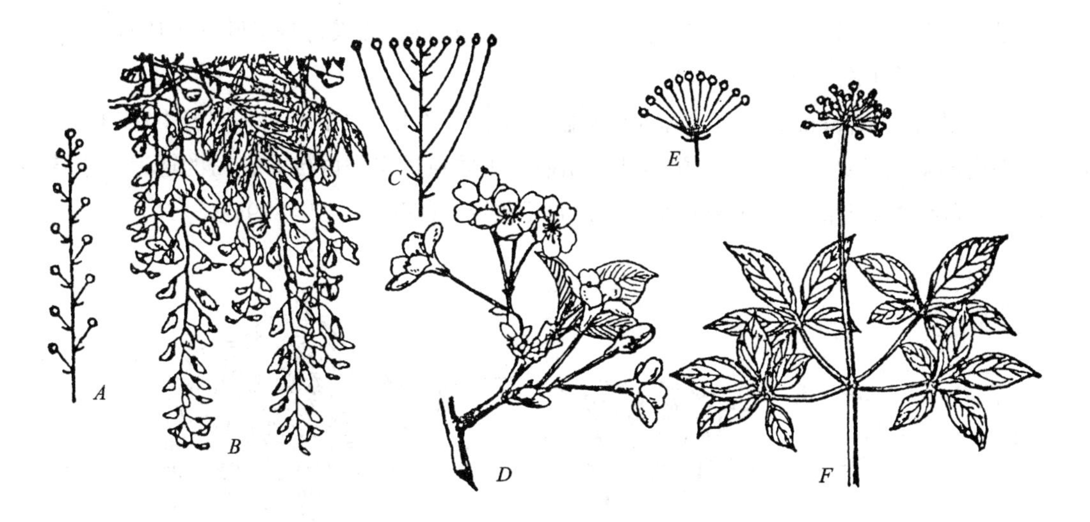

图 4–27　花序图（一）

A. 总状花序模式图；*B.* 紫藤的总状花序；*C.* 伞房花序模式图；
D. 日本樱花的伞房花序；*E.* 伞形花序模式图；*F.* 人参的伞形花序

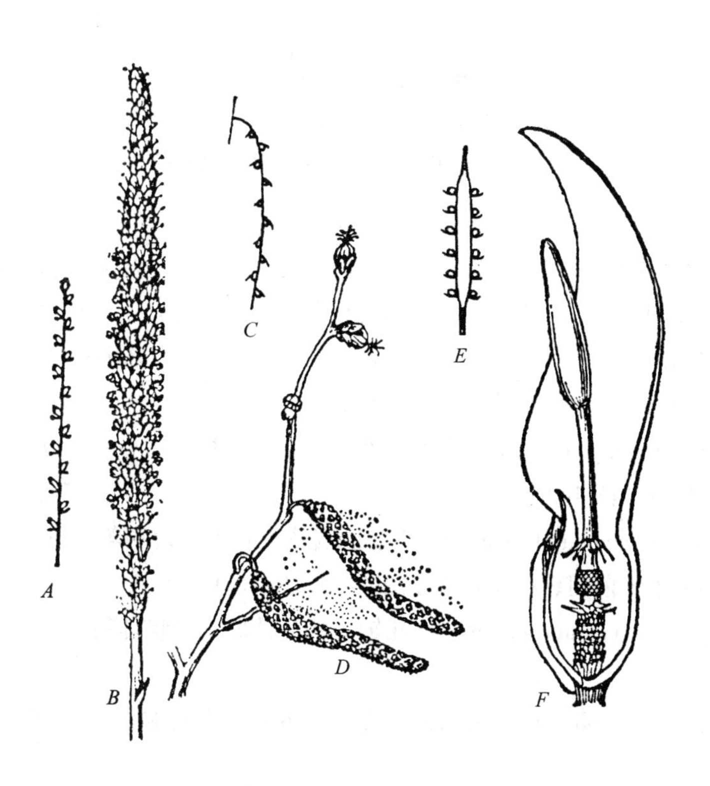

图 4–28　花序图（二）

A. 穗状花序模式图；*B.* 车前的穗状花序；*C.* 柔荑花序模式图；*D.* 榛的柔荑花序（雄花序）；
E. 肉穗花序模式图；*F.* 天南星科的肉穗花序（切除一部分苞叶，示内部结构）

7. 头状花序（capitulum） 花轴极度缩短而膨大，扁形，铺展，各苞叶常集成总苞，如菊、蒲公英、向日葵等（图 4–29，*A*、*B*）。

8. 隐头花序（hypanthodium） 花轴特别肥大而呈凹陷状，很多无柄小花着生在凹陷的腔壁上，几乎全部隐没不见，仅留一小孔与外方相通，为昆虫进出腔内传布花粉的通道。小花多单性，雄花分布在内壁上部，雌花分布在下部，如无花果、薜荔等（图 4–29，*C*、*D*）。

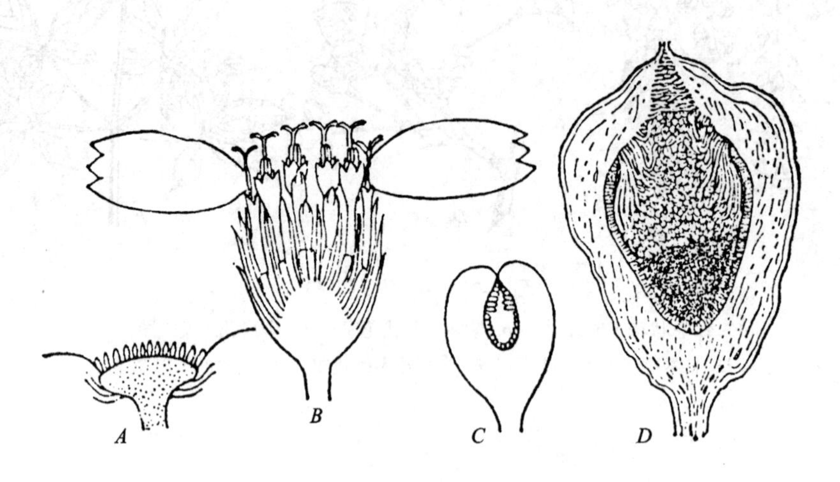

图 4–29 花序图（三）

A. 头状花序模式图； *B.* 蓍（锯草）的头状花序剖面；

C. 隐头花序模式图； *D.* 无花果的隐头花序

以上所列各种花序的花轴都不分枝，所以是简单花序。另有一些无限花序的花轴具分枝，每一分枝上又呈现上述的一种花序，这类花序称复合花序。常见的有以下几种：

（1）圆锥花序（panicle） 或称复总状花序。在长花轴上分生许多小枝，每小枝自成一总状花序，如南天竺、稻、燕麦、丝兰等（图 4–30，*A*、*B*）。

（2）复穗状花序（compound spike） 花轴有 1 或 2 次分枝，每小枝自成一个穗状花序，也即小穗，如小麦、马唐等（图 4–30，*C*、*D*）。

（3）复伞形花序（compound umbel） 花轴顶端丛生若干长短相等的分枝，各分枝又成为一个伞形花序，如胡萝卜、前胡、小茴香等（图 4–30，*F*、*G*）。

（4）复伞房花序（compound corymb） 花轴上的分枝成伞房状排列，每一分枝又自成一个伞房花序。如花楸属。

（5）复头状花序（compound capitulum） 单头状花序上具分枝，各分枝又自成一头状花序，如合头菊（图 4–30*E*）。

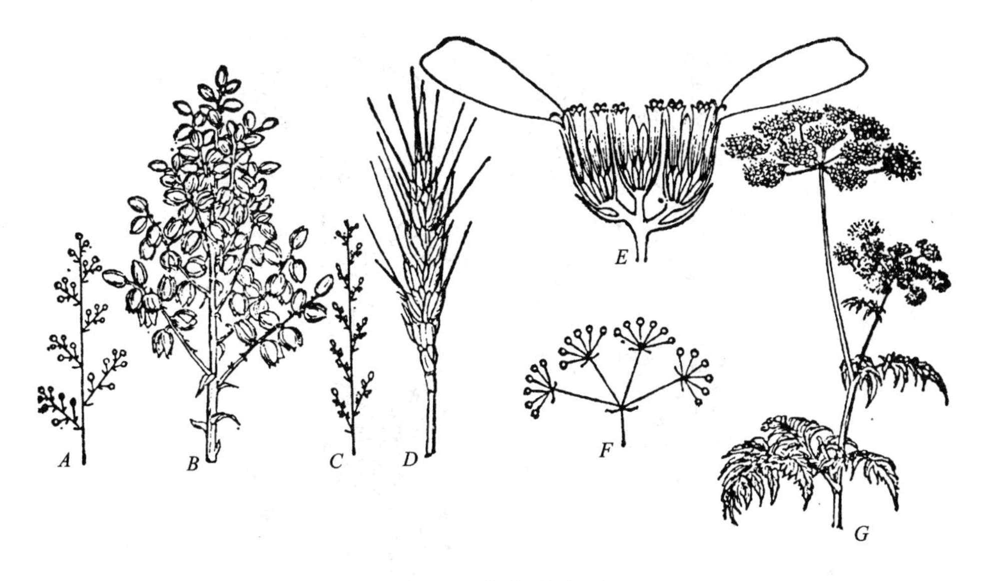

图 4-30　花序图（四）

A. 圆锥花序模式图；*B.* 丝兰的复总状花序图（圆锥花序）；*C.* 复穗状花序模式图；
D. 小麦的复穗状花序；*E.* 合头菊的复头状花序；*F.* 复伞形花序模式图；
G. 伞形科植物的复伞形花序

（二）有限花序

有限花序也称聚伞类花序，它的特点和无限花序相反，花轴顶端由于顶花先开放，而限制了花轴的继续生长。各花的开放顺序是由上而下，或由内而外。又可分为以下几种类型：

1. 单歧聚伞花序（monochasium）　主轴顶端先生一花，然后在顶花的下面主轴的一侧形成一侧枝，同样在枝端生花，侧枝上又可分枝着生花朵如前，所以整个花序是一个合轴分枝。如果分枝时，各分枝成左、右间隔生出，而分枝与花不在同一平面上，这种聚伞花序称蝎尾状聚伞花序（cincinnus），如委陵菜、唐昌蒲的花序。如果各次分出的侧枝，都向着一个方向生长，则称螺状聚伞花序（bostryx），如勿忘草的花序（图 4-31，*A*、*B*、*C*）。

2. 二歧聚伞花序（dichasium）　也称歧伞花序。顶花下的主轴向着两侧各分生一枝，枝的顶端生花，每枝再在两侧分枝，如此反复进行，如卷耳、繁缕、大叶黄杨等（图 4-31，*D*）。

3. 多歧聚伞花序（pleiochasium）　主轴顶端发育一花后，顶花下的主轴上又分出三数以上的分枝，各分枝又自成一小聚伞花序，如泽漆、益母草等的花序。泽漆短梗花密集，称密伞花序；益母草花无梗，数层对生，称轮伞花序（图 4-31，*E*、*F*）。

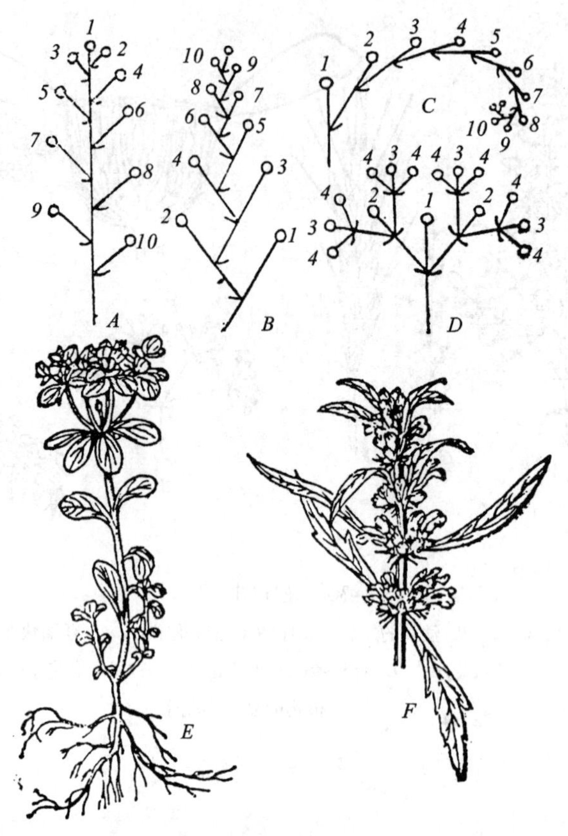

图 4–31　花序图（五）

A. 单歧聚伞花序； *B.* 蝎尾状聚伞花序； *C.* 螺状聚伞花序； *D.* 二歧聚伞花序；
（*A*—*D* 均为模式图，小花序号为开花顺序） *E.* 泽漆的密伞花序； *F.* 益母草的轮伞花序；
（*A*、*B*、*C* 为单歧聚伞花序，*E*、*F* 为多歧聚伞花序）

第三节　花药的发育和花粉粒的形成

雄蕊和雌蕊是直接与生殖有关的花的组成部分，单核期的花粉（小孢子）和胚囊（大孢子），以及雄性配子（精子）和雌性配子（卵），将由两种花蕊分别产生，并进一步经受精作用，完成花的有性生殖过程。两种花蕊分别起源于雄蕊原基和雌蕊原基，在经过细胞分裂和一系列生长发育后，形成雄蕊和雌蕊。本节和下一节将分别对雄蕊和雌蕊的发育过程，进行较详的叙述。

雄蕊（即小孢子叶）是由花丝和花药两部分组成。花丝与生殖无直接关系，它的作用是将花药托展在空间，以利传粉，同时把营养输送到花药部分，供其发育时用。花丝的结构一般简单，最外层是一层角质化的表皮细胞，有的还附生毛茸、气孔等，表皮以内是薄壁组织，中央有一条由筛管和螺纹导管组成的维管束贯穿，直达药隔。花药（即小孢子囊）是雄蕊产生花粉的主要部分，多数被子植物的花药是由 4 个花粉囊组成，分为左、右两半，中间由药隔相连，也有少数种类花药的花粉囊仅2个的，同样分列药隔的左、右两侧。花粉囊外由囊壁包围，内生许多花粉粒。花药成熟后，药隔每一侧的两个花粉囊之间的壁破裂消失，二花粉囊相互沟通，犹如每侧仅含一个粉囊。裂开的花粉囊散出花粉，为下一步进行传粉作好准备（图4–32，图4–33）。

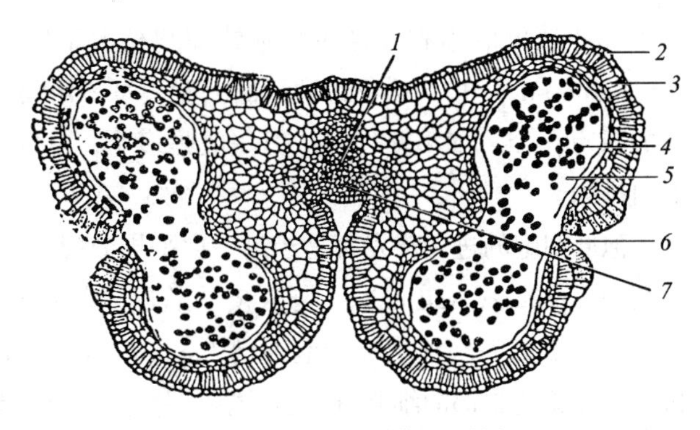

图4–32 花药的横切面结构

1. 药隔内的维管束； 2. 表皮； 3. 纤维层； 4. 花粉粒； 5. 花粉囊； 6. 花药的裂口； 7. 药隔

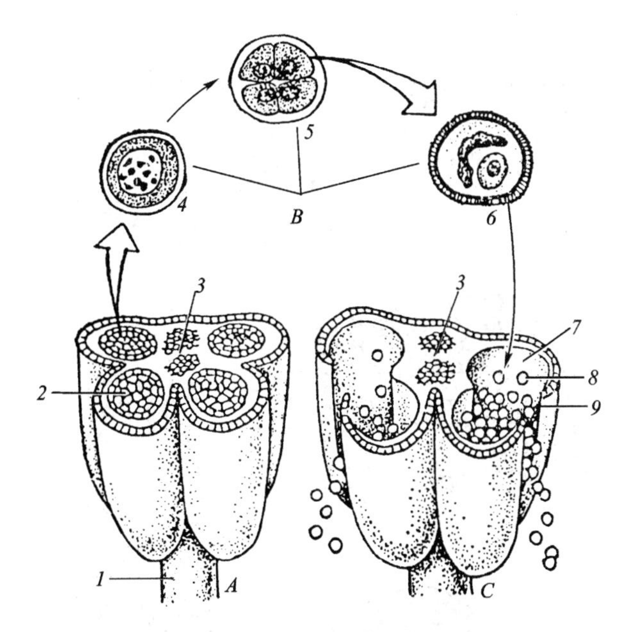

图4–33 花药横切面立体模式图，示花粉粒的形成

A. 未成熟的花药； *B.* 花粉粒发育过程中的三个阶段； *C.* 已成熟的花药，示花粉囊开裂，散出花粉粒

1. 花丝； 2. 未成熟的花粉囊； 3. 药隔； 4. 小孢子母细胞； 5. 4个单相核的小孢子包在同一壁内（四分体）； 6. 成熟花粉粒； 7. 已成熟的花粉囊； 8. 花粉粒； 9. 花药的裂口

一、花药的发育

最初，在花托上产生雄蕊原基，从雄蕊原基进而形成的花药原始体在结构上十分简单，外面是一层表皮细胞，表皮之内是一群形状相似、分裂活跃的幼嫩细胞。以后由于原始体在四个角隅处细胞分裂较快，使原始体呈现出四棱的结构形状，并在每棱的表皮下出现一个或

几个体积较大的细胞，这些细胞的细胞核大于周围其他细胞，细胞质也较浓，称为孢原细胞（archesporial cell）。从花药横切面上看，每一角隅处的孢原细胞数在不同植物种类中并不一样，有的只有一个，如小麦、棉；但一般是多个；从纵切面上看，这些细胞在角隅处作一列或数列纵向排列。

孢原细胞的进一步发育是经过一次平周分裂，形成内、外两层细胞，外面的一层细胞称初生壁细胞（primary wall cell），与表皮层贴近，以后经过一系列的变化，与表皮一起构成花粉囊的壁层；里面的一层细胞称造孢细胞（sporogenous cell），是花粉母细胞的前身，将由它发育成花粉粒。在花药中部的细胞进一步分裂、分化，以后构成花药的药隔和维管束（图 4-34）。

初生壁细胞以后又进行一次或数次平周分裂（因植物种类而异），产生 3 ~ 5 层细胞。外层细胞紧接表皮，细胞体积较大，称为药室内壁（endothecium），其实在花药发育初期它并不是最内层。当花药成熟时它才真正成为药室内壁，这层细胞向半径方向伸展扩大，并在大多数植物

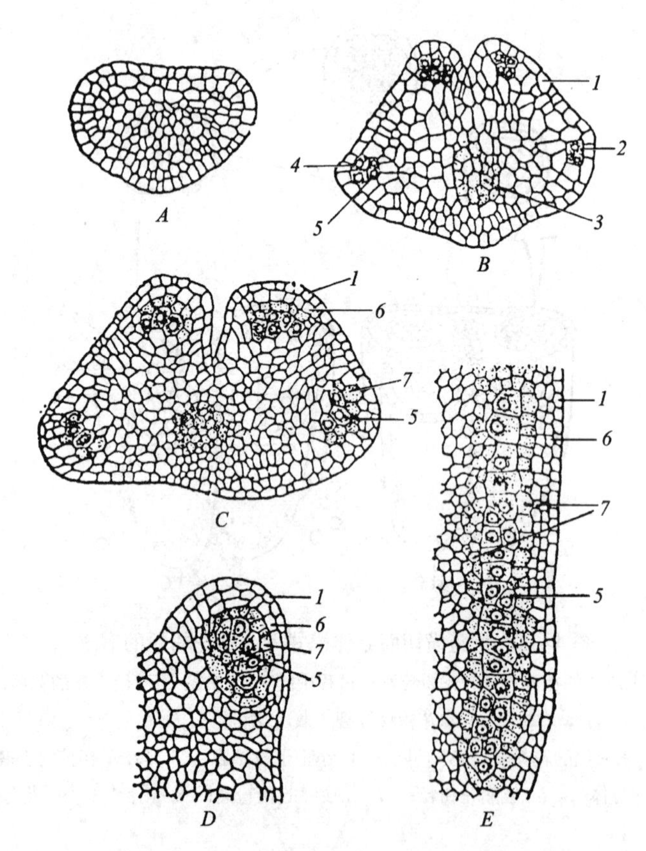

图 4-34　长春花（*Catharathus roseus*）雄蕊小孢子囊的起源和发育

A—D. 发育中的花药横切面，示花粉囊的形成和发育　*A.* 未分化的花药，花药原始体；*B.* 在表皮层以内出现四列孢原细胞，其中有的经平周分裂，形成外层的初生壁细胞和内层的造孢细胞；　*C.* 初生壁细胞进一步平周分裂，形成药室内壁和绒毡层；　*D.* 花药的一角，示花粉囊的形成；　*E.* 部分花药的纵切面结构

1. 表皮层；　2. 孢原细胞；　3. 药隔处的原形成层；　4. 初生壁细胞；　5. 造孢细胞；　6. 药室内壁；　7. 绒毡层

种类里，细胞壁的内切向壁和横向壁上发生带状的加厚，而外切向壁仍是薄壁的。带状加厚一般是纤维素的，成熟时略微木质化。这层壁加厚的细胞层又称纤维层（fibrous layer）。纤维层细胞的带状加厚有助于花药的开裂和花粉的散放（图 4-35）。有些植物如水鳖科的一些种类和闭花受精植物，药室内壁并不发生带状加厚；花药由顶孔开裂的植物，药室内壁同样也无带状加厚。两花粉囊之间的交界处有几个薄壁的唇形细胞出现，在花药成熟开裂时形成裂缝，称为裂口，是成熟花粉散出之处。

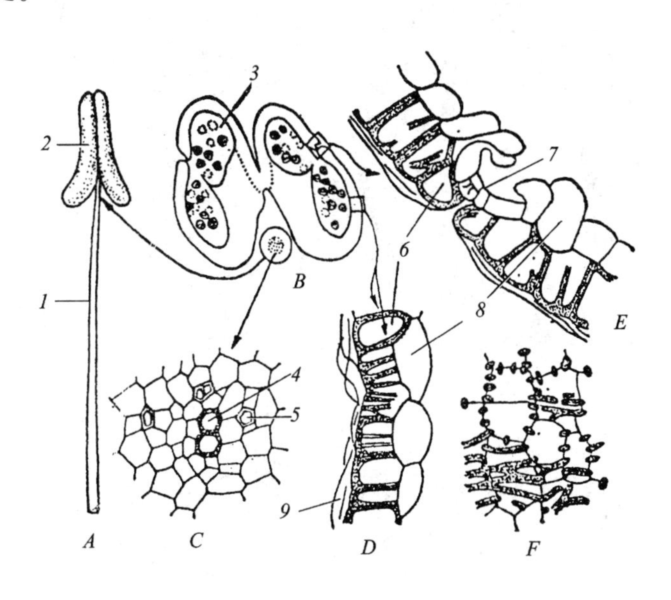

图 4-35　桃属的雄蕊

A. 完整的雄蕊；*B*. 花药和花丝的横切面结构；*C*. 花丝内的维管束；*D*、*E*. 花粉囊壁的一部分结构，示表皮层、纤维层和已破坏的绒毡层；*F*. 纤维层细胞的带状次生加厚

1. 花丝；2. 花药；3. 花粉囊；4. 木质部；5. 韧皮部；6. 纤维层细胞；7. 花粉囊的裂口；8. 表皮层；9. 已破坏的绒毡层

纤维层内的 1 ~ 3 层薄壁细胞称中层（middle layer）。初期的中层细胞内贮有多量淀粉或其他贮存物质。在小孢子母细胞进行减数分裂时，中层细胞内的贮存物质减少，细胞变为扁平，并逐渐趋向解体，最终被吸收消失。所以在成熟花药中一般不存在中层（图 4-36）。

最内的壁细胞层称为绒毡层（tapetum），细胞的体积比外围的壁细胞要大，具有腺细胞的特性。绒毡层细胞初为单核、细胞质浓、液泡少而小，以后核进行分裂，但不伴随新壁的形成，故出现双核或多核的结构。细胞内还含较多的 RNA 和蛋白质，以及油脂和类胡萝卜素等营养物。当小孢子母细胞减数分裂接近完成时，绒毡层细胞开始出现退化迹象；到小孢子发育后期和出现雄配子阶段，绒毡层细胞已仅留残迹或不复存在。绒毡层细胞的解体按植物种类的不同，可分为两种情况：一种是绒毡层细胞在花粉发育过程中，不断分泌各种物质进入花粉囊，提供小孢子发育，直到花粉成熟，绒毡层细胞才自溶消失，此为分泌绒毡层。另一种情况是绒毡层细胞比较早地出现内壁和径向壁的破坏，各细胞的原生质体逸出细胞外，互相融合，形成多核的原生质团，并移向药室内，充塞于小孢子之间的空隙中，为小孢子吸收利用，此为变形绒毡

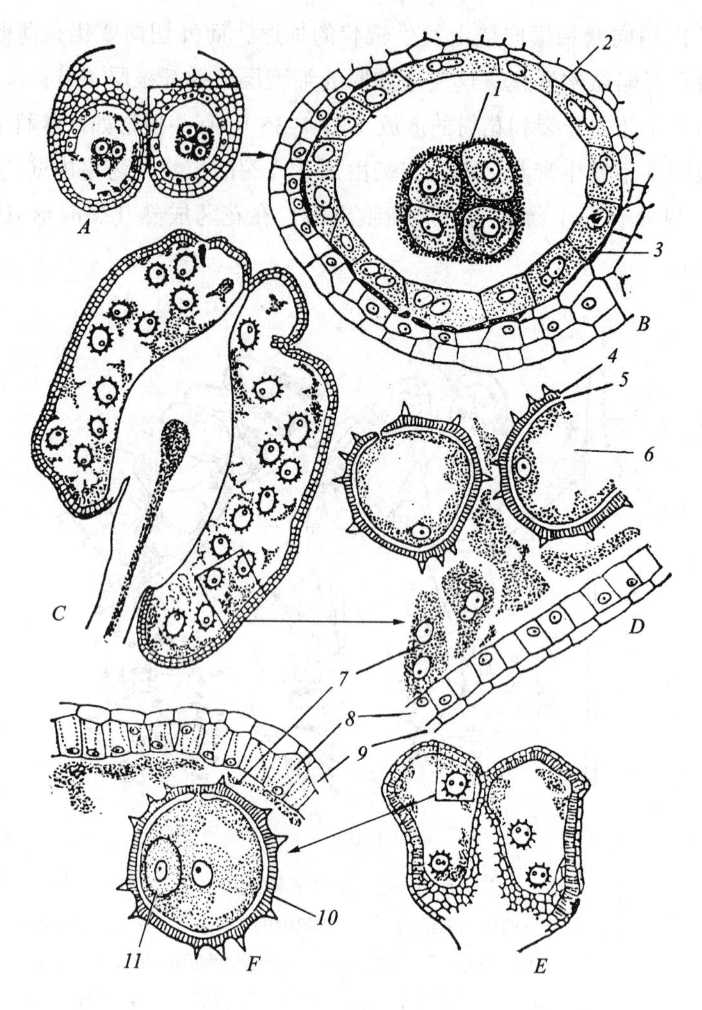

图 4–36　棉花粉粒的发育

A. 花药横切；*B. A* 图的一部分放大；*C.* 花药纵切；*D. C* 图的一部分放大；

E、*F.* 成熟的花药横切面及部分放大（绒毡层细胞已破坏，成为黏性的多核原生质团）

1. 四分体，内为 4 个小孢子；2. 绒毡层；3. 受挤压的中层细胞；4. 花粉外壁；5. 花粉内壁；6. 单核花粉粒；7. 破坏中的绒毡层；8. 纤维层；9. 表皮层；10. 二细胞的花粉粒；11. 生殖细胞

层（图 4–36）。由此可见，绒毡层为花粉发育提供营养，对花粉形成至为重要。不仅如此，绒毡层细胞内还能合成和分泌与花粉形成直接有关的酶物质——胼胝质酶。如果绒毡层的功能有所失常，致使花粉粒不能正常发育，就有可能导致花粉败育，失去生殖作用。

由上可见，随着花药的发育，药壁的结构也在不断起着变化，到花药成熟时药壁构造就已很简单了，只留下表皮和纤维层；有的连表皮也破损，仅存残迹。

当花粉囊的壁组织逐步发育分化时，造孢组织的细胞也在不断分裂，形成大量花粉母细胞（小孢子母细胞），以后每个花粉母细胞经过两次连续的分裂，产生 4 个细胞，也就是小孢子。因为小孢子在形成时要经过细胞内染色体的减数，所以称这两次特殊的分裂方式为减数分裂，

分裂后，细胞的染色体是单相的，这些单相染色体的小孢子再进一步形成花粉粒。

为了进一步说明花粉囊壁和小孢子的发生过程，可将花药发生的一般程序列表如下：

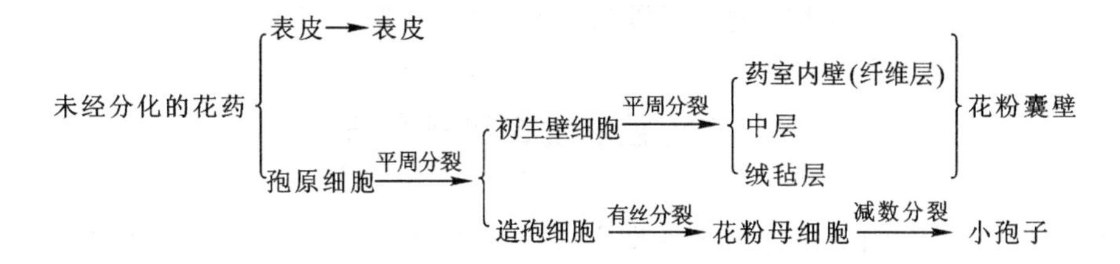

二、小孢子的形成

孢原细胞进行的平周分裂产生内、外两层细胞，在内的一层称造孢细胞。造孢细胞经过不断分裂，形成大量小孢子母细胞，这些细胞的体积大，核也大，原生质浓厚、丰富，与壁细胞很不一样。

小孢子母细胞，即花粉母细胞进一步发育，将经过两次连续的细胞分裂，两次分裂中，包括一次 DNA 的复制过程和二次细胞分裂，生成 4 个细胞（小孢子），这 4 个细胞里的染色体数，只有原来细胞染色体数的一半，所以称这两次分裂为减数分裂或成熟分裂（详见细胞章内的叙述）。减数分裂与生物的有性生殖是紧密联系的，因为新生的个体是由两性配子融合在一起后发育起来的，而生物细胞里的染色体数目一般保持恒定不变，所以只有配子的染色体数目减少一半，2 配子融合后生成的新个体才能保持原来染色体的数目。

花粉母细胞经过两次分裂后，生成的 4 个子细胞——小孢子先是集合一起，称四分体（tetrad）。以后四分体中的细胞各自分离，形成 4 个单核的花粉粒。

由花粉母细胞生成的 4 个小孢子，在排列上常随新壁产生方式的不一样而有所不同（图 4–37）。水稻等禾本科植物在第一次分裂后，即生成新壁，出现一个二分体阶段，第二次的

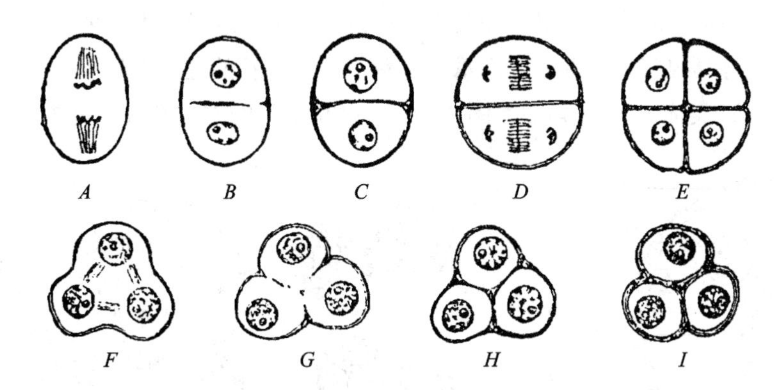

图 4–37 小孢子母细胞经减数分裂后孢质分裂的类型

A—E. 玉米小孢子母细胞产生 4 个小孢子的情形，生成的 4 个小孢子排列在同一平面上（*C* 为二分体阶段）；*F—I*. 草木犀属（*Melilotus*）小孢子母细胞产生的 4 个小孢子呈四面体型（*G*、*H* 示新壁由周围向中央生成的情形）

分裂面因与第一次的相垂直，所以四分体排列在同一个平面上成左右对称型；另外，如棉花等双子叶植物没有二分体阶段，第一次分裂后不立即形成新细胞壁，而在形成四分体时，才同时产生细胞壁。因为新壁并不互相垂直，所以四分体的 4 个细胞成四面体型。

三、花粉粒的发育和形态结构

刚形成的花粉粒是一个单核的细胞（即小孢子），从四分体分离出来时细胞壁薄，含浓厚的原生质，核位于细胞的中央，它们从解体的绒毡层细胞取得营养，不断地长大。随着细胞的扩大，细胞核由中央位置移向细胞一侧，并进而分裂一次，形成两个细胞，一个是营养细胞（vegetative cell），另一个是生殖细胞（generative cell）。生殖细胞形成后不久，细胞核即进行 DNA 复制，但 RNA 合成少。初成时的生殖细胞球形，以后伸长，呈纺锤形，就处在营养细胞的原生质中。营养细胞比生殖细胞要大，内含大量淀粉、脂肪等物质。两细胞的生理作用是不相同的，营养细胞以后与花粉管的生成和生长有关，而生殖细胞的作用是产生两个精子细胞，直接参与生殖。

花粉壁的发育始于减数分裂结束后不久。初生成的壁是花粉粒的外壁，继而在外壁内侧生成花粉粒的内壁，所以成熟花粉有内、外二重壁包围。外壁（exine）的质坚厚，缺乏弹性，含有大量的孢粉素，并吸收了绒毡层细胞解体时生成的类胡萝卜素、类黄酮素和脂质、蛋白质等物质，积累壁中，或涂覆其上，使花粉外壁具一定的色彩和黏性。内壁（intine）比外壁柔薄，富有弹性，由纤维素、果胶质、半纤维素、蛋白质等组成，包被花粉细胞的原生质体。

成熟花粉粒，有的只含营养细胞和生殖细胞，这样的花粉粒，称为二细胞型花粉粒。被子植物中约有 192 科的植物是这样的，如棉、桃、李、茶、杨、柑橘等（图 4–38）。另一些植物的花粉粒，在成熟前，生殖细胞进行一次有丝分裂，形成 2 个精子，这样的花粉粒在成熟时有一个营养细胞和 2 个精细胞，这类花粉粒，称为三细胞型花粉粒，约有 115 科，如水稻、大麦、小麦、玉米、油菜等的花粉粒。二细胞型花粉粒的精子细胞是以后在花粉管中形成的。

成熟花粉粒的外壁表面或者光滑，如黄瓜、油菜、玉米；或者产生各种形状的突起或花纹，如山毛榉、柳；也有具很多棘刺的，如南瓜、蜀葵；或具囊状的翅，如松（裸子植物）。不同外壁的结构常随植物种类而异（图 4–39，图 4–40），也和传粉的方式有关。此外，花粉粒的外壁

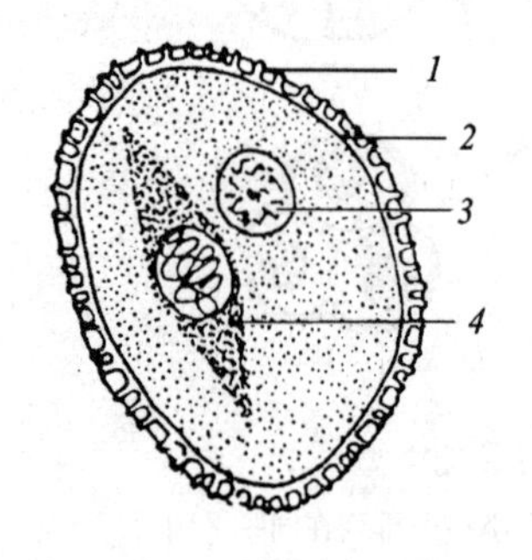

图 4–38　花粉粒的结构

1. 外壁；2. 内壁；3. 营养细胞；4. 生殖细胞

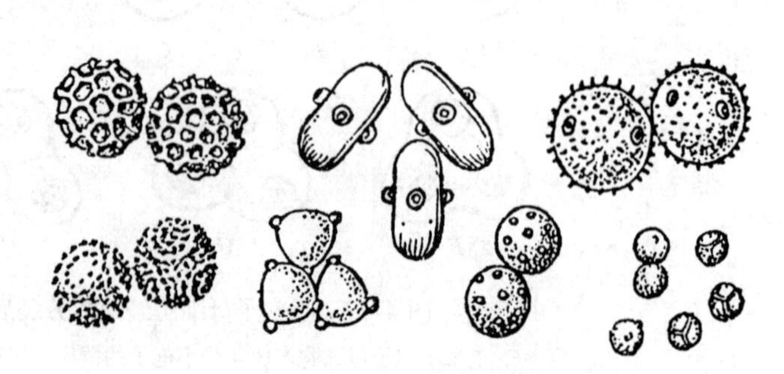

图 4–39　光学显微镜下的几种花粉粒形态

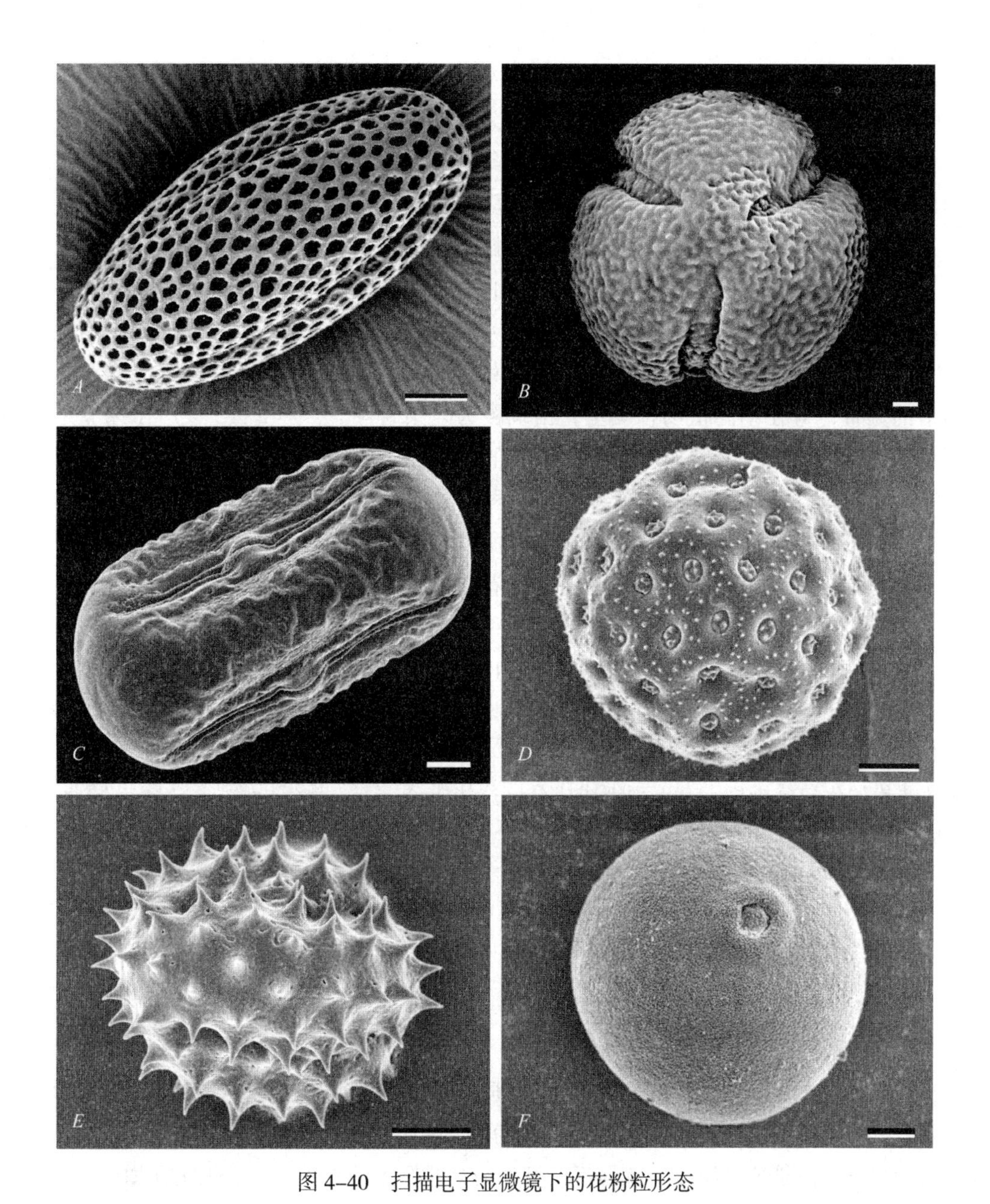

图 4–40　扫描电子显微镜下的花粉粒形态

A. 拟南芥（*Arabidopsis thaliana*）花粉粒赤道观； *B*. 莲（*Nelumbo nucifera*）花粉粒极面观； *C*. 蚕豆（*Vicia faba*）花粉粒赤道观； *D*. 紫茉莉（*Mirabilis jalapa*）花粉粒； *E*. 菊花（*Chrysanthemum* × *morifolium*）花粉粒； *F*. 水稻（*Oryza sativa*）花粉粒；Bar=5 μm

（照片由浙江大学洪健提供）

上还有一定形状、一定数目和一定分布位置的孔和沟槽，它们是在花粉外壁形成时生成的，这些孔和沟槽处缺乏花粉的外壁，以后花粉粒在柱头上萌发时，花粉管就由孔、沟处向外突出生长，所以称这些为萌发孔（germ pore，aperture）、萌发沟（germ furrow）。花粉粒外壁萌发沟的数量变化较少，但萌发孔可以从一个到多个，如水稻、小麦等禾本科植物只有一个萌发孔，油菜有 3 ~ 4 个萌发孔，棉花的萌发孔多到 8 ~ 16 个。萌发孔内方的内壁，一般有所增厚。就花粉粒的形状、大小而论，变化也较大，有为圆球形的，如水稻、小麦、玉米、棉等，或是椭圆形的，如油菜、蚕豆、桑、李等，也有略呈三角形的，如茶，以及其他形状。大多数植物的花粉粒直径在 15 ~ 50 μm，最小的小于 10 μm，大的在 50 ~ 100 μm，甚至 100 μm 以上。如水稻为 42 ~ 43 μm、玉米 77 ~ 89 μm、棉花 125 ~ 138 μm。外壁上的突起、棘刺和萌发孔的数目、沟槽的位置，常在不同植物种类里，出现极为复杂的多样性（图 4–40，图 4–41），而且一种植物的花粉粒又往往有一定的形态构造，可以用作鉴别植物种类的根据。由于花粉外壁的孢粉素有抗分解的能力，所以在各地层或泥炭积层中，常可找到古代植物遗留的花粉，根据这些花粉的特征，可以推断当时生长的植物种类和分布情况。利用花粉的特征以鉴定植物种类、演化关系和植物的地理分布，已成为一门专门的学科，称为孢粉学（palynology）。

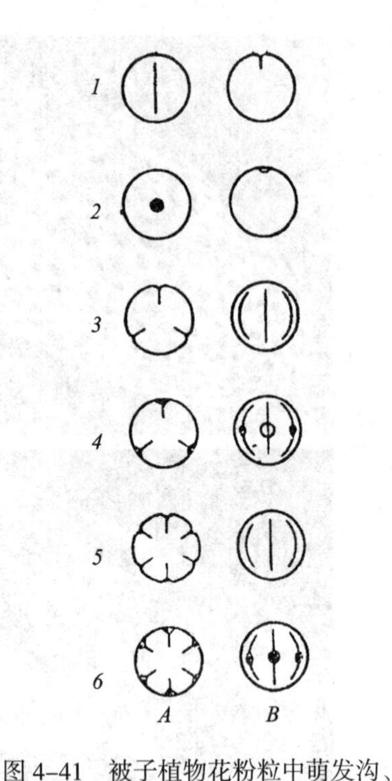

图 4–41　被子植物花粉粒中萌发沟、孔的各种类型模式图

A. 花粉粒的极面观；*B.* 花粉粒的侧面观

1. 单沟；2. 单孔；3. 三沟；4. 三孔沟；5. 多沟；6. 多孔沟

成熟花粉的化学分析显示有下列组成成分，这些成分的含量随植物种类而异：

蛋白质	7.0% ~ 26.0%
糖类	24.0% ~ 48.0%
脂肪	0.9% ~ 14.5%
矿质元素	0.9% ~ 5.4%
水分	7.0% ~ 16.0%

花粉常按主要含淀粉或含脂肪而区别为淀粉质花粉或脂肪质花粉，前者一般多为风媒植物的花粉，后者则多为虫媒植物的花粉。此外，花粉中含有各种维生素，其中 B 族维生素较多，脂溶性的较为缺乏，由于这一缘故，花粉不仅可作为某些昆虫的食粮，人们也正在加以分析利用，制成带有滋补性的药物供人服用。

四、花粉败育和雄性不育

花药成熟后，一般都能散放正常发育的花粉粒。由于种种内在和外界因素的影响，有时散出的花粉没有经过正常的发育，不能起到生殖的作用，这一现象，称为花粉败育（pollen abortion）。花粉败育的原因是多方面的，一些情况是花粉母细胞不能正常进行减数分裂，如花粉母细胞互相粘连一起，成为细胞质块；有的出现多极纺锤体或多核仁相连；也有产生的 4 个孢子大小不等，因而不能形成正常发育的花粉；有一种情况是减数分裂后，花粉停留在单核或双核阶段，不能产生精子细胞；也有因营养情况不良，以致花粉不能健全发育。绒毡层细胞的作用失常，失去应起的作用时，也能造成花粉败育，如在花粉形成过程中，绒毡层细胞不仅没有解体，反而继续分裂，增大体积。以上反常现象的产生，又往往与环境条件相联系，如温度过低或者严重干旱等。

另外，个别植物由于内在生理、遗传的原因，在正常自然条件下，也会产生花药或花粉不能正常地发育，成为畸形或完全退化的情况，这一现象称为雄性不育（male sterile）。雄性不育的植物，雌蕊照样可以正常发育。雄性不育植株可以表现为三种类型：一是花药退化，花药全部干瘪，仅花丝部分残存；二是花药内不产花粉；三是产生的花粉败育。雄性不育的植物在进行杂种优势的育种工作中，往往可以利用这一特性，在杂交时免去人工去雄这一步操作过程，从而节约大量人力。正因为这样，在农业生产上往往需要选育这样的品种。农业上也常用药物如2,4-D、萘乙酸、秋水仙碱、赤霉素、乙烯利等来促使雄性不育，称药物杀雄，或采取温控、光控等其他措施达到这一目的。

第四节　胚珠的发育和胚囊的形成

被子植物的有性生殖，除了了解花药和花粉的形成和发育外，还需要了解胚珠和胚囊的形成和发育过程。胚珠是由心皮内表面沿腹缝处形成的突起发展演变而成的，在结构上，一个成熟的胚珠是由珠心、珠被、珠孔（micropyle）、珠柄和合点（chalaza）等几部分组成。在性质上，心皮相当于大孢子叶，胚珠相当于产生大孢子的大孢子囊，就如雄蕊的花药是产生小孢子（花粉粒）的小孢子囊一样。成熟胚珠的珠心内，将产生一个单核的胚囊细胞，也就是大孢子，以后经过细胞分裂，形成8核、7细胞结构的成熟胚囊（一般情况）。卵细胞就在胚囊里产生。

一、胚珠的发育

胚珠是在心皮内侧沿腹缝处的胎座上发展起来的，最初产生的一团突起是胚珠的珠心，这是胚珠中最重要的部分，以后的胚囊就是由这部分的细胞发育出来的。由于珠心基部外围的细胞加速分裂，新细胞逐步在珠心周围向上扩展，终于将珠心围在中央，仅在顶端留下一个小孔可以通向珠心。包在珠心周围的细胞层发展为珠被，顶端的小孔称为珠孔。有些植物的胚珠、珠被只有一层（图4-42），如胡桃、向日葵、银莲花属等，但较多植物的胚珠，珠心周围有两层珠被包围，内层为内珠被（inner integument）。外层为外珠被（outer integument），外珠被的形成是在内珠被形成之后，按同样方式由胚珠基部发展而成的（图4-43），如小麦、水稻、油菜、棉、百合等。胚珠基部的一部分细胞发展成为柄状结构，与心皮直接相连，称珠柄。胚珠基部与珠孔相对的部位，珠被、珠心和珠柄相愈合的部分称合点。心皮的维管束分支由珠柄进入胚珠，最后到达合点。

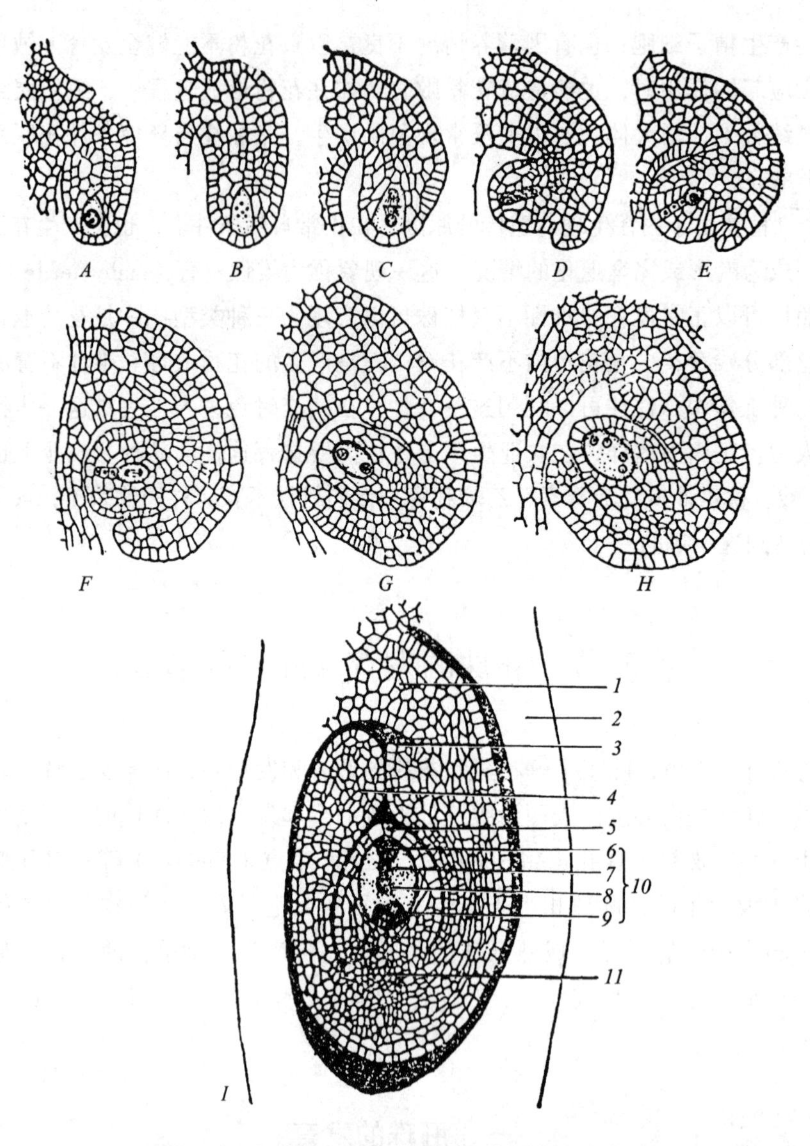

图 4-42　银莲花胚珠和单孢型胚囊的发生和发展

A. 胚珠原始体，大型细胞为大孢子母细胞； *B*，*C.* 大孢子母细胞减数分裂；
D. 4 个大孢子作一直线排列； *E*，*F.* 远珠孔端的 1 个大孢子发展为胚囊；
G. 2 核的胚囊； *H.* 4 核的胚囊； *I.* 成熟胚珠，珠被一层，胚囊具 7 个细胞
1. 珠柄； 2. 子房壁； 3. 珠孔； 4. 珠被； 5. 珠心； 6. 助细胞； 7. 卵；
8. 次生核； 9. 反足细胞； 10. 胚囊； 11. 合点

胚珠在生长时，珠柄和其他各部分的生长速度，并不是一样均匀的，因此，胚珠在珠柄上的着生方位，也就有着不同的类型。一种是胚珠各部分能平均生长，胚珠正直地着生在珠柄上，因而珠柄、珠心和珠孔的位置列于同一直线上，珠孔在珠柄相对的一端，这类胚珠，称为直生胚珠（orthotropous ovule）（图 4-44，*A*），如大黄、酸膜、荞麦等的胚珠；另一种类型，也是最为习见的类型，是倒生胚珠（anatropous ovule）（图 4-44，*C*），这类胚珠的珠柄细长，整个胚

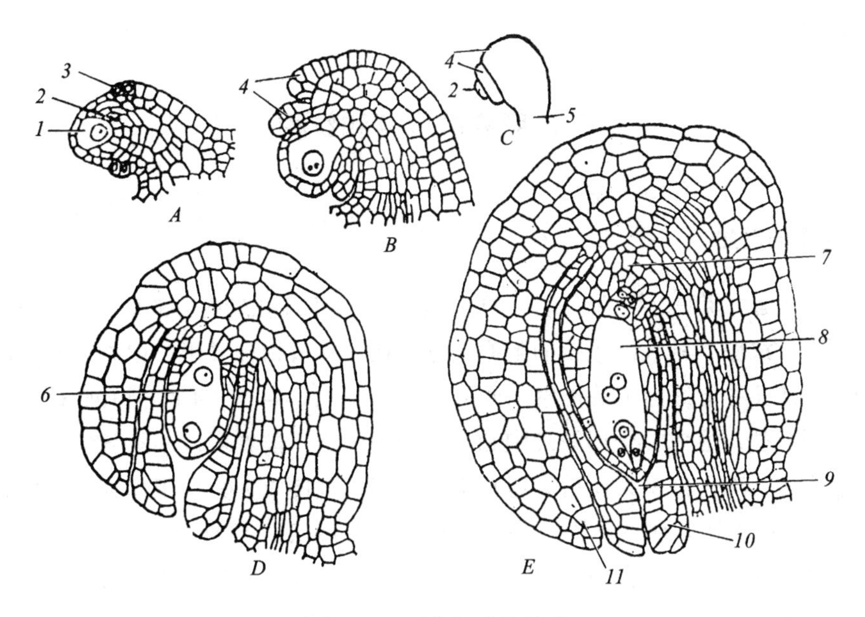

图 4-43　百合胚珠的发育

A. 胚珠原始体，大型细胞为大孢子母细胞，内珠被开始发育； *B*. 早期胚珠，内、外珠被和单核胚囊已形成； *C*. 胚珠外形； *D*. 二重珠被和 2 核胚囊已形成； *E*. 成熟胚珠结构

1. 大孢子母细胞； 2. 珠心； 3. 内珠被发育起点； 4. 内、外珠被； 5. 珠柄；
6. 2 核胚囊； 7. 合点区； 8. 8 核胚囊； 9. 珠孔； 10. 内珠被； 11. 外珠被

珠作 180° 扭转，呈倒悬状。珠心并不弯曲，珠孔的位置在珠柄基部一侧，靠近珠柄的外珠被常与珠柄贴合，形成一条向外突出的隆起，称为珠脊（raphe），大多数被子植物的胚珠属于这一类型。直生胚珠和倒生胚珠可认为是两种基本类型，二者之间尚有一些过渡的型式，如有的胚珠在形成时胚珠的一侧增长较快，使胚珠在珠柄上成 90° 的扭曲，胚珠和珠柄的地位成为直角，珠孔偏向一侧，这类胚珠称为横生胚珠（hemitropous ovule）（图 4–44，*B*）。也有胚珠下部保持直立，而上部扭转，使胚珠上半部弯曲，珠孔朝下，向着基部，但珠柄并不弯曲，称弯生胚珠（campylotropous ovule）（图 4–44，*D*），如芸薹、苋、豌豆、蚕豆和禾本科植物的胚珠。如果珠柄特别长，并且卷曲，包住胚珠，这样的胚珠称为拳卷胚珠（circinotropous ovule）（图 4–44，

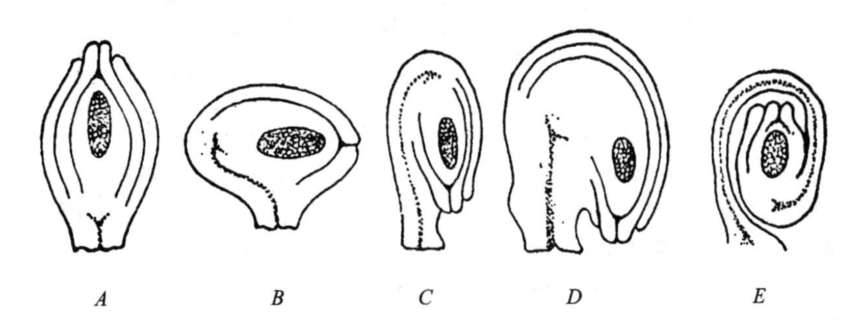

图 4–44　胚珠类型的纵切面图

A. 直生胚珠； *B*. 横生胚珠； *C*. 倒生胚珠； *D*. 弯生胚珠； *E*. 拳卷胚珠

E），如仙人掌属、漆树等。

二、胚囊的发育和结构

（一）大孢子的发生

胚珠的珠心原是由薄壁组织的细胞所组成，以后在位于珠孔端内方的珠心表皮下，出现一个体积较大，原生质浓厚，具大细胞核的孢原细胞；在一些植物种类里，孢原细胞可以直接起到大孢子母细胞（即胚囊母细胞）的作用（见图 4–42，*A*；图 4–43，*A*）。但有些植物的孢原细胞须经过一次平周分裂，形成一个周缘细胞和一个造孢细胞，前者可以不再分裂，或经平周和垂周分裂后，形成多层珠心细胞，而后者通常不经分裂，直接成为大孢子母细胞。也有孢原细胞不止一个的，但一般仍然只有一个是能够继续发育，成为大孢子母细胞。

由大孢子母细胞进一步发育为大孢子，可以区别为三种不同的情况：第一种情况是大孢子母细胞经过两次连续的分裂，其中一次是染色体的减数，分裂后，每个细胞产生各自的细胞壁，成为 4 个含单相核的大孢子。大孢子一般作一直线或 T 形在珠孔端排列（见图 4–42；图 4–45，*A*）。其中位于珠心深处的 1 个经过进一步发育，以后成为 8 核、7 细胞的胚囊，其余 3 个以后退化消失（图 4–45，*A*）如在蓼科植物中所见。第二种情况是大孢子母细胞在减数分裂时的第一次分裂出现细胞壁，成为二分体；二分体中只有一个取得进一步的发育，进入第二次分裂，形成二个单倍体的核，而另一个二分体即退化，以后消失。二分体中保留下来的一个细胞在第二次

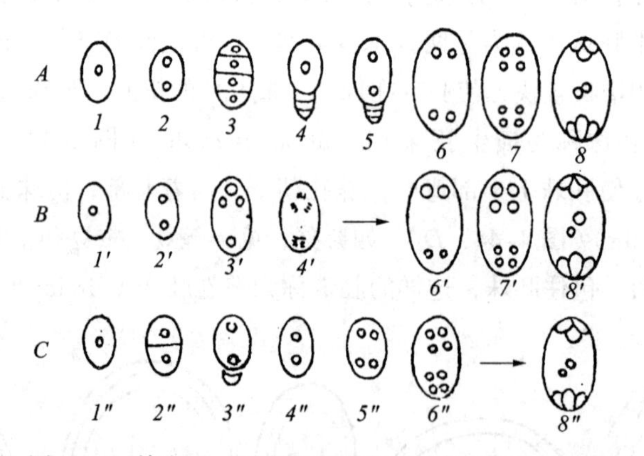

图 4–45　单孢型、四孢型和双孢型胚囊发育的模式图

A. 单孢型胚囊的发育；*B*. 四孢型胚囊的发育；*C*. 双孢型胚囊的发育

1、1′、1″. 大孢子母细胞；2—3、2′—3′、2″—3″. 减数分裂；4、5. 4 个大孢子中，一个发育为胚囊，其余 3 个（珠孔端）退化；3′. 4 个大孢子核在大孢子母细胞内并存；4′. 3 个单相核合并，1 个单独存在，3 个合并的形成一个三相核（3*n*），单独存在的一个仍为单相核（*n*）；3″. 第二次成熟分裂时有一个退化，另一个保留，内含二个单相核，进一步发育为 8 核胚囊；6—8、6″—8″. 进一步发育为 8 核胚囊，下方为珠孔端，包括一个卵，2 个助细胞，上方为合点端，包括 3 个反足细胞；6′—8′. 8 核胚囊的发育，合点端核是三相核的，成为 3 个反足细胞，卵和助细胞是单相核的，7′ 中的大圈子是三相核

分裂时并没有形成新壁，所以二个单相核（大孢子核）同时存在于一个细胞中，以后共同参与胚囊的形成（图 4-45，*C*），如葱、慈姑等植物的大孢子发生是经由这一途径的。第三种情况是大孢子母细胞在减数分裂时二次分裂都没有形成细胞的壁，所以 4 个单倍体的核共同存在于原来大孢子母细胞的细胞质中，以后这 4 个大孢子核一起参与胚囊的形成（图 4-45，*B*），如贝母、百合等植物的大孢子发生就属这一类型。以后由上述三种大孢子发育成的胚囊分别称为单孢型胚囊、双孢型胚囊和四孢型胚囊。

（二）胚囊的形成

如上所述，由于大孢子起源方式的相异，造成被子植物胚囊形成有不同的类型。但是，被子植物中 70% 以上的植物胚囊的发育类型是单孢型的，即由一个单相核（单倍体）的大孢子经 3 次有丝分裂，进一步发育成一个具 8 个核、7 个细胞的胚囊。这种胚囊类型也称蓼型或正常型。现将发育过程概述如下：

直列形的 4 个大孢子形成后，其中合点端的一个吸收周围营养逐渐长大，而另外 3 个逐渐退化消失。长大的大孢子也可称单核胚囊，含有大的液泡，最后长大到占有珠心的大部分体积。

当大孢子长大到相当程度的时候，这一单相核（n）即行分裂三次，第一次分裂生成的 2 新核，依相反方向向胚囊两端移动，以后每个核又相继进行二次分裂，各形成 4 个核，这三次分裂都属有丝分裂，但每次分裂之后，并不伴随着细胞质的分裂和新壁的产生，所以出现一个游离核时期。以后每一端的 4 核中，各有 1 核向中央部分移动，这 2 个核称为极核（polar nucleus），同时在胚囊两端的其余 3 核，也各发生变化。靠近珠孔端的 3 个核，每个核的外面由一团细胞质和一层薄的细胞壁包住，成为 3 个细胞，其中 1 个较大，离珠孔较远，称为卵细胞，另 2 个较小，称为助细胞（synergid），这 3 个细胞组成卵器（egg apparatus）。另 3 个位于远珠孔端的细胞核，同样分别组成 3 个细胞，聚合一起，成为 3 个反足细胞（antipodal cell）（见图 4-42；图 4-43；图 4-45，*A*）。中央的 2 个极核组成 1 个大型的中央细胞（central cell）。至此，一个成熟的胚囊出现了 7 个细胞，即 1 个卵细胞，2 个助细胞，3 个反足细胞和 1 个中央细胞。在有的植物种类里，中央细胞的 2 个极核在受精前，仍保持分离状态，但也有的植物种类，2 极核在受精前就融合为一，例如在棉花中可以见到这一情况。

百合胚囊的结构是植物学教学及实验中经常提及的典型材料，在成熟的胚囊中和蓼型胚囊一样具 8 个核，7 个细胞，但它的发育过程属于四孢型，又称贝母型。具体过程是大孢子母细胞减数分裂后形成 4 个单相（n）的核共同存在于大孢子母细胞的细胞质中，并且呈 1 和 3 的排列，即 1 个核在珠孔端，另 3 个核在合点端。然后，珠孔端的核进行一次正常的有丝分裂形成 2 个单相的子核，而合点端的 3 个核分裂时纺锤体相互融合成一个共同的纺锤体，分裂结果形成 2 个三相（$3n$）的子核，它的体积较单倍体的子核大，核仁也多，形状也不同。然后，所有的核各分裂一次，成为 8 个核。4 个在合点端的是三相核，4 个在珠孔端的为单相核。接着两端各有一核移向中央。与蓼型胚囊相似，在胚囊的珠孔端发育为 1 个卵和 2 个助细胞，在合点端为 3 个反足细胞，在中部的 2 个极核构成 1 个中央细胞。但不同的是它的反足细胞和 1 个极核是三相的。

在7细胞组成的胚囊（也就是被子植物的配子体）中，卵细胞是最为重要的，它是雌配子，是有性生殖的直接参与者，经受精后的卵细胞将发育成胚。卵细胞有高度的极性，细胞中含有一个大液泡，位于细胞近珠孔的一边；核大型，在细胞中的位置处于液泡的相反一边。卵细胞周围是否有壁包围，不同植物种类的情况是不一样的，玉米和棉花卵细胞的细胞壁仅分布在细胞的近珠孔端部分，其余部分则为质膜所包围，不存在细胞壁；但在荠菜中，整个卵细胞的四周几乎全部为细胞壁所包围，只是在合点端出现细胞壁的不连续状态。卵细胞和两侧的助细胞间有胞间连丝相通。

胚囊细胞中结构最为复杂，并在受精过程中起到极其重要作用的是2个助细胞。助细胞紧靠卵细胞，与卵细胞成三角形排列，它们也有高度的极性，外有不完全的壁包围，壁的厚度同样是不均匀的，近珠孔一边较厚，相反的一端只有质膜包住。助细胞内的大液泡位于靠合点的一边，而核在近珠孔端，与卵细胞的情况正相反。助细胞最突出的一点，是在近珠孔端的细胞壁上出现有丝状器（filiform apparatus）结构（见图4–55）。丝状器是一些伸向细胞中间的不规则片状或指状突起，这些突起是通过细胞壁的内向生长而形成的，它们的作用使助细胞犹如传递细胞。据多方研究，认为助细胞在受精过程中能分泌某些物质诱导花粉管进入胚囊，同时还可能分泌某些酶物质，使进入胚囊的花粉管末端溶解，促进精子和其他内含物质注入胚囊。此外，从棉花助细胞的亚显微结构的研究证明，助细胞还能吸收、贮藏和转运珠心组织的物质进入胚囊。助细胞的寿命通常较短，一般在受精作用完成后就破坏。

胚囊中反足细胞的数目和形状，以及细胞内核的数目都有很大变化。反足细胞的数目，可以从无到10余个，即使蓼型胚囊的反足细胞，也不一定是3个，常常可以继续分裂成一群细胞。竹亚科的一些种类里，反足细胞可达300个之多。前面提到的贝母型胚囊，反足细胞具三倍体（$3n$）。反足细胞的核可以是1个，也有具2核或更多核的。反足细胞的寿命通常短暂，往往胚囊成熟时，即消失或仅留残迹，但也有存在时间较长的，如禾本科植物。反足细胞的功能是将母体的营养物质运转到胚囊。

除卵器和反足细胞外，在胚囊里还有1个大的中央细胞，它含有2个极核的内容。正常类型胚囊的极核是2个，但也有1个、4个或8个的。融合的极核也称次生核。绝大部分的中央细胞为1个大液泡所占据，次生核常近卵器，它的周围有细胞质围绕。2极核的融合，可以发生在受精作用之前，或是在受精过程中。中央细胞与第二个精子融合后，发育成为胚乳。

第五节　开花、传粉与受精

一、开　花

当雄蕊中的花粉和雌蕊中的胚囊达到成熟的时期，或是二者之一已经成熟，这时原来由花被紧紧包住的花张开，露出雌、雄蕊，为下一步的传粉作准备，这一现象称为开花（anthesis）。有些植物的花，不待花苞张开，就已经完成传粉作用，甚至进一步结束受精作用，这在闭花传粉的植物种类里可以见到。

各种植物的开花习性不全相同，反映在植物的开花年龄、开花季节和花期长短，很不一致。例如，一、二年生的植物，一般生长几个月就能开花，一生中仅开花一次，开花后，整个植株枯萎凋谢。多年生植物在达到开花年龄后，就能每年到时候开花，延续多年。各种植物的开花年龄往往有很大差异，有3~5年的，如桃属；10~12年的，如桦属；20~25年的，如椴属。竹子虽是多年生植物，但一生往往只开花一次，花后即死去。不同植物的开花季节虽不完全相同，但大体上集中在早春季节的较多。一般说来，开花植物多后叶开花，但也有先叶开花的，如蜡梅、玉兰等。有的植物在冬天开花，也有在晚上开花的，如晚香玉。至于花期的长短也很有差异，有的仅几天，如桃、杏、李等，也有持续一、二个月或更长的，如蜡梅。有的一次盛开以后全部凋落，有的持久地陆续开放，如棉、番茄等。热带植物中有些种类几乎终年开花，如可可、桉树、柠檬等。各种植物的开花习性与它们原产地的生活条件有关，是植物长期适应的结果，也是它们的遗传所决定的。

开放时的花朵，一般雌、雄蕊已经成熟，雄蕊的花粉囊通过一定方式开裂并散出花粉。花粉囊的开裂方式是多样的，最普通的方式是纵裂，其他有横裂、孔裂、瓣裂等，可在不同植物属、种中见到，已如前述。散放出来的花粉细胞是有生命的，在适宜的温度、湿度条件下，保持一定时期的萌发力。高温、干旱或过量的雨水，一方面能破坏花粉的生活力，同时对柱头的分泌作用产生不利的影响，所以作物在开花时遇到高温、干旱或连绵阴雨等恶劣天气，会导致减产。

二、传　　粉

由花粉囊散出的成熟花粉，借助一定的媒介力量，被传送到同一花或另一花的雌蕊柱头上的过程，称为传粉（pollination）。

传粉是有性生殖所不可缺少的环节，没有传粉，也就不可能完成受精作用。因为有性生殖过程中的雌配子——卵细胞，是产生在胚囊里的，胚囊又深埋在子房以内的胚珠里，要完成全部有性生殖过程，第一步必须使产生雄配子——精细胞的花粉与胚珠接近，传粉就是起到这样一个作用。

其次，花粉的萌发需要通过柱头分泌物质的刺激作用和物质条件。在一般情况下，花粉只有落到柱头上才能自然地萌发，而且柱头对散落在上面的不同植物花粉具有选择作用，只有一部分性质亲和的花粉才能得到萌发，而其他的花粉会受到柱头的抑制，不能起到生殖作用。正因为有性生殖过程中花粉的来源各异，受精过程中两个配子相互同化的结果也就不同，而新生一代生活力和适应性的强弱，也就因传粉性质的不同而出现差异。这与植物的遗传和变异是有密切关系的。

（一）自花传粉与异花传粉及其生物学意义

传粉作用一般有两种方式，一是自花传粉（self-pollination），另一是异花传粉（cross-pollination）。这两种传粉方式在自然界都普遍存在。

1. 自花传粉　花粉从花粉囊散出后，落到同一花的柱头上的传粉现象，称为自花传粉（图 4-46）。栽培植物中的大麦、小麦、豌豆、番茄等，都是这样传粉的。在实际应用上，自花传粉的概念，还指在果树栽培上同品种间的传粉，和在农业上同株异花间的传粉。

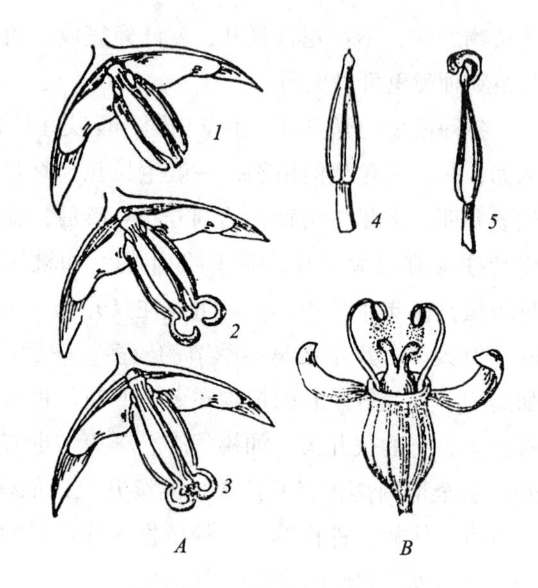

图 4-46　自花传粉的适应结构

A. 高山淫羊藿（*Epimedium alpinum*）的自花传粉，是由于花药的花粉囊反卷的结果

B. 犬毒芹（*Aethusa cynapium*）的自花传粉是由于花药高出柱头之上，花粉自花粉囊散出时，极易落在柱头上进行传粉

1. 花初开放时的状态；2. 花粉囊自花药中反卷向上的情形；3. 花柱伸长与花粉囊接触，进行传粉；4. 花药原形；5. 花药反卷后的状态

自花传粉植物的花必然是：（1）两性花，花的雄蕊常围绕雌蕊而生，而且挨得很近，所以花粉易于落在本花的柱头上；（2）雄蕊的花粉囊和雌蕊的胚囊必须是同时成熟的；（3）雌蕊的柱头对于本花的花粉萌发和花粉管中雄配子的发育没有任何生理阻碍（图 4-46）。

传粉方式中的闭花传粉和闭花受精（cleistogamy）是一种典型的自花传粉，它和一般的开花传粉和开花受精（chasmogamy）是不同的。这类植物的花不待花苞张开，就已经完成受精作用。它们的花粉直接在花粉囊里萌发，花粉管穿过花粉囊的壁，向柱头生长，完成受精。因此，严格地讲不存在传粉这一环节，例如豌豆、苕子、落花生等。闭花受精在自然界是一种合理的适应现象，植物在环境条件不适于开花传粉时，闭花受精就弥补了这一不足，完成生殖过程，而且花粉可以不致受雨水的淋湿和昆虫的吞食。

2. 异花传粉　一朵花的花粉传送到同一植株或不同植株另一朵花的柱头上的传粉方式，称异花传粉。

异花传粉的植物和花，在结构和生理上产生了一些特殊的适应性变化，使自花传粉成为不可能，主要表现在：（1）花单性，而且是雌雄异株植物；（2）两性花，但雄蕊和雌蕊不同时成熟，在雌、雄蕊异熟现象中，有雄蕊先熟的，如玉米、莴苣等，或是雌蕊先熟的，如木兰、甜菜等（图 4-47）；（3）雌、雄蕊异长或异位，也不能进行自花传粉，如报春花（图 4-48）；（4）花粉落在本花柱头上不能萌发，或不能完全发育以达到受精的结果，如荞麦、亚麻、桃、梨、苹果、葡萄等。

异花传粉在植物界比较普遍地存在着，与自花传粉相比，是一种进化的方式。连续长期的自花传粉对植物是有害的，可使后代的生活力逐渐衰退，这在农业生产实践中已得到证明，例如小麦是自花传粉的植物，如果长期连续自花传粉，30 ~ 40 年后会逐渐衰退而失去栽培价值。同样，大豆在连续 10 ~ 15 年的自花传粉后，也会产生同样现象。异花传粉和异体受精就不这

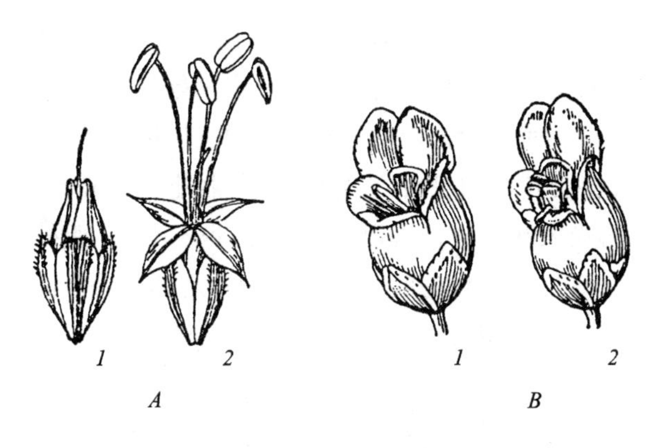

图 4–47　两性花，花蕊异熟

A. 车前的两蕊异熟花： 1. 初开放的花朵，雌蕊成熟，雄蕊尚藏于花冠之内； 2. 较老的花朵，雌蕊已萎缩，雄蕊高出花外

B. 玄参的两蕊异熟花： 1. 雌蕊已成熟时，雄蕊尚未成熟； 2. 雄蕊成熟时，雌蕊已萎缩

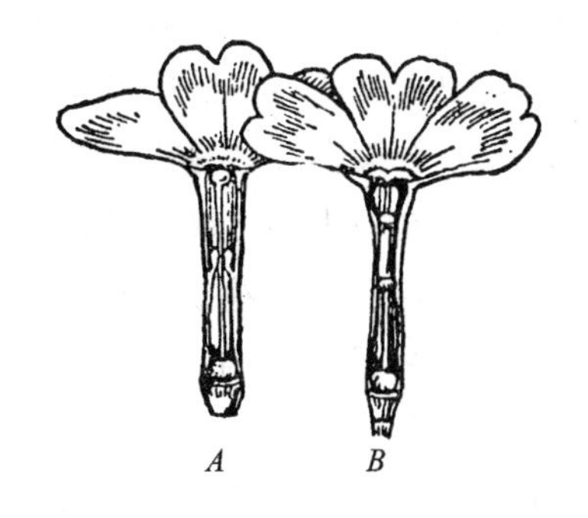

图 4–48　报春花，花蕊异长异位

A. 长柱花； *B*. 短柱花

样，它们的后代往往具有强大的生活力和适应性。达尔文经过长期的观察研究后，指出："连续自花传粉对植物本身是有害的，而异花传粉对植物是有益的"。他的结论与农业实践是完全一致的。

自花传粉、自体受精之所以有害，和异花传粉、异体受精之所以有益，是因为自花传粉植物所产生的两性配子，是处在同一环境条件下，二配子的遗传性缺乏分化作用，差异很小，所以融合后产生的后代生活力和适应性小。而异花传粉由于雌、雄配子是在彼此不完全相同的生活条件下产生的，遗传性具较大差异，融合后产生的后代，也就有较强的生活力和适应性。

虽然自花传粉是一种原始的传粉形式，对后代也不能受益，但在自然界却被保存了下来，这是因为自花传粉对某些植物来说仍是有利的。在异花传粉缺乏必需的风、虫等媒介力量，而使传粉不能进行的时候，自花传粉弥补了这一缺点。正如达尔文曾经指出，对于植物来说，用自体受精方法来繁殖种子，总比不繁殖种子或繁殖很少量来得好些。何况在自然界没有一种植物是绝对自花传粉的，在它们中间总会有比较少的一部分植株是在进行异花传粉。所以，长期来看自花传粉的植物种类，仍能普遍存在。

（二）风媒花和虫媒花

植物进行异花传粉，必须依靠各种外力的帮助，才能把花粉传布到其他花的柱头上去。传送花粉的媒介有风力、昆虫、鸟和水，最为普遍的是风和昆虫。各种不同外力传粉的花，往往产生一些特殊的适应性结构，使传粉得到保证。

1. 风媒花　靠风力传送花粉的传粉方式称风媒（anemophily），借助这类方式传粉的花，称风媒花（anemophilous flower）。据估计，约有 1/10 的被子植物是风媒的，大部分禾本科植物和木本植物中的栎、杨、桦木等都是风媒植物。

风媒植物的花多密集成穗状花序、柔荑花序等，能产生大量花粉，同时散放（见图 4–28，*C*）。花粉一般质轻、干燥、表面光滑，容易被风吹送。禾本科植物如小麦、水稻等的花丝特别细长，花药早期就伸出在稃片之外，受风力的吹动，使大量花粉吹散到空气中去。风媒花的花柱往往较长，柱头膨大呈羽状，高出花外，增加接受花粉的机会。多数风媒植物有先叶开花的习性，开花期在枝上的叶展开之前，散出的花粉受风吹送时，可以不致受枝叶的阻挡。此外，风媒植物也常是雌雄异花或异株，花被常消失，不具香味和色泽，但这些并非是必要的特征。有的风媒花照样是两性的，也具花被，如禾本科植物的花是两性的，枫、槭等植物的花也具花被。

2. 虫媒花　靠昆虫为媒介进行传粉方式的称虫媒（entomophily），借助这类方式传粉的花，称虫媒花（entomophilous flower）。多数有花植物是依靠昆虫传粉的，常见的传粉昆虫有蜂类、蝶类、蛾类、蝇类等，这些昆虫来往于花丛之间，或是为了在花中产卵，或是以花朵为栖息场所，或是采食花粉、花蜜作为食料。在这些活动中，不可避免地要与花接触，这样也就将花粉传送出去。

适应昆虫传粉的花，一般具有以下特征：

虫媒花多具特殊的气味以吸引昆虫。不同植物散发的气味不同，所以趋附的昆虫种类也不一样，有喜芳香的，也有喜恶臭的。

虫媒花多半能产蜜汁。蜜腺或是分布在花的各个部分，或是发展成特殊的器官。花蜜经分泌后积聚在花的底部或特有的距内。花蜜暴露于外的，往往由甲虫、蝇和短吻的蜂类、蛾类所趋集；花蜜深藏于花冠之内的，多为长吻的蝶类和蛾类所吸取。昆虫取蜜时，花粉粒黏附在昆虫体上而被传布开去。

虫媒花的另一特点是花大而显著，并有各种鲜艳色彩。一般昼间开放的花多红、黄、紫等颜色，而晚间开放的多纯白色，只有夜间活动的蛾类能识别，帮助传粉。

此外，虫媒花在结构上也常和传粉的昆虫间形成互为适应的关系，如昆虫的大小、体形、结构和行为，与花的大小、结构和蜜腺的位置等，都是密切相关的。例如马兜铃花的特征，表现为花筒长，雌、雄蕊异熟，蜜腺位于花筒基部，此外，在花筒内壁生有斜向基部的倒毛，这些都与昆虫的传粉密切相关。马兜铃的传粉是靠一些小昆虫为媒介的，当花内雌蕊成熟时，小虫顺着倒毛进入花筒基部采蜜，这时虫体携带的花粉就被传送到雌蕊的柱头上。因为花筒内壁的倒毛尚未枯萎，小虫为倒毛阻于花内，一时无法爬出，直到花药成熟，花粉散出，倒毛才逐渐枯萎，为昆虫外出留下通道，而外出的昆虫周身也就粘上大量花粉，待进入另一花采蜜时，又把花粉带到另一花的柱头上去；未授粉时马兜铃的花朵是直立的，待传粉完成后即倒垂（图 4–49）。又如鼠尾草的传粉，也是颇有趣味的。鼠尾草属唇形科植物，它的花萼、花冠都合生成管状，但 5 片花瓣的上部却分裂成唇形，有 2 片合成头盔状的上唇，另 3 片联合，形成下唇，成水平方向伸出。上唇的下面有 2 枚雄蕊和 1 个花柱，雄蕊结构特殊，成为一个活动的杠杆系统，它的药隔延长成杠杆的柄，上臂长，顶端有 2 个发达的花粉囊，下臂短，花粉囊不发达，发展为薄片状。2 雄蕊的薄片状下臂同位于花冠管的喉部，遮住花冠管的入口。当蜜蜂进入花冠管的深处吸蜜时，先要停留在下唇上，然后用头部推动薄片，才能进入花部，吸取花蜜。

由于杠杆的道理，当薄片向内推动时，上部的长臂向下弯曲，使顶端的花药降落到蜜蜂的背部，花粉也就散落在昆虫背上。开花初，鼠尾草的花柱较短，到花粉成熟散落以后，花柱开始伸长，柱头正好达到昆虫背部的位置上，等到带有花粉的另一蜜蜂进入这一花内采蜜时，背上的花粉正好涂在弯下的柱头上，完成传粉作用（图 4–50）。其他可说明虫媒花传粉适应结构的例子还很多，就不一一举例了。

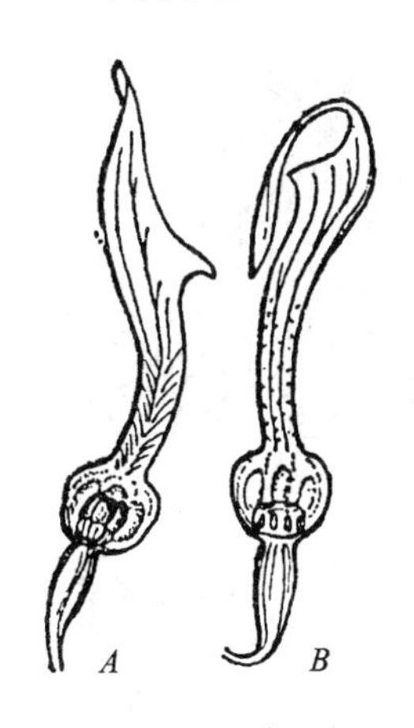

图 4–49　马兜铃花的纵剖面，示结构

A. 柱头已成熟，也已受粉，但雄蕊尚未成熟，花冠内侧密布倒生毛；*B.* 雄蕊成熟，柱头和花冠内侧的毛已萎缩

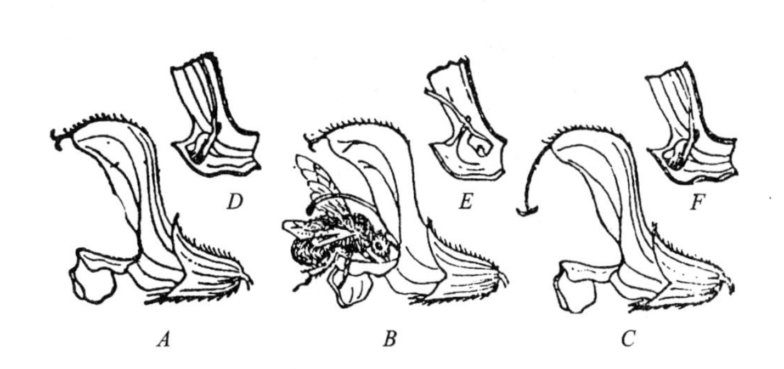

图 4–50　鼠尾草的传粉

A、*B.* 雄蕊成熟的花（*A* 外形；*B* 昆虫在传粉，示扑打在虫背上的花药）；*C.* 雌蕊成熟的花；*D—F.* 花冠基部剖面，示部分药隔和退化的花粉囊及药隔运动的情况

虫媒花的花粉粒一般比风媒花的要大；花粉外壁粗糙，多有刺突；花药裂开时不为风吹散，而是粘在花药上；昆虫在访花采蜜时容易触到，附于体周；雌蕊的柱头也多有黏液分泌，花粉一经接触，即被粘住；花粉数量也远较风媒为少。

3. 其他传粉方式　除风媒和虫媒传粉外，水生被子植物中的金鱼藻、黑藻、水鳖等都是借水力来传粉的，这类传粉方式称水媒（hydrophily）。例如苦草属植物是雌雄异株的，它们生活在水底，当雄花成熟时，大量雄花自花柄脱落；浮升水面开放，同时雌花花柄迅速延长，把雌花顶出水面，当雄花飘近雌花时，两种花在水面相遇，柱头和雄花花药接触，完成传粉和受精过程，以后雌花的花柄重新卷曲成螺旋状，把雌蕊带回水底，进一步发育成果实和种子（图 4–51）。

其他如借鸟类传粉的称鸟媒（ornithophily），传粉的是一些小型的蜂鸟（*Heliothrix aurita*），头部有长喙，在摄取花蜜时把花粉传开（图 4–52）。蜗牛、蝙蝠等小动物也能传粉，但不常见。

（三）人工辅助授粉

异花传粉往往容易受到环境条件的限制，得不到传粉的机会，如风媒传粉没有风，虫媒传粉因风大或气温低，而缺少足够昆虫飞出活动传粉等，从而降低传粉和受精的机会，影响到果实和种子的产量。在农业生产上常采用人工辅助授粉的方法，以克服因条件不足而使传粉得不到保证的缺陷，从而达到预期的产量。在品种复壮的工作中，也需要采取人工辅助授粉，以达到

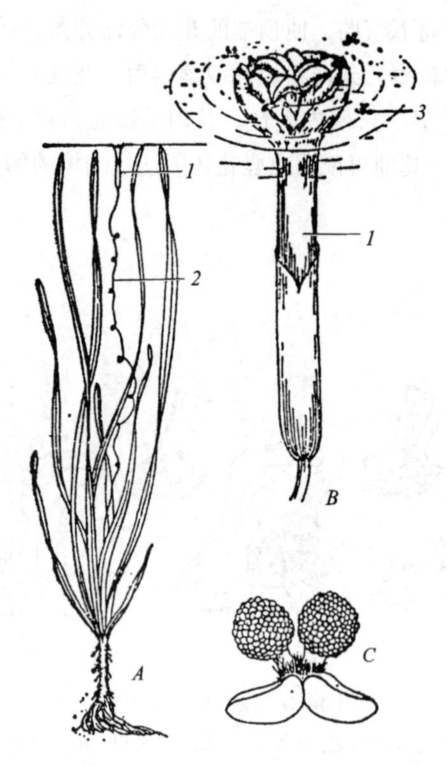

图 4-51　苦草的水媒传粉

A. 生于水底的雌株植物，雌花已经成熟，延长的花柄把雌花推出水面，以待与雄花接触后完成传粉作用：*B.* 雌花放大，示结构；*C.* 雄花结构

1. 雌花；2. 延长的花柄；3. 飘浮水面的雄花

图 4-52　鸟媒花

蜂鸟向 *Solandra* 花取蜜的情形

预期的目的。人工辅助授粉可以大量增加柱头上的花粉粒，使花粉粒所含的激素相对总量有所增加，酶的反应也相应有了加强，起到促进花粉萌发和花粉管生长的作用，受精率可以得到很大提高。如玉米在一般栽培条件下，由于雄蕊先熟，到雌蕊成熟时已得不到及时的传粉，因而果穗顶部往往形成缺粒，降低了产量。人工辅助授粉就能克服这一缺点，使产量提高 8%～10%。又如向日葵在自然传粉条件下，空瘪粒较多，如果辅以人工辅助授粉，同样能提高结实率和含油量。

人工辅助授粉的具体方法，在不同作物不完全一样，一般是先从雄蕊上采集花粉，然后撒到雌蕊柱头上，或者将收集的花粉，在低温和干燥的条件下加以贮藏，留待以后再用。

三、受　　精

传粉作用完成后，花粉便在柱头上萌发成花粉管，管内产生的雄性配子——精子，通过花粉管的伸长，直达胚珠的胚囊内部，与卵细胞和极核互相融合。花内两性配子互相融合的过程，称受精作用（fertilization），是有性生殖过程的重要阶段。受精后的胚珠进一步发育为种子。

（一）花粉粒在柱头上的萌发

落在柱头上的花粉粒，被柱头分泌的黏液所粘住，以后花粉的内壁在萌发孔处向外突出，并继续伸长，形成花粉管，这一过程，称花粉粒的萌发。促使花粉粒的萌发，并长成花粉管的因素是多方面的，包括柱头的分泌物和花粉本身贮存的酶和代谢物。柱头分泌的黏性物质，可以促使花粉萌发，并防止花粉由于干燥而死亡。黏性物质的主要成分有水、糖类、胡萝卜素、各种酶和维生素等。由于分泌物的组成成分随植物种类而异，因而对落在柱头上的各种植物花粉产生的影响也就不同。

花粉落在柱头上后，首先向周围吸取水分，吸水后的花粉粒呼吸作用迅速增强，多聚核糖体数量增多，蛋白质的合成也有显著地提高。同时，花粉粒因吸水而增大体积，高尔基体也加强活跃，产生很多大型小泡，带着多种酶和造壁物质，循着细胞质向前流动的方向，释放出小泡，参与花粉管壁的建成。吸水的花粉粒营养细胞的液泡化增强，细胞内部物质增多，细胞的内压增加，这就迫使花粉粒的内壁向着一个（或几个）萌发孔突出，形成花粉管（pollen tube）（图 4–53）。

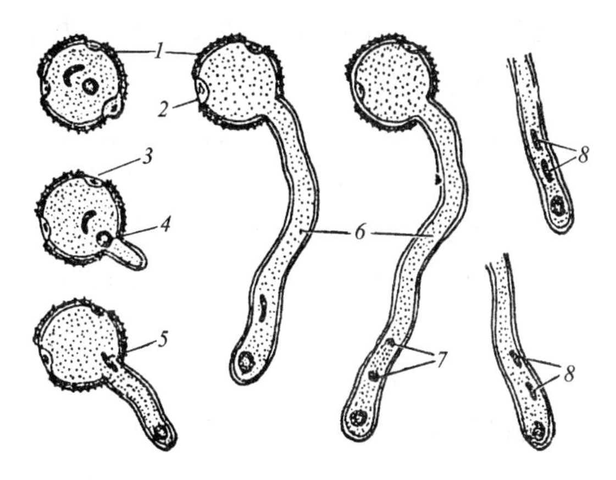

图 4–53　花粉粒的萌发和花粉管的发育

1. 外壁； 2. 内壁； 3. 萌发孔； 4. 营养核；
5. 生殖细胞； 6. 花粉管； 7. 精子在形成中； 8. 精子

不同植物，柱头的分泌物在成分和浓度上常各不相同，特别是酚类物质的变化，对花粉萌发可以起到促进或抑制的“选择”作用。此外，实验证明，硼和钙离子对花粉管生长有作用，硼可以减少花粉破裂，提高花粉的萌发率，并促使花粉管生长。钙有诱导花粉管产生一定的趋向性。有的植物，传粉时柱头上的毛状体释放出各种芳香化合物，能起到诱导花粉萌发的作用。花粉粒中贮存的酶和各种代谢物质是花粉粒萌发的内在因素，如贮存在花粉壁的多种水解酶，在与水接触后，由壁内滤出，对花粉萌发和花粉管长入柱头起着重要作用。又如花粉粒和花粉管中的角质酶，可使柱头表面乳头状突起的角质溶解，为花粉管的生长开辟通道。花粉内的代谢物质，可为花粉管的最初生长提供物质基础。

落到柱头上的花粉虽然很多，但不是全都能萌发的；任何一种植物开花时可以接受本种植物的花粉，同时也可能接受不是同种植物的花粉。不管是同种的（种内）或是不同种的（种间），只有交配的两亲本在遗传性上较为接近，差异既不过大，也不过小，才有可能实现亲和性的交配，具体地说，大多数植物广泛地表现为同一种内的异花受精是可亲和的，而在遗传上差异特大的情况下就不能亲和。不亲和的花粉在柱头上或是不能萌发；或是萌发后花粉管生长很慢，不能穿入柱头；或是花粉管在花柱内的生长受到抑制，不能达到子房。所以从花粉落到柱头上后，柱头对花粉就进行“识别”和“选择”，对亲和的花粉予以“认可”，不亲和的就予以“拒绝”。

造成受精亲和或不亲和的因素是什么？据近年来从细胞生物学的角度研究，证明花粉与雌蕊组织间的识别反应是决定于花粉壁上和壁内的蛋白质和柱头表面蛋白质之间的相互关系，这几种蛋白质是识别亲和或不亲和的物质基础。成熟花粉粒周围的蛋白质有外壁蛋白和内壁蛋白两种，前者是花粉在成熟时由花粉囊壁的绒毡层细胞所分泌并被贮存在花粉外壁的腔隙内；后者是花粉在成熟时由花粉细胞本身产生并沉积在花粉内壁上的，近萌发孔的区域更为丰富。另外，在柱头表面覆盖一层亲水的蛋白质薄膜，这层黏性膜不但能粘住花粉粒，又有"识别"花粉的能力。当花粉落在柱头上受到潮湿时，外壁蛋白在几分钟内被释放出来，而内壁蛋白通过萌发孔也从花粉逸出；这两种花粉蛋白结合在花粉附近的柱头表面，与柱头表面的蛋白质互起作用。亲和的花粉能从柱头吸水，开始萌发；不亲和的花粉遭到"拒绝"，这时在花粉萌发孔或在才开始伸出的花粉管端形成胼胝质塞，阻止了花粉管的生长；有的则在柱头表面的乳突细胞壁层间产生胼胝质物质以阻塞花粉管的穿入。

在自交和杂交过程中由于受精的不亲和性，导致不孕，给育种工作造成困难，所以近期来在克服不亲和性的障碍方面进行了研究，已有多种措施可以采用，如：用混合花粉授粉；在蕾期授粉；授粉前截除柱头或截短花柱；子房内授粉或试管授精等。

花粉在柱头上有立即萌发的，如玉米、橡胶草等；或者需要经过几分钟以至更长一些时间后才萌发的，如棉花、小麦、甜菜等。空气湿度过高，或气温过低，不能达到萌发所需要的湿度或温度时，萌发就会受到影响。育种时，如在下雨或下雾后紧接着进行授粉，通常是不结实的。花粉受湿后随即干燥，也是致命因素。花粉的生命能在柱头上维持多久，对育种工作是一件必须掌握的事，除决定于气候条件外，与各种植物的遗传性也有很大关系。

（二）花粉管的生长

落在柱头上的花粉，如果与柱头的生理性质是亲和的，经过吸水和酶的促进作用后，便开始萌发，形成花粉管。由于花粉粒的外壁性质坚硬，包围着内壁四周，只有在萌发孔的地方留下伸展余地，所以花粉的原生质体和内壁，在膨胀的情况下，一般向着一个萌发孔突出，形成一个细长的管子，称为花粉管。虽然有些植物的花粉具几个萌发孔，如锦葵科、葫芦科植物的花粉，可以同时长出几个花粉管，但只有其中的一个能继续生长下去，其余都在中途停止生长。

花粉管有顶端生长的特性，它的生长只限于前端 3 ~ 5 μm 处，形成后能继续向下引伸，先穿越柱头，然后经花柱而达子房。同时，花粉粒细胞的内含物全部注入花粉管内，向花粉管顶端集中，如果是三细胞型的花粉粒，营养核和 2 个精子全部进入花粉管中，而二细胞型的花粉粒在营养核和生殖细胞移入花粉管后，生殖细胞便在花粉管内分裂，形成 2 个精子。

花粉管通过花柱而达子房的生长途径，可分为两种不同的情况：一些植物的花柱中间成空心的花柱道，花粉管在生长时沿着花柱道表面下伸，到达子房；另一种情况是花柱并无花柱道，而为特殊的引导组织或一般薄壁细胞所充塞，花粉管生长时需经过酶的作用，将引导组织或薄壁组织细胞的中层果胶质溶解，花粉管经由细胞之间通过。花粉管在花柱中的生长，除利用花粉本身贮存的物质作营养外，也从花柱组织吸取养料，作为生长和建成管壁合成物质之用。花粉管的生长集中在尖端部分，离花粉管顶端越远的部分越见衰老。

花粉萌发和花粉管的生长速度在不同植物种类和外因条件的变化下是不完全一致的，因而从传粉到受精的时间也相差较大。木本植物的花粉管生长较慢，例如苹果由传粉到受精的时间为5天，栎属植物则需长达一年或一年多；而一般农作物的花粉萌发和生长则速度较快，例如水稻只需1.5 h，小麦1 h，棉则需15～32 h。这些差异主要由遗传性所决定。但除此之外，其他因素的影响也可使速度有所改变，如花粉质量的好坏、传粉时气温的高低和空气的相对湿度等。

花粉管到达子房以后，或者直接伸向珠孔，进入胚囊（直生胚珠），或者经过弯曲，折入胚珠的珠孔口（倒生、横生胚珠），再由珠孔进入胚囊，统称为珠孔受精（porogamy，图4–54，*A*）。也有花粉管经胚珠基部的合点进入，再沿珠心下行至珠孔而达胚囊的，称为合点受精（chalazogamy，图4–54，*B*）。前者是一般植物所有，后者是少见的现象，榆、胡桃的受精即属这一类型。此外，也有穿过珠被，由珠被中部进入，再沿珠心下行至珠孔而达胚囊的，称中部受精（mesogamy），则更属少见，如南瓜（图4–54，*C*）。无论花粉管在生长中取道哪一条途径，最后总能准确地伸向胚珠和胚囊，这一现象的产生原因，一般认为在雌蕊某些组织，如珠孔道、花柱道、引导组织、胎座、子房内壁和助细胞等存在某种化学物质，以诱导花粉管的定向生长。

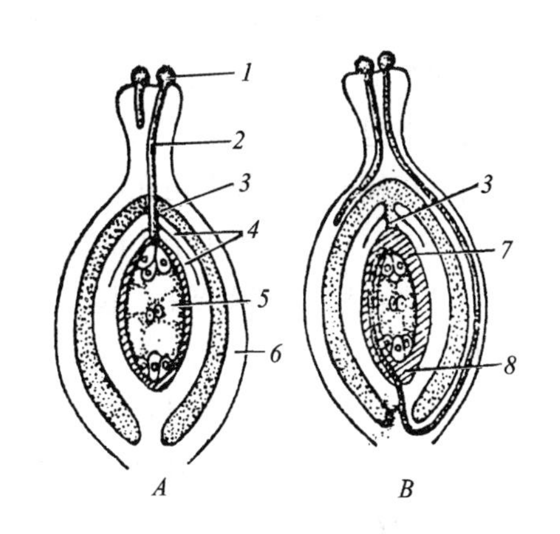

图4–54　珠孔受精和合点受精

A. 珠孔受精；*B*. 合点受精

1. 花粉粒；2. 花粉管；3. 珠孔；4. 珠被；5. 胚囊；6. 子房室；7. 珠心；8. 合点

（三）被子植物的双受精过程及其生物学意义

花粉管经过花柱，进入子房，直达胚珠，然后穿过珠孔，进而伸向胚囊。在珠心组织较薄的胚珠里，花粉管可以立即进入胚囊，但在珠心较厚的胚珠里，花粉管需先通过厚实的珠心组织，才能进入胚囊。

花粉管进入胚囊的途径在不同植物是不一样的，但都与助细胞有一定关系。有从卵和助细胞之间进入胚囊的，如荞麦；有穿入1个助细胞中，然后进入胚囊的，如棉；或是破坏1个助细胞作为进入胚囊的通路的，如天竺葵；或是从解体的助细胞进入的，如玉米。花粉管进入胚囊后，管的末端即行破裂，将精子及其他内容物注入胚囊。破裂原因，有认为是由于胚囊内的低氧膨胀所致，而助细胞被推测为对花粉管破裂起着直接的作用，当花粉管与助细胞的细胞质接触时，由于压力的突然改变，导致管的末端破裂；也有认为花粉管管壁的溶解，如番茄、胡麻，也是原因之一。

花粉管中的两个精子释放到胚囊中后，接着发生精子和卵细胞以及精子和2极核的融合。2精子中的1个和卵融合，形成受精卵（或称合子），将来发育为胚。另1个精子和2个极核（或次生核）融合，形成初生胚乳核，以后发育为胚乳。卵细胞和极核同时和2个精子分别完成融合的过程，是被子植物有性生殖的特有现象，称为双受精（double fertilization）（图4–55）。

进入胚囊的2个精子是否在结构、生化特性等方面完全相同？通过电子显微镜的观察研究证明，2精子间是有可察觉的差异存在的。1980年至1983年间，Russell等人在电子显微镜下研究白花丹（*Plumbago zeylanica*）花粉时，观察到 2 个精子中的 1 个以突起附着在营养细胞的核上，另 1 个则通过胞间连丝与第一精子相连；此外，附着在营养核上的那个精子含较多数量的线粒体，而另 1 个精子则含较多的质体，因此，可以认为两个精子可能是二型的（dimorphic）。

与卵细胞结合的精子，在进入卵细胞与卵核接近时，精核的染色体贴附在卵核的核膜上，然后断裂分散，同时出现 1 个小的核仁，后来精核和卵核的染色质相互混杂在一起，雄核的核仁也和雌核的核仁融合在一起，结束这一受精过程。另 1 个精子和极核的融合过程与上述两配子的融合是基本相似的，精子初时也呈卷曲的带状，以后松开与极核表面接触，2 组染色质和 2 核仁合并，完成整个过程。精子和卵的结合比精子和极核结合缓慢，所以精子和次生核的合并完成得较早。

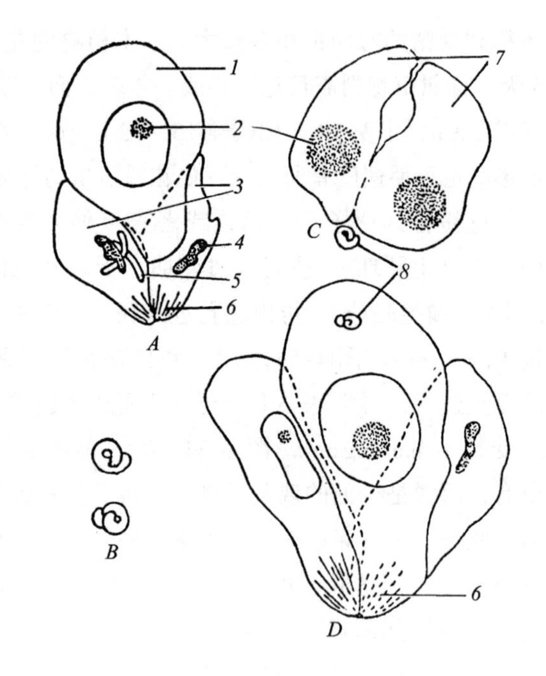

图 4–55　小麦的双受精

A. 细长的 2 个精子已进入 1 个助细胞，2 助细胞的核均已退化；*B.* 卷曲的精子；*C.* 融合中的 2 极核；*D.* 胚囊中的卵器，1 个卷曲的精子已进入卵细胞内，另 1 个精子与正在融合的极核靠拢

1. 卵细胞；2. 核仁；3. 助细胞；4. 退化的助细胞核；5. 精子；6. 丝状器；7. 极核；8. 卷曲的精子

受精时，精子细胞的细胞质是否进入卵细胞中，从不同研究对象得出的结论是不全相同的。一种认为雄性细胞质也参与受精，另一种持相反观点，利用电子显微技术的研究，证明后一看法较为正确。例如在棉花受精时，亚显微结构所示只有两性的核互相融合，而精子细胞质则残留在破坏的助细胞中。

受精后，胚囊中的反足细胞最初经分裂而略有增多，作为胚和胚乳发育时的养料，但最后全部消失。

被子植物的双受精，使 2 个单倍体的雌、雄配子融合在一起，成为 1 个二倍体的合子，恢复了植物原有的染色体数目；其次，双受精在传递亲本遗传性，加强后代个体的生活力和适应性方面是具有较大的意义的。精、卵融合就把父、母本具有差异的遗传物质组合在一起，形成具双重遗传性的合子。由于配子间的相互同化，形成的后代，就有可能形成一些新的变异。由受精的极核发展成的胚乳是三倍体的，同样兼有父、母本的遗传特性，作为新生一代胚期的养料，可以为巩固和发展这一特点提供物质条件。所以，双受精在植物界是有性生殖过程中最进化、高级的型式。

（四）受精的选择作用

柱头对花粉粒的萌发，以及胚囊对精子细胞的进入，都具有选择能力，也就是说，只有能和柱头的生理、生化作用相协调的花粉粒，才能萌发，卵细胞也只能和生理、生化相适应的精子融合在一起。所以，被子植物的受精过程是有选择性的，这种对花粉和精子的选择性，是植物在长期的自然选择作用下保留下来的，也是被子植物进化过程中的一个重要现象。因此，虽然雌蕊柱头上可以留有不同植株和不同植物种类的花粉，但是，只有适合于这一受精过程的植物花粉，才能产生效果。

受精作用的选择性早为达尔文所注意，达尔文曾经指出，受精作用如果没有选择性，就不可能避免自体受精和近亲受精的害处，也不可能得到异体受精的益处。实践证明，如果利用不同植株，甚至不同种类的混合花粉进行授粉，只有最适合于柱头和胚囊的花粉有尽先萌发的可能，避免了接受自己花上的花粉粒。因此，利用混合授粉、人工辅助授粉以提高产量，克服自交和远缘杂交的不亲和性，以及提高后代对环境的适应能力，已广泛应用于农业生产实践，选择受精的理论为选种和良种繁育工作奠定了基础。

在被子植物中，双精入卵和多精入卵的例外情形，也有发现，附加精子进入卵细胞后，改变了卵细胞的同化作用，使胚的营养条件和子代的遗传性发生变化。

（五）无融合生殖及多胚现象

在正常情况下，被子植物的有性生殖是经过卵细胞和精子的融合，以发育成胚，但在有些植物里，不经过精卵融合，也能直接发育成胚，这类现象称无融合生殖（apomixis）。无融合生殖可以是卵细胞不经过受精，直接发育成胚，如蒲公英、早熟禾等，这类现象称孤雌生殖（female parthenogenesis）。或是由助细胞、反足细胞或极核等非生殖性细胞发育成胚，如葱、鸢尾、含羞草等，称这类现象为无配子生殖（apogamy）。也有的是由珠心或珠被细胞直接发育成胚的，如柑橘属（*Citrus*），称为无孢子生殖（apospory）。

在一般情况下，被子植物的胚珠只产生 1 个胚囊，每个胚囊也只有 1 个卵细胞，所以受精后只能发育成 1 个胚。但有的植物种子里往往有 2 个或更多的胚存在，这一情况称为多胚现象（polyembryony）。多胚现象的产生，可以是由于无配子生殖或无孢子生殖的结果（图 4-56），也可能是由 1 个受精卵分裂成几个胚，或是 1 个胚珠中发生多个胚囊的缘故。

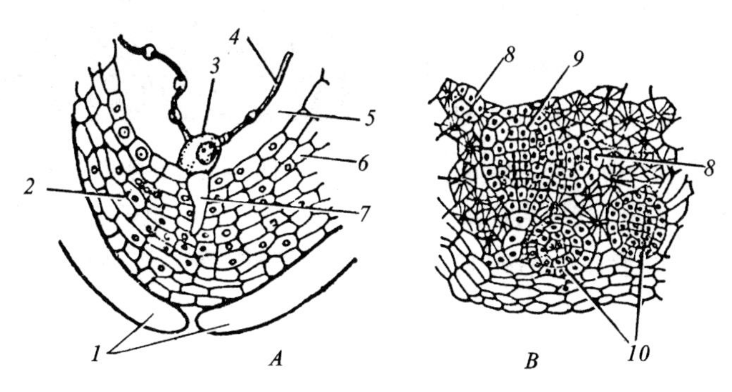

图 4-56　柑橘属的多胚发生

A. 受精后胚的发育情况，示合子和残留的花粉管，在珠心组织中有若干细胞将发育为珠心胚（nucellar embryo）；

B. 后期发育情况，除正常的受精卵发育成的胚（大型、中央部位的）外，尚有若干个由珠心细胞发育成的胚

1. 珠被；2. 珠心；3. 合子；4. 胚乳；5. 胚囊；6. 珠心胚发育的起点；7. 残存的花粉管；8. 发育中的胚；9. 正常胚；10. 珠心胚

第六节　种子和果实

被子植物的受精作用完成后，胚珠便发育为种子（图 4–57），子房发育为果实。有些植物，花的其他部分和花以外的结构，也有随着一起发育成果实的一部分的。

种子是所有种子植物特有的器官。种子植物中的裸子植物，因为胚珠外面没有包被，所以胚珠发育成种子后是裸露的；被子植物的胚珠是包在子房内，卵细胞受精后，子房发育为果实，里面的胚珠发育成种子，所以种子也就受到果实的包被。种子有无包被，这是种子植物中裸子植物和被子植物两大类群的重要区别之一。种子植物除利用种子增殖本属种的个体数量外，同时也是种子植物借以渡过干、冷等不良环境的有效措施。而果实部分除保护种子外，往往兼有贮藏营养和辅助种子散布的作用。

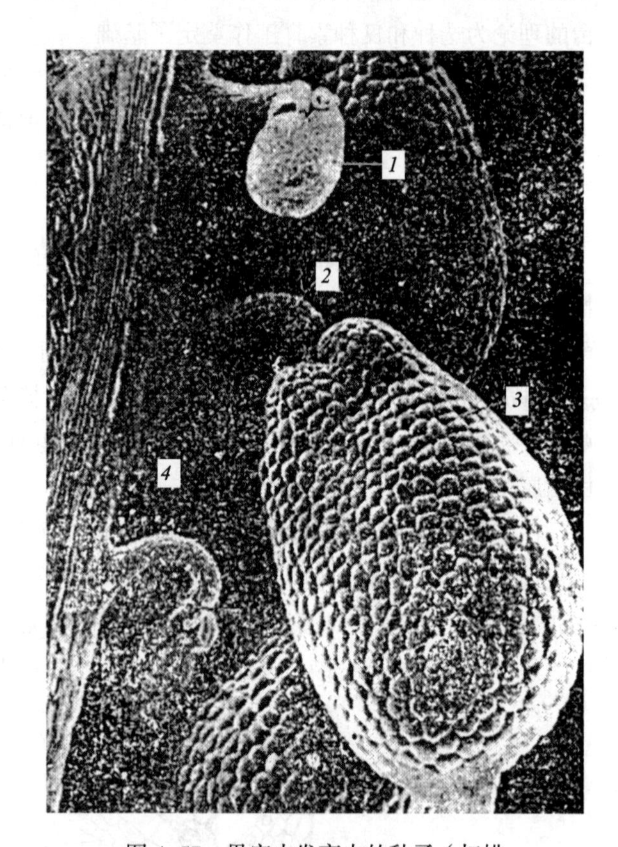

图 4–57　果实内发育中的种子（扫描电子显微镜照片）

1. 未受精的胚珠；2. 珠柄；3. 幼小的种子；4. 胎座

人们利用各种植物的果实和种子作为食物和提供工业、医药原料等。供食用的果实和种子种类极多，日常生活所不可缺少的主粮、副食，不管是稻米、面粉、瓜果、豆类，绝大部分都是植物的种子和果实部分，这里就无须一一举例详述。多种植物的果实和种子是工业上的原料。种子和果实中所贮藏的淀粉、蛋白质、油脂经过提炼后，可用于食品工业和油脂工业，如食用的淀粉、椰油、豆油、菜油，供饮料的可可、咖啡，以及供工业用的棉籽油、蓖麻油、桐油、乌桕油、乌桕蜡等。供医药用的果实和种子种类也不少，如蓖麻、巴豆、石榴、木瓜等。这些将在下册中结合各科、各植物种类详述。

以下就种子和果实的形成、结构和种类，分别加以叙述。

一、种子的形成

种子的结构包括胚、胚乳和种皮三部分，是分别由受精卵（合子）、受精的极核和珠被发育而成。大多数植物的珠心部分，在种子形成过程中，被吸收利用而消失，也有少数种类的珠心继续发育，直到种子成熟，成为种子的外胚乳。虽然不同植物种子的大小、形状以及内部结构颇有差异，但它们的发育过程，却是大同小异的。

（一）胚的发育

种子里的胚是由卵经过受精后的合子发育来的，合子是胚的第一个细胞。卵细胞受精后，便产生一层纤维素的细胞壁，进入休眠状态。受精卵休眠时期的长短，随植物种类而异，有仅数小时的，如水稻在受精后 4 ~ 6 h 便进入第一次合子分裂；小麦为 16 ~ 18 h；也有需 2 ~ 3 天的，如棉；有的需延长到几个月的，如茶、秋水仙等。以后，合子经多次分裂，逐步发育为种子的胚。一般情况下，胚发育的开始，较迟于胚乳的发育。

合子是一个高度极性化的细胞，它的第一次分裂，通常是横向的（极少数例外），成为两个细胞，一个靠近珠孔端，称为基细胞；另一个远珠孔的，称为顶端细胞。顶端细胞将成为胚的前身，而基细胞只具营养性，不具胚性，以后成为胚柄。两细胞间有胞间连丝相通。这种细胞的异质性，是由合子的生理极性所决定的。胚在没有出现分化前的阶段，称原胚（proembryo）。由原胚发展为胚的过程，在双子叶植物和单子叶植物间是有差异的。

胚柄在胚的发育过程中并不是一个永久性的结构，随着胚体的发育，胚柄也逐渐被吸收而消失。过去对胚柄的认识只是认为起着把胚伸向胚囊内部合适的位置以利胚在发育中吸收周围的养料，近年来从胚柄细胞的亚显微结构以及不同植物胚柄的有无、长短等方面的差异，有人认为胚柄细胞还能起到另外的一些作用。比较通常的认识是：胚柄除上述作用外，还可能从它的周围吸收营养转运到胚体供其生长发育，以及作为重要养分和调节胚体生长物质的供应源。

1. 双子叶植物胚的发育　双子叶植物胚的发育，可以荠菜为例说明。合子经短暂休眠后、不均等地横向分裂为 2 个细胞，靠近珠孔端的是基细胞，远离珠孔的是顶端细胞。基细胞略大，经连续横向分裂，形成一列由 6 ~ 10 个细胞组成的胚柄，这些细胞之间有胞间连丝沟通。电子显微镜观察胚柄细胞壁有内突生长，犹如传递细胞，细胞内含有未经分化的质体。顶端细胞先要经过二次纵分裂（第二次的分裂面与第一次的垂直），成为 4 个细胞，即四分体时期；然后各个细胞再横向分裂一次，成为 8 个细胞的球状体，即八分体（octant）时期。八分体的各细胞先进行一次平周分裂，再经过各个方向的连续分裂，成为一团组织。以上各个时期都属原胚阶段。以后由于这团组织的顶端两侧分裂生长较快，形成 2 个突起，迅速发育，成为 2 片子叶，又在子叶间的凹陷部分逐渐分化出胚芽。与此同时，球形胚体下方的胚柄顶端一个细胞，即胚根原细胞（hypophysis cell），和球形胚体的基部细胞也不断分裂生长，一起分化为胚根。胚根与子叶间的部分即为胚轴。这一阶段的胚体，在纵切面看，多少呈心脏形。不久，由于细胞的横向分裂，使子叶和胚轴延长，而胚轴和子叶由于空间地位的限制也弯曲成马蹄形（图 4-58）。至此，一个完整的胚体已经形成，胚柄也就退化消失。

2. 单子叶植物胚的发育　单子叶植物胚的发育，可以禾本科的小麦为例说明。小麦胚的发育，与双子叶植物胚的发育情况有共同处，但也有区别。合子的第一次分裂是斜向的，分为 2 个细胞，接着 2 个细胞分别各自进行一次斜向的分裂，成为 4 细胞的原胚。以后，4 个细胞又各自不断地从各个方向分裂，增大了胚体的体积。到 16 ~ 32 细胞时期，胚呈现棍棒状，上部膨

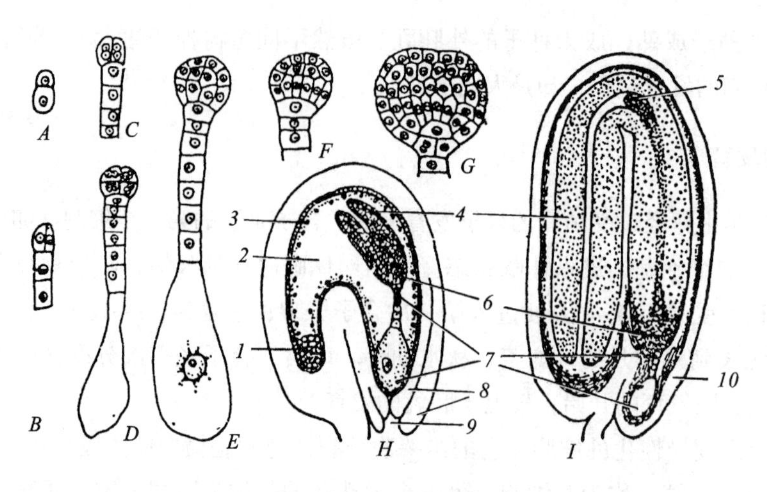

图 4–58　荠菜胚的发育

A. 合子的第一次分裂，形成二个细胞，其一发育为胚，另一为胚柄；*B—E.* 基细胞发育为胚柄（包括一列细胞），顶端细胞经多次分裂，形成球形胚体的情形；*F—G.* 胚继续发育；*H.* 胚在胚珠中已初步发育完成，出现胚的各部分结构；*I.* 胚和种子初步形成，胚乳消失无存

1. 珠心组织；2. 胚囊；3. 胚乳细胞核；4. 子叶；5. 胚芽；6. 胚根；7. 胚柄；8. 内、外珠被；9. 珠孔；10. 早期的种皮

大，为胚体的前身，下部细长，分化为胚柄，整个胚体周围由一层原表皮层细胞所包围。

不久，在棒状胚体的一侧出现一个小型凹刻，就在凹刻处形成胚体主轴的生长点，凹刻以上的一部分胚体发展为盾片（子叶）。由于这一部分生长较快，所以很快突出在生长点之上。生长点分化后不久，出现了胚芽鞘的原始体，成为一层折叠组织，罩在生长点和第一片真叶原基的外面。与此同时，在胚体的子叶相对的另一侧，形成一个新的突起，并继续长大，成为外胚叶。由于子叶近顶部分细胞的居间生长，所以子叶上部伸长很快，不久成为盾片，包在胚的一侧。

胚芽鞘开始分化出现的时候，就在胚体的下方出现胚根鞘和胚根的原始体，由于胚根与胚根鞘细胞生长的速度不同，所以在胚根周围形成一个裂生性的空腔，随着胚的长大，腔也不断地增大。

至此，小麦的胚体已基本上发育形成。在结构上，它包括一张盾片（子叶），位于胚的内侧，与胚乳相贴近。茎顶的生长点以及第一片真叶原基合成胚芽，外面有胚芽鞘包被。相对于胚芽的一端是胚根，外有胚根鞘包被。在与盾片相对的一面，可以见到外胚叶的突起（图 4–59）。有的禾本科植物如玉米的胚，不存在外胚叶。

（二）胚乳的发育

胚乳是被子植物种子贮藏养料的部分，由 2 个极核受精后发育而成，所以是三核融合（triple fusion）的产物。极核受精后，不经休眠，就在中央细胞发育成胚乳。

胚乳的发育，一般有核型（nuclear type）、细胞型（cellular type）和沼生目型（helobial type）三种方式。以核型方式最为普遍，而沼生目型比较少见，只出现在沼生目（Helobiales）

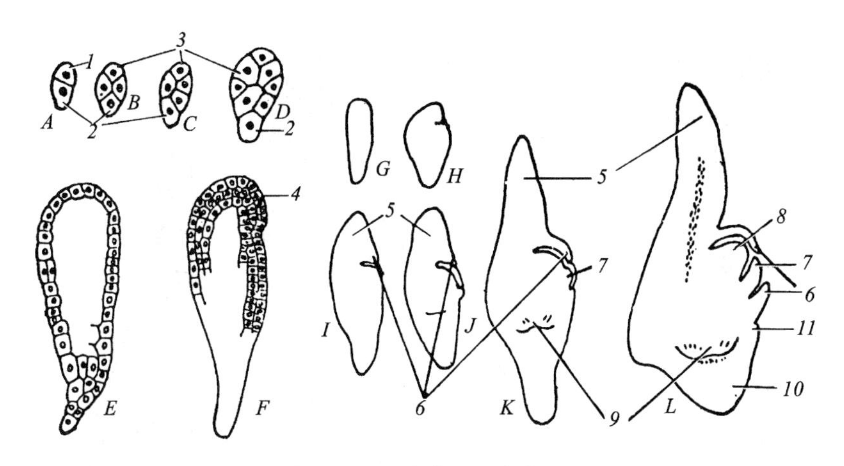

图 4-59 小麦胚的发育

A—F. 小麦胚初期发育时的纵切面，示发育的各个时期； *G—L.* 小麦胚发育过程的图解

1. 胚细胞； 2. 胚柄细胞； 3. 胚； 4. 子叶发育早期； 5. 盾片； 6. 胚芽鞘；

7. 第一片营养叶； 8. 胚芽生长锥； 9. 胚根； 10. 胚根鞘； 11. 外胚叶

植物的胚乳发育中。

核型胚乳的发育。受精极核的第一次分裂，以及其后一段时期的核分裂，不伴随细胞壁的形成，各个细胞核保留游离状态，分布在同一细胞质中，这一时期称为游离核的形成期（free nuclear formation stage）。游离核的数目常随植物种类而异，多的可达数百以至数千个，才过渡到细胞时期，如胡桃、苹果等。少的仅 8 或 16 个核，甚至只有 4 个核，如咖啡。随着核数的增加，核和原生质逐渐由于中央液泡的出现，而被挤向胚囊的四周，在胚囊的珠孔端和合点端较为密集，而在胚囊的侧方仅分布成一薄层。核的分裂以有丝分裂方式进行为多，也有少数出现无丝分裂，特别是在合点端分布的核。

胚乳核分裂进行到一定阶段，即向细胞时期过渡，这时在游离核之间形成细胞壁，进行细胞质的分隔，即形成胚乳细胞，整个组织称为胚乳。核型胚乳发育的植物种类里，有的是全部游离核都转为胚乳细胞；也有仅胚囊的周围形成一二层细胞，而中央仍保持游离核状态；或是细胞只限于在胚囊的珠孔端形成；仅少数种类是不形成细胞的。单子叶植物和多数双子叶植物属于这一类型（图 4-60）。

细胞型胚乳的发育不同于前者的地方，是在核第一次分裂后，随即伴随细胞质的分裂和细胞壁的形成，以后进行的分裂全属细胞分裂，所以胚乳自始至终是细胞的形式，不出现游离核时期，整个胚乳为多细胞结构。大多数合瓣花类植物属于这一类型（图 4-61）。

沼生目型胚乳的发育，是核型和细胞型的中间类型。受精极核第一次分裂时，胚囊被分为 2 室，即珠孔室和合点室。珠孔室比较大，这一部分的核进行多次分裂，成游离状态。合点室核的分裂次数较少，并一直保持游离状态。以后，珠孔室的游离核形成细胞结构，完成胚乳的发育。属于这一胚乳发育类型的植物，仅限于沼生目种类，如刺果泽泻、慈姑、独尾草属（*Eremurus*）等（图 4-62）。

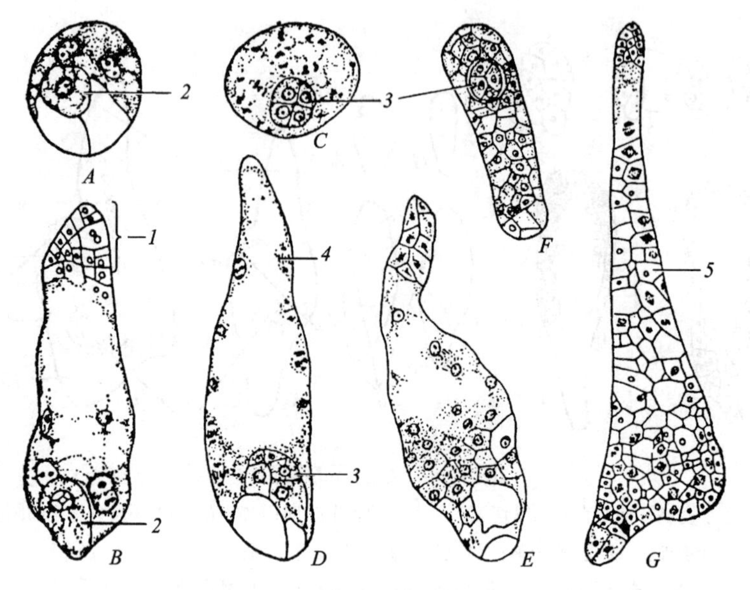

图 4-60　玉米的胚乳发育（核型）

A，*C*，*F.* 胚囊的横切面观；　*B*，*D*，*G.* 胚囊的纵切面观；　*E.* 胚囊斜切面观；*A*，*B.* 示合子和少量胚乳核（传粉 26 ~ 34 h 后）；　*C*，*D.* 胚发育早期，胚乳核在分裂中（由 128 过渡到 256 游离核时期，传粉后 3 天）；　*E.* 由游离核时期向细胞期过渡（传粉后 3 天半）；　*F*，*G.* 胚乳细胞形成（传粉后 4 天）

1. 反足细胞群；　2. 合子；　3. 胚早期；　4. 游离的胚乳核在分裂中；　5. 胚乳细胞

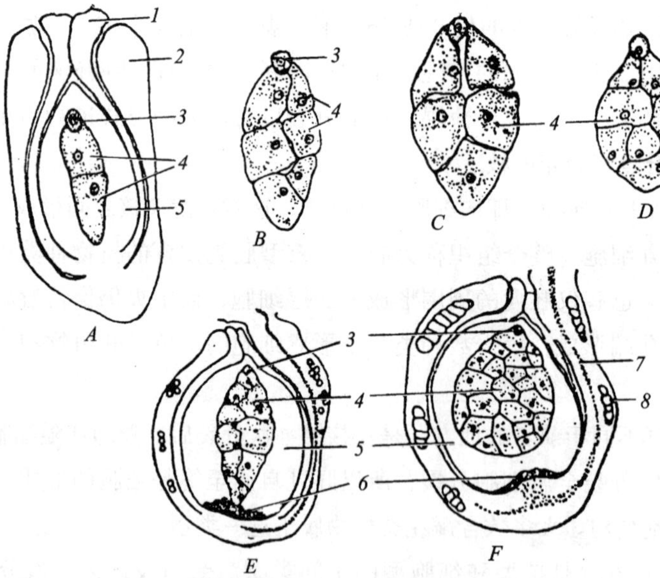

图 4-61　*Degeneria* 胚乳的发育（细胞型）

A. 胚珠的纵切面，示合子和 2 细胞时期的胚乳；　*B—D.* 胚乳发育的各期，示胚乳细胞；　*E*，*F.* 胚珠纵切，示胚乳继续发育，胚乳细胞增多，但合子仍未开始分裂

1. 内珠被；　2. 外珠被；　3. 合子；　4. 胚乳细胞；　5. 珠心；
6. 退化的珠心；　7. 通向胚珠的维管束；　8. 含油细胞群

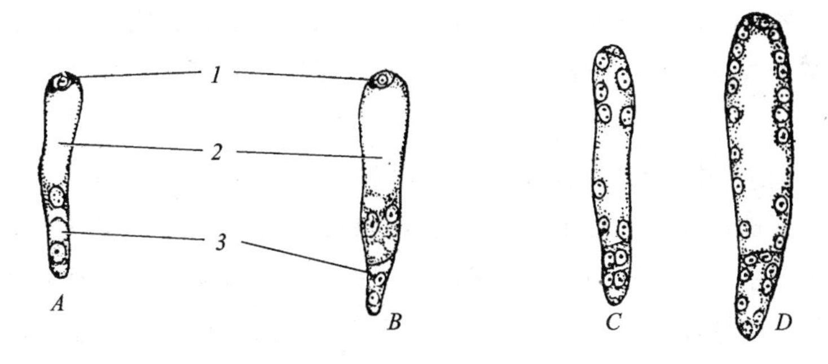

图 4-62　独尾草属胚乳的发育（沼生目型）

A—D. 发育过程

1. 合子；2. 珠孔室；3. 合点室

因为胚乳是三核融合的产物，它包括 2 个极核和 1 个精子核，含有三倍数的染色体（由母本提供 2 倍、父本提供 1 倍），所以，它同样包含着父本和母本植物的遗传性。而且它又是胚体发育过程中的养料，为胚所吸收利用，因此，由胚发育的子代变异性更大，生活力更强，适应性也更广。

种子中胚乳的养料，有的经贮存后，到种子萌发时才为胚所利用的，这类种子有胚乳，称为有胚乳种子。如前面提到过的禾本科植物种子、蓖麻种子等。但另有一些植物，随着胚的形成，养料随即被胚吸收，贮存到子叶里，所以种子成熟时已无胚乳存在，这些是无胚乳种子，如豆类、瓜类的种子。

一般植物种子，在胚和胚乳发育过程中，要吸收胚囊周围珠心组织的养料，所以珠心一般遭到破坏而消失。但少数植物种类里，珠心始终存在，并在种子中发育成类似胚乳的另一种营养贮藏组织，称为外胚乳（perisperm）。外胚乳具胚乳的作用，但来源与胚乳不同。有外胚乳的种子，可以是无胚乳结构的，如苋属、石竹属、甜菜等；也可以是有胚乳结构的，如胡椒、姜等。

被子植物中的兰科、川苔草科、菱科等植物，种子在发育过程中极核虽也经过受精作用，但受精极核不久退化消失，并不发育为胚乳，所以种子内不存在胚乳结构。

（三）种子的形成

种子的外表，一般为种皮所包被。种皮是由胚珠的珠被随着胚和胚乳发育的同时一起发育而成的。珠被有 1 层的，也有 2 层的，前者发育成的种皮只有 1 层，如向日葵、胡桃；后者发育成的种皮通常可以有 2 层，即外种皮和内种皮，如油菜、蓖麻等。但在许多植物中，一部分珠被的组织和营养被胚吸收，所以只有一部分的珠被成为种皮；有的种子的种皮是由 2 层珠被中的外珠被发育而成，如大豆、蚕豆；也有的是 2 层珠被中的内珠被发育而来的，如水稻、小麦等。被子植物种子的种皮多数是干燥的，但也有少数种类是肉质的，如石榴种子的种皮，其外表皮为多汁的细胞层所组成，是种子的可食部分。肉质种皮在裸子植物的种类里是常见的，银杏的外种皮就是肥厚肉质的。

种皮的结构，各种植物差异较大，一方面决定于珠被的数目，同时也决定于种皮在发育中的变化。为了了解种皮结构的多样化，下面以蚕豆种子和小麦种子种皮的发育情况为例，加以说明。

蚕豆种子在形成过程中，胚珠的内珠被为胚吸收消耗，后来不复存在，所以种皮是由外珠被的组织发展来的。外珠被发育成种皮时，珠被分化为3层组织后，外层细胞是1层长柱状厚壁细胞，细胞的长轴致密地平行排列，犹如栅状组织；第二层细胞分化为骨形厚壁细胞，这些细胞短柱状，两端膨大铺开成“工”字形，壁厚，细胞腔明显，彼此紧靠排列，有极强的保护作用和机械力量，再下面是多层薄壁细胞，是外珠被未经分化的细胞层，种子在成长时，这部分细胞常被压扁。早期的种皮细胞内含有淀粉，是营养贮存的场所，所以新鲜幼嫩的蚕豆种皮柔软可食，老后才转为坚韧的组织（图4-63）。

小麦种子发育时，2层珠被也同样经过一系列变化。初时，每层珠被都包含2层细胞，合子进行第一次分裂时，外珠被开始出现退化现象，细胞内原生质逐渐消失，以后被挤，失去原来细胞形状，终于消失。内珠被这时尚保持原有性状，并增大体积，到种子乳熟时期，内珠被的外层细胞开始消失，内层细胞保持短期的存在，到种子成熟干燥时，它根本起不了保护作用，以后作为种子保护的组织层，主要是由心皮发育而来（图4-64）。

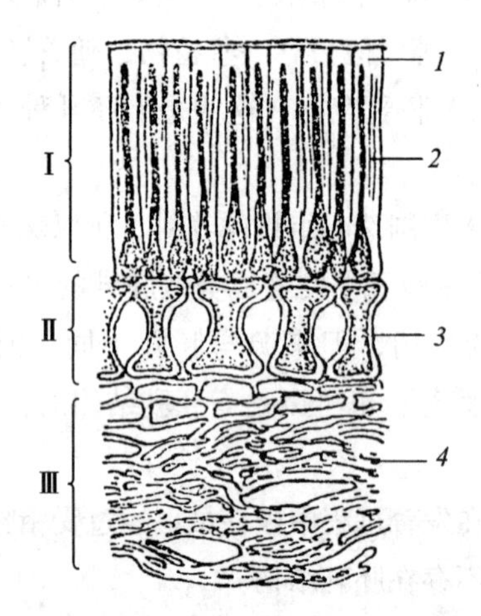

图4-63　蚕豆种皮的横切面，示结构

Ⅰ. 长柱状厚壁细胞层；Ⅱ. 骨形厚壁细胞层；Ⅲ. 薄壁细胞层；1. 明线；2. 长柱状厚壁细胞呈栅状排列；3. 骨形厚壁细胞；4. 薄壁细胞

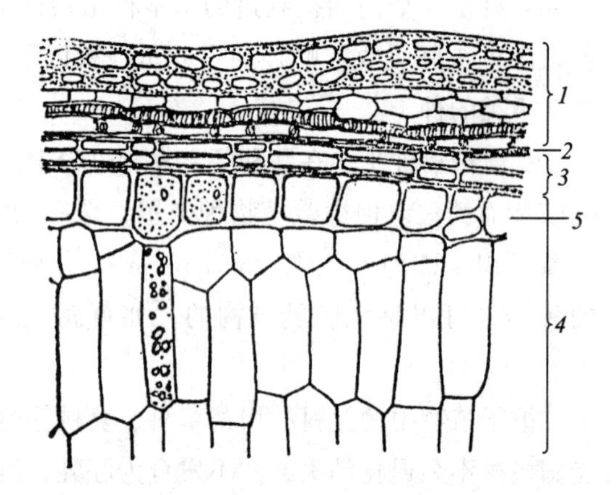

图4-64　小麦颖果横切面的一部分，示结构

1. 果皮；2. 种皮（实际上已萎缩）；3. 珠心的残留部分；4. 胚乳的一部分；5. 糊粉层

二、果实的形成和类型

受精作用以后，花的各部分起了显著的变化，花萼（宿萼种类例外）、花冠一般枯萎脱落，雄蕊和雌蕊的柱头及花柱也都凋谢，仅子房或是子房以外其他与之相连的部分，迅速生长，逐渐发育成果实。一般而言，果实的形成与受精作用有着密切联系，花只有在受精后才能形成果

实。但是有的植物在自然状况或人为控制的条件下，虽不经过受精，子房也能发育为果实，这样的果实里面不含种子。

果实的性质和结构是多种多样的，这与花的结构，特别是心皮的结构，以及受精后心皮及其相连部分的发育情况，有很大关系。下面就果实的形成、结构以及类型，分别加以叙述。

（一）果实的形成

1. 果实的形成和结构　果实有单纯由子房发育而成的，也可以由花的其他部分如花托、花萼、花序轴等一起参与组成。

子房原是由薄壁细胞所构成，在发育成果实时，将进一步分化为各种不同的组织，分化的性质随植物种类而异，这是果实分类的依据。

组成果实的组织，称为果皮（pericarp），通常可分为三层结构，最外层是外果皮（exocarp），中层是中果皮（mesocarp），内层是内果皮（endocarp）。三层果皮的厚度不是一致的，视果实种类而异。有些果实里，三层果皮分界比较明显，如肉果中的核果类；也有分界不甚明确，甚至互相混合，无从区别的。果皮的发育是一个十分复杂的过程，常常不能单纯地和子房壁的内、中、外层组织对应起来，而且组成三层果皮的组织层，常在发育过程中出现分化，使追溯它们的起源更显得困难。

严格地说，果皮是指成熟的子房壁，如果果实的组成部分，除心皮外，尚包含其他附属结构组织的，如花托等，则果皮的含义也可扩大到非子房壁的附属结构或组织部分。

2. 单性结实和无子果实　果实的形成，一般与受精作用有密切关系，但也有不经受精，子房就发育成果实的，像这样形成果实的过程称单性结实（parthenocarpy）。单性结实的果实里不含种子，所以称这类果实为无子果实。

单性结实有自发形成的，称为自发单性结实（autonomous parthenocarpy），突出的例子如香蕉。香蕉的花序是穗状花序，花序总轴上部是雄花，下部是雌花，雌花可不经传粉、受精而形成果实。其他在自然条件下能进行单性结实的有葡萄的某些品种、柑橘、柿、瓜类等，这些栽培植物的果实中不含种子，品质优良，是园艺上的优良栽培品种。还有通过某种诱导作用以引起单性结实，称诱导单性结实（induced parthenocarpy），例如用马铃薯的花粉刺激番茄的柱头，或用爬山虎的花粉刺激葡萄的柱头，都能得到无子果实。又如利用各种生长刺激素涂敷或喷洒在柱头上，也能得到无子果实。近年来常用2,4-D、吲哚乙酸等生长素类，在瓜类和番茄上诱导单性结实，取得良好效果。

（二）果实的类型

果实的类型可以从不同方面来划分。果实的果皮单纯由子房壁发育而成的，称为真果（true fruit），多数植物的果实是这一情况。除子房外，还有其他部分参与果实组成的，如花被、花托以至花序轴，这类果实称为假果（false fruit），如苹果、瓜类、凤梨等。

另外，一朵花中如果只有一枚雌蕊，以后只形成一个果实的，称为单果（simple fruit）。如果一朵花中有许多离生雌蕊，以后每一雌蕊形成一个小果，相聚在同一花托之上，称为聚合果（aggregate fruit），如莲、草莓、悬钩子等（图 4-65）。如果果实是由整个花序发育而来，花序也参与果实的组成部分，这就称为聚花果（collective fruit）或称花序果，也称复果（multiple fruit），如桑、凤梨、无花果等（图 4-66）。

如果按果皮的性质来划分，有肥厚肉质的，称肉果（fleshy fruit）；也有果实成熟后，果皮干燥无汁的，称干果（dry fruit）。肉果和干果又各区分若干类型。

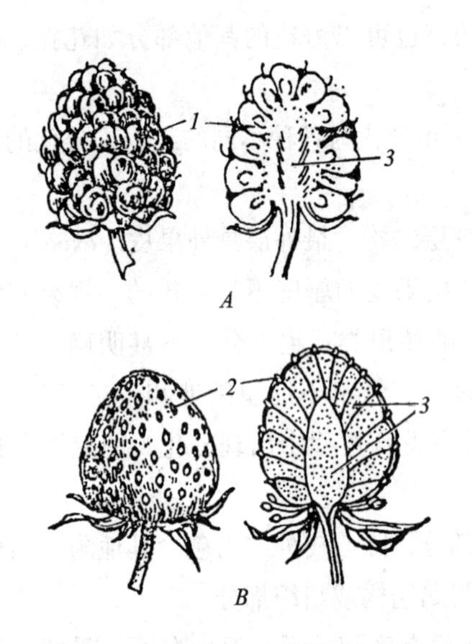

图 4-65　聚合果

A. 悬钩子的聚合果，由许多小型核果聚合而成；*B.* 草莓的聚合果，由膨大的花托转变为可食的肉质部分，每一真正的小果为瘦果

1. 小型核果；2. 瘦果；3. 花托部分

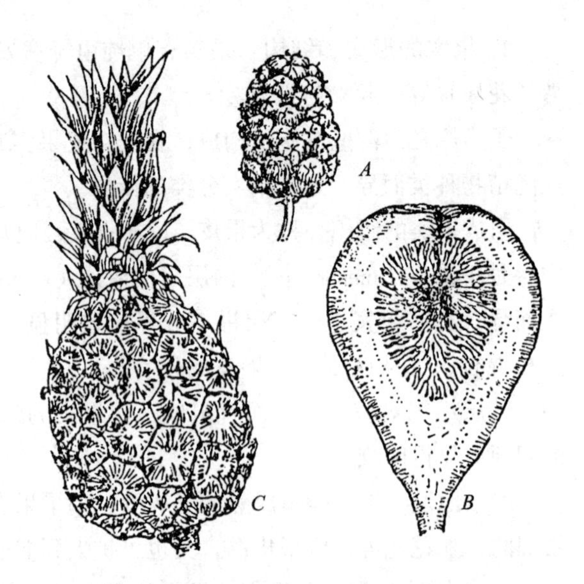

图 4-66　聚花果（复果）

A. 桑葚，为多数单花所成的果实，集于花轴上，形成一个果实的单位；*B.* 无花果果实的剖面，隐头花序膨大的花序轴成为果实的可食部分；*C.* 凤梨的果实，多汁的花轴成为果实的食用部分

1. 肉果　特征是果皮肉质化，往往肥厚多汁，在成熟过程中常出现一系列生理变化，如：糖类由淀粉转化成可溶性糖；有机酸氧化变成糖类；单宁也氧化或成为不溶状态，从而增加了果实的甜味，减少酸味和涩味；质体中的叶绿素破坏，细胞液出现花青素，使果实的颜色有所转变；果肉细胞中产生某些挥发性脂类物质，使果实变香；果肉细胞的胞间层由于果胶酶的作用而溶解，使果肉软化，成为色、香、味三者兼备的可食用部分。肉果又可按果皮来源和性质不同而分为以下几类。

（1）浆果（berry）　浆果是肉果中最为习见的一类，由一个或几个心皮形成的果实，果皮除表面几层细胞外，一般柔嫩，肉质而多汁，内含多数种子，如葡萄、番茄、柿等。番茄果实的肉质食用部分，主要是由发达的胎座发展而成（图 4-67）。

葫芦科植物的果实，如多种瓜类，是浆果的另一种，一般称为瓠果（pepo）。果实的肉质部分是子房和花托共同发育而成的，所以属于假果。南瓜、冬瓜的食用部分，主要是它们的果皮，而西瓜的食用部分是原来的胎座。

柑橘类的果实也是一种浆果，称橙果或柑果（hesperidium），是由多心皮具中轴胎座的子房发育而成。它的外果皮坚韧革质，有很多油囊分布。中果皮疏松髓质，有维管束分布其间，干燥果皮内的“橘络”就是这些维管束。内果皮膜质，分为若干室，室内充满含汁的长形丝状细胞，由原来子房内壁的毛茸发育而成，是这类果实的食用部分，如常见的柑橘、柚、柠檬等（图 4–68）。

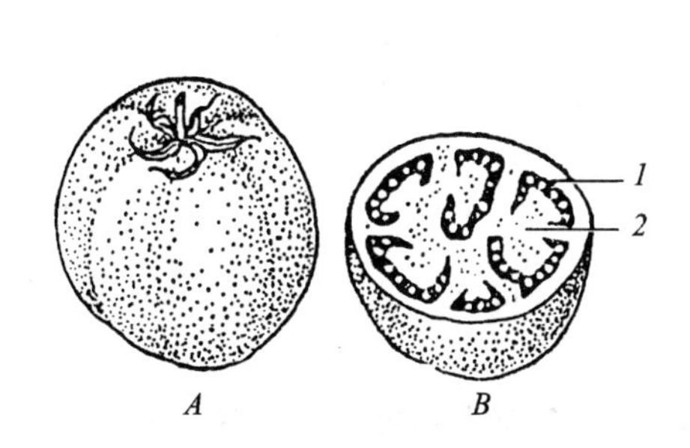

图 4–67　番茄的浆果

A. 果实外形；*B.* 果实横切面

1. 种子；2. 胎座

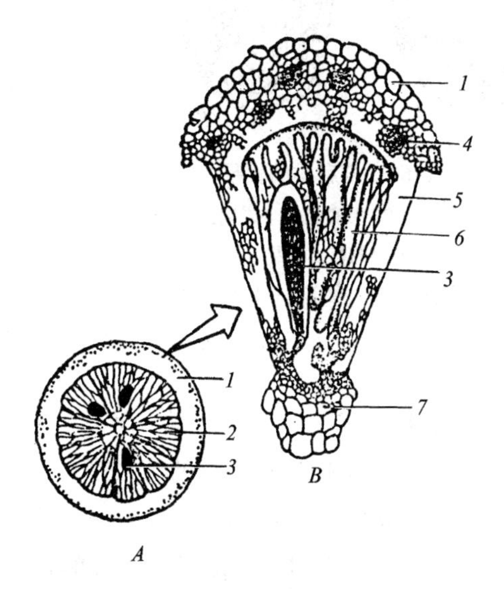

图 4–68　柑橘类的柑果（橙果）

A. 果实的切面；*B.* 果实一角放大，示结构

1. 果皮；2. 子房室；3. 种子；4. 油腺；5. 心皮壁（子房室隔）；6. 含汁的丝状细胞；7. 中轴

（2）核果（drupe）　通常由单雌蕊发展而成，内含一枚种子，三层果皮性质不一，外果皮极薄，由子房表皮和表皮下几层细胞组成；中果皮是发达的肉质食用部分；内果皮的细胞经木质化后，成为坚硬的核，包在种子外面，这种果实称为核果（图 4–69），如桃、梅、李、杏等的果实。也有成熟的核果中果皮干燥无汁的，如椰子。椰子的中果皮成纤维状，俗称椰棕，内果皮即为椰壳。

（3）梨果（pome）　这类果实多为具子房下位花的植物所有。果实由花筒和心皮部分愈合后共同形成，所以是一类假果。外面很厚的肉质部分是原来的花筒，肉质部分以内才是果皮部分。外果皮和花筒，以及外果皮和中果皮之间，均无明显界限可分。内果皮由木质化的厚壁细胞所组成，所以比较清楚明显。梨、苹果等是这类果实的典型代表（图 4–70）。

2. 干果　果实成熟以后，果皮干燥，有的果皮能自行开裂，为裂果；也有即使果实成熟，果皮仍闭合不开裂的，为闭果。根据心皮结构的不同，又可区分为如下几种类型。

（1）裂果类（dehiscent fruit）　果实成熟后果皮自行裂开，可分为以下几种类型：

① 荚果（legume）　荚果是单心皮发育而成的果实，成熟后，果皮沿背缝和腹缝两面开裂，如大豆、豌豆、蚕豆等；有的虽具荚果形式，但并不开裂，如落花生、合欢、皂荚等；也有的

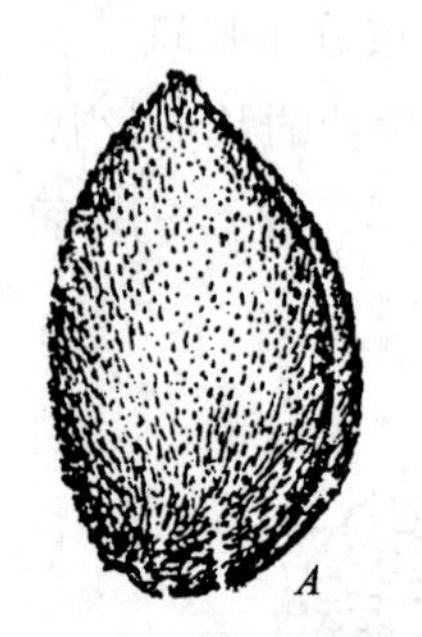

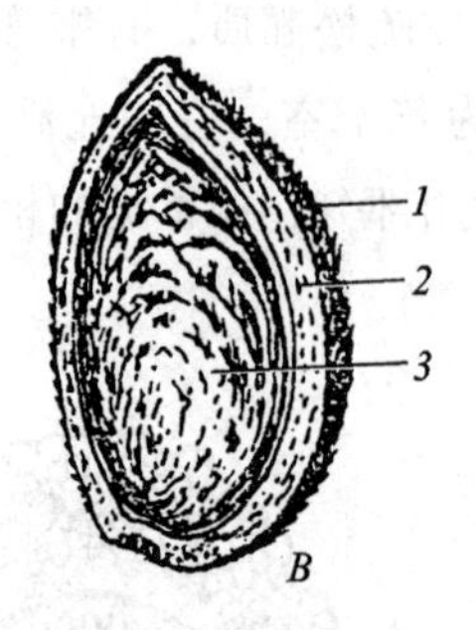

图 4–69　苦扁桃的核果

A. 果实外形； *B.* 果实的一半果肉已去掉，显示中央的核（内果皮）

1. 外果皮； 2. 中果皮； 3. 内果皮

图 4–70　苹果的梨果

A. 未成熟果实的横切面； *B.* 已成熟果实的横切面

1. 胚珠； 2. 心皮的中央维管束； 3. 心皮的侧生维管束； 4. 花瓣维管束； 5. 萼片维管束； 6. 种子； 7. 果皮； 8. 花筒部分； 9. 子房室

荚果呈分节状，成熟后也不开裂，而是节节脱落，每节含种子一粒，这类荚果，称为节荚，如决明、含羞草、山蚂蝗等；有的荚果螺旋状，外有刺毛，如苜蓿的果实；或圆柱形分节，作念珠状，如槐的果实（图 4–71）。

② 蓇葖果（follicle） 蓇葖果是由单心皮或离生心皮发育而成的果实，成熟后只由一面开裂。有沿心皮腹缝开裂的，如梧桐、牡丹、芍药、八角茴香等的果实。也有沿背缝开裂的，如木兰、白玉兰等（图 4–72）。

③ 蒴果（capsule） 蒴果是由合生心皮的复雌蕊发育而成的果实，子房有一室的，也有多室的，每室含种子多粒。这类果实较为普遍，成熟时按三种方式开裂：a. 纵裂（longitudinal dehiscence），裂缝沿心皮纵轴方向分开，又可分为：室间开裂（septicidal dehiscence），即沿心皮腹缝相接处裂开，开裂时由二相邻心皮组合的子房隔膜同时分开，如秋水仙、马兜铃、薯蓣等；室背开裂（loculicidal dehiscence），沿心皮背缝处开裂，如鸢尾、草棉、酢浆草、紫花地丁

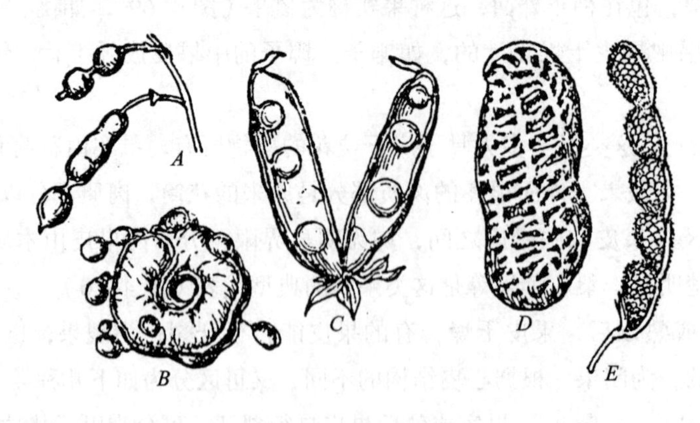

图 4–71　各种荚果

A. 槐树的荚果成念珠状； *B.* 猴儿环的荚果成围嘴状； *C.* 豌豆的荚果成熟后自行开裂； *D.* 落花生的荚果成熟后并不开裂； *E.* 山蚂蝗的荚果呈节状，每节含种子一个，所以也称节荚

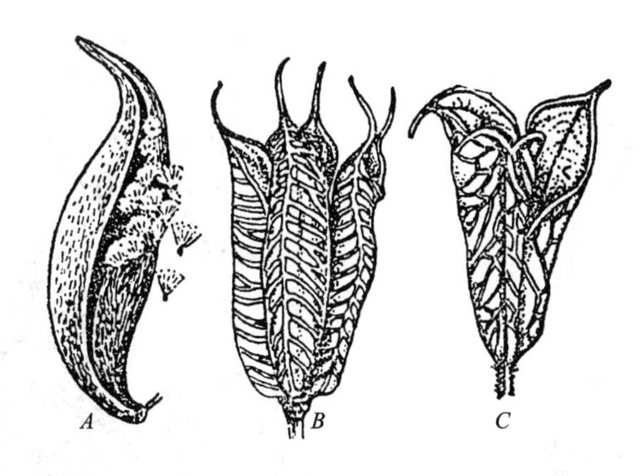

图 4-72　蓇葖果

A. 马利筋的蓇葖果；*B.* 耧斗菜的蓇葖果；*C.* 飞燕草的蓇葖果

等；室轴开裂（septifragal dehiscence），即果皮虽沿室间或室背开裂，但子房隔膜与中轴仍相连，如牵牛、茑萝松、曼陀罗等。b. 孔裂（poricidal dehiscence），果实成熟后，各心皮并不分离，而在子房各室上方裂成小孔，种子由孔口散出，如罂粟、金鱼草、桔梗等。c. 周裂（circumscissile dehiscence），合生心皮一室的复雌蕊组成，心皮成熟后沿果实的上部或中部作横裂，果实成盖状开裂，如樱草、马齿苋、车前等（图 4-73），也称盖果（pyxis）。

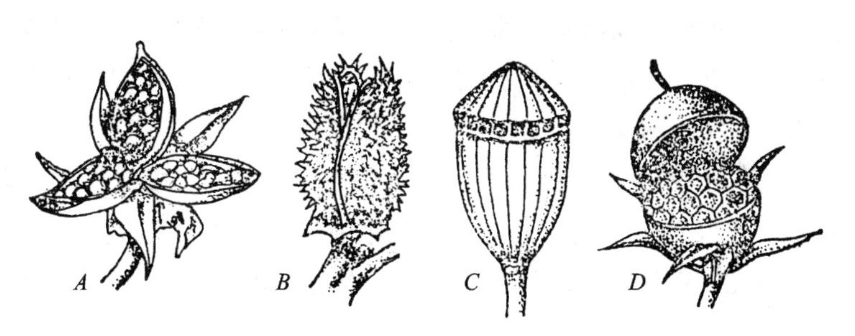

图 4-73　蒴果的各种类型

A. 紫堇的蒴果，示室背开裂；*B.* 曼陀罗的蒴果，示室轴开裂；

C. 罂粟的蒴果，示孔裂；*D.* 海绿属的蒴果，示周裂

④ 角果（silique）　角果是由 2 心皮组成的雌蕊发育而成的果实。子房 1 室，后来由心皮边缘合生处向中央生出隔膜，将子房分隔成 2 室，这一隔膜，称为假隔膜。果实成熟后，果皮由基部向上沿 2 腹缝裂开，成 2 片脱落，只留假隔膜，种子附于假隔膜上。十字花科植物多具这类果实。角果有细长的，长超过宽好多倍，称为长角果（silique），如芸薹、萝卜、甘蓝等；另有一些短形的，长宽之比几相等，称为短角果（silicle），如荠菜、遏蓝菜等（图 4-74）。

（2）闭果类（indehiscent fruit）　果实成熟后，果皮仍不开裂，可分为以下几种类型：

① 瘦果（achene）　由 1～3 心皮构成的小型闭果；果皮坚硬，果内含 1 枚种子，成熟时果皮与种皮仅在一处相连，易于分离。如白头翁（1 心皮构成），向日葵、蒲公英（2 心皮构成），荞麦（3 心皮构成）（图 4-75，*A*）等。

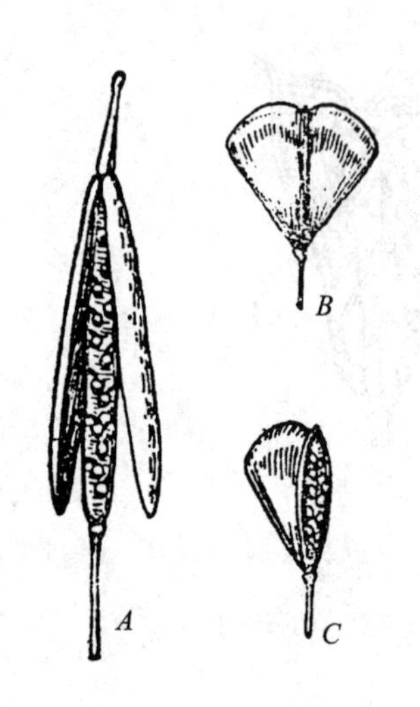

图 4–74　角果

A. 油菜的长角果，示开裂状，种子排列于中央假隔膜的两侧；*B.* 荠菜的短角果；*C.* 荠菜短角果的开裂

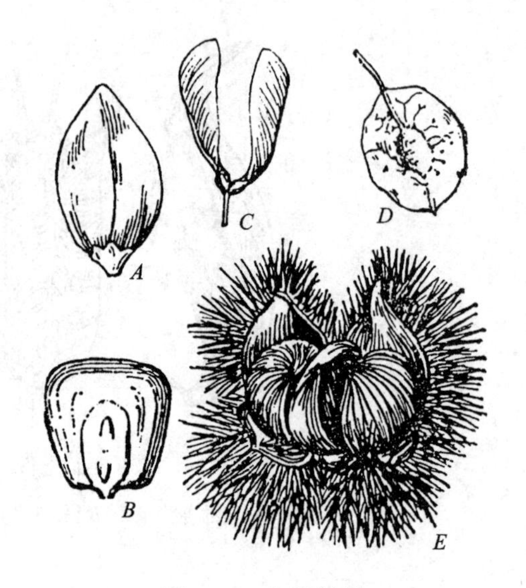

图 4–75　各种闭果

A. 荞麦的瘦果；*B.* 玉米的颖果；*C.* 槭树的翅果；*D.* 榆树的翅果；*E.* 栗的坚果在总苞内

② 颖果（caryopsis）颖果的果皮薄，革质，只含一粒种子，果皮与种皮紧密愈合不易分离。果实小，一般易误认为种子，是水稻、小麦、玉米等禾本科植物的特有果实类型（图 4–75，*B*）。

③ 翅果（samara）翅果的果实本身属瘦果性质，但果皮延展成翅状，有利于随风飘飞，如榆、槭、臭椿等植物的果实（图 4–75，*C*、*D*）。

④ 坚果（nut）坚果是外果皮坚硬木质，含一粒种子的果实。成熟果实多附有原花序的总苞，称为壳斗，如栎、榛和栗等果实。通常一个花序中仅有一个果实成熟，也有同时有二三个果实成熟的，如栗，包在它们外面带刺的壳（常三四粒包在共同的壳内），是由花序总苞发育而成（图 4–75，*E*）。

⑤ 双悬果（cremocarp）双悬果是由 2 心皮的子房发育而成的果实。伞形科植物的果实，多属这一类型。成熟后心皮分离成两瓣，并列悬挂在中央果柄的上端，种子仍包于心皮中，以后脱离。果皮干燥，不开裂，如胡萝卜、小茴香的果实。

⑥ 胞果（utricle）亦称“囊果”，是由合生心皮形成的一类果实，具 1 枚种子，成熟时干燥而不开裂。果皮薄，疏松地包围种子，极易与种子分离，如藜、滨藜、地肤等的果实。

三、果实和种子对传播的适应

被子植物用以繁殖的特有结构——种子，是包在果实里受果实保护的，同时，果实的结构也有助于种子的散布。果实和种子散布各地，扩大后代植株的生长范围，与繁荣种族是有利的，也为丰富植物的适应性提供条件。

果实和种子的散布，主要依靠风力、水力、动物和人类的携带，以及通过果实本身所产生的机械力量。果实和种子对于各种散布力量的适应形式是不一样的。现分别叙述于下。

（一）对风力散布的适应

多种植物的果实和种子是借助风力散布的，它们一般细小质轻，能悬浮在空气中为风力吹送到远处，如兰科植物的种子小而轻，可随风吹送到数公里以外的范围内分布；其次是果实或种子的表面常生有絮毛、果翅，或其他有助于承受风力飞翔的特殊构造。如棉、柳的种子外面都有细长的绒毛（棉絮和柳絮），蒲公英果实上长有降落伞状的冠毛，白头翁果实上带有宿存的羽状柱头，槭、榆等的果实以及松、云杉等种子的一部分果皮和种皮铺展成翅状，又如酸浆属（*Physalis*）的果实有薄膜状的气囊，这些都是适于风力吹送的特有结构（图 4-76）。在草原和荒漠上的风滚草（tumble weed），种子成熟时，球形的植株在根茎部断离，随风吹滚，分布到较远的场所，还有碱猪毛菜属（*Salsola*）、石头花属（*Gypsophila*）等。

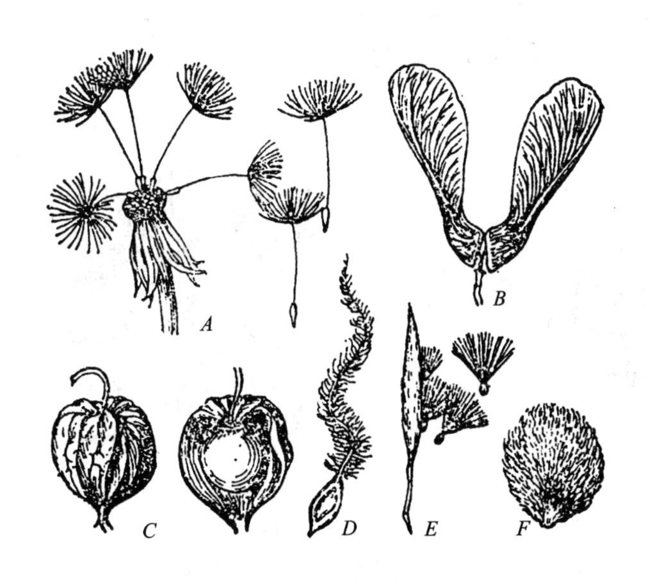

图 4-76　借风力传播的果实和种子

A. 蒲公英的果实，花萼变为冠毛； *B.* 槭的果实，果皮展开成翅状； *C.* 酸浆的果实，外面包有花萼所形成的气囊； *D.* 铁线莲的果实，花柱残留成羽状； *E.* 马利筋种子的纤毛； *F.* 棉的种子，表皮细胞突出成绒毛

（二）对水力散布的适应

水生和沼泽地生长的植物，果实和种子往往借水力传送。莲的果实，俗称莲蓬，呈倒圆锥形，组织疏松，质轻，飘浮水面，随水流到各处，同时把种子远布各地（图 4-77）。陆生植物中的椰子，它的果实也是靠水力散布的。椰果的中果皮疏松，富有纤维，适应在水中飘浮；内果皮又极坚厚，可防止水分侵蚀；果实内含大量椰汁，可以使胚发育，这就使椰果能在咸水的环境条件下萌发。热带海岸地带多椰林分布，与果实的散布是有一定关系的。

（三）对动物和人类散布的适应

一部分植物的果实和种子是靠动物和人类的携带散布开的，这类果实和种子的外面生有刺毛、倒钩或有黏液分泌，能挂在或黏附于动物的毛、羽，或人们的衣裤上，随着动物和人们的活动无意中把它们散布到较远的地方，如窃衣、鬼针草、苍耳、蒺藜、猪殃殃、丹参和独行草等（图 4–78）。

果实中的坚果，常是某些动物的食料，特别如松鼠，常把这类果实搬运开去，埋藏地下，除一部分被吃掉外，留存的就在原地自行萌发。又如蚂蚁对一些小型植物的种子，也有类似的传播方式。

至于果实中的肉果类，多半是鸟兽动物喜欢的食料，这些果实被吞食后，果皮部分被消化吸收，残留的种子，由于坚韧种皮的保护，不经消化即随鸟兽的粪便排出，散落各处，如果条件适合，便能萌发。同样，多种植物的果实也是人类日常生活中的辅助食品，在取食时往往把种子随处抛弃，种子借此取得了广为散布的机会。

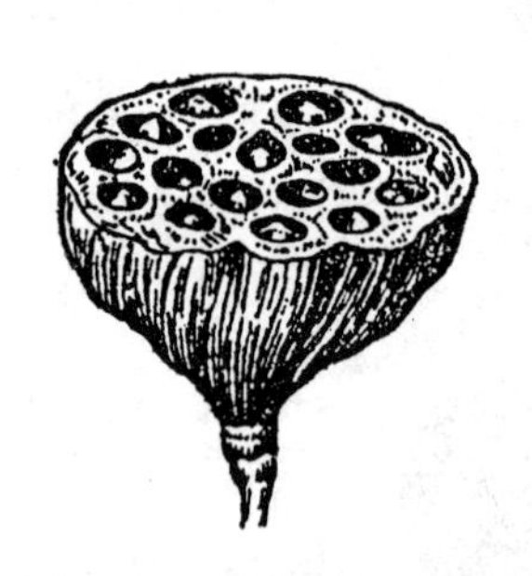

图 4–77　莲的果实和种子借水力的漂流而远播他处

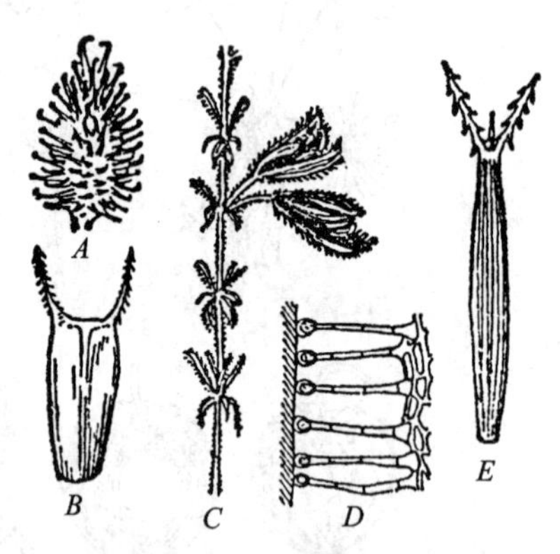

图 4–78　借人类和动物传播的种子

A. 苍耳的果实；*B.* 鬼针草的果实，顶端有 2 枚具倒毛的硬针刺；*C.* 鼠尾草属的一种，在萼片上布有较多黏液腺，能黏附于人及动物体上；*D.* *C* 中黏液腺一部分放大；*E.* 鬼针草的另一种，果实顶端有 3 枚具倒毛的硬针刺

（四）靠果实本身的机械力量使种子散布的适应结构

有些植物的果实在急剧开裂时，产生机械力或喷射力量，使种子散布开去。干果中的裂果类，果皮成熟后成为干燥坚硬的结构，由于果皮各层厚壁细胞的排列形式不一，随着果皮含水量的变化，容易在收缩时产生扭裂现象，借此把种子弹出，分散远处。常见的大豆、蚕豆、凤仙花等果实有此现象。所以大豆、油菜等经济植物的果实，成熟后必须及时收获，不然，干燥后自行开裂，把种子散布在田间，遭受损失。喷瓜的果实成熟时，在顶端形成一个裂孔，当果实收缩时，可将种子喷到远处（图 4–79）。

图 4-79　靠果实本身的机械力量以散播种子的适应结构

A. 凤仙花的果实靠自动裂开，散出种子； *B.* 喷瓜果实成熟后，内部浆液和种子在果实脱离果柄时，由断口处一起喷散开去

第七节　被子植物的生活史

多数植物在经过一个时期的营养生长以后，便进入生殖阶段，这时在植物体的一定部位形成生殖结构，产生生殖细胞进行繁殖。如属有性生殖，则形成配子体，产生卵和精子，融合后形成合子，然后发育成新的一代植物体。像这样，植物在一生中所经历的发育和繁殖阶段，前后相继，有规律地循环的全部过程，称为生活史（life history）或生活周期（life cycle）。

被子植物的生活史，一般可以从一粒种子开始。种子在形成以后，经过一个短暂的休眠期，在获得适合的内在和外界环境条件时，便萌发为幼苗，并逐渐长成具根、茎、叶的植物体。经过一个时期的生长发育以后，一部分顶芽或腋芽不再发育为枝条，而是转变为花芽，形成花朵，由雄蕊的花药里生成花粉粒，雌蕊子房的胚珠内形成胚囊。花粉粒和胚囊又各自分别产生雄性精子和雌性的卵细胞。经过传粉、受精，1 个精子和卵细胞融合，成为合子，以后发育成种子的胚；另 1 个精子和 2 个极核结合，发育为种子中的胚乳。最后花的子房发育为果实，胚珠发育为种子。种子中孕育的胚是新生一代的雏体。因此，一般把"从种子到种子"这一全部历程，称为被子植物的生活史或生活周期。被子植物生活史的突出特点在于双受精这一过程，是其他植物所没有的。

被子植物的生活史存在着两个基本阶段：一个是二倍体植物阶段（$2n$），一般称之为孢子体阶段，这就是具根、茎、叶的营养体植株。这一阶段是从受精卵发育开始，一直延续到花里的雌雄蕊分别形成胚囊母细胞（大孢子母细胞）和花粉母细胞（小孢子母细胞）进行减数分裂前为止，在整个被子植物的生活周期中，占了绝大部分的时间。这一阶段植物体的各部分细胞染色体数都是二倍的。孢子体阶段也是植物体的无性阶段，所以也称为无性世代；另一个是单倍体植物阶段（n），一般可称为配子体阶段，或有性世代。这就是由大孢子母细胞经过减数分裂后，形成的单核期胚囊（大孢子），和小孢子母细胞经过减数分裂后，形成的单核期花粉细胞

（小孢子）开始，一直到胚囊发育成含卵细胞的成熟胚囊，和花粉成为含 2 个（或 3 个）细胞的成熟花粉粒，经萌发形成有两个精子的花粉管，到双受精过程为止。被子植物的这一阶段占有生活史中的极短时期，而且不能脱离二倍体植物体而生存。由精卵融合生成合子，使染色体又恢复到二倍数，生活周期重新进入到二倍体阶段，完成了一个生活周期。被子植物生活史中的两个阶段，二倍体占整个生活史的优势，单倍体只是附属在二倍体上生存，这是被子植物和裸子植物生活史的共同特点。但被子植物的配子体比裸子植物的更加退化，而孢子体更为复杂。二倍体的孢子体阶段（或无性世代）和单倍体的配子体阶段（或有性世代），在生活史中有规则地交替出现的现象，称为世代交替（alternation of generations）。

被子植物世代交替中出现的减数分裂和受精作用（精卵融合），是整个生活史的关键，也是两个世代交替的转折点，必须予以重视。被子植物世代交替的模式图和简单的世代交替图解，见图 4–80。

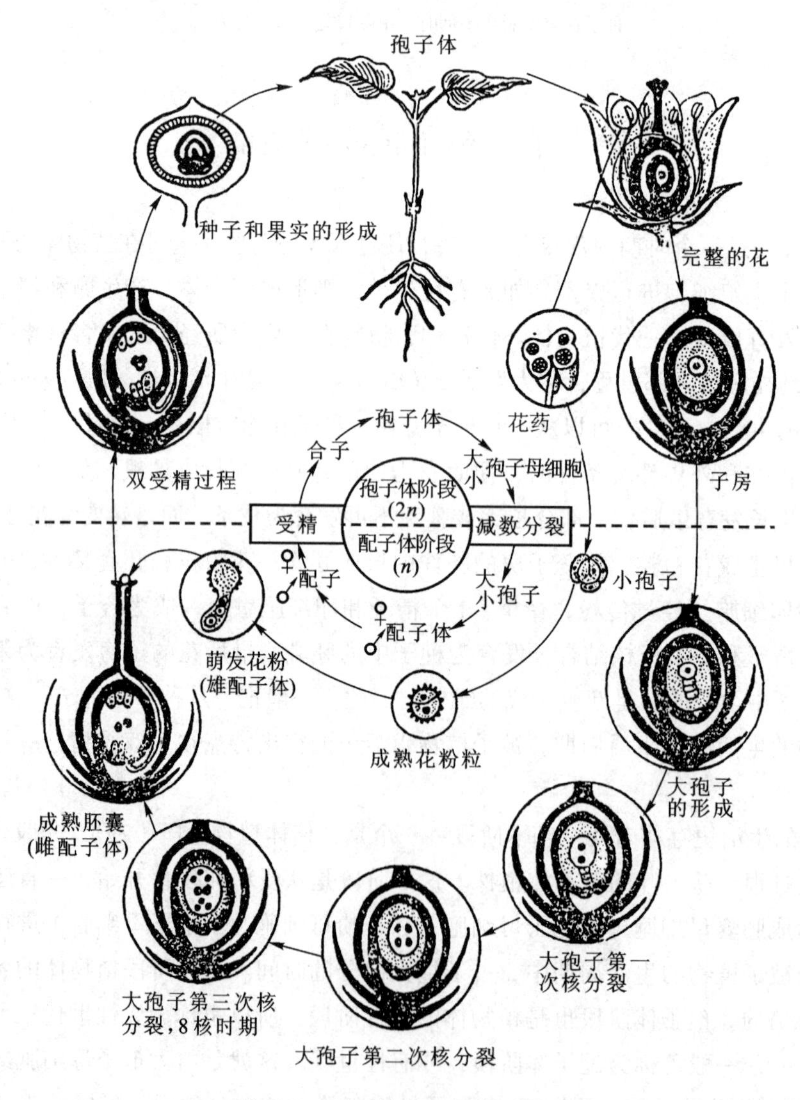

图 4–80　被子植物生活史的图解

复习思考题

1. 植物的繁殖具有哪些重要的生物学意义？植物的繁殖可分为哪几种类型？各种繁殖类型的特点是什么？

2. 什么是自然营养繁殖？举各种自然营养繁殖的实例加以说明。

3. 什么是人工营养繁殖？在生产上适用的人工营养繁殖有哪几种？人工营养繁殖在生产上的特殊意义是什么？

4. 扦插和压条繁殖时需注意哪些重要的环节？二者的具体操作有何不同？

5. 嫁接繁殖和扦插、压条有何不同？何以嫁接繁殖优于扦插和压条繁殖？

6. 嫁接繁殖的成功关键是什么？具体的操作方法有哪几种？

7. 花是怎样发生的？植物由营养生长转入生殖生长将在植株上发生怎样的显著变化？

8. 典型的花分哪些主要部分？各部分的形态和结构如何？

9. 花被在不同植物种类里的变化情况如何？什么是同被花、单被花、两被花和无被花？举例说明。

10. 花被和花蕊的离、合情况如何？

11. 在植物系统演化过程中，花的各组成部分是随着怎样的演化趋势而变化的？这些变化是否是同步发展的？举例说明。

12. 花托的形态变化如何使子房和花的其他组成部分的位置也相应地引起变化？由此而引起的不同子房位置的花的名称是什么？

13. 说明一朵小麦花的结构。

14. 花图式和花程式的含义是什么？如何绘制花图式和书写花程式？举例说明。

15. 什么是花序？两大类花序的主要区别是什么？举例说明各类花序的重要特征。

16. 花药壁的发育过程如何？药壁中的绒毡层在小孢子形成过程中起着什么重要的作用？

17. 由孢原细胞发育为小孢子的过程如何？成熟花粉的一般结构如何？

18. 什么是花粉败育和雄性不育？产生这两种现象的原因是什么？

19. 胚珠的发育过程如何？有哪几种类型？

20. 什么是胎座？如何识别各种胎座类型？

21. 单胞型、双胞型和四胞型的胚囊发生是如何形成的？

22. 单胞 8 核、7 细胞胚囊的发育过程是怎样的？7 细胞胚囊各细胞的名称和作用如何？

23. 什么是自花传粉和异花传粉？异花传粉比自花传粉在后代的发育过程中更有优越性，原因是什么？植物如何在花部的形态结构或开花方式方面避免自花传粉的发生？自花传粉能在自然界被保留下来的原因又是什么？

24. 各种不同传粉方式花的形态结构特征如何？

25. 试述被子植物的双受精过程及其意义。

26. 花粉在柱头上的萌发，为什么会出现亲和与不亲和的现象？从细胞组织学的角度看，亲和或不亲和的原因是什么？

27. 什么是无融合生殖和多胚现象？

28. 荠菜和小麦胚的发育过程如何？二者间有何异同点？

29. 三种胚乳发育类型的详细过程如何？

30. 种皮的结构特征如何？种皮的性质、厚薄与果实的果皮之间是否有一定的相关性？

31. 什么是单性结实？自发和诱导单性结实在生产上有何重要意义？

32. 列举各类果实的结构特征。

33. 种子和果实的传布有哪些方式？

34. 理顺被子植物的生活史。用表列出生活史中各个阶段的发展顺序，包括大、小孢子囊的发生，大、小孢子的形成，雌、雄配子体的发生，雌、雄配子的形成，受精过程，由受精后产生的果实和新一代的雏体。注明各阶段的核相变化。

主要参考书

胡适宜 . 被子植物胚胎学 . 北京：高等教育出版社，1982.

胡适宜 . 植物结构图谱 . 北京：高等教育出版社，2016.

强胜 . 植物学 . 2 版 . 北京：高等教育出版社，2017.

翟中和，王喜忠，丁明孝 . 细胞生物学 . 3 版 . 北京：高等教育出版社，2011.

周云龙. 植物生物学. 4 版 . 北京：高等教育出版社，2016.

K. 伊稍 . 种子植物解剖学 . 2 版 . 李正理，译 . 上海：上海科学技术出版社，1982.

Bhojwani S S，Bhatnagar S P. The Embryology of Angiosperms.3rd ed. NewDehli：Vikas Publ House Pvietd.，1979.

Fahn A. Plant Anatomy. 3rd ed. New York：Pergamon Press，1982.

Johri B M. Embryology of Angiosperms. New York：Springer–Verlag，1984.

读者意见反馈

为收集对教材的意见建议，进一步完善教材编写并做好服务工作，读者可将对本教材的意见建议通过如下渠道反馈至我社。

咨询电话　400-810-0598

反馈邮箱　gjdzfwb@pub.hep.cn

通信地址　北京市朝阳区惠新东街4号富盛大厦1座
高等教育出版社总编辑办公室

邮政编码　100029

防伪查询说明

用户购书后刮开封底防伪涂层，使用手机微信等软件扫描二维码，会跳转至防伪查询网页，获得所购图书详细信息。

防伪客服电话　(010)58582300